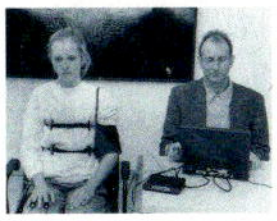

Wahrscheinlichkeitsrechnung

Koordinatengeometrie im Raum

Mit * gekennzeichnete Inhalte sind fakultativ.

Zu diesem Buch

So fängt denn alle menschliche Erkenntnis mit Anschauungen an, geht von da zu Begriffen und endigt mit Ideen.
Immanuel Kant, Kritik der reinen Vernunft

In diesem Buch werden die Begriffe oberstufenadäquat, anschaulich, klar und logisch konsequent entwickelt.

- Die drei Gebiete Analysis, Wahrscheinlichkeitsrechnung und Koordinatengeometrie greifen nur an wenigen Stellen ineinander. Die Analysis als Grundstock sollte bis etwa einschließlich Kapitel 4 mit vier Stunden pro Woche unterrichtet werden. Dann empfehlen wir, die Analysis mit zwei Stunden pro Woche weiter zu betreiben. Parallel dazu kann bis zum Schluss des Schuljahres zunächst die Wahrscheinlichkeitsrechnung und dann die Geometrie behandelt werden.

- Der Text eignet sich nicht nur zum Nacharbeiten von versäumtem Unterricht, sondern auch zum selbstständigen Erarbeiten des Lehrstoffs durch Schülerinnen und Schüler. Dabei muss man sich nicht nur auf die mit einem Smiley gekennzeichneten Aufgaben beschränken, die Teilergebnisse zum entwickelten Gedankengebäude beitragen.

- Bei *Kurvendiskussionen* hat sich die Aufgabenstellung in der letzten Zeit geändert. Früher ist man nach dem Prinzip *Zuerst rechnen, dann schauen* vorgegangen: Aus errechneten Eigenschaften wurde der Funktionsgraph aufgebaut. Heute schaut man zuerst und rechnet dann: Aus der Analyse des Funktionsterms gewinnt man – falls möglich – den groben Verlauf des Graphen und ergänzt die gewünschten Feinheiten durch Rechnung. Um die Schülerinnen und Schüler auf dieses Vorgehen vorzubereiten, wird bei jeder Funktionsklasse neben „üblichen“ Diskussionen das Verschieben, Strecken und Stauchen des Graphen thematisiert.

- Bei dem nicht mehr wegzudenkenden Einsatz des Computers wurde im Buch die dynamische Mathematik-Software GeoGebra benutzt, die man kostenlos von der Homepage www.geogebra.org herunterladen kann. Die Aufgaben lassen sich aber auch mit jedem anderen leistungsfähigen Computer-Algebra-System bearbeiten.

- Die ersten Aufgaben jedes Unterkapitels orientieren sich an den Beispielen, die im Lehrtext zu finden sind. Danach steigt der Schwierigkeitsgrad. Die letzten Aufgaben sind anspruchsvoller und häufig anwendungsorientiert. Sie führen Schülerinnen und Schüler an problemlösendes Denken heran.

- Alle Kapitel enden mit einem Training der Grundkenntnisse bzw. des Grundwissens. Diese Aufgaben sollen das sich ständig erweiternde Grundwissen aktiv halten und den aktuellen Stoff mit diesen Grundkenntnissen vernetzen. Die Ergebnisse dazu sowie eine Zusammenstellung des Grundwissens sind am Ende des Buchs zu finden.

- Eine das Buch begleitende CD enthält die Lösungen der Aufgaben des Lehrbuchs und zusätzliche Aufgaben.

Viel Erfolg beim Arbeiten mit diesem Buch wünschen
Brigitte Distel und Rainer Feuerlein

Einführung in die Differenzialrechnung

1 Lokales Differenzieren

1.1 Die mittlere Änderungsrate

Wachstum und Veränderungen bestimmen unser Leben. In einigen Fällen ist es uns bereits gelungen, Wachstums- und Veränderungsprozesse durch Funktionen zu modellieren. Dann war es möglich, Aussagen über die Prozesse zu gewinnen. Diese Erkenntnisse wollen wir nun vertiefen. Bisher haben wir von den Graphen ganzrationaler Funktionen nur mit den Nullstellen und ihrer Vielfachheit ein grobes Bild entworfen. Wir werden nun Hilfsmittel entwickeln, mit denen man das grobe Bild wesentlich verfeinern kann.

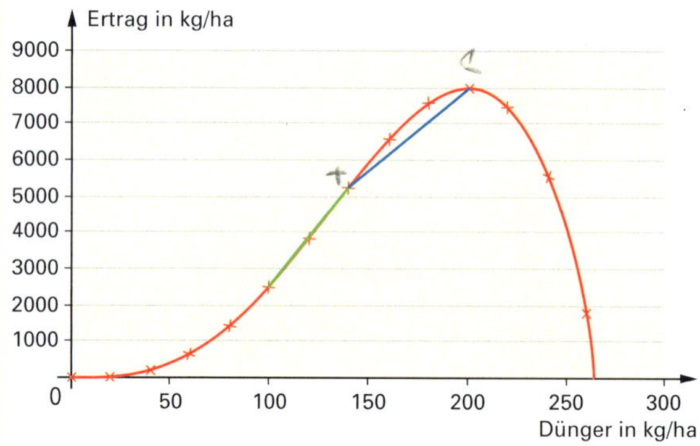

Das Ertragsgesetz

Das Diagramm gibt den Zusammenhang zwischen dem Ertrag von Weizenfeldern und der ausgebrachten Düngermenge wieder. Sowohl der Dünger als auch der Weizenertrag wurden jeweils auf 1 ha Bodenfläche umgerechnet. Mit zunehmender Düngermenge steigt der Weizenertrag zunächst bis zu einem Höchstwert an und sinkt dann wieder. Eine Überdüngung führt zu einer „Bodenvergiftung“, die schließlich jeden Ertrag vernichtet.

Wir betrachten die Funktion f, die den Zusammenhang zwischen der Düngermenge x in kg/ha und dem Weizenertrag y in kg/ha beschreibt. Auf 14 Weizenfeldern wurden Werte ermittelt. Einige sind in der Tabelle wiedergegeben:

Feld Nummer	1	2	…	6	…	8	…	10	11	…	14
Dünger x in kg/ha	0	20	…	100	…	140	…	180	200	…	260
Ertrag y in kg/ha	0	30	…	2500	…	5200	…	7580	8000	…	1760

Wir erkennen beispielsweise, dass sich der Ertrag
von Feld 6 zu Feld 8 um $\Delta y = f(140) - f(100) = 2700$ kg/ha ändert oder
von Feld 8 zu Feld 11 um $\Delta y = f(200) - f(140) = 2800$ kg/ha.

Um diese Ertragsänderungen miteinander vergleichen zu können, müssen wir sie auf die jeweilige Änderung der Düngermenge beziehen. Wir dividieren dazu Δy durch die jeweilige Änderung der x-Werte Δx.

Die **Änderungsrate** von Feld 6 zu Feld 8 beträgt $\frac{\Delta y}{\Delta x} = \frac{2700\,kg/ha}{40\,kg/ha} = 67\frac{1}{2}$, die von Feld 8 zu Feld 11 dagegen nur $\frac{\Delta y}{\Delta x} = \frac{2800\,kg/ha}{60\,kg/ha} = 46\frac{2}{3}$.

$\frac{\Delta y}{\Delta x}$ gibt an, um wie viel kg sich der Ertrag ändert, wenn die Düngung um 1 kg zunimmt. Dabei gehen wir aber davon aus, dass sich y in jedem betrachteten Intervall gleichmäßig ändert. Deshalb heißt die Änderungsrate $\frac{\Delta y}{\Delta x}$ genauer **mittlere Änderungsrate**.

Graphisch bedeutet das: Wir vereinfachen die gekrümmte Kurve des x-y-Diagramms durch einen Streckenzug durch die jeweiligen Punkte.
Da die Gerade, auf der eine Teilstrecke liegt, mit der Kurve zwei Punkte gemeinsam hat, nennt man sie **Sekante**. Die mittlere Änderungsrate $\frac{\Delta y}{\Delta x}$ ist die **Steigung der Sekante**. Der Term für die mittlere Änderungsrate ist ein Quotient von Differenzen. Deshalb nennt man ihn auch Differenzenquotient.

Der Quotient $\frac{\Delta y}{\Delta x} = \frac{f(b) - f(a)}{b - a}$ heißt **mittlere Änderungsrate** oder **Differenzenquotient** der Funktion f im Intervall [a; b].

Geometrisch gedeutet ist der Differenzenquotient die Steigung der Sekante durch die Punkte $P(a|f(a))$ und $Q(b|f(b))$.

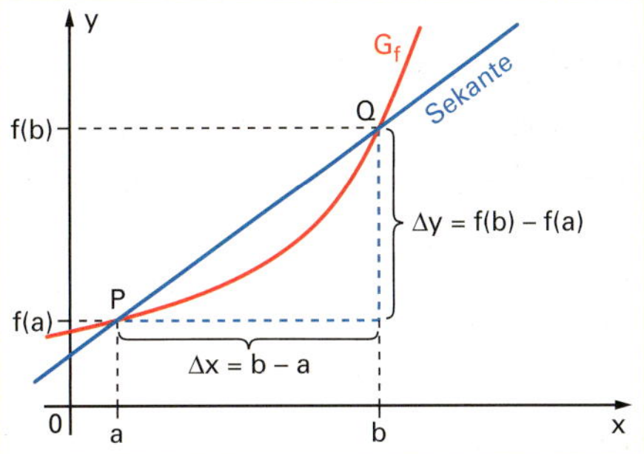

Bringt ein Landwirt 200 kg Dünger pro Hektar aus, erzielt er den höchsten Ertrag von voraussichtlich 8000 kg Weizen pro Hektar. Das sind pro kg Dünger $\frac{\Delta y}{\Delta x} = \frac{f(200) - f(0)}{200 - 0} = 40$ kg Weizen. Düngt er nur mit 180 kg pro Hektar, erzielt er sogar $\frac{\Delta y}{\Delta x} = \frac{f(180) - f(0)}{180 - 0} = 42$ kg Weizen pro kg Dünger.

Wann schwächt sich das „Wachstum" ab? Wann ist der Ertrag pro kg Dünger am größten? – Fragen, die für einen Landwirt interessant sind! Zum Beantworten werden wir die nötigen mathematischen Hilfsmittel entwickeln.

Aufgaben

1 Bevölkerungsentwicklung Deutschlands

Anfang des Jahres 2000 lebten in Deutschland 82,163 Mio. Menschen, Anfang des Jahres 2008 etwas mehr, nämlich 82,217 Mio.

a) Um wie viel Tausend Einwohner hat die Bevölkerungszahl N von 2000 bis 2008 zugenommen? Wie groß war die mittlere Zunahme pro Jahr?

b) Das Diagramm zeigt die Bevölkerungsentwicklung vom Jahr 2000 bis zum Jahr 2008. Beschreibe diese mit eigenen Worten.

c) In welchen Jahren war die Änderung der Bevölkerungszahl N positiv, in welchen negativ? In welchem Jahr war die Änderung am größten, in welchem am kleinsten?

d) Skizziere ein Diagramm, das die Änderung der Bevölkerungszahl N pro Jahr in Abhängigkeit vom Jahr t wiedergibt.

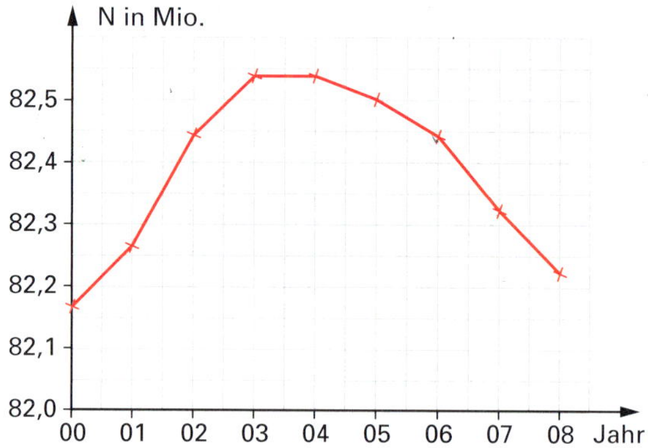

2 Wochenchart einer Aktie

Der Kurs der WV-Aktie hat am Freitag mit 180 € abgeschlossen. Das Diagramm (der *Wochenchart*) zeigt den Verlauf ihres Kurses am Schluss der Börsentage der folgenden Woche.

a) Berechne die mittlere Änderungsrate für diese Woche.

b) An welchem Tag war die Änderung am größten, an welchem am kleinsten? Berechne die Änderung jedes Tages und den Mittelwert der Änderungen. Vergleiche mit der mittleren Änderungsrate.

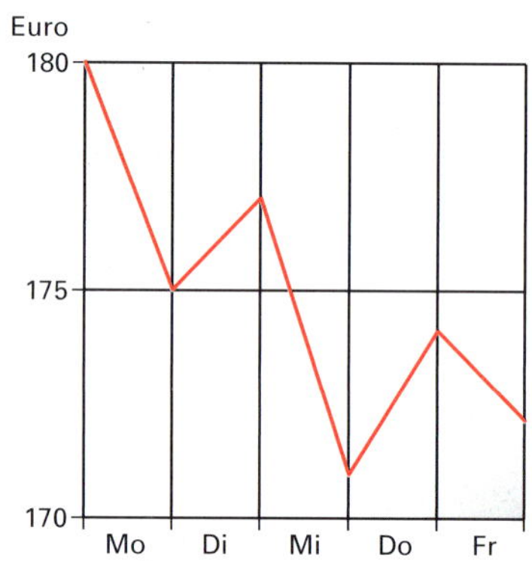

c) Am Montag gibt ein Aktionär den Auftrag, seine WV-Aktien zu verkaufen, wenn der Kurs 5,0 % unter den Kurs der Vorwoche sinkt. Wurden die Aktien verkauft?

3 Bevölkerungswachstum Afrikas

Afrika hat aufgrund seiner vielen Entwicklungsländer das größte prozentuale Bevölkerungswachstum aller Kontinente. Im Jahr 2000 wurde die Bevölkerungsgröße bis 2050 mit der Formel $y = 830 \cdot 1{,}016^x$ modelliert. Dabei ist y die Zahl der Einwohner in Mio. und x die Zahl der seit 2000 vergangenen Jahre.

a) Wie groß war die Einwohnerzahl im Jahr 2000? Wie groß wurde sie für das Jahr 2050 prognostiziert?

b) Berechne die durchschnittliche Änderungsrate der Bevölkerung pro Jahr mithilfe der beiden Einwohnerzahlen aus Teilaufgabe a).

c) Um wie viel Prozent wächst die Bevölkerung pro Jahr nach dem Modell? In welchem Jahr ist mit der größten Änderungsrate zu rechnen? Wie groß ist diese?

4 Änderungsraten zum Ertragsgesetz

Der Ertrag von Weizenfeldern in Abhängigkeit von der Düngermenge wurde mithilfe von 14 Versuchsfeldern untersucht (Seite 6). Von Feld zu Feld nimmt die Düngermenge um $\Delta x = 20$ kg zu. Die mittlere Änderungsrate $\frac{\Delta y}{\Delta x}$ jedes Feldes wurde berechnet. Im rechts abgebildeten Diagramm sind die mittleren Änderungsraten in Abhängigkeit von der Düngermenge jeweils in den Intervallmitten angetragen. Beschreibe den Verlauf der Änderungsraten mit Worten. Erläutere den Zusammenhang mit dem x-y-Diagramm auf Seite 6.

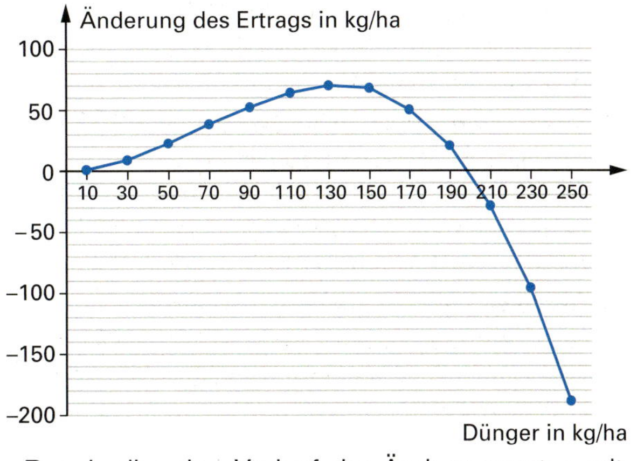

5 Einkommensteuer-Formel (für Partnerarbeit geeignet)

Erzielt eine Peson in einem Kalenderjahr ein zu versteuerndes Einkommen von x Euro, so wird die zu zahlende Einkommensteuer f(x) in Euro seit dem Jahr 2005 mit den folgenden Formeln berechnet:

$$f(x) = \begin{cases} 0 & \text{für } x \leq 7664 \\ \frac{1}{10\,000}(0{,}088374x + 822{,}7)(x - 7664) & \text{für } 7665 \leq x \leq 12\,739 \\ \frac{1}{10\,000}(0{,}0228742x + 2105{,}6)(x - 12\,739) + 989 & \text{für } 12\,740 \leq x \leq 52\,151 \\ 0{,}42 \cdot (x - 52\,151) + 13\,989 & \text{für } 52\,152 \leq x \leq 250\,000 \\ 0{,}45 \cdot (x - 250\,000) + 97\,086 & \text{für } 250\,001 \leq x \end{cases}$$

a) Herr Adam hat 7664 € verdient, Herr Bruni 12 739 €, Herr Carl 52 151 € und Herr Diego 250 000 €. Wie viel Steuer bezahlt jeder? Wie viel Prozent des Einkommens – d. h. wie viel Cent pro verdientem Euro – sind das jeweils?

b) Wie sind die Formeln aufgebaut, damit beim Übergang von einem Steuerbereich zum nächsten kein Sprung auftritt?

c) Wie viel Cent Steuer zahlt jeder im Mittel von jedem Euro, den er mehr verdient hat als sein alphabetischer Vorgänger?

d) Frau Meier verdient 40 000 € im Jahr 2009. Wie hoch ist ihre Einkommensteuer? Wie viel Prozent ihres Einkommens sind das? Im Jahr 2010 erhält sie eine Lohnerhöhung von 1000 €. Wie viel bleibt ihr davon nach dem Abzug der Steuern übrig? Wie hoch ist der Steuersatz für die Lohnerhöhung?

1.2 Definition der Ableitung

Bei vielen Problemen des täglichen Lebens ist es interessant, die mittlere Änderungsrate $\frac{\Delta y}{\Delta x}$ einer Funktion in einem möglichst kleinen Intervall Δx zu kennen (Aufgabe 1). Da der Differenzenquotient $\frac{\Delta y}{\Delta x}$ die Steigung der zugehörigen Sekante ist, entwickeln wir unsere Überlegungen geometrisch. Wir verwenden dazu eine einfache Kurve, die Parabel.

Von den Sekanten zur Tangente

Wir betrachten auf der Normalparabel

$$y = x^2$$

den Punkt $P(1{,}5\,|\,2{,}25)$. Wir wollen wissen, wie „steil" die Parabel bei P ist. Dazu verwenden wir einen beliebigen, von P verschiedenen Kurvenpunkt $Q(x\,|\,x^2)$. Die Sekante PQ hat die Steigung

$$m_S(x) = \frac{\Delta y}{\Delta x} = \frac{f(x) - f(x_P)}{x - x_P} = \frac{x^2 - 2{,}25}{x - 1{,}5}.$$

Für $Q(-1\,|\,1)$ erhalten wir z.B.:

$$m_S(-1) = \frac{\Delta y}{\Delta x} = \frac{1 - 2{,}25}{-1 - 1{,}5} = \frac{-1{,}25}{-2{,}5} = 0{,}5.$$

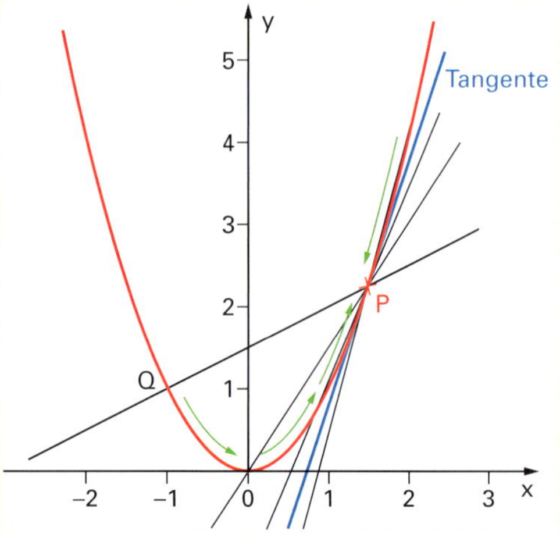

Wir lassen nun den Punkt Q auf der Parabel zunächst von links und dann von rechts auf den Punkt P zulaufen und bestimmen für jede Lage $m_S(x)$. Mithilfe einer Tabellenkalkulation erhalten wir:

x	1,4	1,49	1,499	1,4999	...	1,5001	1,501	1,51	1,6
m_S	2,9	2,99	2,999	2,9999	...	3,0001	3,001	3,01	3,1

Für P = Q liefert die Formel für die Sekantensteigung $m_S(x)$ keinen Wert, da Zähler und Nenner null sind. Das Einsetzen von $x = 1{,}5$ in den Term für $m_S(x)$ ist „verboten". Die Tabelle legt nahe: Beim Annähern von links nehmen die Steigungen der Sekanten zu. Sie nähern sich dem Wert 3 beliebig genau. Beim Annähern von rechts nehmen die Steigungen der Sekanten ab. Sie nähern sich ebenfalls dem Wert 3 beliebig genau.
Zum Nachweis dieser Vermutung formen wir den Term für die Sekantensteigung $m_S(x)$ mithilfe der Plusminusformel um:

$$m_S(x) = \frac{\Delta y}{\Delta x} = \frac{x^2 - 2{,}25}{x - 1{,}5} = \frac{(x - 1{,}5)\,(x + 1{,}5)}{x - 1{,}5} = x + 1{,}5$$

Für $x \neq 1{,}5$ durften wir kürzen. Streben die x-Werte von „links" bzw. von „rechts" beliebig genau gegen den „verbotenen" Wert 1,5, unterscheidet sich die Sekantensteigung $m_S(x)$ immer weniger vom Wert 3.

Uns begegnet hier ein ähnliches „Grenzwertverhalten", wie wir es im letzten Schuljahr bei Funktionen für $x \to \infty$ oder $x \to -\infty$ kennengelernt haben. Man spricht auch hier von einem **Grenzwert** und sagt: Für x gegen 1,5 strebt die Sekantensteigung $m_S(x)$ gegen den Grenzwert 3. Die uns bekannte Limesschreibweise für $x \to \pm\infty$ übertragen wir auf diesen Fall und schreiben:

$$\lim_{x \to 1,5} m_S(x) = 3$$

Die Sekanten nähern sich einer **gemeinsamen Grenzlage**, nämlich der Geraden durch P mit der Steigung 3.

In Analogie zum Kreis (Aufgabe 2) definieren wir die Grenzgerade der Parabelsekanten als **Parabeltangente**. In der Umgebung des Berührpunkts P schmiegt sich die Parabel besonders gut an die Tangente an (Aufgabe 2c).

Die Parabeltangente im Punkt $P(1,5|2,25)$ hat die Steigung 3. Zum Aufstellen ihrer Gleichung setzen wir an: $y = 3x + t$. Den Wert des y-Abschnitts t erhalten wir, indem wir die Koordinaten von P einsetzen:

$$2,25 = 3 \cdot 1,5 + t \quad \Rightarrow \quad t = -2,25 \quad \Rightarrow \quad y = 3x - 2,25$$

Da sich eine Kurve in der Umgebung des Berührpunkts an die Tangente anschmiegt, definiert man mit der Tangentensteigung die Steigung einer Kurve: Die Normalparabel $y = x^2$ hat also im Punkt $P(1,5|2,25)$ die Steigung 3.

Wir fassen zusammen:

- Nähern sich die Funktionswerte $f(x)$ einer Funktion f *einer Zahl* a beliebig genau, wenn x von links und von rechts gegen x_0 strebt, so heißt a **Grenzwert** der Funktion. Kurz: $\lim\limits_{x \to x_0} f(x) = a$

  Man sagt dazu auch: „Die Funktion konvergiert für $x \to x_0$ gegen a."
- Der Punkt Q laufe auf einer Kurve von links und rechts auf den Kurvenpunkt P zu. Ergibt sich dabei eine gemeinsame **Grenzlage** der Sekanten, heißt die Grenzgerade **Tangente** an die Kurve im Punkt P.
- Die **Steigung eines Graphen** im Punkt P ist gleich der **Steigung der Tangente** in diesem Punkt.

Die h-Methode zur Berechnung von Tangentensteigungen

Läuft der Punkt $Q(x|x^2)$ der Normalparabel auf den beliebigen, aber festen Punkt $P(x_0|x_0^2)$ zu, strebt sowohl der Zähler als auch der Nenner der Sekantensteigung $m_S(x) = \frac{\Delta y}{\Delta x} = \frac{x^2 - x_0^2}{x - x_0}$ gegen 0. Wir erhalten so einen „unbestimmten Ausdruck" der Form „$\frac{0}{0}$". Zur genaueren Untersuchung der Annäherung haben wir im letzten Beispiel den Term mit $x - 1,5$ gekürzt. Dazu wurde der Zähler mit der Plusminusformel faktorisiert. Liegt keine reinquadratische Funktion vor, ist das Kürzen mit $x - x_0$ häufig nicht so einfach. Ein Trick hilft oft:

Wir führen eine Hilfsvariable h ein, welche die Abweichung der Zahl x von der Koordinate x_0 von P angibt. Wir substituieren also $x = x_0 + h$.
Für die Annäherung von links ist h negativ, für die Annäherung von rechts positiv. Dann ist $\Delta y = f(x) - f(x_0) = (x_0 + h)^2 - x_0^2$ und $\Delta x = h$.
Also:

$$m_S(x_0 + h) = \frac{\Delta y}{\Delta x} = \frac{(x_0 + h)^2 - x_0^2}{h} = \frac{x_0^2 + 2\,x_0 h + h^2 - x_0^2}{h}$$

$$= \frac{2\,x_0 h + h^2}{h} = \frac{h(2\,x_0 + h)}{h} = 2\,x_0 + h$$

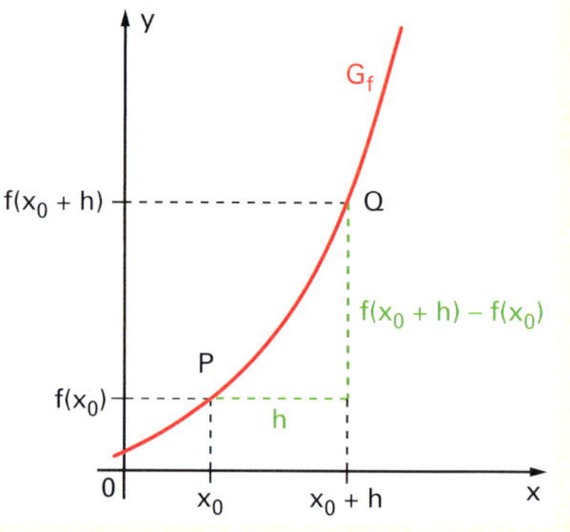

Für die Annäherung von Q an P muss h gegen 0 streben. Das liefert uns die Tangentensteigung in Abhängigkeit von x_0:

$$m_T = \lim_{h \to 0} m_S(x_0 + h) = \lim_{h \to 0} (2\,x_0 + h) = 2\,x_0$$

Bei der Normalparabel $y = x^2$ ist die Tangentensteigung doppelt so groß wie der x-Wert des Tangentenberührpunkts P. Mit dieser Erkenntnis lassen sich Tangenten schnell und einfach zeichnen. Insbesondere erhalten wir für $x_0 = 1{,}5$ die bereits bekannte Tangentensteigung $m_T = 3$.

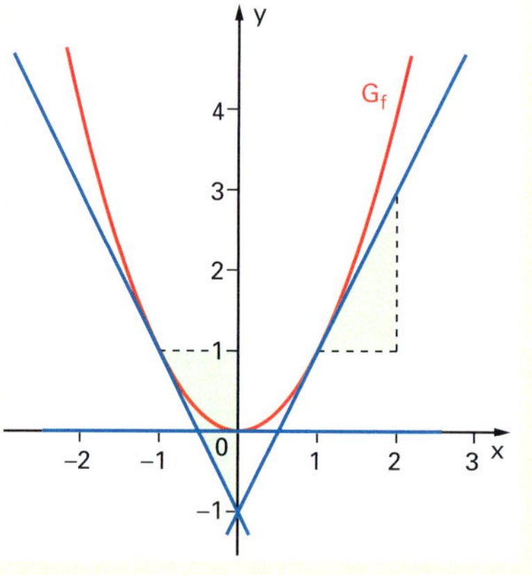

Die Ableitung einer Funktion an einer Stelle

Isaac Newton (1642–1727) und Gottfried Wilhelm Leibniz (1646–1716) entwickelten die Überlegungen dazu unabhängig voneinander. Bei Newton stand der Zusammenhang zwischen dem Weg s(t) und der Geschwindigkeit v(t) in Abhängigkeit von der Zeit t im Mittelpunkt, bei Leibniz das Tangentenproblem. Auf beide gehen Bezeichnungen zurück, die man heute noch verwendet.

Der Grenzwert des Differenzenquotienten $\frac{\Delta y}{\Delta x}$ für $x \to x_0$ heißt **Differenzialquotient** oder **Ableitung** der Funktion f an der Stelle x_0 und wird mit $f'(x_0)$ bezeichnet:

$$f'(x_0) = \lim_{x \to x_0} \frac{f(x) - f(x_0)}{x - x_0} = \lim_{h \to 0} \frac{f(x_0 + h) - f(x_0)}{h}$$

Man sagt also: Die Ableitung der reinquadratischen Funktion f mit $f(x) = x^2$ an der Stelle $x = 1{,}5$ ist 3. Kurz: $f'(1{,}5) = 3$

Das Berechnen der Ableitung heißt auch **ableiten** oder **differenzieren**. Wir verwenden dazu künftig nur die zweckmäßige h-Form.

Der Steigungswinkel der Tangente

Was bedeutet die Angabe 12% auf dem Verkehrsschild? Die größte Steigung der Straße ist 12%!

Denken wir uns das Höhenprofil der Straße gezeichnet, erhalten wir eine gekrümmte Kurve. Die steilste Tangente an das Höhenprofil der Straße hat die Steigung $m = 12\% = 0{,}12$. Die Steigung, das Verhältnis aus senkrechter Kathete zur waagerechten, ist gleich dem Tangens des Steigungswinkels α. Wir erhalten auf 0,1° genau:

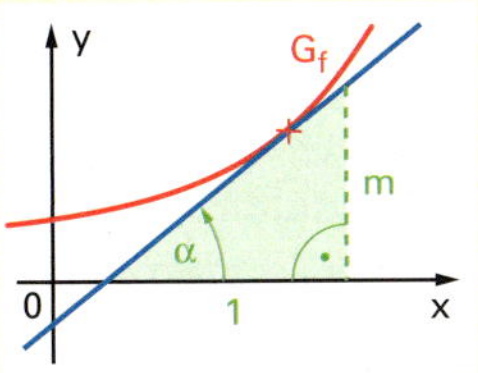

$\tan\alpha = 0{,}12 \quad \Rightarrow \quad \alpha = 6{,}8°$

Fährt ein Auto den Berg hinunter, beträgt das größte Gefälle 12%, d. h. $m = -0{,}12$.
Als Steigungswinkel ergibt sich:

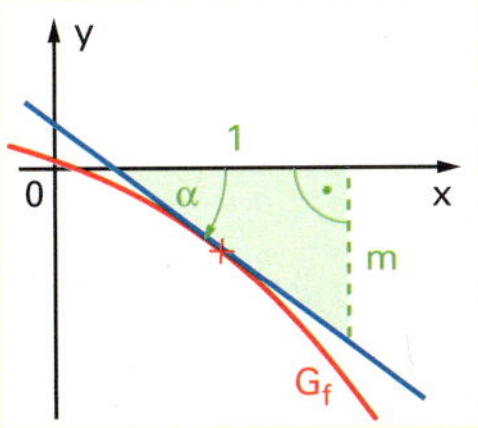

$\tan\alpha = -0{,}12 \quad \Rightarrow \quad \alpha = -6{,}8°$

> Der **Steigungswinkel** α einer Tangente ist der spitze Winkel, um den man die x-Achse um den gemeinsamen Punkt drehen muss, damit sie mit der Tangente zusammenfällt. Der Tangens des Steigungswinkels α ist gleich der Steigung m:
>
> $$\tan\alpha = m$$
>
> Ist m positiv, ist α positiv; ist m negativ, ist α negativ.

Bei Winkeln begnügen wir uns mit einer Genauigkeit von 0,1° und schreiben = statt ≈.

Momentane und lokale Änderungsrate

Wir haben bisher nur die geometrische Bedeutung des Grenzübergangs $\Delta x \to 0$ am Graphen einer Funktion untersucht und als Übergang der Sekante zur Tangente gedeutet. Was bedeutet dieser Grenzübergang für Vorgänge aus dem Alltag? Wir betrachten dazu den freien Fall in vereinfachter mathematischer Beschreibung.

Tanjas Sprung vom 5-m-Brett ins Wasser

Tanja springt zum Zeitpunkt $t = 0$ von einem 5-m-Brett. Die Gleichung $s(t) = 5{,}0 \cdot t^2$ gibt an, um welche Strecke $s(t)$ in Metern sie in t Sekunden gefallen ist. Mit welcher Geschwindigkeit taucht sie ins Wasser ein?

Wir betrachten dazu ihre mittlere Geschwindigkeit – ihre mittlere Änderungsrate des Weges – für eine winzige Zeitspanne h zu einem beliebigen Zeitpunkt t_0 des Sprungs. In der Zeit von t_0 bis $t_0 + h$ ist diese:

$$\frac{\Delta s}{\Delta t} = \frac{s(t_0+h) - s(t_0)}{h} = 5 \cdot \frac{(t_0+h)^2 - t_0^2}{h} = 5 \cdot \frac{2\,t_0 h + h^2}{h} = 5 \cdot (2\,t_0 + h)$$

Lassen wir h gegen 0 gehen, strebt die mittlere Geschwindigkeit gegen einen Grenzwert, den man **Momentangeschwindigkeit** $v(t_0)$ zum Zeitpunkt t_0 nennt. Die Momentangeschwindigkeit ist also die Ableitung der Wegfunktion s an der Stelle t_0:

$$v(t_0) = s'(t_0) = \lim_{h \to 0} 5 \cdot (2\,t_0 + h) = 10\,t_0.$$

Beim Eintauchen, also zum Zeitpunkt $t_0 = 1$ Sekunde, hat Tanja somit die Momentangeschwindigkeit $v(1) = s'(1) = 10$ Meter pro Sekunde.

> Die Ableitung $f'(x_0)$ ist die Steigung der Tangente des Graphen von f an der Stelle x_0. Die Ableitung ist ein Maß dafür, wie stark sich die Funktionswerte „im Kleinen" in der Umgebung der Stelle x_0 ändern. Bei zeitlichen Vorgängen spricht man von einer **momentanen Änderungsrate**, bei anderen Vorgängen von einer **lokalen Änderungsrate**.

Aufgaben

1 Tanjas Sprung von einem 5-m-Brett

Tanja springt zum Zeitpunkt t = 0 von einem 5-m-Brett. Die Gleichung $s(t) = 5{,}0 \cdot t^2$ gibt bei Vernachlässigung des Luftwiderstands an, um welche Strecke s(t) in Metern sie in t Sekunden gefallen ist.

Beim Eintauchen ins Wasser ist Tanja s = 5,0 Meter gefallen. Zum Berechnen der Zeit, die seit dem Absprung verstrichen ist, lösen wir die Gleichung nach t auf:

$t^2 = \frac{s}{5} \quad \Rightarrow \quad t = \sqrt{\frac{s}{5}} = \sqrt{\frac{5}{5}} = 1{,}0.$

Für die Strecke von 5 m hat Tanja etwa 1 Sekunde benötigt. Die **mittlere Geschwindigkeit** des Sprungs betrug also $\frac{\Delta s}{\Delta t} = \frac{s(1) - s(0)}{1 - 0} = \frac{5 - 0}{1 - 0} = 5{,}0$ Meter pro Sekunde.

Da die Geschwindigkeit während des Falls zunimmt, ist das nicht die Geschwindigkeit, mit der Tanja ins Wasser eintaucht.

a) Bestimme Tanjas mittlere Geschwindigkeit in der letzten zehntel, hundertstel, tausendstel Sekunde vor dem Eintauchen. Mit welcher Geschwindigkeit taucht sie vermutlich ein?

b) Verallgemeinere diese Überlegung auf eine winzige Zeitspanne h vor dem Eintauchen: Bestimme Tanjas mittlere Geschwindigkeit (die mittlere Änderungsrate des Weges) für die Zeit von 1 − h bis 1 Sekunde: $\frac{\Delta s}{\Delta t} = \frac{s(1) - s(1-h)}{1 - (1-h)} = \ldots$.
Wie verhält sich das Ergebnis, wenn h immer kleiner wird, also „gegen 0 strebt"? Wird damit deine Vermutung aus Aufgabe a) bestätigt?

2 Der geometrische Weg von Sekanten zur Tangente

Wir untersuchen mit einem Geometrie-Programm, wie man eine Tangente an eine Kurve in einem Punkt P erzeugen kann.

a) Zeichne einen Kreis mit Mittelpunkt M durch den Punkt P. Zeichne die Tangente in P an den Kreis. Lege auf der Kreislinie einen Punkt Q fest, der sich im Zugmodus verändern lässt und zeichne die Sekante PQ. Nähere den Punkt Q von links und dann von rechts dem Punkt P und beobachte dabei die Sekante. Wie erhält man die Tangente? Welche besondere Eigenschaft hat sie?

b) Vergrößere die Umgebung des Berührpunkts P mithilfe des Zoom-Befehls. Betrachte den Kreis und die Tangente in der Umgebung von P mit wachsender Vergrößerung. Was ist zu erkennen?

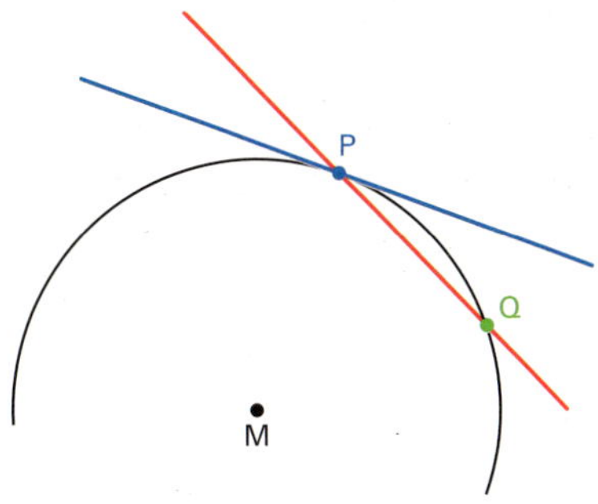

c) Zeichne die Parabel $y = x^2$. Markiere auf dieser den festen Punkt $P(1{,}5|2{,}25)$ und einen Punkt Q, der sich im Zugmodus verschieben lässt. Erledige die entsprechenden Aufgaben wie beim Kreis.

3 Der rechnerische Weg von Sekanten zur Tangente

Gegeben sind die reinquadratische Funktion f durch $f(x) = \frac{1}{2}x^2$ und der Punkt $P(1|y_P)$.

a) Zeichne den zugehörigen Graphen G_f im Intervall $-3 \leq x \leq 3$.

b) $Q(x_0|\frac{1}{2}x_0^2)$ ist ein von P verschiedener Punkt auf G_f. Stelle den Differenzenquotienten für die Steigung der Sekante PQ auf.
Berechne die Steigungen der Sekanten zu $x_0 = -2;\ -1;\ 0;\ 2;\ 3$ und trage die Sekanten in die Zeichnung von a) ein.

c) Berechne die Steigungen der Sekanten zu $x_0 = 0{,}9;\ 0{,}99;\ 0{,}999$ sowie zu $x_0 = 1{,}1;\ 1{,}01;\ 1{,}001$. Gegen welchen Wert streben die Sekantensteigungen vermutlich, wenn sich Q von links bzw. von rechts dem Punkt P nähert? Beweise die Vermutung durch Rechnung.

d) Trage die Tangente im Punkt P in die Zeichnung ein. Stelle ihre Gleichung auf.

4 Tangentensteigungen mit der h-Methode

Gegeben ist die Funktion f durch $f(x) = x^2 - 2x$.

a) Berechne die Nullstellen und zeichne damit den Graphen G_f.

b) $P(2|0)$ und $Q(2+h|f(2+h))$ sind zwei Punkte auf G_f. Stelle den Differenzenquotienten zur Sekante PQ auf. Berechne die Steigung des Graphen in P und trage die zugehörige Tangente in die Zeichnung ein.

c) Es sei $P(x_0|f(x_0))$ ein beliebiger Punkt auf G_f. Berechne die Steigung des Graphen in P mit der h-Methode.

d) Berechne die Tangentensteigungen zu $x_0 = 0$ und $x_0 = 1$. Trage beide Tangenten in die Zeichnung ein. Was fällt auf? Wie lässt sich die Besonderheit begründen?

e) Stelle die Gleichungen der drei Tangenten an den Stellen $x_0 = 0,\ 1,\ 2$ auf und berechne ihre Schnittpunkte.

5 Die kubische Potenzfunktion

Wir betrachten die kubische Potenzfunktion f mit $f(x) = x^3$.

a) Zeichne ihren Graphen G_f im Intervall $-1{,}5 \leq x \leq 1{,}5$.

b) Berechne die Ableitung $f'(1)$ mit der h-Methode.
Trage die zugehörige Tangente in die Zeichnung ein.

c) Es sei $P(x_0|x_0^3)$ ein beliebiger Punkt auf G_f. Berechne $f'(x_0)$.
Trage die Tangenten an G_f zu $x_0 = -1$ und $x_0 = 0$ ein. Was fällt dabei auf? Wie kann man diese Besonderheit begründen?

6 Verschiedene Lagen der Tangenten

Zum Beschreiben der Lage einer Geraden bezüglich eines Graphen verwendet man die Worte *schneiden*, *berühren* und *durchdringen*. Suche jeweils den treffenden Ausdruck zum anschaulichen Beschreiben der Situation im Punkt P und – falls vorhanden – im Punkt Q.

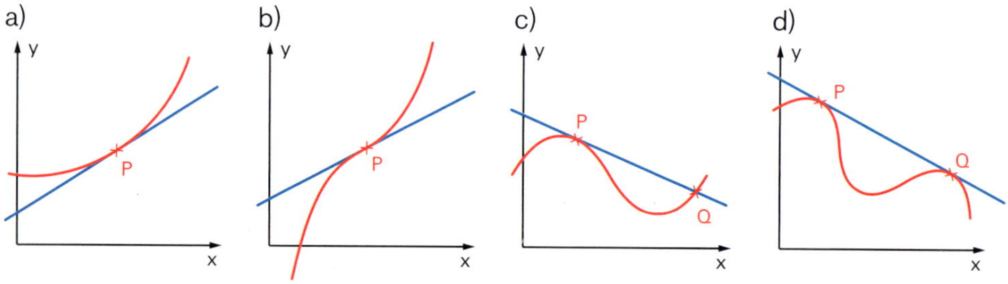

e) Definiere die Bezeichnungen *schneiden, berühren* und *durchdringen* unter Verwendung der Begriffe *Steigung der Geraden* und *Steigung des Graphen im Punkt P.*

7 Besondere Funktionen

Skizziere den Graphen G_f der Funktion f. Welche Steigung hat G_f im Punkt $P(x_0|y_0)$? Berechne die Ableitung $f'(x_0)$ mit der h-Methode.

a) Die konstante Funktion f mit $f(x) = 3$ bzw. mit $f(x) = c$,

b) die identische Funktion f mit $f(x) = x$,

c) die lineare Funktion f mit $f(x) = 2x + 1$ bzw. mit $f(x) = mx + t$.

8 Steigung und Steigungswinkel

Die reinquadratische Funktion f mit $f(x) = x^2$ hat an der Stelle x_0 die Ableitung $f'(x_0) = 2x_0$. Wir betrachten die Tangente im Punkt $P(x_0|x_0^2)$ an die Normalparabel.

a) Berechne die Steigung m_T der Tangente und ihren Steigungswinkel α (auf zehntel Grad genau) zu den angegebenen x_0-Werten.

x_0	2	1	0	−1	−2
m_T	?	?	?	?	?
α	?	?	?	?	?

b) Die Tangente ist unter dem Winkel 45°, 60°, 0°, −30° gegen die x-Achse geneigt. Bestimme die Koordinaten des Berührpunkts P.

9 Schnittwinkel zwischen Tangenten

Der Punkt P liegt auf der Normalparabel $y = x^2$. Q ist das Spiegelbild von P bei Spiegelung an der y-Achse. In P und Q sind die Tangenten an die Normalparabel gezeichnet.

a) Berechne zu $P(1 | ?)$ die Steigungen der Tangenten sowie ihre Steigungswinkel. Welchen Winkel schließen die Tangenten in P und Q miteinander ein?

b) Die Tangenten schließen einen Winkel von 90° bzw. 60° miteinander ein. Berechne die Koordinaten von P und Q.

10 Die Parabelkirche

Das Kirchenmittelschiff der Heilig-Kreuz-Kirche in Gelsenkirchen wird von Parabelbögen überspannt. Ein Parabelbogen ist 10 m breit und 15 m hoch.

a) Erstelle die Skizze eines Parabelbogens. Lege ein Koordinatensystem an und bestimme die Parabelgleichung.

b) Berechne die Steigung des Parabelbogens in seinen Endpunkten.

c) Welchen Winkel schließt der Parabelbogen mit dem Boden der Kirche ein?

11 „Ballhochwurf“

Die Funktion s beschreibt bei Vernachlässigung des Luftwiderstands die Höhe eines zur Zeit 0 Sekunden senkrecht nach oben geworfenen Golfballs über dem Ausgangspunkt:

$$s(t) = 20t - 5 \cdot t^2$$

Dabei ist t die Zeit in Sekunden und s(t) die Höhe in m.

a) Wann trifft der Golfball wieder am Ausgangspunkt auf? Berechne s(t) von 0 Sekunden bis zur Auftreffzeit mit der Schrittweite $\Delta t = 1$. Zeichne das zugehörige t-h-Diagramm.

b) Berechne die mittleren Änderungsraten $\frac{\Delta s}{\Delta t}$ mit den Werten von a). Welche physikalische Bedeutung haben diese für den senkrechten Wurf?

c) Berechne $s'(t)$. Zeichne ein t-s'-Diagramm.

d) $s'(t)$ ist die momentane Änderungsrate des Weges, d. h. die Momentangeschwindigkeit. Mit welcher Geschwindigkeit wurde der Ball hochgeworfen? Mit welcher Geschwindigkeit trifft er wieder am Boden auf? Zu welcher Zeit ist die Geschwindigkeit des Balls 0?

e) Beschreibe den senkrechten Wurf des Golfballs, gestützt auf die Diagramme von a) und c).

1.3 Differenzierbarkeit

Wir haben bisher nur „glatte“ Kurven betrachtet, d. h. Kurven ohne Ecken und ohne Sprungstellen. An einer Ecke oder einer Sprungstelle gibt es nach unserer Anschauung keine Tangente. Was sagt die rechnerische Bestimmung der Tangentensteigung dazu?

Differenzierbar oder nicht differenzierbar?

Der Graph der Betragsfunktion f mit

$$f(x) = |x| \quad \text{und} \quad x \in \mathbb{R}$$

hat eine Ecke. Er ist rechts dargestellt. Wir werden den Knick genauer unter die Lupe nehmen. Zum Rechnen ist der Betrag „unhandlich“.

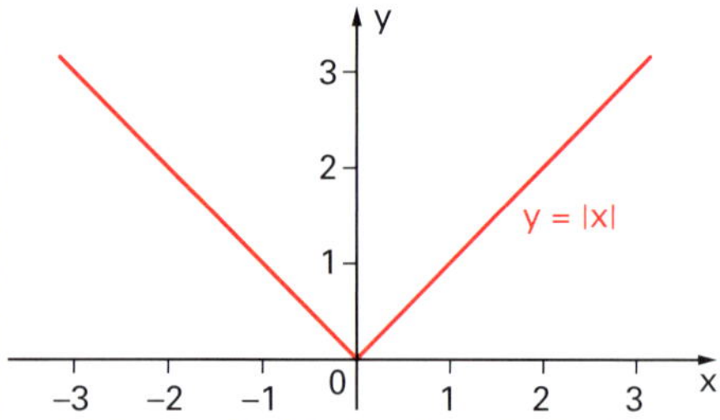

Für eine **betragsfreie Darstellung** greifen wir zu einer Fallunterscheidung:
Der Betrag einer nichtnegativen Zahl x ist gleich der Zahl selbst. Der Betrag einer negativen Zahl x ist gleich ihrer positiven Gegenzahl. Ist x eine negative Zahl, können wir das „im x enthaltene Minuszeichen“ kompensieren, indem wir noch ein Minuszeichen davor setzen; z. B. $|\underbrace{-3}_{x}| = -\underbrace{(-3)}_{x} = 3$. Also:

$$|x| = \begin{cases} x & \text{für } x \geq 0 \\ -x & \text{für } x < 0 \end{cases}$$

Für den Differenzenquotienten zur interessanten Stelle $x_0 = 0$ erhalten wir:

$$\frac{\Delta y}{\Delta x} = \frac{f(x_0+h) - f(x_0)}{h} = \frac{|0+h| - 0}{h} = \frac{|h|}{h} = \begin{cases} \frac{h}{h} = 1 & \text{für } h > 0 \\ \frac{-h}{h} = -1 & \text{für } h < 0 \end{cases}$$

Bei linksseitiger Annäherung an $x_0 = 0$ ist die Sekantensteigung ständig -1, bei rechtsseitiger ständig 1. Das war zu erwarten, da sich der Graph der Betragsfunktion aus zwei Halbgeraden mit den Steigungen -1 und 1 zusammensetzt. Es gibt also *keinen einzigen Wert*, dem sich die Sekantensteigungen immer genauer annähern. Es gibt im Punkt P(0|0) keine Tangente. Es gibt keine Ableitung f'(0). Man sagt: Die Betragsfunktion ist an der Stelle $x_0 = 0$ **nicht differenzierbar**.

Auch an einer Sprungstelle ist eine Funktion nicht differenzierbar (Aufgabe 2). Man definiert deshalb:

> Eine Funktion f heißt an der Stelle x_0 im Innern ihres Definitionsbereichs D **differenzierbar**, wenn der Grenzwert
>
> $$f'(x_0) = \lim_{h \to 0} \frac{f(x_0+h) - f(x_0)}{h} \quad \text{existiert,}$$
>
> sich also bei links- und bei rechtsseitiger Annäherung der gleiche Wert ergibt.

Beträge im Funktionsterm

Im letzten Jahr haben wir Terme von Funktionen manipuliert, indem wir sie **linearen Transformationen** unterzogen. Wir stellten fest (Aufgaben 5 und 6):

Wir erhalten aus dem Graphen G_f der Funktion f den Graphen der Funktion g mit

- $g(x) = -f(x)$, indem wir G_f an der x-Achse spiegeln,
- $g(x) = f(-x)$, indem wir G_f an der y-Achse spiegeln,
- $g(x) = f(x) + a$, indem wir G_f in Richtung der y-Achse um a verschieben,
- $g(x) = f(x - a)$, indem wir G_f in Richtung der x-Achse um a verschieben,
- $g(x) = a \cdot f(x)$ und $a > 0$, indem wir G_f in Richtung der y-Achse mit dem Faktor a strecken bzw. stauchen,
- $g(x) = f(ax)$ und $a > 0$, indem wir G_f in Richtung der x-Achse mit dem Faktor $\frac{1}{a}$ stauchen bzw. strecken.

Unterwerfen wir die Betragsfunktion linearen Transformationen, wird ihr V-förmiger Graph gespiegelt, verschoben, gestreckt oder gestaucht (Aufgabe 7). Die veränderte Lage der Ecke ändert nichts an der Nicht-Differenzierbarkeit.

Interessantere Effekte für den Graphen ergeben sich, wenn wir einen Funktionsterm f(x) mit dem Betrag manipulieren. Die verschiedenen Möglichkeiten klären wir an der quadratischen Funktion f mit $f(x) = x^2 - 2x$.

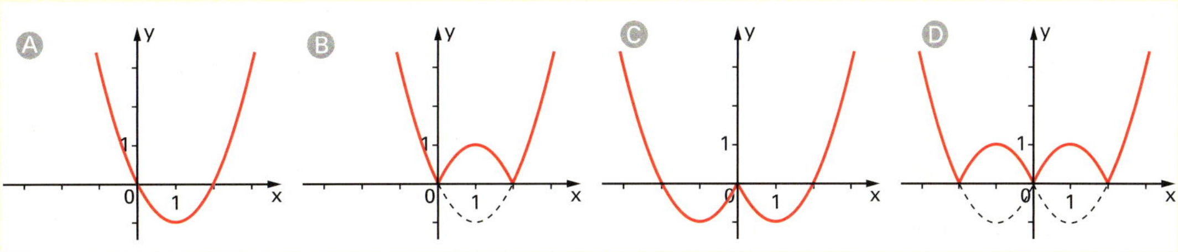

- Der Graph der Funktion f mit $f(x) = x^2 - 2x$ ist eine nach oben geöffnete Parabel mit den beiden Nullstellen 0 und 2 (Abbildung Ⓐ).
- Bilden wir den Betrag der Funktionswerte der Funktion f, also $g(x) = |f(x)|$, ändert sich an den Punkten mit positiven Funktionswerten nichts. Die Punkte mit negativen Funktionswerten werden an der x-Achse gespiegelt (Abbildung Ⓑ).
- Bilden wir den Betrag der x-Werte, also $h(x) = f(|x|)$, nimmt die Funktion für einen negativen x-Wert den Funktionswert der positiven Gegenzahl von x an. Der Graph bleibt für die positiven x-Werte erhalten, für negative x-Werte wird dieser Zweig an der y-Achse gespiegelt (Abbildung Ⓒ).
- Bilden wir sowohl den Betrag der x-Werte als auch den Betrag der Funktionswerte, also $s(x) = |f(|x|)|$, werden zunächst die Punkte mit positiven x-Werten an der y-Achse gespiegelt. Anschließend werden die Punkte mit negativen Funktionswerten an der x-Achse gespiegelt (Abbildung Ⓓ).

Aufgaben

1 **Differenzierbar oder nicht?**

Gegeben ist die Funktion f mit $x \in \mathbb{R}$. Führe die Fallunterscheidung $x \geq 0$ und $x < 0$ aus. Skizziere den Graphen der Funktion. Untersuche, ob f an der Stelle $x_0 = 0$ differenzierbar ist.

a) $f(x) = x^2 + |x|$ b) $f(x) = x \cdot |x|$ c) $f(x) = x \cdot |x| + |x|$

2 **Die Heaviside-Funktion**

Der britische Physiker und Mathematiker Oliver Heaviside (1850–1925) hat die nach ihm benannte Stufenfunktion H zum Beschreiben physikalischer Vorgänge eingeführt:

$$H(x) = \begin{cases} 0 & \text{für} \quad x \leq 0 \\ 1 & \text{für} \quad x > 0 \end{cases}$$

a) Zeichne den Graphen G_H der Heaviside-Funktion.

b) Zeige, dass H an der Stelle $x_0 = 0$ nicht differenzierbar ist.

Zeichne den Graphen der folgenden Funktion f bzw. g. Untersuche, ob f bzw. g an der Stelle $x_0 = 0$ differenzierbar ist:

c) $f(x) = x \cdot H(x)$ d) $g(x) = x^2 \cdot H(x)$

3 **Die Vorzeichenfunktion sgn(x)**

Die Vorzeichenfunktion „Signum von x" ordnet jeder positiven Zahl den Wert +1, der 0 den Wert 0 und jeder negativen Zahl den Wert −1 zu:

$$\operatorname{sgn}(x) = \begin{cases} +1 & \text{für} \quad x > 0 \\ 0 & \text{für} \quad x = 0 \\ -1 & \text{für} \quad x < 0 \end{cases}$$

a) Zeichne den Graphen der Signum-Funktion.

b) Zeige, dass die Vorzeichenfunktion an der Stelle $x = 0$ nicht differenzierbar ist.

c) Schreibe den Term der Betragsfunktion $f(x) = |x|$ mithilfe von sgn(x).

4 **Die Ganzteilfunktion INT(x)**

Eine beim Programmieren häufig gebrauchte Funktion ist die „Integer-Funktion" (*integer* vom engl. *ganz*), die auf die nächstkleinere ganze Zahl abrundet:

$$\operatorname{INT}(x) = \begin{cases} x, & \text{falls } x \in \mathbb{Z} \\ \text{nächstkleinere ganze Zahl von } x, & \text{falls } x \notin \mathbb{Z} \end{cases}$$

a) Zeichne ihren Graphen für $-3 \leq x \leq 3$.

b) An welchen Stellen ist die Integer-Funktion nicht differenzierbar? Weise das für eine Stelle mithilfe des Differenzenquotienten nach.

c) Gib an: INT(2,4), INT(2,7), INT(2,4 + 0,5), INT(2,7 + 0,5).
Welche besondere Eigenschaft hat die Funktion INT(x + 0,5)? Zeichne ihren Graphen für $-3 \leq x \leq 3$.

5 Lineare Transformationen der Normalparabel (für Partnerarbeit geeignet)
Skizziere die Normalparabel $y = x^2$. Bedenke, wie man die Funktionswerte der Funktion g im Vergleich zu den Funktionswerten von $f(x) = x^2$ berechnet. Beschreibe, wie der Graph G_g aus der Normalparabel hervorgeht. Skizziere G_g.

a) $g(x) = x^2 + 2$ b) $g(x) = -x^2$ c) $g(x) = x^2 - 2$ d) $g(x) = (x-2)^2$
e) $g(x) = (x+2)^2$ f) $g(x) = 2 - x^2$ g) $g(x) = (-x+2)^2$ h) $g(x) = 2x^2$
i) $g(x) = -\frac{1}{2}x^2$ k) $g(x) = (\frac{1}{2}x)^2$ l) $g(x) = -\frac{1}{2}(x-2)^2$ m) $g(x) = 1 - (x+1)^2$

6 Lineare Transformationen von Grundfunktionen (für Partnerarbeit geeignet)
Skizziere den Graphen der Grundfunktion f. Beschreibe, wie der Graph G_g der Funktion g aus dem Graphen G_f hervorgeht. Skizziere G_g.

a) $f(x) = x^3$, $g(x) = x^3 - 1$
b) $f(x) = x^3$, $g(x) = (x-1)^3$
c) $f(x) = \frac{1}{x}$, $g(x) = -\frac{1}{x}$
d) $f(x) = \frac{1}{x}$, $g(x) = \frac{1}{x-2}$
e) $f(x) = \frac{1}{x}$, $g(x) = \frac{1}{x-2} - 1$
f) $f(x) = \frac{1}{x}$, $g(x) = 1 - \frac{1}{x-2}$
g) $f(x) = 2^x$, $g(x) = 2^{-x}$
h) $f(x) = 2^x$, $g(x) = -2^{-x}$
i) $f(x) = \sin x$, $g(x) = 2 \cdot \sin x$
k) $f(x) = \sin x$, $g(x) = \sin(2x)$
l) $f(x) = \cos x$, $g(x) = -\cos(-x)$
m) $f(x) = \cos x$, $g(x) = \cos(x - \frac{\pi}{2})$

7 Lineare Transformationen der Betragsfunktion
Beschreibe, wie der abgebildete Graph aus dem Graphen der Betragsfunktion f mit $f(x) = |x|$ hervorgeht. Gib seine Gleichung an.
An welcher Stelle ist die Funktion nicht differenzierbar?

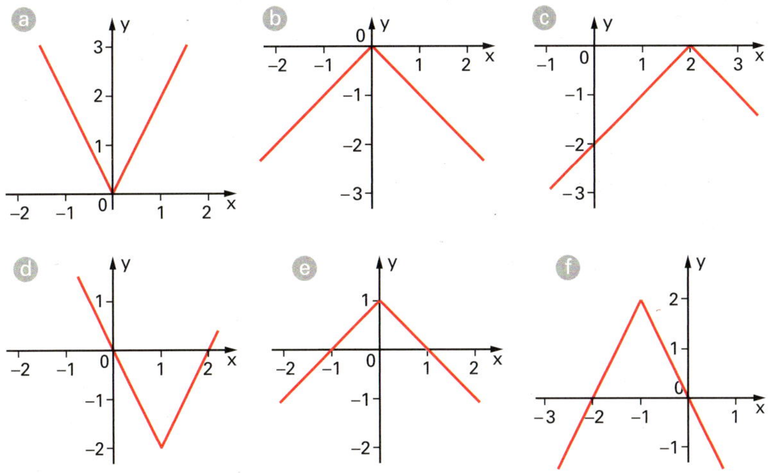

8 Differenzierbarkeit einer transformierten Betragsfunktion
Wie geht der Graph von f mit $x \in \mathbb{R}$ aus dem Graphen der Betragsfunktion hervor? Zeichne den Graphen. An welcher Stelle ist f nicht differenzierbar? Welche Steigungen haben die beiden Halbgeraden, die an der Ecke zusammenstoßen? Schreibe f betragsfrei.

a) $f(x) = |x-2|$ b) $f(x) = -|x+1|$ c) $f(x) = |2x|$ d) $f(x) = |2x+2| - 2$

9 Spiegeln – aber bitte in Raten!
Die Abbildung zeigt den Graphen G_f einer Funktion f. Gib eine Gleichung von f an. Beschreibe, wie die Graphen der Funktionen $g(x) = |f(x)|$, $h(x) = f(|x|)$ und $s(x) = |f(|x|)|$ aus G_f hervorgehen. Skizziere jeweils die Graphen. An welchen Stellen sind die Funktionen g, h und s nicht differenzierbar? (Kein Nachweis verlangt!)

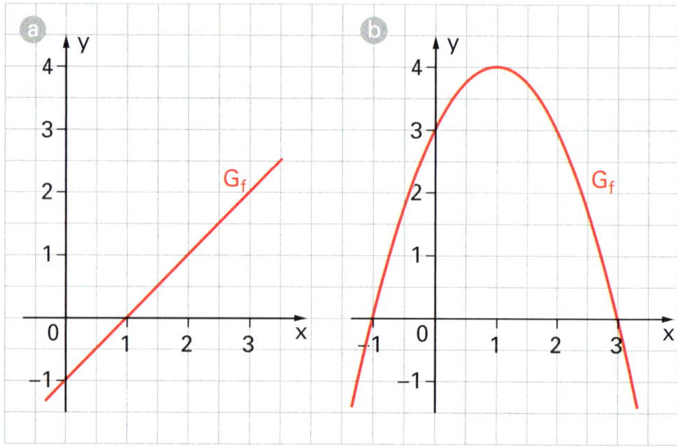

10 Funktionsgleichung gesucht
Gib für den Graphen die Funktionsgleichung an. Überprüfe dein Ergebnis mithilfe eines Funktionsplotters. Beachte: In den meisten Programmen wird $f(x) = |x|$ als „f(x) = abs(x)" eingegeben.

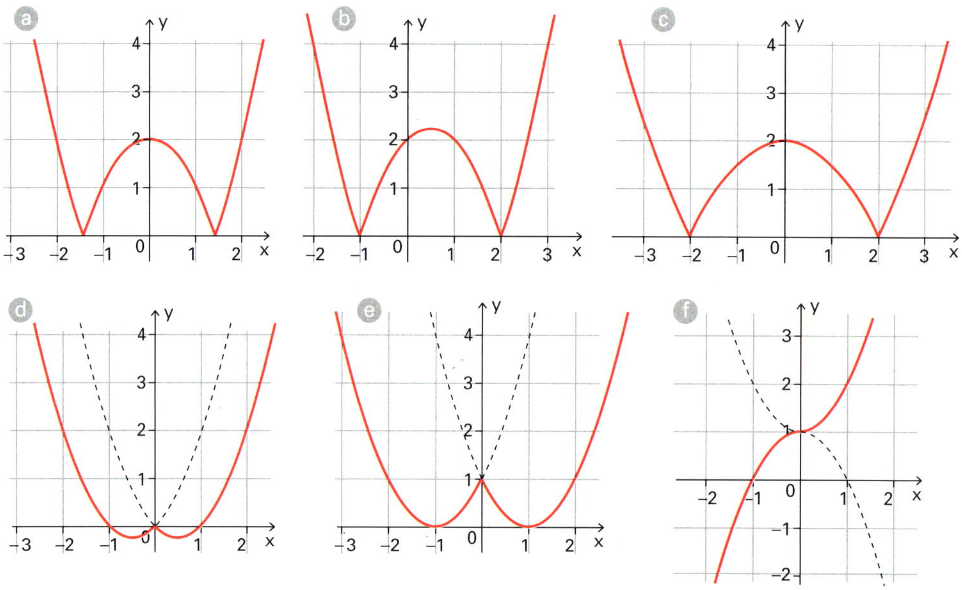

11 Manipulationen am Funktionsterm
Die Abbildung zeigt den Graphen G_f einer Funktion f. Skizziere den Graphen der folgenden Funktion. An welchen Stellen ist diese nicht differenzierbar? (Kein Nachweis verlangt!)

a) $g(x) = f(|x|)$ b) $h(x) = |f(x)|$
c) $s(x) = |f(|x|)|$ d) $u(x) = -f(|x|)$
e) $v(x) = |f(-x)|$ f) $w(x) = |f(x-2)|$
g) $a(x) = |f(x)| - 2$ h) $b(x) = |f(x) - 2|$

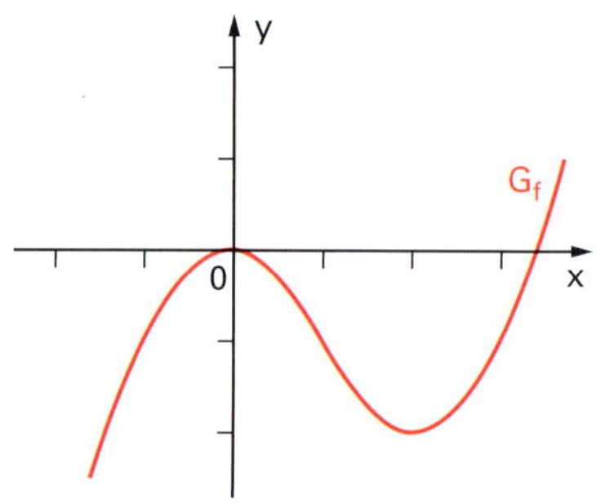

Training der Grundkenntnisse

12 Tangentenschnitt

Zeichne den Graphen G_f der Funktion f mit $f(x) = -x^2 + 2x$.

a) Bestimme $f'(x_0)$ mit der h-Methode.

b) Stelle die Gleichungen der Tangenten an G_f für $x = \frac{1}{2}$ und $x = 2$ auf. Unter welchen Winkeln sind sie gegen die x-Achse geneigt?

c) In welchem Punkt und unter welchem Winkel schneiden sich die beiden Tangenten?

13 Differenzierbarkeit

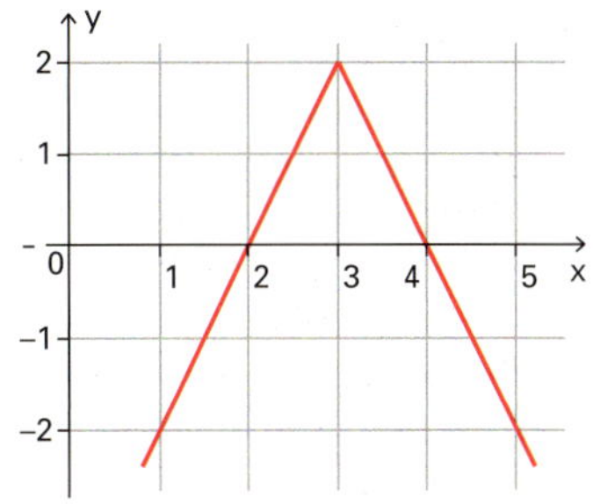

a) Wie geht der abgebildete Graph der Funktion g aus dem der Betragsfunktion $x \mapsto |x|$ hervor? Gib einen Term für g an.

b) Gibt es für $x_0 = 3$ keine Tangente an G_g oder gibt es sogar unendlich viele Tangenten? Begründe!

c) Gib die Gleichung einer Funktion h an, die an den Stellen $x_0 = 3$ und $x_1 = 5$ nicht differenzierbar ist.

14 Grundwissen: Grenzwert

Die folgenden Abbildungen zeigen die Graphen der Funktionen f_i mit den Termen $f_1(x) = 0{,}2(x-1)^3$, $f_2(x) = 2 - 2^{x-1}$, $f_3(x) = \frac{1}{x-2} + 1$ und $f_4(x) = 1{,}5\sin(3x) + 1$.

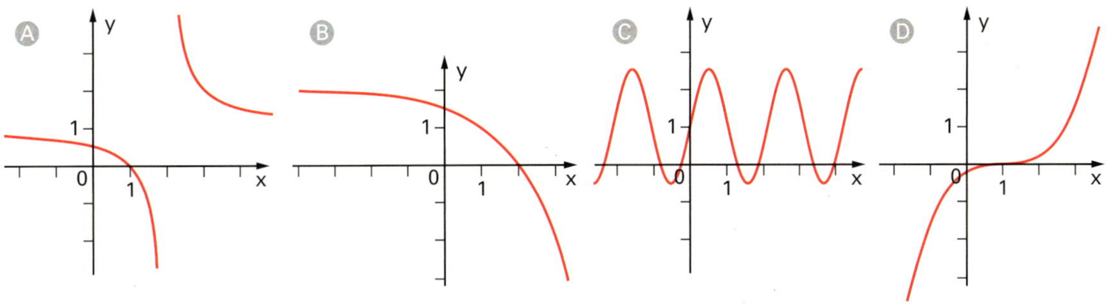

a) Ordne jedem Graphen einen Funktionsterm $f_i(x)$ zu und gib an, zu welcher Funktionsklasse die Funktion gehört.

b) Wie lautet die Grundfunktion zu f_i? Wie geht der Graph von f_i jeweils aus dem Graphen der Grundfunktion hervor?

c) Gib – falls möglich – die Grenzwerte $\lim\limits_{x \to +\infty} f_i(x)$ und $\lim\limits_{x \to -\infty} f_i(x)$ an.

15 Grundwissen: Vereinfachen von Termen

Vereinfache die folgenden Terme so weit wie möglich.

a) $5 \cdot x^5 \cdot x^5$ b) $5 \cdot x^5 - x^5$ c) $5 \cdot x^5 : x^5$ d) $5 \cdot \sqrt{x^5} \cdot \sqrt{x^5}$

e) $5 \cdot \sqrt{x^5} + \sqrt{x^5}$ f) $5 \cdot \sqrt{x^5} \cdot \sqrt{x^{-5}}$ g) $5 \cdot \sqrt{x^{-5}} \cdot \sqrt{x^{-5}}$ h) $x^5 \cdot x^{\frac{1}{5}}$

2 Globales Differenzieren

2.1 Die Ableitungsfunktion

Definition der Ableitungsfunktion

Unser Ziel ist es, aus dem Term einer Funktion f alle markanten Eigenschaften ihres Graphen zu ermitteln. Das Vorzeichen der Ableitung $f'(x_0)$ gibt an, ob die Funktionswerte f(x) in einer Umgebung von x_0 zu- oder abnehmen. Uns interessiert deshalb, wie die Ableitung $f'(x_0)$ von x_0 abhängt. Da wir nun x_0 nicht mehr als feste Stelle auffassen, verwenden wir statt x_0 die Variable x.

Die **Ableitungsfunktion f'** (kurz: **Ableitung f'**) einer Funktion f ist diejenige Funktion, die jeder Stelle x, an der f differenzierbar ist, die Ableitung f'(x) zuordnet:

$$f'(x) = \lim_{h \to 0} \frac{f(x+h) - f(x)}{h}$$

1. Beispiel: Die Ableitungsfunktion der Betragsfunktion f mit $f(x) = |x|$

Die Betragsfunktion f mit $f(x) = |x|$ hat für $x < 0$ die Ableitung -1 und für $x > 0$ die Ableitung $+1$. An der Stelle $x = 0$ ist f nicht differenzierbar. Damit können wir den Graphen der Ableitungsfunktion f' zeichnen.
Wir erkennen: Der Definitionsbereich von f' muss keineswegs mit dem von f übereinstimmen. Der Definitionsbereich der Betragsfunktion ist ganz $\mathbb{R}$, jener der Ableitungsfunktion f' aber $\mathbb{R} \setminus \{0\}$.

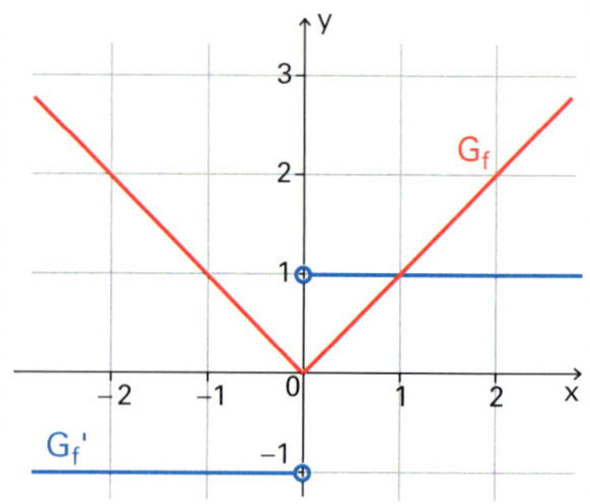

2. Beispiel: Die Ableitungsfunktion der reinquadratischen Funktion f mit $f(x) = x^2$

Mithilfe einer „wandernden" Tangente auf dem Graphen von f verschaffen wir uns zunächst einen qualitativen Einblick in den Verlauf des Graphen von f' (Aufgabe 1).
Wir erkennen: Für $x < 0$ verläuft der Graph von f' unterhalb, für $x > 0$ oberhalb der x-Achse. Für $x = 0$ hat f' eine Nullstelle.

Das Ergebnis der Differenziation der Quadratfunktion $f(x) = x^2$ zeigt, dass es sich bei der Ableitung um eine einfache Funktion handelt (Seite 12): $f'(x) = 2x$.
Das ist die Gleichung einer Geraden. Aus dieser können wir die Steigung jedes Parabelpunktes entnehmen: Z. B. ist im Punkt $P(-1\,|\,1)$ die Steigung gleich $f'(-1) = -2$. Damit lässt sich die Tangente in P zeichnen.

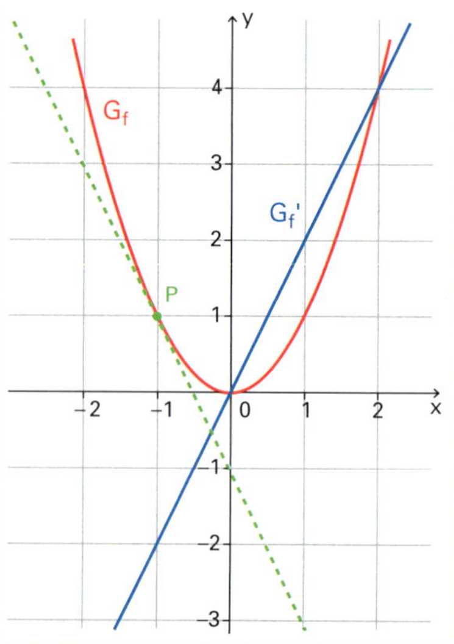

Aufgaben

1 Ableitungsfunktion mit Funktionsplotter

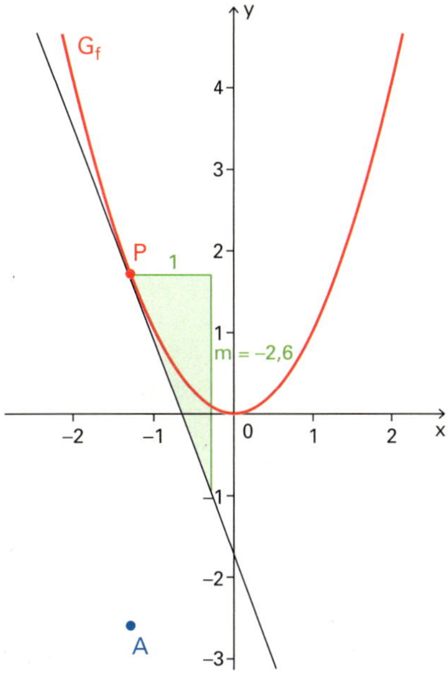

Starte einen Funktionsplotter oder ein dynamisches Geometrieprogramm und lass dir den Graphen der Funktion $f(x) = x^2$ anzeigen. Definiere einen Punkt P auf G_f. Lege eine Tangente an G_f durch P und lass dir ihre Steigung m einblenden.

a) Verändere P im Zugmodus und beobachte dabei die Tangente genau. Beschreibe in Worten, wie sich die Steigung der „wandernden" Tangente verhält.

b) Wir ordnen jetzt jedem x-Wert die zugehörige Steigung m der entsprechenden Tangente, also $f'(x)$, zu und erhalten so eine neue Funktion, die Ableitungsfunktion von f. Definiere dazu einen Punkt A, der die gleiche x-Koordinate wie P hat, aber als y-Koordinate die jeweils zugehörige Steigung m: Eingabe: A=(x(P),m) . Verändere P im Zugmodus und beobachte A. Welche Kurve durchläuft A? Lass zur Überprüfung deiner Vermutung diese Kurve – die sogenannte Spur von A – einblenden. Wie lautet die Gleichung der Ableitungsfunktion f' der reinquadratischen Funktion $f(x) = x^2$?

2 „Wandernde Tangente"

a) Zeichne den Graphen der kubischen Potenzfunktion f mit $f(x) = x^3$ im Intervall $[-2; 2]$.

b) Lege einen Bleistift im Punkt $P(-2|-8)$ an G_f tangential an. Lass den Bleistift tangential am Graphen entlangwandern. Beschreibe, wie sich dabei die Steigungswerte der „wandernden Tangente" verhalten. Skizziere den Graphen der Ableitungsfunktion f'.

c) Im Kapitel 1.2 (Aufgabe 5) wurde gezeigt, dass für die Ableitung der kubischen Potenzfunktion gilt: $f'(x) = 3x^2$. Trage den Graphen $G_{f'}$ in die Zeichnung von a) ein. Vergleiche mit deiner Skizze von b). Erläutere den Zusammenhang zwischen $G_{f'}$ und G_f anhand einiger Ableitungswerte genauer.

3 Ableitungsfunktionen transformierter Grundfunktionen

a) Zeichne den Graphen der Ableitungsfunktion f_i' mit
$f_1(x) = |x-1|$, $f_2(x) = -|x|$, $f_3(x) = 2|x-1|$, $f_4(x) = |\frac{1}{2}x - 1|$.

b) Die Funktion f mit $f(x) = x^2$ hat die Ableitungsfunktion $f'(x) = 2x$. Die Funktionen f_i gehen durch lineare Transformationen aus f hervor. Gib jeweils den Term der zugehörigen Ableitungsfunktion f_i' an:
$f_1(x) = x^2 - 2$, $f_2(x) = -x^2$, $f_3(x) = (x-2)^2$, $f_4(x) = -(x+3)^2 - 2$

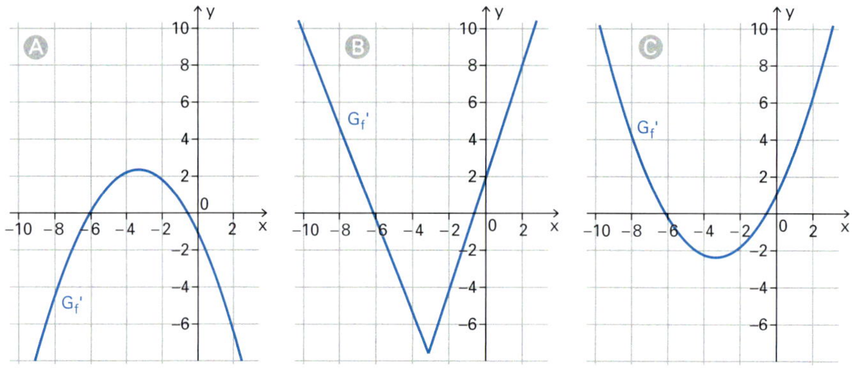

4 Multiple Choice

Rechts ist der Graph einer Funktion f rot dargestellt. Welcher der oben abgebildeten blauen Graphen ist der Graph der Ableitungsfunktion von f? Begründe!

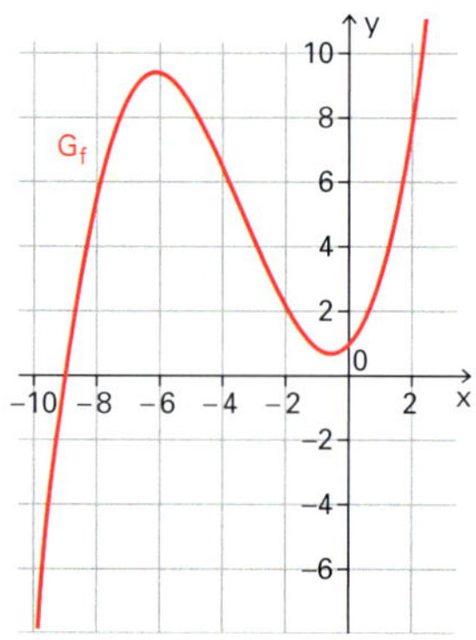

5 Graph der Ableitungsfunktion

Skizziere zum unten angegebenen Graphen der Funktion f den Graphen der zugehörigen Ableitungsfunktion f' (Tipp: „wandernde Tangente“).

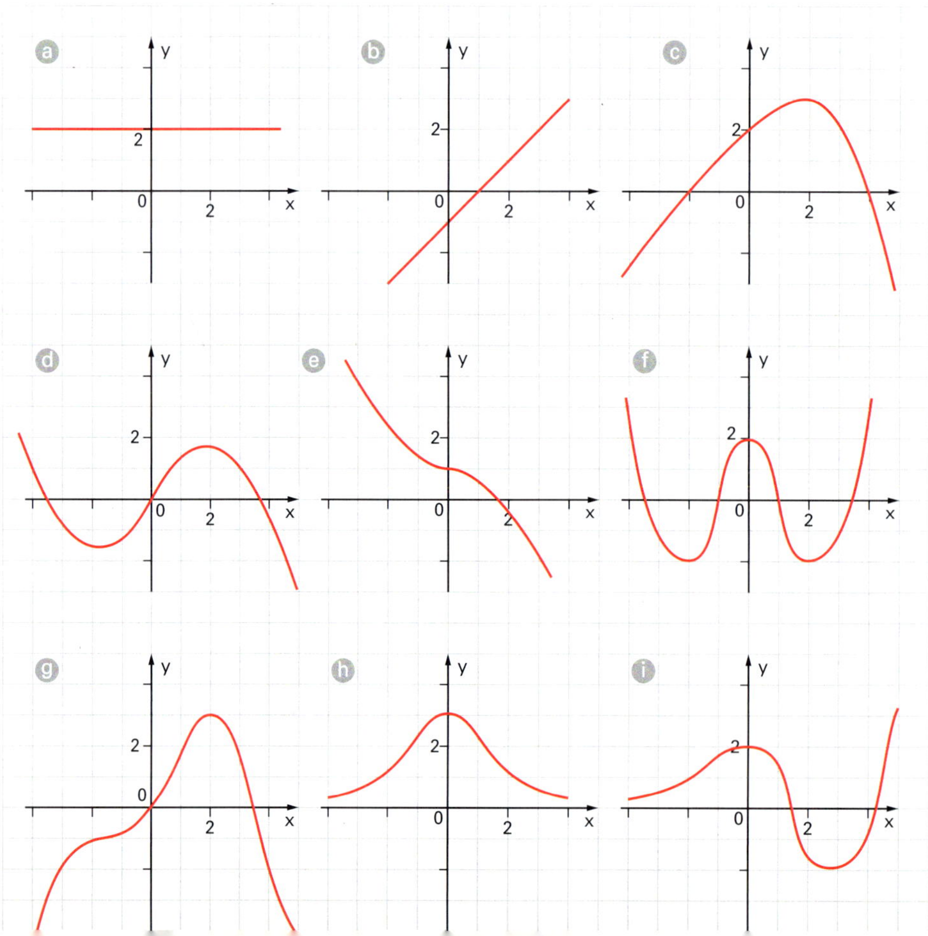

2.2 Ableitung ganzrationaler Funktionen

Wir haben bisher nur Funktionen mit einfachen Termen differenziert. Selbst das war mit der h-Methode manchmal mühsam. Deshalb suchen wir nach Ableitungsregeln, mit deren Hilfe wir zunächst ganzrationale Funktionen, d. h. Funktionen mit einem Term der Form $f(x) = a_n x^n + a_{n-1} x^{n-1} + \ldots + a_1 x + a_0$, mühelos differenzieren können.

Die Ableitung der Potenzfunktionen

Die Grundbausteine der ganzrationalen Funktionen sind die Potenzfunktionen. Rechts sind die Ableitungen der Potenzfunktionen, die uns bisher begegnet sind, zusammengestellt. Die Tabelle legt die Regel nahe:

$f(x)$	x	x^2	x^3
$f'(x)$	1	$2x$	$3x^2$

Ableitung der Potenzfunktion

Die Potenzfunktion f mit $f(x) = x^n$ und natürlichem Exponenten n ist differenzierbar und es gilt: $f'(x) = n \cdot x^{n-1}$

Der Term x^n wird differenziert, indem man den Exponenten n als Faktor voranstellt und den Exponenten um 1 erniedrigt.

Beweis: Wir bilden den Differenzialquotienten:

$$f'(x) = \lim_{h \to 0} \frac{f(x+h) - f(x)}{h} = \lim_{h \to 0} \frac{(x+h)^n - x^n}{h}$$

Damit wir mit h kürzen können, müssen wir den Term $(x+h)^n = \underbrace{(x+h) \cdot (x+h) \cdot \ldots \cdot (x+h)}_{\text{n Faktoren}}$ ausmultiplizieren.

Dabei nehmen wir aus jeder Klammer jeweils ein Glied. Auf diese Weise ergeben sich die Produkte x^n, $x^{n-1} \cdot h$, $x^{n-2} \cdot h^2$, …, $x \cdot h^{n-1}$, h^n.
x^n entsteht nur einmal, nämlich nur dann, wenn wir aus jeder Klammer den ersten Summanden nehmen.
$x^{n-1} \cdot h$ entsteht, wenn wir aus einer Klammer h nehmen und aus den restlichen Klammern x. Da es n Klammern gibt, aus denen h stammen kann, kommt $x^{n-1} \cdot h$ n-mal vor.
Alle anderen Produkte enthalten h^2 oder eine noch höhere Potenz von h. Aus diesen Gliedern können wir h^2 ausklammern. Somit ist:

$$f'(x) = \lim_{h \to 0} \frac{(x+h)^n - x^n}{h} = \lim_{h \to 0} \frac{x^n + n \cdot x^{n-1} \cdot h + h^2 \cdot (\ldots) - x^n}{h}$$

$$= \lim_{h \to 0} [n \cdot x^{n-1} + h \cdot (\ldots)] = n \cdot x^{n-1}$$

Beispiele: a) $f(x) = x^4 \Rightarrow f'(x) = 4 \cdot x^3$ b) $f(x) = x^7 \Rightarrow f'(x) = 7 \cdot x^6$

Die Faktorregel

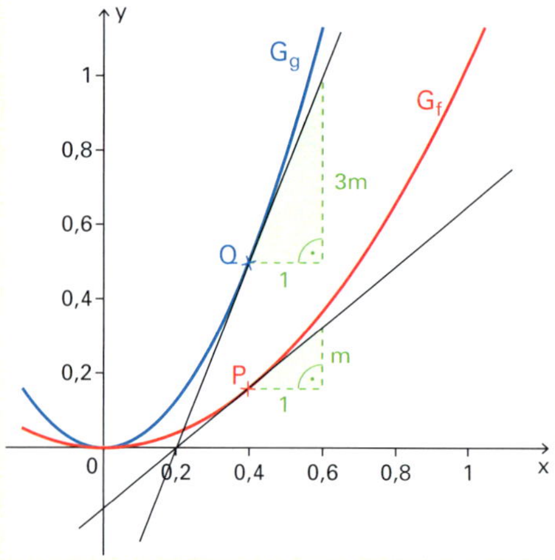

Die Ableitung von $f(x) = x^2$ ist $f'(x) = 2x$. Wie lautet die Ableitung von $g(x) = 3 \cdot f(x) = 3 \cdot x^2$? Der Graph von g entsteht aus der Normalparabel $y = x^2$ durch eine Streckung mit dem Faktor 3 in y-Richtung. Dabei geht die Tangente in P in die Tangente in Q über. Die Längen der Strecken parallel zur y-Achse verdreifachen sich. Also verdreifacht sich auch die Länge der senkrechten Kathete eines Steigungsdreiecks. Die Länge der waagerechten Kathete bleibt erhalten. Die Steigung ist somit dreimal so groß:

$$g'(x) = 3 \cdot f'(x) = 3 \cdot 2x = 6x$$

Wir verallgemeinern auf beliebige differenzierbare Funktionen (Aufgabe 2):

$$g(x) = c \cdot f(x)$$

$$g'(x) = \lim_{h \to 0} \frac{g(x+h) - g(x)}{h} = \lim_{h \to 0} \frac{c \cdot f(x+h) - c \cdot f(x)}{h} = c \cdot \lim_{h \to 0} \frac{f(x+h) - f(x)}{h} = c \cdot f'(x)$$

Faktorregel für konstante Faktoren
Ist f eine differenzierbare Funktion und c eine reelle Zahl, dann ist die Funktion g mit $g(x) = c \cdot f(x)$ differenzierbar und es gilt:

$$g(x) = c \cdot f(x) \quad \Rightarrow \quad g'(x) = c \cdot f'(x)$$

Ein konstanter Faktor wird beim Differenzieren unverändert beibehalten.

Beispiel: $f(x) = 3x^2 \quad \Rightarrow \quad f'(x) = 3 \cdot 2x = 6x$

Die Summenregel

Aufgrund mehrerer Beispiele (Aufgabe 4) vermuten wir:

Summenregel
Sind f und g differenzierbare Funktionen, dann ist die Summenfunktion s differenzierbar und es gilt:

$$s(x) = f(x) + g(x) \quad \Rightarrow \quad s'(x) = f'(x) + g'(x)$$

Die Summanden einer Summe von Funktionen dürfen einzeln differenziert werden.

Beweis: Wir bilden den Differenzialquotienten:

$$s'(x) = \lim_{h \to 0} \frac{s(x+h) - s(x)}{h} = \lim_{h \to 0} \frac{f(x+h) + g(x+h) - (f(x) + g(x))}{h}$$

$$= \lim_{h \to 0} \left(\frac{f(x+h) - f(x)}{h} + \frac{g(x+h) - g(x)}{h} \right) = f'(x) + g'(x)$$

Damit sind wir in der Lage, ganzrationale Funktionen problemlos zu differenzieren.

Beispiel: $f(x) = 3x^4 + 4x^5 \quad \Rightarrow \quad f'(x) = 12x^3 + 20x^4$

Nach Aufgabe 4 haben wir weiterhin erkannt:

> Die Ableitung einer Produktfunktion ist im Allgemeinen nicht gleich dem Produkt der Ableitungen der Faktoren.

Liegt die ganzrationale Funktion als Produkt vor, müssen wir den Term vor dem Differenzieren ausmultiplizieren.

Beispiel: $f(x) = (5x-3)^2 = 25x^2 - 30x + 9 \quad \Rightarrow \quad f'(x) = 50x - 30$

Die Normale

Beim Kreis steht die Tangente auf dem Berührungsradius senkrecht. Es verlaufen also alle Geraden, die in den Berührpunkten auf den Tangenten senkrecht stehen, durch einen Punkt, durch den Kreismittelpunkt. Auch bei anderen Kurven hat diese Senkrechte interessante Eigenschaften.

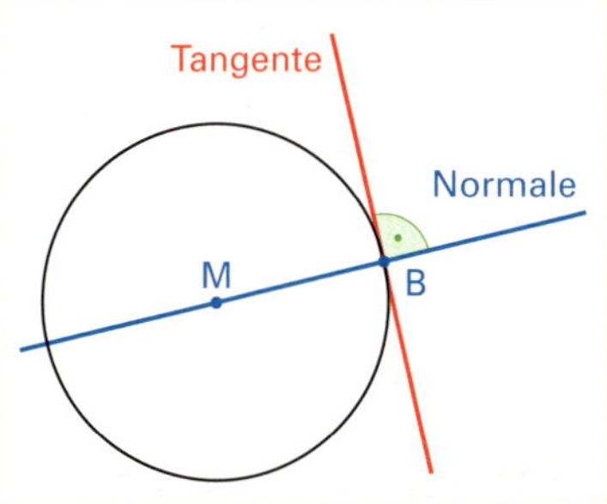

> Die Gerade, die im Berührpunkt auf der Tangente senkrecht steht, heißt **Normale**.

Beispiel: Tangente und Normale in einem Punkt der Normalparabel

Wir betrachten den Punkt $P(1|1)$ auf der Normalparabel $y = x^2$. Die Steigung m_T der Tangente in P beträgt:

$$m_T = f'(1) = 2.$$

Setzen wir die Koordinaten von P in $y = 2x + t$ ein, erhalten wir die Gleichung der Tangente: $y = 2x - 1$

Welche Steigung hat die Normale?
Drehen wir das eingezeichnete Steigungsdreieck der Tangente um 90° um den Eckpunkt P, entsteht ein Steigungsdreieck der Normale. Dabei vertauschen sich senkrechte und waagerechte Kathete: Wir müssen um 2 nach rechts und um 1 nach unten gehen, um wieder in P auf der Normalen zu landen. Ihre Steigung ist also

$$m_N = \frac{-1}{2} = -\frac{1}{2}.$$

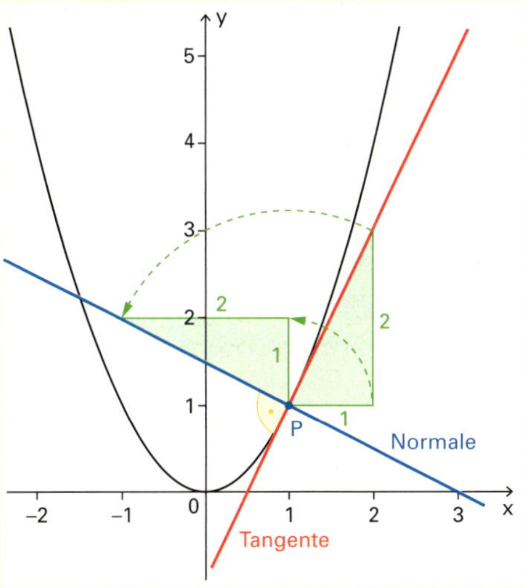

Setzen wir die Koordinaten von P in $y = -\frac{1}{2}x + t$ ein, erhalten wir die Gleichung der Normale: $y = -\frac{1}{2}x + \frac{3}{2}$
Ersetzen wir die Länge 2 der Kathete durch m_T, folgt allgemein: $m_N = -\frac{1}{m_T}$.

Die Steigung der Normale ist der negative reziproke Wert der Tangentensteigung:

$$m_{\text{Normale}} = -\frac{1}{m_{\text{Tangente}}}$$

Diese Überlegung versagt, wenn die Tangentensteigung 0 ist. Dann ist der reziproke Wert nicht definiert. In diesem Fall ist die Tangente parallel zur x-Achse und folglich die Normale parallel zur y-Achse.

Aufgaben

1 Differenzieren mit der Regel für Potenzfunktionen

a) Differenziere: $f(x) = x^4$, $g(x) = x^6$, $h(x) = x^{13}$, $u(x) = 13$, $v(x) = (x^n)^2$

b) Bestimme die Gleichung der Tangente an den Graphen G im Punkt P:

A) $f(x) = x^5$, $P(-1\,|\,y_P)$ B) $g(x) = x^6$, $P(-1\,|\,y_P)$ C) $h(x) = x^4$, $P(\sqrt{2}\,|\,y_P)$

D) $h(x) = x^4$, $P(\sqrt{a}\,|\,y_P)$ E) $u(x) = x^n$, $P(1\,|\,y_P)$ F) $v(x) = x^{2n+1}$, $P(-1\,|\,y_P)$

2 Die Bedeutung des Faktors c

Wir wollen mithilfe eines Funktionsplotters untersuchen, wie sich der Faktor c in der Potenzfunktion f mit $f(x) = c \cdot x^n$ auf das Ableiten auswirkt.

Definiere dazu einen Schieberegler n im Bereich von 1 bis 5 mit der Schrittweite 1. Definiere weiterhin einen Schiebregler c von −5 bis 5 mit beliebiger Schrittweite. Stelle die Schieberegler auf die Werte in der Abbildung ein. Gib jetzt die Funktion $f(x) = c \cdot x^n$ ein, definiere einen beliebigen Punkt P auf G_f und zeichne die Tangente an G_f in P . Lass dir die Steigung m der Tangente anzeigen .

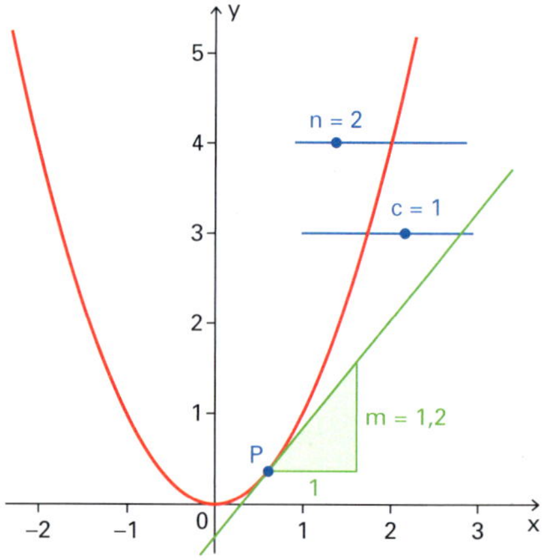

a) Verändere den Schieberegler c und beobachte genau, was mit der Steigung im Punkt P geschieht. Probiere das auch für andere Lagen von P aus.

b) Wiederhole deine Untersuchung aus Teilaufgabe a) für andere Exponenten der Potenzfunktion, indem du den Schieberegler n veränderst.

Wie lautet wohl die Ableitungsfunktion der Funktion f mit $f(x) = c \cdot x^n$?

3 Differenzieren mit der Faktorregel

Differenziere:

a) $f(x) = 2x^3$ b) $f(x) = \frac{1}{2}x^4$ c) $f(x) = 2^3 \cdot x$ d) $f(x) = 3^2$

e) $f(x) = 2^3 \cdot x^3$ f) $f(x) = (2x)^5$ g) $f(x) = \frac{1}{125}(5x)^4$ h) $f(x) = \frac{1}{10}(\sqrt{2}x^3)^2$

4 Differenziationsregeln?

Dürfen wir Summanden bzw. Faktoren einer Funktion einzeln differenzieren? Wir wollen das an einfachen Beispielen testen:

Leite zunächst $f_1(x)$ und $f_2(x)$ ab.
Bilde dann die Funktionen $f(x) = f_1(x) + f_2(x)$ und $g(x) = f_1(x) \cdot f_2(x)$.
Leite nun $f(x)$ und $g(x)$ ab und vergleiche mit der Summe bzw. dem Produkt der Ableitungen $f_1'(x)$ und $f_2'(x)$.

a) $f_1(x) = 2x^2$, $f_2(x) = 3x^2$
b) $f_1(x) = x$, $f_2(x) = x$
c) $f_1(x) = \frac{1}{3}x^3$, $f_2(x) = x^3$
d) $f_1(x) = -x^4$, $f_2(x) = -2x^4$

5 Ableiten ganzrationaler Funktionen I

Differenziere:

a) $f(x) = x^2 + 2x + 3$
b) $g(x) = 3x + 7$
c) $h(x) = x^4 + 2x^3 - 7x^2 + 4x - 2$
d) $s(x) = \frac{1}{4}x^4 - \frac{5}{3}x^3 + \frac{1}{2}x^2 - 5x + 10$
e) $u(x) = -2x^6 + 6x^2 - \sqrt{3}$
f) $v(x) = \frac{\sqrt{8}}{6}x^3 - \sqrt{2}x + 1$
g) $w(x) = x^2 - 5^2$
h) $v(x) = 10^{10} - x^{10}$
i) $A(r) = \pi r^2$
k) $V(r) = \frac{4}{3}\pi r^3$
l) $f(x) = ax^2$
m) $f(x) = ax^2 + 2x + a$
n) $f(x) = x^3 - a^3$
o) $f(x) = -a^2x^2 + 2a$
p) $f(x) = x^3 - 3ax^2 + 3a^2x - a^3$

6 Der Garland-Hang

Die Lenggrieser Weltcup-Abfahrtsstrecke beginnt mit dem Garland-Hang, einer schwarzen Abfahrt am Brauneck. Das Profil des Hanges wird näherungsweise durch die Funktion f mit $f(x) = 0{,}0001 \cdot x^2 + 1004$ und $x \in [1400; 2350]$ beschrieben, wobei x und die zugehörige Höhe f(x) in Metern gemessen werden.

a) Berechne die Höhe der Tal- und der Bergstation des Garland-Sessellifts.
b) Berechne die mittlere Änderungsrate von f für das Intervall [1400; 2350]. Welche Bedeutung hat die mittlere Änderungsrate von f?
c) Wo ist der Hang am steilsten, wo am flachsten? Berechne die zugehörigen Steigungen und Steigungswinkel.

7 Ableiten ganzrationaler Funktionen II

Differenziere:

a) $f(x) = -3x^3 - 3(x + 3)$
b) $f(x) = 5(x + 3x^3 - 2x^4)$
c) $g(x) = -\frac{1}{5}(5x^4 - 2x^5)$
d) $h(x) = \frac{2x^3 - 3x^2 + 2}{3}$
e) $u(x) = \frac{\sqrt{8}x^2 + 3\sqrt{6}x^3 - \sqrt{2}x}{\sqrt{2}}$
f) $v(x) = \frac{1}{2}\sqrt{2}(\sqrt{8}x - \sqrt{2})$
g) $w(x) = x(2x^2 - 3x + 4)$
h) $f(x) = (x - 1)^2$
i) $g(x) = (2x^2 + 3)(2x^2 - 3)$
k) $g(x) = 3(x^2 - 2)(x + 1)$
l) $f(t) = (2t^2 + 4)^2$
m) $f(t) = 2(t^2 + 2)^2$

8 **Quadratische Funktionen und ihre Ableitungsfunktionen**

Skizziere den Graphen G_f der reinquadratischen Funktion f mit $f(x) = x^2$ und den Graphen $G_{f'}$ der Ableitungsfunktion f'.

Wir unterwerfen f linearen Transformationen und interessieren uns dafür, was mit der zugehörigen Ableitungsfunktion geschieht.

Beschreibe für die folgenden Funktionen zunächst, wie der jeweilige Graph aus G_f hervorgeht. Differenziere die Funktion anschließend und skizziere zu einigen Parameterwerten sowohl den Graphen der Funktion als auch den Graphen der zugehörigen Ableitungsfunktion. Was fällt dabei auf? Wie geht der Graph der jeweiligen Ableitungsfunktion aus $G_{f'}$ hervor? Versuche deine Erkenntnisse zu begründen.

a) $g(x) = x^2 + c$ b) $h(x) = (x - b)^2$ c) $u(x) = ax^2$ d) $v(x) = a(x - b)^2 + c$

9 **Steigungswinkel**

Gegeben ist die Funktion f durch $f(x) = \frac{1}{3}x^3 - x^2 + x + \frac{1}{3}$.

a) Bestimme die Gleichung der Tangente im Punkt $A(-1\,|\,y_A)$. Wie groß ist ihr Steigungswinkel?

b) Welche Tangenten des Graphen G_f schließen mit der x-Achse einen Winkel von 45° ein?

c) Wie kann man am Term von f'(x) erkennen, dass es keine Tangenten mit negativen Steigungswinkeln gibt?

10 **Schnittwinkel zweier Graphen**

Gegeben sind die Potenzfunktionen f und g durch $f(x) = x^2$ und $g(x) = x^3$.

a) Zeichne die zugehörigen Graphen G_f und G_g im Intervall $[-2; 2]$ in ein gemeinsames Koordinatensystem. Außer dem Ursprung haben G_f und G_g einen Punkt S gemeinsam. Berechne die Steigungen der beiden Graphen im Schnittpunkt S und zeichne die zugehörigen Tangenten t_1 und t_2.

Zwei Graphen schneiden sich in einem Punkt S. Ihr **Schnittwinkel** ist der **Winkel, den die beiden Tangenten** an die Graphen in S miteinander **einschließen**.

b) Berechne die Winkel, die t_1 und t_2 mit der x-Achse einschließen.

c) Berechne den Schnittwinkel der beiden Graphen.

11 **Berechnen von Schnittwinkeln**

Berechne die Nullstellen und skizziere damit die Graphen. Bestimme dann die Schnittpunkte und die Schnittwinkel der beiden Graphen.

a) $f(x) = x^2 - 2x + 1$; $g(x) = x^2 + 2x + 1$ b) $f(x) = x^2$; $g(x) = x^2 + x - 2$

c) $f(x) = -x + 2$; $g(x) = \frac{1}{2}(x - 1)^2$ d) $f(x) = x^3$; $g(x) = -x^2 + 2x$

12 **Lot fällen**

Bestimme die Gleichung der Geraden, die durch P geht und zur Geraden mit der angegebenen Gleichung senkrecht ist. Ermittle den Schnittpunkt beider Geraden, d. h. den Lotfußpunkt L.

a) $P(-1\,|\,3)$; $y = 2x$ b) $P(1\,|\,3)$; $y = \frac{2}{3}x - 2$ c) $P(3{,}5\,|\,1)$; $y = -\frac{1}{3}x - 1$

d) $P(1\,|\,5{,}5)$; $y = -\frac{3}{4}x$ e) $P(3\,|\,4)$; $y = -x + 1$ f) $P(-3\,|\,2)$; $y = 0$

13 **Tangente und Normale**

Zeichne den Graphen G_f. Stelle die Gleichung der Tangente und der Normale im Punkt P auf und trage diese in die Zeichnung ein. Überprüfe dein Ergebnis mit einem Funktionsplotter.

a) $f(x) = \frac{1}{2}x^2$; $P(2|y_P)$

b) $f(x) = \frac{1}{4}x^3$; $P(2|y_P)$

c) $f(x) = -x^2 + 2x$; $P(-1|y_P)$

d) $f(x) = -x^2 + 2x$; $P(1|y_P)$

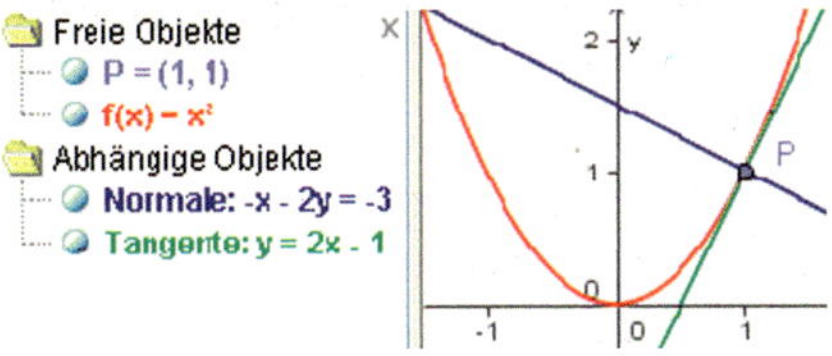

14 **Dreiecksteilung**

Wie lautet die Gleichung der Geraden g?
n ist das Lot zu g im Punkt $P(2|y_P)$. In welchem Verhältnis teilt n die Fläche des Dreiecks, das g mit den Koordinatenachsen bildet?

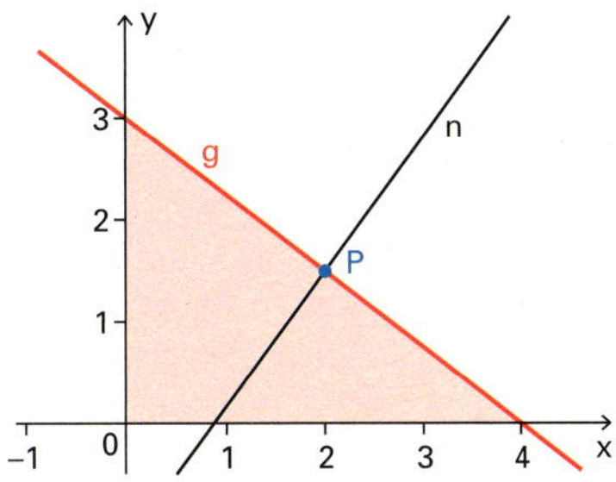

15 **Von jedem etwas**

Wir betrachten die Funktion f mit $f(x) = -\frac{1}{18}x^3 + \frac{1}{2}x^2$.

a) Begründe, welcher der drei Graphen G_f ist.

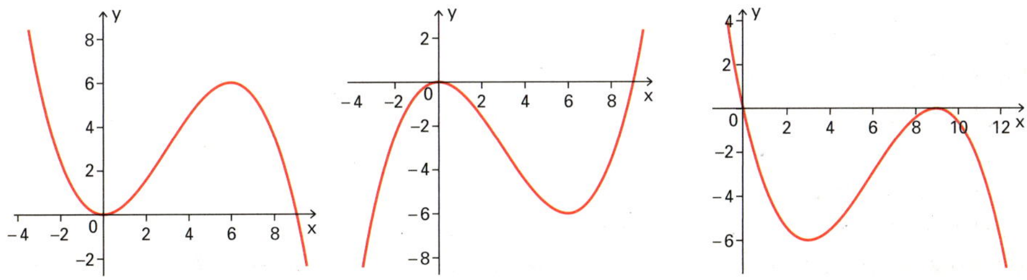

b) In welchen Punkten besitzt G_f die Steigung $-\frac{9}{2}$?

c) Zeige, dass die Gerade g mit $y = -\frac{9}{2}x + \frac{81}{2}$ Tangente an G_f ist.

d) Bestimme die Gleichung der Tangente h an G_f im Punkt $P(3|y_P)$.

e) Die Geraden g und h bilden zusammen mit der x-Achse ein Dreieck. Bestimme den Flächeninhalt dieses Dreiecks.

f) Bestimme die Gleichung der Normale n im Punkt $P(3|y_P)$.

16 **Grundwissen: Berechnung von Nullstellen**

Berechne, falls möglich, die Nullstellen der Funktion f.

a) $f(x) = -\frac{1}{2}x + 5$ b) $f(x) = \frac{1}{2}x^2 - \frac{1}{2}x - 10$ c) $f(x) = 2\sin 2x$

d) $f(x) = \frac{1}{2}x^3 + 4$ e) $f(x) = 8x^4 + 40{,}5$ f) $f(x) = \frac{1}{x-2} - 5$

g) $f(x) = 500 \cdot 5^x - 4$ h) $f(x) = x^3 - 5x^2 + 6x$ i) $f(x) = \frac{1}{x} + x^2$

k) $f(x) = 2x^3 - 13x^2 + 3$ l) $f(x) = x^2 + 2^x$ m) $f(x) = x^2 - 2^x$

2.3 Das Newton-Verfahren

Eine wichtige Eigenschaft einer Funktion sind ihre Nullstellen. Diese lassen sich aber nur für einige Funktionsklassen problemlos berechnen (Seite 33, Aufgabe 18). Wir werden deshalb ein Verfahren kennenlernen, mit dem man Nullstellen beliebig genau näherungsweise berechnen kann.

Wir suchen eine Nullstelle einer beliebigen Funktion f. Setzen wir einen Anfangswert x_0 in die Funktionsgleichung ein, erhalten wir im Allgemeinen einen von null verschiedenen Funktionswert $f(x_0)$. Mit einem DGP haben wir erkannt, dass die Nullstelle der Tangente im Punkt $A(x_0|f(x_0))$ an den Graphen G_f ein besserer Näherungswert für die gesuchte Nullstelle ist als der Startwert x_0 (Aufgabe 1). Wir wollen deshalb dieses Verfahren verallgemeinern:
Zu x_0 gehört der Punkt $A(x_0|f(x_0))$ auf dem Graphen G_f und es sei $f'(x_0) \neq 0$.

Tangente an G_f durch A:

$$y = f'(x_0)\,x + t$$

$$f(x_0) = f'(x_0) \cdot x_0 + t$$

$$\Rightarrow \quad t = f(x_0) - f'(x_0) \cdot x_0$$

$$y = f'(x_0)\,x + f(x_0) - f'(x_0) \cdot x_0$$

Nullstelle x_1 der Tangente:

$$0 = f'(x_0)\,x_1 + f(x_0) - f'(x_0) \cdot x_0$$

$$\Rightarrow \quad x_1 = \frac{f'(x_0) \cdot x_0 - f(x_0)}{f'(x_0)} = x_0 - \frac{f(x_0)}{f'(x_0)}$$

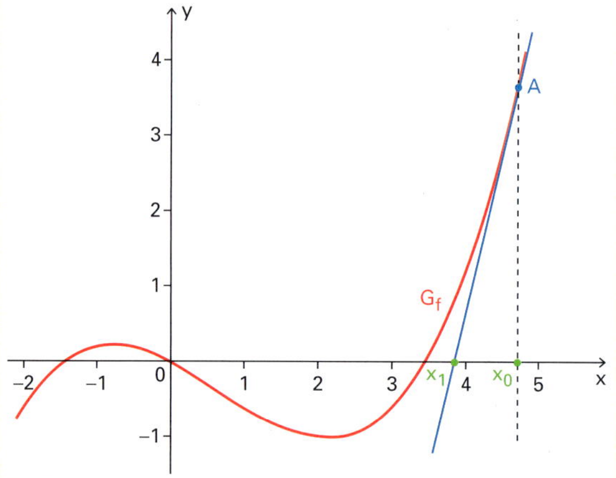

Diesen Schritt können wir beliebig oft wiederholen. Dabei wird das Ergebnis eines Schritts als Ausgangswert für den nächsten Schritt verwendet. Da sich dabei die Rechenschritte mit sich ändernden Zahlen wiederholen, handelt es sich um ein **Iterationsverfahren**.

Isaac Newton gab dieses Tangentenverfahren zur näherungsweisen Berechnung von Nullstellen ganzrationaler Funktionen um 1670 an. Es wurde deshalb nach ihm benannt.

Newton-Verfahren
Ist x_n ein Näherungswert einer Nullstelle der Funktion f und $f'(x_n) \neq 0$, dann ist $x_{n+1} = x_n - \frac{f(x_n)}{f'(x_n)}$ im Allgemeinen ein besserer Näherungswert.

Beachte: Das Newton-Verfahren konvergiert nicht immer (Aufgabe 3). Die Konvergenz der Iteration hängt vom Startwert x_0 ab.

Für die Durchführung der Rechenschritte bietet sich eine Tabellenkalkulation an.

Beispiel: Zur näherungsweisen Berechnung von $\sqrt{2}$ suchen wir die positive Nullstelle der quadratischen Funktion f mit $f(x) = x^2 - 2$. Da $f'(x) = 2x$ ist, erhalten wir die Iterationsformel

$$x_{n+1} = x_n - \frac{x_n^2 - 2}{2x_n}.$$

Als Startwert wählen wir $x_0 = 5$.
Bereits nach 6 Schritten liefert die Iteration, trotz des schlechten Startwertes, den Wert von $\sqrt{2}$ auf 8 Nachkommastellen genau.

fx =C2-(C2^2-2)/(2*C2)

B	C
n	x_n
0	5
1	2,7
2	1,72037037
3	1,44145537
4	1,41447098
5	1,41421359
6	1,41421356
7	1,41421356
8	1,41421356
9	1,41421356

Aufgaben

1 Nullstellen zeichnerisch

Wir interessieren uns für die Nullstelle der Funktion f mit $f(x) = x^2 - 2$.

a) Berechne die positive Nullstelle x_N von f auf zwei Nachkommastellen genau.

b) Zeichne mithilfe einer dynamischen Geometrie-Software den Graphen der Funktion f. Lege einen Punkt auf die x-Achse und schiebe ihn zum „Startwert" $x_0 = 5$. Definiere ein Lot durch x_0 auf die x-Achse und bezeichne seinen Schnittpunkt mit dem Graphen G_f mit A. Lege die Tangente t_A durch A und bezeichne die Nullstelle von t_A mit x_1. Verschiebe nun x_0 im Zugmodus auf die Stelle x_1 zu und beobachte, wie sich dabei x_1 verhält.

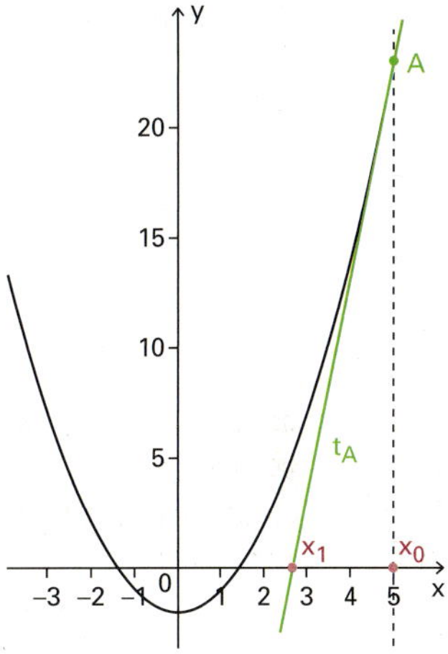

c) x_1 ist eine bessere Näherung für die gesuchte Nullstelle x_N als der Startwert x_0. Wir wollen diesen Wert berechnen: Berechne die Koordinaten von A zum Startwert $x_0 = 5$. Bestimme die Gleichung der Tangente t_A und berechne ihre Nullstelle x_1.

d) Beschreibe, wie man in der Abbildung die Werte für x_2 und x_3 erhält.
Wiederhole die entsprechenden Berechnungen aus Teilaufgabe c) für x_2 und x_3.
Vergleiche sie mit x_N.

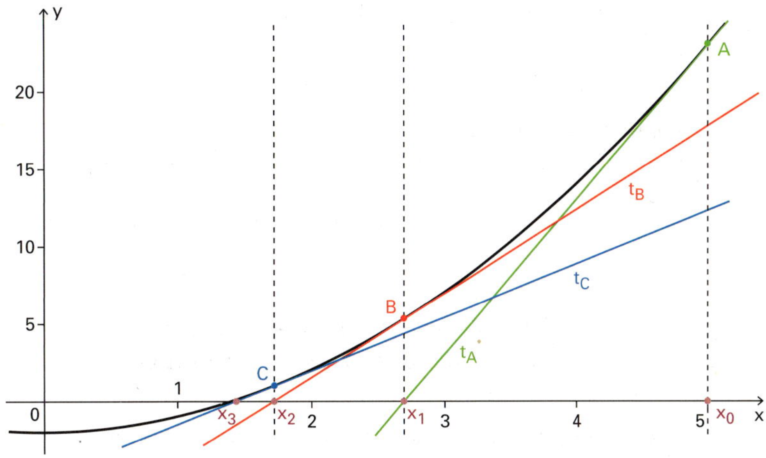

2 Nullstellen mit Newton-Verfahren und Tabellenkalkulation

Die Graphen der Funktionen f, g und h sind rechts abgebildet. Ordne der Funktionsgleichung den entsprechenden Graphen zu. Berechne anschließend die Nullstelle der Funktion mithilfe des Newton-Verfahrens und einer Tabellenkalkulation auf zwei Nachkommastellen genau.
Verwende als Startwert $x_0 = 2$.

a) $f(x) = -x^3 + x + 2$

b) $g(x) = 0{,}4\,x^3 + 0{,}9\,x^2 - 1{,}2\,x - 3$

c) $h(x) = -0{,}6\,x^5 + 1{,}5\,x^3 + 2$

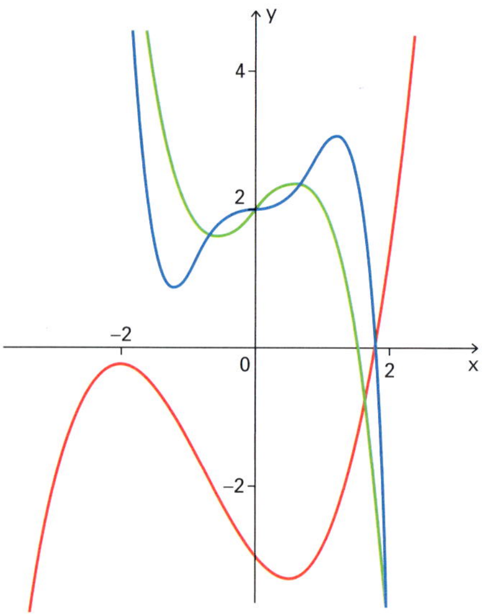

3 Konvergenz beim Newton-Verfahren

Wir befassen uns noch einmal mit der Funktion f von Aufgabe 2a). Ändere den Startwert in $x_0 = -2$ ab und versuche die Nullstelle mit einer Tabellenkalkulation zu berechnen. Was fällt dir auf?
Spiele das Newton-Verfahren mithilfe einer DGS anschaulich durch, um deine Beobachtung zu erklären.
Zeichne den Graphen von f und lege einen Punkt A auf die x-Achse. Schiebe A auf den Startwert $x_0 = -2$. Definiere B als Schnittpunkt von G_f mit dem Lot in A auf die x-Achse. Definiere C als Schnittpunkt der Tangente in B mit der x-Achse.
Betrachte den x-Wert von C und schiebe anschließend den Punkt A auf diese Position. Wiederhole diesen Schritt immer wieder und beobachte genau, wie sich die Punkte A und C verhalten.
Verändere auch bei den Aufgaben 2b) und 2c) den Startwert in $x_0 = -2$. Probiere noch andere Startwerte aus.
Fasse deine Beobachtungen zusammen.

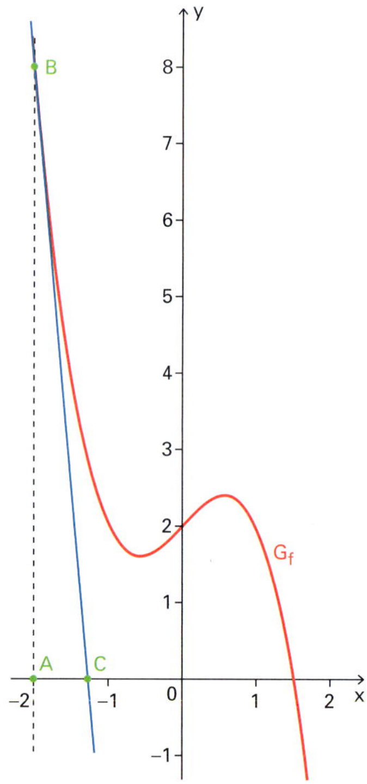

4 Schnittpunkt gesucht

Zeichne die Graphen von f und g mit $g(x) = x^3 + 3$ in ein gemeinsames Koordinatensystem und ermittle ihren Schnittpunkt zeichnerisch. Bestimme den Schnittpunkt anschließend rechnerisch mithilfe des Newton-Verfahrens auf zwei Nachkommastellen genau. Wähle dafür einen geeigneten Startwert x_0.

a) $f(x) = \frac{1}{2}(x-1)^2$ b) $f(x) = x^2 - 4x + 4$ c) $f(x) = x^2 - 4x + 5$

d) $f(x) = 2x^2 - 8x$ e) $f(x) = -x^2 - 6x - 9$ f) $f(x) = -x^2 - 9x - 5$

Training der Grundkenntnisse

5 Ableitungsfunktion gesucht

Suche für die roten Graphen G_f den passenden blauen Graphen $G_{f'}$ der Ableitungsfunktion. Vorsicht, nicht alle Graphen haben einen Partner!

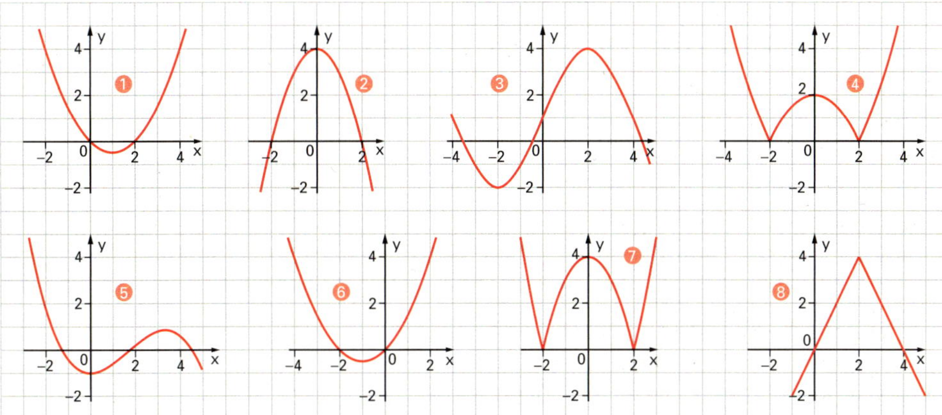

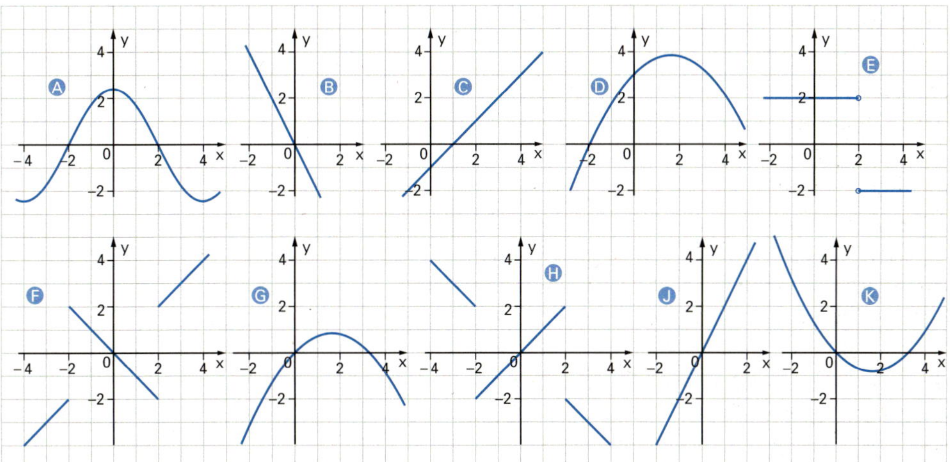

6 Grundwissen: Gleichungen lösen

a) $3(x+1) = 14 - \frac{2}{3}x$ b) $10 = 2 - \frac{4}{x}$ c) $x - 3 = \frac{4-3x}{x}$

d) $\frac{1}{x} + \frac{1}{2} = \frac{1}{3}$ e) $1 - \frac{2x-3}{3x} = \frac{2-x}{2x}$ f) $\frac{x}{x+\frac{3}{4}} = -2$

g) $x^2 - 4 = -3x$ h) $3x^2 + 5x = 2$ i) $(x+1)(x-2) = 0$

k) $(x+1)(x-2) = 4$ l) $\frac{7}{8}x^2 + 7x = 0$ m) $(x+3)^2 = 7$

n) $(x+\sqrt{2})^2 = 2$ o) $6(2x-1)^2 - 54 = 0$ p) $x^4 - 4x^2 = 0$

q) $x^3 = x$ r) $x^3 + 4x^2 = 21x$ s) $x^3 = 2x^2 + x$

3 Grundlagen für die Untersuchung von Funktionen

In den Naturwissenschaften, in der Technik und in den Wirtschaftswissenschaften werden Probleme mithilfe von Funktionen bearbeitet. Es interessiert dabei, wo die Funktionswerte ab- oder zunehmen, welche größten oder kleinsten Werte auftreten und wie sich die lokale Änderungsrate verhält. In diesem Kapitel entwickeln wir das Werkzeug zur Beantwortung dieser Fragen.

3.1 Monotonie und Extrema

Definitionen

Wir betrachten den folgenden Graphen einer Funktion. An seinem Verlauf lernen wir zunächst die anschauliche Bedeutung der Begriffe kennen, die anschließend definiert werden.

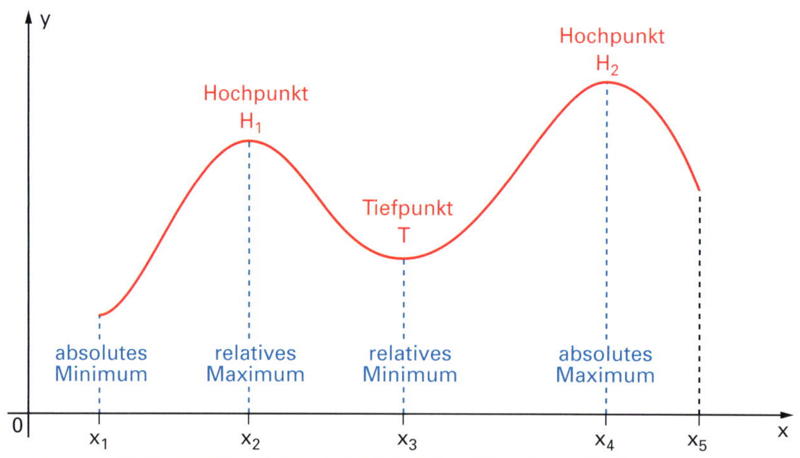

Beim Beschreiben eines Graphen durchlaufen wir den Definitionsbereich D stets *in Richtung wachsender x-Werte.*

Die von uns betrachtete Funktion hat den Definitionsbereich $D = [x_1; x_5]$. Für x_1 nimmt die Funktion ihren kleinsten Wert an. Dieser heißt **absolutes Minimum**. Dann steigt der Graph bis x_2. Der Funktionswert $f(x_2)$ ist der größte Funktionswert im Vergleich zu den Funktionswerten in seiner Umgebung. Er heißt deshalb **relatives Maximum**, der zugehörige Punkt des Graphen **Hochpunkt**. Von x_2 bis x_3 fällt der Graph. An der Stelle x_3 tritt ein **relatives Minimum** $f(x_3)$ auf. Der Graph hat einen **Tiefpunkt**. Dann steigt der Graph wieder bis x_4. Der Funktionswert $f(x_4)$ ist ein relatives Maximum. Dieser ist gleichzeitig der höchste Funktionswert des gesamten Definitionsbereichs, d. h. das **absolute Maximum**. Dazu gehört ein Hochpunkt des Graphen. Bis x_5 fällt der Graph wieder. **Extremstellen** der Funktion sind x_1, x_2, x_3 und x_4.

Das Ab- und Zunehmen fasst man unter dem Oberbegriff **Monotonie** zusammen.

Monotonie

Eine Funktion f und ihr Graph G_f heißen in einem Intervall I

streng monoton steigend,	streng monoton fallend,
wenn mit wachsenden x-Werten die Funktionswerte zunehmen:	wenn mit wachsenden x-Werten die Funktionswerte abnehmen:
Für $x_1, x_2 \in I$ gilt: $x_1 < x_2 \Rightarrow f(x_1) < f(x_2)$	Für $x_1, x_2 \in I$ gilt: $x_1 < x_2 \Rightarrow f(x_1) > f(x_2)$

Streng monoton steigend bedeutet: Geht man auf dem Graphen nach rechts, geht es ständig bergauf. Streng monoton fallend heißt: Geht man auf dem Graphen nach rechts, geht es ständig bergab.
Ohne das Wörtchen *streng* schwächt man diese Eigenschaft ab: Der Graph darf auch waagerecht verlaufen. **Monoton steigend** bedeutet: Es geht bergauf oder waagerecht, aber nie bergab. **Monoton fallend** besagt: Es geht bergab oder waagerecht, aber nie bergauf.

Beispiel: Die Signumfunktion

Der Graph der Vorzeichenfunktion f ist rechts zu sehen. Die Funktionswerte nehmen nie ab: Die Funktion f nimmt monoton zu. Sie nimmt aber nicht streng monoton zu, da es nicht ständig bergauf geht.

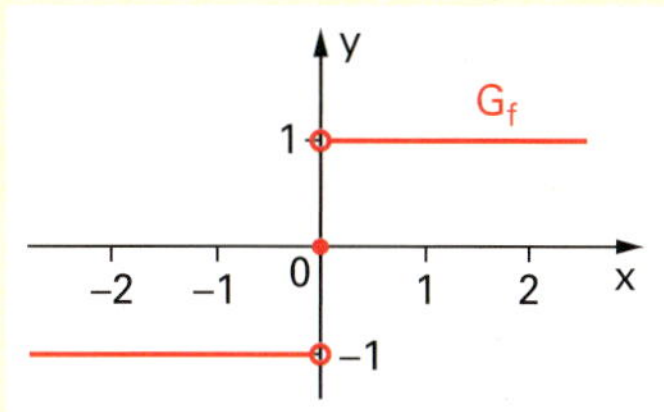

Beim Wechsel von bergauf zu bergab gibt es einen höchsten Punkt, beim Wechsel von bergab zu bergauf einen tiefsten Punkt. Der Oberbegriff von größtem und kleinstem Wert ist **Extremwert**.

Extremwerte

Der Funktionswert $f(x_0)$ heißt

absolutes Minimum,	absolutes Maximum,
wenn alle Funktionswerte $f(x)$	
größer oder gleich $f(x_0)$ sind:	kleiner oder gleich $f(x_0)$ sind:
$x \in D \Rightarrow f(x) \geq f(x_0)$	$x \in D \Rightarrow f(x) \leq f(x_0)$

Der Funktionswert $f(x_0)$ heißt

relatives Minimum,	relatives Maximum,
wenn alle Funktionswerte $f(x)$ aus einer Umgebung U von x_0	
größer oder gleich $f(x_0)$ sind:	kleiner oder gleich $f(x_0)$ sind:
$x \in U \Rightarrow f(x) \geq f(x_0)$	$x \in U \Rightarrow f(x) \leq f(x_0)$

Den zugehörigen Punkt des Graphen G_f nennt man

Tiefpunkt.	Hochpunkt.

Der Oberbegriff von Hoch- und Tiefpunkt ist **Extrempunkt**.
Absolute Extrema können am Rand oder im Innern des Definitionsbereichs auftreten.

Kriterien für Monotonie und Extremwerte

Am Graphen lassen sich die Bereiche, in denen eine Funktion jeweils zu- oder abnimmt, direkt ablesen. Anschaulich ist klar, dass der Graph dort steigt, wo seine Ableitung positiv ist bzw. dort fällt, wo seine Ableitung negativ ist (Aufgabe 4). Das lässt sich mithilfe des Differenzenquotienten begründen. Ist sein Grenzwert $f'(x)$ positiv, muss auch der Differenzenquotient in einer Umgebung von x, die winzig sein kann, positiv sein. Also:

$$f'(x) > 0 \quad \Rightarrow \quad \frac{f(x+h)-f(x)}{h} > 0 \quad \text{für genügend kleine } |h|$$

Ist der Nenner dieses Quotienten positiv, also $h > 0$, muss auch der Zähler positiv sein und damit $f(x+h) > f(x)$. Da in diesem Fall die Stelle $x+h$ rechts von x liegt, wächst die Funktion f streng monoton. Ist dagegen $h < 0$, muss auch gelten $f(x+h) < f(x)$. Da in diesem Fall die Stelle $x+h$ links von x liegt, wächst f wieder streng monoton. Analog folgt: Ist $f'(x) < 0$, nimmt f streng monoton ab.
Der Beweis, dass diese Aussagen nicht nur lokal, sondern in einem ganzen Intervall gelten, kann mit dem Mittelwertsatz der Differenzialrechnung erbracht werden (Aufgabe 7).

Monotoniekriterium

Ist die Funktion f im Intervall I differenzierbar und ist für alle $x \in I$

$f'(x) > 0$,	$f'(x) < 0$,
dann steigt f in I streng monoton.	dann fällt f in I streng monoton.

Die Punkte, die die Gestalt eines Graphen wesentlich prägen, sind die Hoch- und die Tiefpunkte. Beim Hochpunkt muss das Steigen in ein Fallen, beim Tiefpunkt das Fallen in ein Steigen übergehen. Für die Stelle x_0 des Extrempunkts muss eine waagerechte Tangente vorliegen, d.h. $f'(x_0) = 0$ sein. Zusammenfassend:

Extremwertkriterium

Die Funktion f sei in einer Umgebung der Stelle x_0 differenzierbar und $f'(x_0) = 0$.
Wenn $f'(x)$ an der Stelle x_0 das Vorzeichen von

plus nach minus wechselt,	minus nach plus wechselt,

dann hat der Graph an der Stelle x_0 einen

Hochpunkt.	Tiefpunkt.

Beispiel: Monotonie des Graphen der Funktion f mit $f(x) = x^3 - 6x^2 + 9x - 2$

Wir berechnen die Ableitung $f'(x)$ und ihre Nullstellen:

$$f'(x) = 3x^2 - 12x + 9 = 3(x^2 - 4x + 3) = 3(x-1)(x-3)$$
$$f'(x) = 0 \quad \Leftrightarrow \quad 3(x-1)(x-3) = 0 \quad \Leftrightarrow \quad x_1 = 1;\ x_2 = 3$$

Die beiden Nullstellen der Ableitung zerlegen den Definitionsbereich $D = \mathbb{R}$ in drei Bereiche, in denen $f'(x)$ jeweils das Vorzeichen nicht ändert. Mithilfe einer Vorzeichentabelle verschaffen wir uns einen Überblick:

x	$-\infty < x < 1$	$x = 1$	$1 < x < 3$	$x = 3$	$3 < x < +\infty$
$3(x-1)$ $(x-3)$	– –	0 –	+ –	+ 0	+ +
$f'(x)$ G_f	+ steigt	0 Hochpunkt	– fällt	0 Tiefpunkt	+ steigt

Setzen wir die x-Koordinaten des Hoch- und des Tiefpunkts in $f(x)$ ein, erhalten die Lage des Hochpunkts $H(1|2)$ und des Tiefpunkts $T(3|-2)$. Mit H, T und dem Monotonieverhalten skizzieren wir G_f.

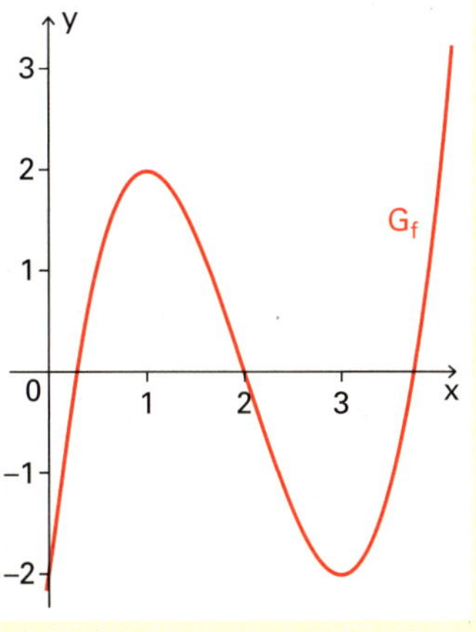

Terrassenpunkte

Wenn $f'(x_0) = 0$ ist, hat der Graph im Punkt $P(x_0|f(x_0))$ eine waagerechte Tangente. Wenn $f'(x)$ an der Stelle x_0 das Vorzeichen wechselt, tritt ein Hoch- oder Tiefpunkt auf. Andernfalls nennt man den Punkt Terrassenpunkt.

> Der Punkt $TP(x_0|f(x_0))$ heißt **Terrassenpunkt** von G_f, wenn $f'(x_0) = 0$ ist und $f'(x)$ an der Stelle x_0 das Vorzeichen *nicht* wechselt.

Wie verläuft G_f in der Umgebung eines Terrassenpunkts? Ist $f'(x)$ vor und nach x_0 positiv, bedeutet das geometrisch: G_f steigt, wird immer flacher – schmiegt sich dabei an die waagerechte Tangente an – und beginnt wieder stärker zu steigen: Der Graph *durchdringt* die waagerechte Tangente im Terrassenpunkt. Er wechselt auf die andere Seite.

Beispiel: Die Potenzfunktion f mit $f(x) = x^3$

Die Ableitung $f'(x) = 3x^2$ ist 0 für $x = 0$. Sonst ist $f'(x) > 0$. G_f hat den Terrassenpunkt $TP(0|0)$.

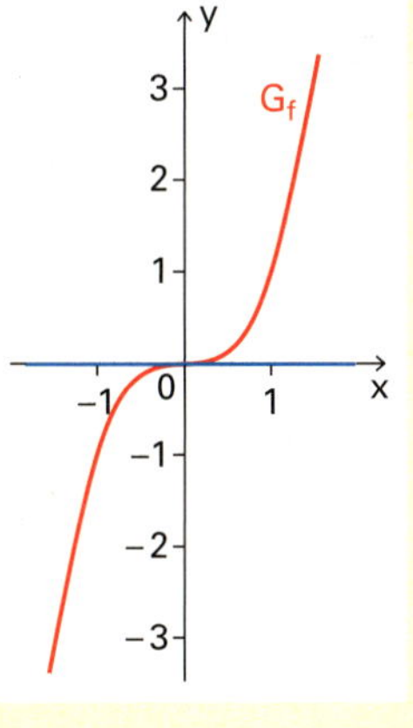

Beachte: Obwohl der Graph für $x = 0$ eine waagerechte Tangente hat, nimmt die Funktion im gesamten Definitionsbereich nicht nur monoton, sondern sogar *streng monoton* zu. Mit wachsenden x-Werten nehmen nämlich die Funktionswerte $f(x)$ stets zu und bleiben nie gleich.

Eine weitere besondere Eigenschaft des Terrassenpunkts werden wir im nächsten Unterkapitel 3.2 kennen lernen.

Aufgaben

1 **Skizze von Graphen**

Skizziere den Graphen G_f einer Funktion f mit der Definitionsmenge $D = \mathbb{R}$, der folgende Eigenschaften hat:

a) G_f fällt streng monoton.

b) G_f steigt streng monoton.

c) G_f fällt streng monoton und an zwei Stellen ist $f'(x) = 0$.

d) G_f hat einen relativen Hochpunkt und einen relativen Tiefpunkt.

e) G_f hat einen absoluten Hochpunkt und einen absoluten Tiefpunkt.

f) G_f hat einen absoluten Hochpunkt und einen relativen Tiefpunkt.

g) G_f hat einen relativen Hochpunkt und einen absoluten Tiefpunkt.

h) G_f hat zwei relative Hochpunkte, einen absoluten Hochpunkt und einen relativen Tiefpunkt.

2 **Monotonie und Extrempunkte**

Skizziere den Graphen der Funktion f. Bestimme die Bereiche, in denen G_f streng monoton steigt bzw. fällt. Ermittle Art und Lage der Extrempunkte.

a) $f(x) = x^2 - 4x$ b) $f(x) = x^2 - 4x + 3$ c) $f(x) = -x^2 + 4x$

d) $f(x) = |x^2 - 4x|$ e) $f(x) = x^2 - 4|x|$ f) $f(x) = |x^2 - 4|x||$

3 **Monotonie von transformierten Potenzfunktionen**

Wie geht der Graph der Funktion f aus dem Graphen der Potenzfunktion gleichen Grades hervor? In welchem Bereich nimmt die Funktion monoton zu bzw. ab? Gib – falls vorhanden – Art und Lage des Extrempunkts an.

a) $f(x) = (x - 2)^2 - 3$ b) $f(x) = (x - 2)^2 - 3$ c) $f(x) = (x - 2)^4 - 3$

d) $f(x) = -(x + 3)^2 - 2$ e) $f(x) = -(x + 3)^3 - 2$ f) $f(x) = -2 \cdot (x + 3)^2 + 4$

4 **Graph gesucht**

Einer der folgenden Graphen ist der Graph der Funktion f mit $f(x) = x^3 - 3x^2$.

a) Welche Graphen scheiden sofort als Kandidaten aus?

b) Identifiziere den gesuchten Graphen mit einem Ableitungswert $f'(x)$ und begründe dein Vorgehen.

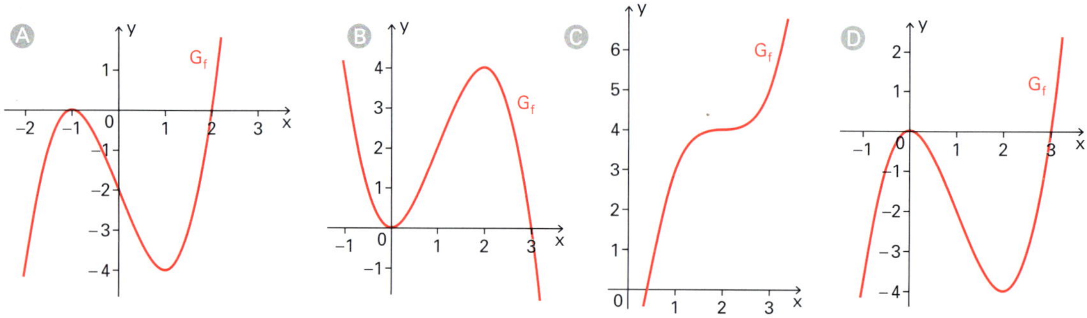

5 **Monotonieuntersuchungen mithilfe von f'(x)**

Von der Funktion f ist die Ableitung f' bekannt. Ermittle, in welchen Bereichen der Graph G_f steigt bzw. fällt – bei Bedarf mithilfe einer Vorzeichentabelle –, und bestimme die x-Koordinaten der Hoch-, Tief- bzw. Terrassenpunkte. Fertige eine grobe Skizze eines Graphen G_f mit diesen Eigenschaften an.

a) $f'(x) = -2$ b) $f'(x) = x - 2$ c) $f'(x) = (x-2)^2$

d) $f'(x) = (x+1)(x-2)$ e) $f'(x) = (x+1)(x-2)^2$ f) $f'(x) = (x+1)^2(x-2)^2$

g) $f'(x) = (x+2)x(x-3)$ h) $f'(x) = (x+2)x^2(x-3)$ i) $f'(x) = (x+2)^2x^2(x-3)$

6 **Anomalie des Wassers**

Fällt die Temperatur unter 0 °C, erstarrt Wasser zu Eis. Das Volumen V von 1 kg Wasser bzw. Eis in Abhängigkeit von der Temperatur T im Bereich von −10 °C bis 8 °C beschreibt näherungsweise die Funktion

$$V(T) = \begin{cases} 0{,}00015T + 1{,}09100 & \text{für } -10 \leq T < 0 \\ 0{,}00001(T-4)^2 + 1{,}00000 & \text{für } \quad 0 < T \leq 8. \end{cases}$$

Dabei wird V in dm^3 und T in °C gemessen.

a) Skizziere den Graphen G_V der Volumenfunktion V qualitativ.

b) Beschreibe, wie sich das Volumen ändert, wenn die Temperatur von 8 °C auf −10 °C sinkt. Welche Besonderheit liegt bei 4 °C vor. Welche Bedeutung hat dieses „anomale Verhalten" für die Natur.

c) Um wie viel Prozent ändert sich das Volumen, wenn das Wasser gefriert? Welche Bedeutung hat das für die Natur?

d) Berechne V'(T). Skizziere den Graphen der Ableitungsfunktion V' und erläutere ihn.

7 **Mittelwertsatz der Differenzialrechnung**

Ein Pkw fährt auf der Autobahn von Nürnberg nach München. Für die 165 km lange Strecke benötigt er 1 Stunde und 30 Minuten.

a) Berechne die mittlere Geschwindigkeit $\frac{\Delta s}{\Delta t}$. Begründe sorgfältig, warum es zwischen Nürnberg und München mindestens einen Ort geben muss, an dem die Momentangeschwindigkeit $s'(t_0)$ gleich der mittleren Geschwindigkeit ist.

Die Verallgemeinerung dieser Erkenntnis heißt Mittelwertsatz der Differenzialrechnung: Ist die Funktion f im Intervall [a; b] differenzierbar, dann gibt es (mindestens) eine Stelle $x_0 \in [a; b]$ mit $f'(x) = \frac{f(b) - f(a)}{b - a}$.

b) Berechne die mittlere Änderungsrate der Funktion $x \mapsto x^2$ im Intervall [−1; 2]. Bestimme die Stelle x_0, an der die Ableitung $f'(x_0)$ mit der mittleren Änderungsrate übereinstimmt. Fertige dazu eine Zeichnung an.

c) Das Monotoniekriterium lautet: Ist f im Intervall I differenzierbar und ist $f'(x) > 0$ für alle $x \in I$, dann nimmt f in I streng monoton zu.
Wir beweisen dieses Kriterium: Es sei $x_1, x_2 \in I$ und $x_1 < x_2$.
Was folgt nach dem Mittelwertsatz für die Sekantensteigung $\frac{f(x_2) - f(x_1)}{x_2 - x_1}$?
Wie ergibt sich daraus, dass $f(x_2) > f(x_1)$ ist?

3.2 Die Extremstellen der lokalen Änderungsrate

Bei vielen Vorgängen des täglichen Lebens interessiert, wann die Änderungsrate f'(x) zunimmt, wann sie am größten ist und ab wann sie wieder abnimmt (Aufgabe 1).

Kriterium für die Zu- bzw. Abnahme von Änderungsraten

Wie kann man mithilfe der Gleichung der Funktion f die Intervalle finden, in denen Ableitungswerte f'(x) zu- bzw. abnehmen?
Das Zu- oder Abnehmen der *Funktionswerte* f(x) erkennen wir mithilfe der *Ableitung* f'(x). f(x) nimmt in einem Intervall zu, wenn f'(x) positiv ist, bzw. ab, wenn f'(x) negativ ist. Entsprechend: Die *Ableitungswerte* f'(x) nehmen zu, wenn die Ableitung (f(x)')' positiv ist, bzw. ab, wenn (f(x)')' negativ ist.

> Die Ableitung der Ableitung f' nennt man **2. Ableitung** und schreibt dafür kurz f''. Deshalb heißt f' auch 1. Ableitung.

Wie kann man am Graphen einer Funktion f sofort erkennen, ob die lokale Änderungsrate f'(x) zu- oder abnimmt?
Wir lassen dazu wieder eine Tangente am Graphen von f entlang wandern (Aufgabe 1). Nehmen die Ableitungswerte f'(x) streng monoton zu, nimmt die Steigung einer wandernden Tangente zu. Die Tangente dreht sich dabei nach links. Der Berührpunkt durchläuft eine **Linkskurve**.
Nehmen die Ableitungswerte f'(x) streng monoton ab, nimmt die Steigung einer wandernden Tangente ab. Die Tangente dreht sich dabei nach rechts. Der Berührpunkt durchläuft eine **Rechtskurve**.

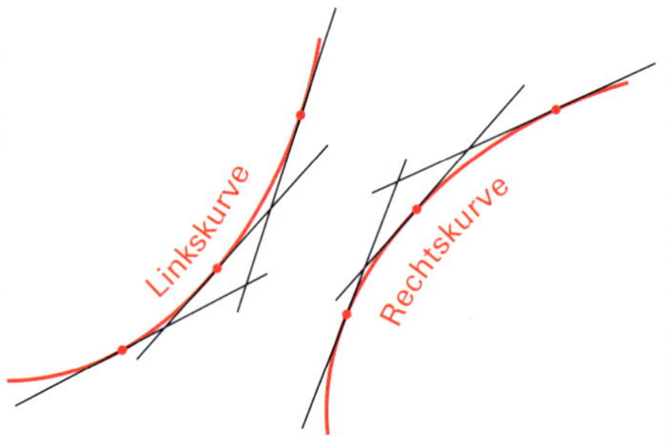

> **Lokale Änderungsrate und Krümmung**
> Wenn die lokale Änderungsrate (die Ableitung) f' einer differenzierbaren Funktion f im Intervall I
> streng monoton zunimmt, | streng monoton abnimmt,
> dann ist der Graph G_f
> links gekrümmt. | rechts gekrümmt.

Da das Vorzeichen der 2. Ableitung eine Aussage über die Zu- bzw. Abnahme der lokalen Änderungsrate macht, können wir auch mithilfe der 2. Ableitung auf die Krümmung der Kurve schließen.

> **Kriterium für die Krümmungsart**
> Ist die Funktion f im Intervall I zweimal differenzierbar und ist für alle $x \in I$
> f''(x) positiv | f''(x) negativ
> dann bildet der Graph G_f im Intervall I eine
> Linkskurve. | Rechtskurve.

Rechts ist der Graph einer Funktion f abgebildet.
Von x_1 bis x_2 nehmen die Funktionswerte f(x) streng monoton zu.
Von x_1 bis x_W nimmt f'(x) – die lokale Änderungsrate – streng monoton zu. D.h. f''(x) ist positiv; der Graph ist linksgekrümmt. Von x_W bis x_{TP} nimmt f'(x) streng monoton ab; f''(x) ist negativ; der Graph ist rechtsgekrümmt. Ab der Stelle x_{TP} ist schließlich wieder $f''(x) > 0$ und es liegt erneut eine Linkskrümmung vor.

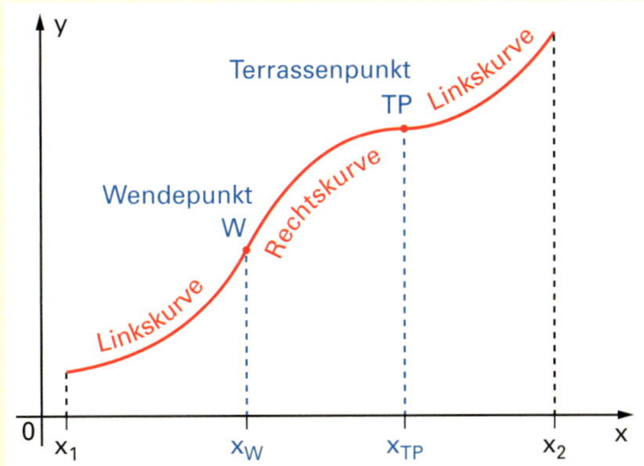

Punkte, an denen eine Links- in eine Rechtskurve – oder umgekehrt – übergeht, nennt man **Wendepunkte**. Von x_1 bis x_W nimmt f'(x) zu, von x_W bis x_{TP} ab und von x_{TP} bis x_2 wieder zu. Die lokale Änderungsrate hat also für x_W einen größten Wert und für x_{TP} einen kleinsten. Die Wendepunkte sind die Punkte mit größten oder kleinsten lokalen Änderungsraten.
Die Tangente des Wendepunkts TP verläuft waagerecht. TP ist nach unserer Definition von Unterkapitel 3.1 ein Terrassenpunkt. Jetzt können wir präzisieren:

Der Punkt, an dem sich die Krümmung des Graphen ändert, heißt **Wendepunkt**.
Beim Wendepunkt liegt ein **Extremwert** der lokalen Änderungsrate vor.
Ein **Terrassenpunkt** ist ein Wendepunkt mit einer waagerechten Tangente.

Beispiel: Krümmung des Graphen der Funktion f mit $f(x) = x^3 - 3x^2$

Zweite Ableitung: $f'(x) = 3x^2 - 6x \Rightarrow f''(x) = 6x - 6 = 6(x-1)$

Die Nullstelle $x_1 = 1$ zerlegt $D = \mathbb{R}$ in zwei Bereiche, in denen f''(x) jeweils das gleiche Vorzeichen und damit der Graph G_f die gleiche Krümmung hat:

x	$-\infty < x < 1$	$x = 1$	$1 < x < \infty$
$f''(x) = 6(x-1)$	–	0	+
G_f	rechts gekrümmt	Wendepunkt	links gekrümmt

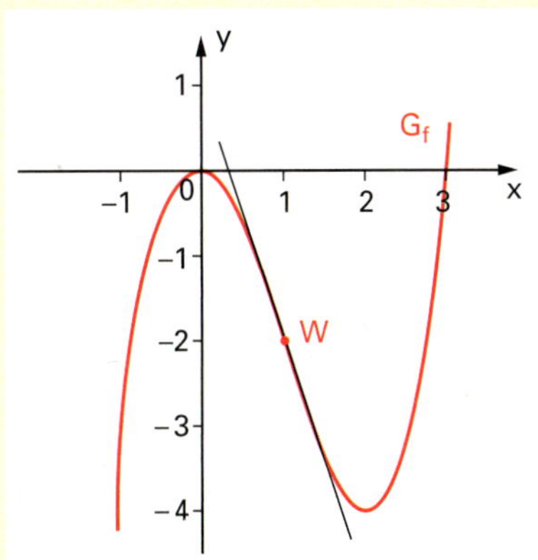

Da sich die Krümmung bei x = 1 ändert, ist W(1 | –2) ein Wendepunkt. In ihm liegt ein Extremwert der 1. Ableitung, also der lokalen Änderungsrate vor. G_f hat hier die maximale negative Steigung von $f'(1) = 3 - 6 = -3$.
G_f durchdringt die Tangente im Wendepunkt. Die **Wendetangente** mit der Steigung $m = -3$ ist deshalb beim Zeichnen des Graphen hilfreich.

Aufgaben

1 Kartoffelertrag

Den Zusammenhang zwischen der Düngermenge x in kg/ha und dem Kartoffelertrag f(x) in kg/ha beschreibt die Funktion f mit

$f(x) = \frac{1}{100}(270x^2 - x^3)$ und $x \in D$.

a) Bestimme die Nullstellen. Gib die Definitionsmenge D der Ertragsfunktion f an.

b) Ermittle Lage und Art der Extrempunkte. Skizziere mithilfe deiner bisherigen Ergebnisse den groben Verlauf von G_f.

c) Berechne für das Intervall $[0; x_{Maximum}]$ die mittlere Änderungsrate von f.

d) Zeichne G_f mithilfe eines Funktionsplotters und lass dir die Extrempunkte anzeigen:

Eingabe: Extremum[f]

Definiere einen Punkt A auf G_f und die Tangente in A an G_f. Beobachte die Steigung der Tangente während du A im Zugmodus auf G_f „wandern" lässt. Wo ist die lokale Änderungsrate von f am größten?

e) Wie kann man die maximale lokale Änderungsrate f'(x) rechnerisch bestimmen? Skizziere den Graphen von f' in das Koordinatensystem von Teilaufgabe b). Wähle zur Verdeutlichung auf der y-Achse eine kleinere Einheit als für G_f.

2 Extremwerte der lokalen Änderungsrate

Skizziere einen Graphen G_f einer Funktion f mit den folgenden Eigenschaften. Liegt im Wendepunkt ein Maximum oder ein Minimum der lokalen Äderungsrate f'(x) vor? G_f hat

a) einen Wendepunkt und keinen Extrempunkt,

b) einen Hochpunkt, einen Tiefpunkt und einen Wendepunkt,

c) einen Tiefpunkt und einen Wendepunkt,

d) zwei Hochpunkte, zwei Wendepunkte und einen Tiefpunkt.

3 Erste und zweite Ableitung

Berechne die erste und die zweite Ableitung.

a) $f(x) = 3x^4 - 4x^3$ b) $f(x) = x^4 + 2x^2 + 1$ c) $f(x) = 2x + 7$

d) $f(x) = x - \frac{1}{2}x^2 + \frac{1}{3}x^3 - \frac{1}{4}x^4 + \frac{1}{5}x^5$ e) $f(x) = 1 + x + \frac{1}{2}x^2 + \frac{1}{6}x^3 + \frac{1}{24}x^4 + \frac{1}{120}x^5$

f) $f(x) = x - \frac{1}{6}x^3 + \frac{1}{120}x^5 - \frac{1}{5040}x^7$ g) $f(x) = 1 - \frac{1}{2}x^2 + \frac{1}{24}x^4 - \frac{1}{720}x^6$

4 Krümmung

Bestimme die Intervalle, in denen G_f links- bzw. rechtsgekrümmt ist. Ermittle, falls Wendepunkte vorhanden sind, ihre Koordinaten. Gib an, ob im Wendepunkt ein Minimum oder ein Maximum der Steigung vorliegt.

a) $f(x) = x^3 - 2$ b) $f(x) = x^3 - 3x$ c) $f(x) = x^3 - 6x^2$

d) $f(x) = x^3 - 6x^2 - 3x - 2$ e) $f(x) = \frac{1}{12}x^4 - 2x^2$ f) $f(x) = \frac{1}{6}x^4 - x^3$

5 **Ausschnitte aus Graphen ganzrationaler Funktionen 3. Grades**
Der rot markierte Punkt $P(x_0|f(x_0))$ liegt auf dem rechts abgebildeten Graphen G_f. Gib an, ob $f(x_0)$, $f'(x_0)$ und $f''(x_0)$ jeweils positiv, negativ oder null sind.

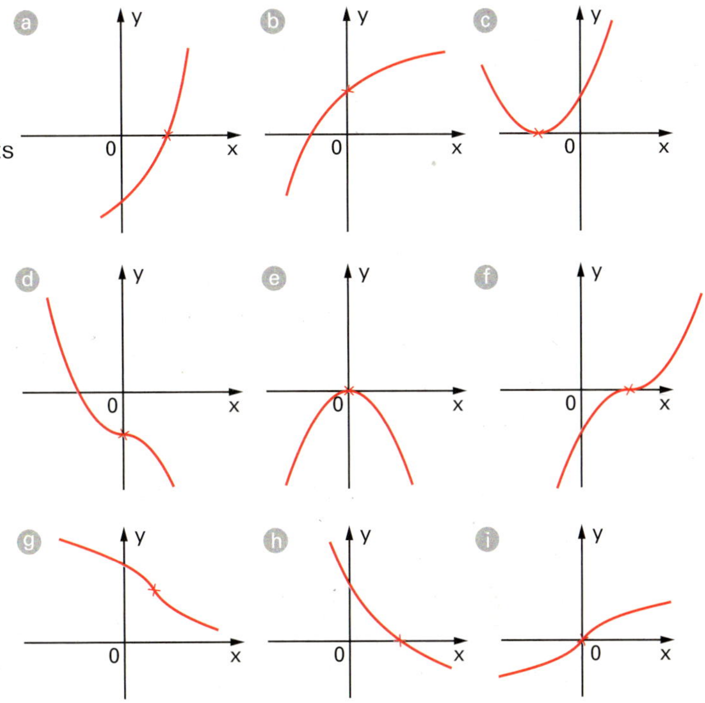

6 **Skateboard-Rampen**
Für einen Fun-Park wird eine Skateboard-Rampe geplant. Es werden drei Vorschläge unterbreitet. Die Auffahrt auf das 2 m hohe Plateau wird jeweils durch die Funktion f modelliert. Überprüfe, ob in jedem Fall die maximale Steigung unter 80% liegt. Welche Rampe ist am besten geeignet?

A) $f(x) = \frac{1}{8}x^2$ B) $f(x) = \frac{1}{2}x$ C) $f(x) = -0{,}02\,x^3 + 0{,}18\,x^2 + 0{,}1\,x$

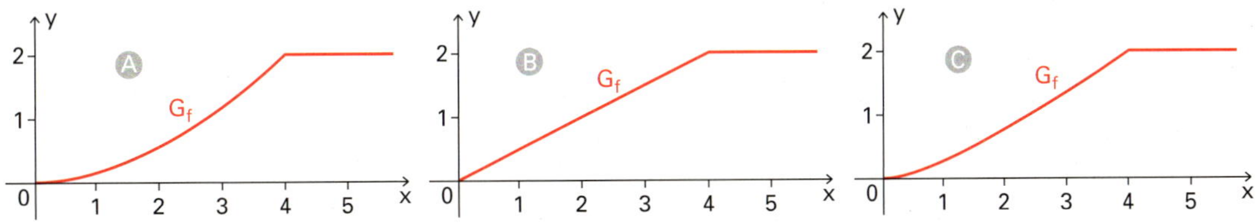

7 **Grundwissen: Nullstellen und ihre Vielfachheit**
Tritt in der Faktorzerlegung des Terms f(x) einer ganzrationalen Funktion der Faktor $(x - x_0)$ k-mal auf, heißt x_0 k-fache Nullstelle und k Ordnung der Nullstelle. Es gibt Nullstellen, bei denen der Funktionswert f(x) das Vorzeichen wechselt und Nullstellen bei denen f(x) das Vorzeichen nicht wechselt.

a) Skizziere den Verlauf des Graphen in der Umgebung der Nullstelle $x_0 = 2$:
$f_1(x) = x - 2$; $f_2(x) = (x-2)^2$; $f_3(x) = (x-2)^3$; $f_4(x) = (x-2)^4$
Wann liegt eine Nullstelle mit Vorzeichenwechsel, wann eine ohne Vorzeichenwechsel vor? Was bedeutet die Ordnung k für das Anschmiegen an die x-Achse in der Umgebung der Nullstelle?

b) Gib die Nullstellen und ihre Ordnung an. Beschreibe, wie der Graph der Funktion in der Umgebung der Nullstellen verläuft.
$f_5(x) = (x+2)(x-1)$; $f_6(x) = (x+2)^2(x-1)$; $f_7(x) = (x+2)^2(x-1)^2$;
$f_8(x) = (x+2)^3(x-1)$; $f_9(x) = (x+2)^3(x-1)^2$; $f_{10}(x) = (x+2)^3(x-1)^3$

3.3 Ausführliche Untersuchung ganzrationaler Funktionen

Der Begriff „ganzrationale Funktion“

Ein **Polynom** vom Grad n ist ein Term der Form $a_n x^n + a_{n-1} x^{n-1} + \ldots + a_1 x + a_0$ mit $a_n \neq 0$. Eine Funktion f, deren Term f(x) als Polynom vom Grad n geschrieben werden kann, heißt **ganzrationale Funktion** n-ten Grades.

Nun sind wir in der Lage, die Hoch-, Tief- und Wendepunkte des Graphen einer Funktion systematisch zu ermitteln (Aufgaben 1 und 2). Mithilfe dieser markanten Punkte lässt sich der Verlauf des Graphen zeichnen.

Musterbeispiel

Wir untersuchen im Folgenden die ganzrationale Funktion f mit

$$f(x) = \frac{1}{16}x^4 + \frac{1}{4}x^3 = \frac{1}{16}x^4 + \frac{4}{16}x^3 = \frac{1}{16}(x^4 + 4x^3).$$

Beachte: Um Rechnungen übersichtlicher und einfacher zu gestalten, sollte ggf. zunächst durch Ausklammern eines Bruchs ein bruchfreier Term erzeugt werden. Außerdem führt das Ausklammern gemeinsamer Faktoren zu kleineren ganzen Zahlen in der Klammer.

Erläuterungen

1. Maximaler Definitionsbereich

$D_{max} = \mathbb{R}$

f(x) ist für alle reellen Zahlen x berechenbar.

2. Symmetrie

$f(-x) = \frac{1}{16}(x^4 - 4x^3) \neq \pm f(x)$

$\Rightarrow$ G_f ist nicht achsensymmetrisch zur y-Achse und nicht punktsymmetrisch zum Ursrpung.

$f(-x) = f(x)$ bedeutet Symmetrie zur y-Achse.
$f(-x) = -f(x)$ bedeutet Symmetrie zum Ursprung.

3. Verhalten für $x \to \pm\infty$

$$\lim_{x \to +\infty} \frac{1}{16}(\underbrace{x^4}_{\to +\infty} + \underbrace{4x^3}_{\text{vernachlässigbar}}) = +\infty$$

$$\lim_{x \to -\infty} \frac{1}{16}(\underbrace{x^4}_{\to +\infty} + \underbrace{4x^3}_{\text{vernachlässigbar}}) = +\infty$$

Der Summand $a_n x^n$ entscheidet über das Verhalten für $x \to \pm\infty$.

4. Gemeinsame Punkte mit den Koordinatenachsen

- mit der y-Achse: $f(0) = 0 \quad \Rightarrow \quad$ Achsenpunkt $(0|0)$
- Nullstellen: $f(x) = 0$

$\Leftrightarrow \quad x^4 + 4x^3 = 0 \quad \Leftrightarrow \quad x^3(x+4) = 0$

$\Leftrightarrow \quad x_1 = 0; \qquad x_2 = -4$

dreifache Nullstelle $\Rightarrow$ Terassenpunkt $(0|0)$; einfache Nullstelle: Schnittpunkt $(-4|0)$

f(x) so weit wie möglich faktorisieren

5. Monotonie

$f'(x) = \frac{1}{16}(4x^3 + 12x^2) = \frac{1}{4}(x^3 + 3x^2) = \frac{1}{4}x^2(x+3)$

Nullstellen von $f'(x)$: $x_1 = 0$; $x_3 = -3$

x	$-\infty < x < -3$	$x = -3$	$-3 < x < 0$	$x = 0$	$0 < x < \infty$
$\frac{1}{4}x^2$ $(x+3)$	+ –	+ 0	+ +	0 +	+ +
$f'(x)$	–	0	+	0	+
G_f	fällt	Tief- punkt T	steigt	Terras- senpkt. TP	steigt

$\Rightarrow$ Tiefpunkt $T(-3 \mid -1\frac{11}{16})$; Terrassenpunkt $TP(0 \mid 0)$

1. Ableitung berechnen und faktorisieren
Nullstellen bestimmen

Vorzeichentabelle erstellen

„$f'(x)$ ist positiv" bedeutet streng monoton steigend.

„$f'(x)$ ist negativ" bedeutet streng monoton fallend.

die x-Werte in $f(x)$ einsetzen

6. Krümmung

$f''(x) = \frac{1}{4}(3x^2 + 6x) = \frac{3}{4}x(x+2)$

Nullstellen von $f''(x)$: $x_1 = 0$; $x_4 = -2$

x	$-\infty < x < -2$	$x = -2$	$-2 < x < 0$	$x = 0$	$0 < x < \infty$
$\frac{3}{4}x$ $(x+2)$	– –	– 0	– +	0 +	+ +
$f''(x)$	+	0	–	0	+
G_f	links gekrümmt	Wende- punkt W	rechts gekrümmt	Terras- senpkt. TP	links gekrümmt

$\Rightarrow$ Wendepunkt $W(-2 \mid -1)$; Terrassenpunkt $TP(0 \mid 0)$

Wendetangente: Steigung $f'(-2) = 1$

2. Ableitung berechnen und faktorisieren
Nullstellen bestimmen

Vorzeichentabelle erstellen

„$f''(x)$ ist positiv" bedeutet Linkskrümmung.

„$f''(x)$ ist negativ" bedeutet Rechtskrümmung.

Am Wendepunkt erfolgt ein Krümmungswechsel.

Steigung der Wendetangente

7. Skizze des Graphen

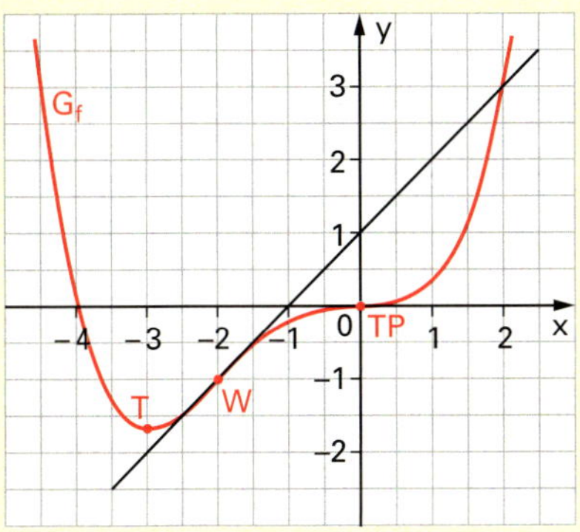

Alle ermittelten markanten Punkte und die Wendetangente werden in das Koordinatensystem eingetragen. Außerdem werden das Verhalten für $x \to \pm\infty$ und die Krümmung bedacht.

8. Wertemenge

Die Funktion nimmt alle Werte an, die mindestens so groß wie die y-Koordinate des Tiefpunkts sind:
$W = [-1\frac{11}{16}; +\infty[$

Aufgaben

1 Nullstellen mit und ohne Vorzeichenwechsel

Tritt in der Faktorzerlegung des Terms f(x) einer ganzrationalen Funktion f der Faktor $(x - x_0)$ k-mal auf, heißt x_0 k-fache Nullstelle und k Ordnung der Nullstelle. Je größer k ist, desto mehr schmiegt sich G_f bei x_0 an die x-Achse an. Ist k ungerade, wechselt f(x) bei x_0 das Vorzeichen, ist k gerade, wechselt f(x) bei x_0 das Vorzeichen nicht (Seite 47, Aufgabe 7). Rechts sind zu k = 1, 2 und 3 Skizzen angegeben.

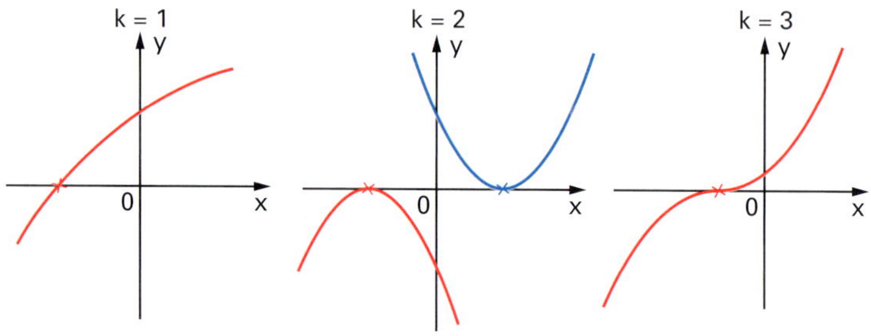

a) Beschreibe und begründe, welche besonderen Punkte des Graphen G_f sich in Abhängigkeit von k ergeben.

b) Faktorisiere vollständig! Bestimme die Nullstellen einschließlich ihrer Vielfachheit. Gib an, welche besonderen Punkte die Nullstellen von f(x) liefern.
$f_1(x) = x^2 - 4$; $f_2(x) = (x^2 - 4)^2$; $f_3(x) = x^4 - 5x^3$; $f_4(x) = x^2 - x - 6$;
$f_5(x) = x^3 - 4x^2 + 4x$; $f_6(x) = x^5 + x^3$; $f_7(x) = x^4 - 18x^2 + 81$

2 Markante Stellen einer Funktion

a) Bestimme mithilfe des abgebildeten Graphen A bzw. B einer ganzrationalen Funktion f ihre Nullstellen (und deren Vielfachheit) und den Schnittpunkt mit der y-Achse. Ist der Graph G_f symmetrisch? Wie verhält sich f(x) für $x \to \pm\infty$? In welchen Bereichen steigt bzw. fällt G_f streng monoton? Wo liegen Hoch-, Tief, Wende- und Terrassenpunkte?

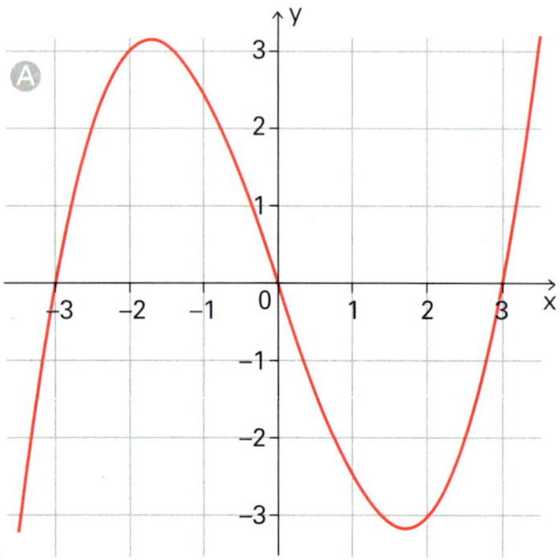

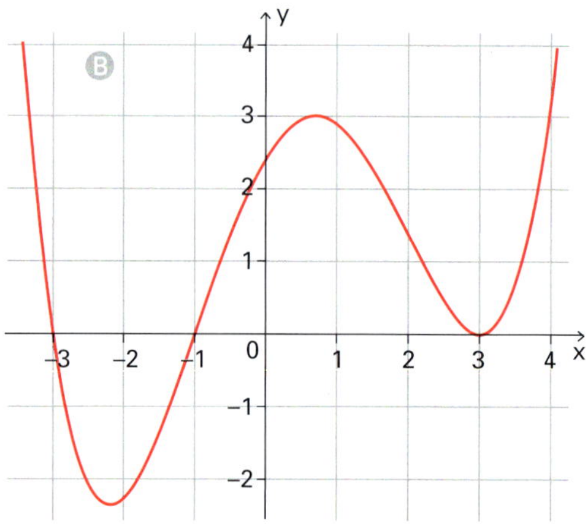

b) Die Funktion f hat zwei Nullstellen: die doppelte Nullstelle $x_1 = -2$ und die einfache $x_2 = 4$. H(2|2) ist ein Hochpunkt und W(0|1) der einzige Wendepunkt. Die Gleichung der Wendetangente lautet $y = 0{,}75x + 1$. Skizziere den Graphen G_f mithilfe dieser Vorgaben so genau wie möglich. Was kann man über die Symmetrie, das Verhalten für $x \to \pm\infty$ und andere Extrema von G_f aussagen?

3 **Untersuchung ganzrationaler Funktionen**

Untersuche die Funktion f und zeichne ihren Graphen G_f.

a) $f(x) = x^3 - 3x$
b) $f(x) = -\frac{1}{3}x^3 + x^2$
c) $f(x) = x^3 - 6x^2 + 9x$
d) $f(x) = -x^3 + 3x^2 - 3x$
e) $f(x) = x^4 - 4x^2$
f) $f(x) = x^3 - \frac{1}{4}x^4$
g) $f(x) = \frac{1}{3}x^4 - \frac{8}{3}x^3 + 6x^2$
h) $f(x) = \frac{1}{4}x^4 - \frac{4}{3}x^3 + 2x^2$
i) $f(x) = x^4 - 2x^2 - 8$
k) $f(x) = \frac{1}{300}x^5 - \frac{11}{60}x^3 + \frac{3}{2}x$
l) $f(x) = -\frac{1}{14}x^5 + \frac{11}{14}x^3 - 2x$

4 **Wahr oder falsch?**

Bestätige oder widerlege folgende Aussage über den Graphen G_f einer ganzrationalen Funktion f mit einer Skizze.

a) Zwischen zwei Nullstellen liegt stets ein Extrempunkt.
b) Zwischen zwei Extrempunkten liegt stets eine Nullstelle.
c) Zwischen zwei Extrempunkten liegt stets ein Wendepunkt.
d) Zwischen zwei Wendepunkten liegt stets ein Extrempunkt.
e) Ist G_f symmetrisch zur y-Achse, dann liegt ein Extrempunkt auf dieser.
f) Ist G_f symmetrisch zum Ursprung O, dann ist O ein Terrassenpunkt.

5 **Temperaturverlauf in Nürnberg**

An einem Februartag wurden in Nürnberg folgende Temperaturen gemessen:

Uhrzeit	6.00	7.00	9.00	12.00	14.00	16.00	19.00
T in °C	7,0	8,5	10,5	12,5	12,5	12,0	9,5

Der Temperaturverlauf kann für die Zeit von 6 Uhr bis 19 Uhr näherungsweise durch die Funktion T mit

$$T(t) = -0{,}1\,t^2 + 1{,}5\,t + 7$$

modelliert werden. Dabei ist T die Temperatur in °C und t die Zeit seit 6 Uhr in Stunden.

a) Berechne die prozentuale Abweichung des Messwertes um 12 Uhr vom Modellwert.
b) Zu welcher Uhrzeit war die Temperatur nach diesem Modell am höchsten? Wie groß war die Maximaltemperatur?
c) Begründe, dass es sich bei dem Graphen G_T der Funktion T um eine nach unten geöffnete Parabel handelt. Bringe mithilfe des Ergebnisses von Teilaufgabe b) diese Parabel in ihre Scheitelform.
d) Durch welche linearen Transformationen erhält man G_T aus dem Graphen von f mit $f(t) = t^2$?

6 Gleichung suchen

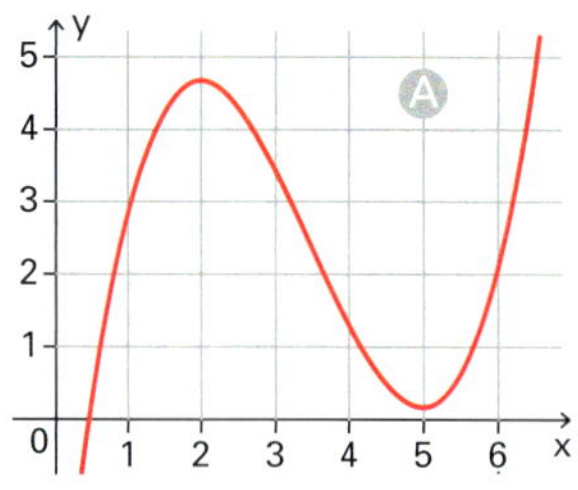

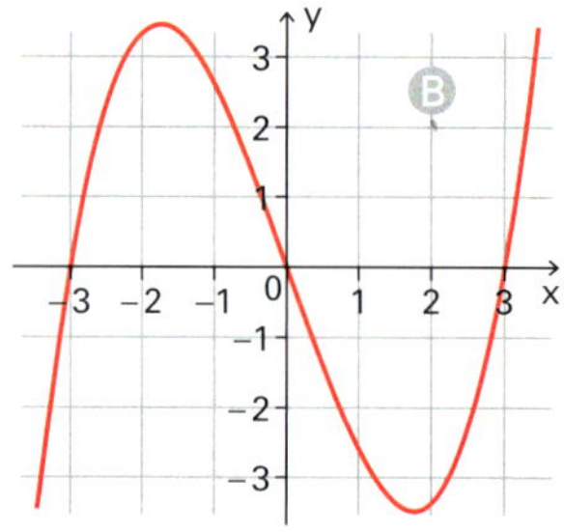

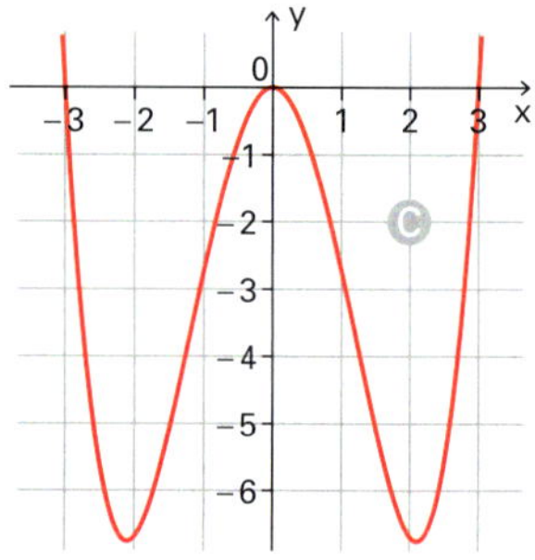

Suche für jeden Graphen aus den angegebenen Funktionstermen den passenden heraus. Begründe deine Entscheidung.

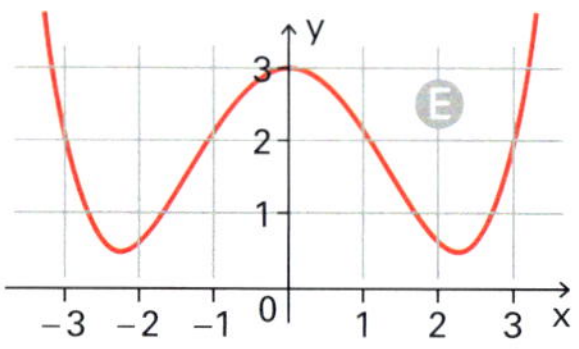

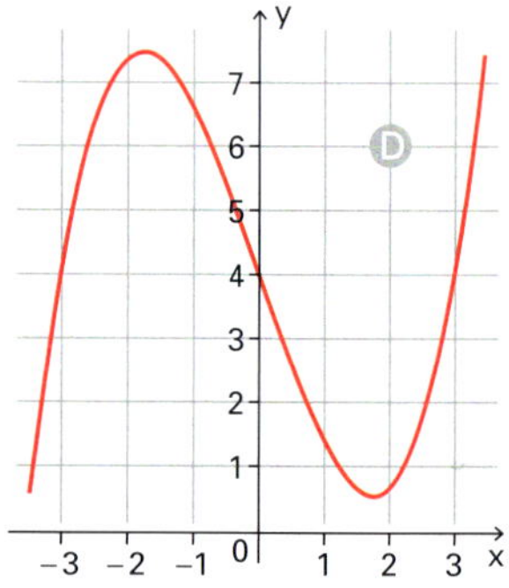

$f_1(x) = \frac{1}{3}x^3 - 3x + 4$

$f_2(x) = \frac{1}{3}x^4 - 3x^2$

$f_3(x) = \frac{1}{10}x^4 + x^2 + 3$

$f_4(x) = -\frac{1}{3}x^3 + 3x$

$f_5(x) = \frac{1}{3}x^3 + 3x + 4$

$f_6(x) = \frac{1}{3}x^3 - 3x$

$f_7(x) = \frac{1}{10}x^4 - x^2 + 3$

$f_8(x) = \frac{1}{3}x^4 - x^2$

$f_9(x) = \frac{1}{3}x^3 - \frac{3}{2}x^2 - 10x - 4$

$f_{10}(x) = \frac{1}{3}x^3 - \frac{7}{2}x^2 + 10x - 4$

7 Höchste und mindeste Anzahl besonderer Punkte

Der Term jeder ganzrationalen Funktion n-ten Grades lässt sich auf die Form $f(x) = a_n x^n + a_{n-1} x^{n-1} + \ldots + a_1 x + a_0$ mit $a_n \neq 0$ bringen.

a) Berechne $f'(x)$ und $f''(x)$.

b) Es sei $n \geq 2$. Wie viele Nullstellen, Extrempunkte und Wendepunkte hat G_f höchstens? Skizziere zu $n = 2, \ldots, 6$ jeweils einen Graphen mit dieser höchsten Anzahl besonderer Punkte.

c) Es sei n gerade. Wie viele Nullstellen, Extrempunkte und Wendepunkte hat G_f mindestens? Skizziere zu $n = 2$ und $n = 4$ jeweils einen Graphen mit dieser niedrigsten Anzahl besonderer Punkte.

d) Es sei n ungerade und $n \geq 3$. Wie viele Nullstellen, Extrempunkte und Wendepunkte hat G_f mindestens? Skizziere zu $n = 3$ und $n = 5$ jeweils einen Graphen mit der niedrigsten Anzahl besonderer Punkte.

8 Kostenfunktion

Die Funktion f mit $f(x) = 0{,}01\,x^3 - 0{,}3\,x^2 + 9{,}5\,x + 100$ gibt die Kosten in Euro für die Produktion von Ventilen wieder, wobei x die produzierte Stückzahl in Tausend ist.

a) Bestimme von G_f den Schnittpunkt S_y mit der y-Achse und das Monotonieverhalten. Welche Bedeutung hat S_y für die Kosten?
Wie verhält sich G_f für $x \to +\infty$?

b) Bestimme den Wendepunkt von G_f. Welche Bedeutung hat der Wendepunkt für die anfallenden Kosten? Skizziere G_f.

9 **Das Ertragsgesetz**

Eine landwirtschaftliche Forschungsanstalt hat untersucht, wie der Ertrag von Weizenfeldern von der ausgebrachten Düngermenge abhängt (Seite 6). Für die Funktion f, die den Zusammenhang zwischen der Düngermenge x in kg/ha und dem Weizenertrag f(x) in kg/ha beschreibt, stellten die Agrarwissenschaftler die Gleichung

$f(x) = \frac{1}{10\,000}(40x^3 - 0{,}15x^4)$ mit $x \in [0; 267]$

auf.

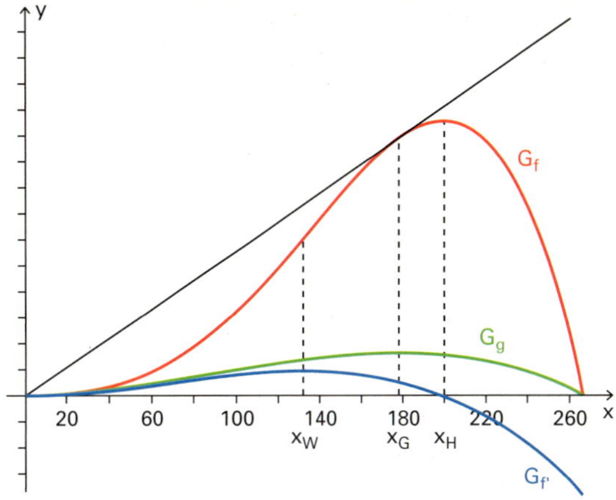

a) Bestimme Nullstellen sowie Art und Lage der Extrema von f.
Vergleiche mit der rechts abgebildeten roten Skizze von G_f.
Beschreibe, wie der Weizenertrag von der Düngermenge abhängt.

b) Ermittle die Stellen, an denen die lokale Änderungsrate f'(x) null bzw. maximal ist. Erläutere den Verlauf des blau dargestellten Graphen $G_{f'}$ der lokalen Änderungsrate f'.

Für den Landwirt ist wichtig, wie viel Ertrag im Mittel ein Kilogramm Dünger bringt. Dieser durchschnittliche Ertrag g(x) ist das Verhältnis aus dem Weizenertrag f(x) durch die ausgebrachte Düngermenge x.

c) Betrachte dazu die Sekante von G_f, die durch den Ursprung O und einen Punkt $P(x_0|f(x_0))$ von G_f verläuft. Welche geometrische Bedeutung hat der durchschnittliche Ertrag? Bei welcher Lage der Sekante ergibt sich der höchste durchschnittliche Ertrag? Bestimme diesen durch die Untersuchung der Funktion g mit $g(x) = \frac{f(x)}{x}$ auf Nullstellen und Extrema.
Ihr Graph G_g ist grün dargestellt. Erläutere ihren Verlauf.

Es sei x_W die x-Koordinate des Wendepunkts von G_f, x_H des Hochpunkts von G_f und x_G des Hochpunkts von G_g.

d) Beschreibe anhand der Graphen G_f, $G_{f'}$ und G_g den Weizenertrag für $0 < x < x_W$, für $x_W < x < x_G$, für $x_G < x < x_H$ und für $x > x_H$.
Welche Düngermengen sind wirtschaftlich nicht sinnvoll?
Warum können wir nicht angeben, welche Düngermenge sich am meisten lohnt?

3.4 Die Stammfunktion

Von der Änderungsrate zum Bestand

Bisher haben wir zu einem sich ändernden Bestand Änderungsraten berechnet. Jetzt packen wir das umgekehrte Problem an: Wie erhält man zu Änderungsraten den Bestand? Wir klären die Grundgedanken an einem einfachen Beispiel.

Grippeepidemie

Tritt in einer Stadt oder einem Bezirk eine auffällig hohe Anzahl an Grippeerkrankungen auf, spricht man von einer Epidemie. Das Gesundheitsamt wird eingeschaltet, um die Zahl der Neuerkrankten zu registrieren. Dazu ein Beispiel!

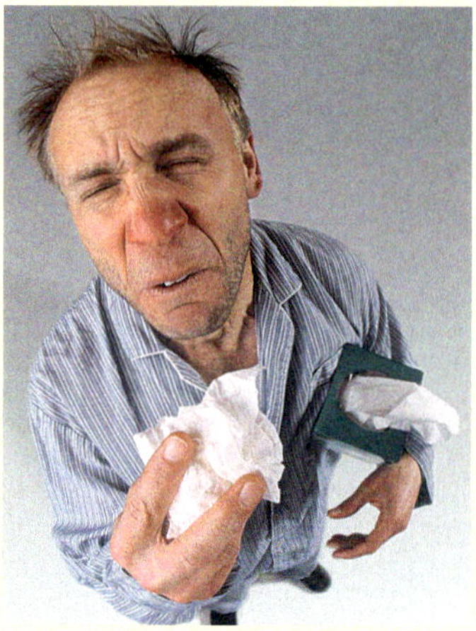

Bis zum Abend des 31. März sind insgesamt 30 000 Personen erkrankt und die momentane Änderungsrate beträgt zu diesem Zeitpunkt 2000 Erkrankungen pro Tag. Da sich die Epidemie abschwächt, nimmt die momentane Änderungsrate um ca. 100 Personen pro Tag ab. Bezeichnen wir die Anzahl der Tage, die seit dem 31. März verstrichen sind, mit x und die Anzahl der Neuerkrankungen in Tausend pro Tag mit f(x), lässt sich die momentane Änderungsrate f(x) durch den Term $f(x) = -0{,}1\,x + 2$ beschreiben. Rechts ist dazu der Graph dargestellt.

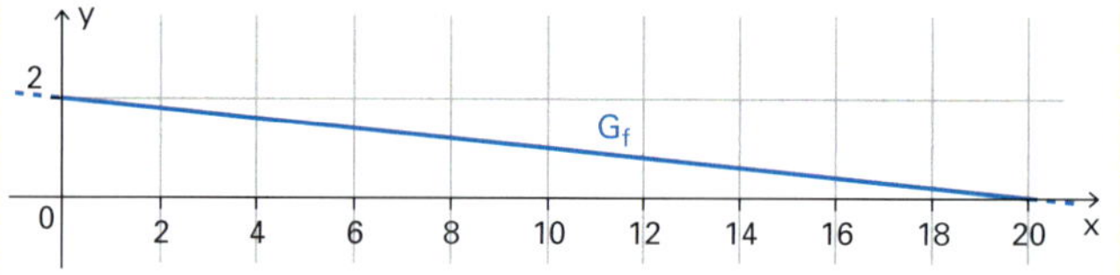

Da die Gesamtzahl der Erkrankten zunimmt, ist f(x) positiv. Weil die Zunahme sinkt, fällt G_f streng monoton. Für $x = 20$, d. h. am Abend des 20. April, ist die Änderungsrate $f(20) = 0$. Es kommen keine Neuerkrankungen mehr hinzu.

Wie können wir mit der momentanen Änderungsrate auf die Gesamtzahl der Erkrankten zu bestimmten Zeitpunkten schließen?

1. Möglichkeit

In unserem Beispiel nimmt die momentane Änderungsrate gleichmäßig ab. Wir können deshalb die Gesamtzahl mit der *mittlere Änderungsrate* berechnen: Am Abend des 31. März, also für $x = 0$, ist $f(x) = +2$. Am Abend des 20. April, also für $x = 20$, ist $f(x) = 0$. Die mittlere Änderungsrate beträgt folglich 1 Tausend Neuerkrankungen pro Tag. Am 20. April sind somit insgesamt
30 Tausend + 20 · 1 Tausend = 50 Tausend Personen erkrankt.

2. Möglichkeit

Die momentane Änderungsrate ist der Ableitung der Funktion F, die die Gesamtzahl der Erkrankten (in Tausend) in Abhängigkeit von der Zeit (in Tagen) beschreibt. Wir suchen deshalb eine Funktion F mit $F'(x) = f(x)$, die für $x = 0$ den Wert 30 annimmt.

Eine differenzierbare Funktion F heißt **Stammfunktion** der Funktion f, wenn die Ableitung von F gleich der Funktion f ist: $F'(x) = f(x)$

Beim Bestimmen einer Stammfunktion müssen wir den Vorgang des *Ableitens* umkehren. Man könnte dazu sagen: Wir müssen *„aufleiten"*.

Die Funktion F mit $F(x) = -0{,}05\,x^2 + 2\,x + 30$ erfüllt unsere Forderungen, da $F'(x) = -0{,}1\,x + 2 = f(x)$ und $F(0) = 30$.

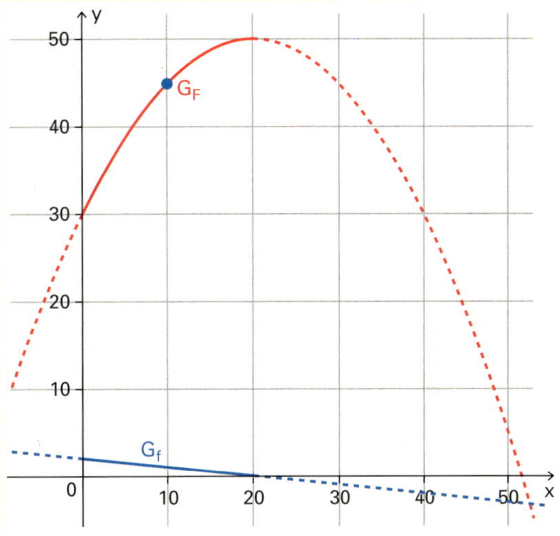

Um die Gesamtzahl der nach 20 Tagen an Grippe Erkrankten zu erhalten, müssen wir F(20) berechnen: $F(20) = 50$. Auf diese Weise kommen wir zum gleichen Wert von insgesamt 50 000 Erkrankten.
Nach 10 Tagen sind es $F(10) = 45$, also 45 000.

Wie finden wir zu einer Funktion f eine zugehörige Stammfunktion F? Dazu betrachten wir zunächst die Bausteine von ganzrationalen Funktionen, die Potenzfunktionen.

Stammfunktionen der Potenzfunktionen

Wir suchen zunächst eine Stammfunktion zu der einfacheren Funktion $f(x) = 2\,x$.
$2\,x$ ist die Ableitung von x^2. Also ist $F_1(x) = x^2$ eine Stammfunktion von $f(x) = 2\,x$ (Aufgabe 1). Ist es die einzige? Da die Ableitung einer Konstanten c null ist, sind auch $F_2(x) = x^2 - 1$; $F_3(x) = x^2 + 1{,}5$; ... Stammfunktionen von f.
Allgemein: $F(x) = x^2 + c$
Die Addition der Konstanten c bewirkt eine Verschiebung von G_{F_1} in Richtung der y-Achse. Das ändert die Steigung an der Stelle x nicht. Deshalb gibt es zu einer Funktion f unendlich viele Stammfunktionen.

Beim *Ableiten* der Potenzfunktion f mit $f(x) = x^n$ wird der Exponent um 1 erniedrigt und der alte Exponent als Faktor vorangestellt: $f'(x) = n \cdot x^{n-1}$.
Beim umgekehrten Vorgang, beim *Aufleiten*, muss deshalb der Exponent um 1 erhöht werden. Da dieser beim Ableiten unverändert als Faktor vorangestellt wird, muss beim *Aufleiten* noch durch den neuen Exponenten dividiert werden (Aufgabe 1): $F(x) = \frac{1}{n+1}\,x^{n+1} \Rightarrow F'(x) = \frac{1}{n+1} \cdot (n+1) \cdot x^n = x^n = f(x)$

Stammfunktionen zur Potenzfunktion
$$f(x) = x^n \Rightarrow F(x) = \frac{1}{n+1}\,x^{n+1} + c$$

Beispiele: a) $f(x) = x^5 \Rightarrow F(x) = \frac{1}{6}\,x^6 + c$
b) $f(x) = 6\,x^2 + x \Rightarrow F(x) = 6 \cdot \frac{1}{3}\,x^3 + \frac{1}{2}\,x^2 + c = 2\,x^3 + \frac{1}{2}\,x^2 + c$

Vom Graphen der Funktion zum Graphen einer Stammfunktion

Welche Aussagen erhalten wir aus dem Verlauf des Graphen G_f der Funktion f über den Verlauf des Graphen G_F einer Stammfunktion F?

Beispiel: Stammfunktion der quadratischen Funktion f mit $f(x) = (x - 1)(x - 3)$

f hat die Nullstellen $x_1 = 1$ und $x_2 = 3$. Der Graph G_f ist eine nach oben geöffnete Normalparabel mit dem Scheitel $S(2|-1)$.
Die erste Ableitung von F ist f, d. h. die Funktionswerte f(x) sind die Steigungen des gesuchten Graphen G_F.
Aus G_f entnehmen wir:
An den Stellen $x_1 = 1$ und $x_2 = 3$ ist die Steigung von G_F null. Links von x_1 ist sie positiv, rechts davon negativ. Für $x_1 = 1$ hat G_F somit einen Hochpunkt H. Bei x_2 verhält es sich genau umgekehrt, für $x_2 = 3$ liegt bei G_F ein Tiefpunkt T.

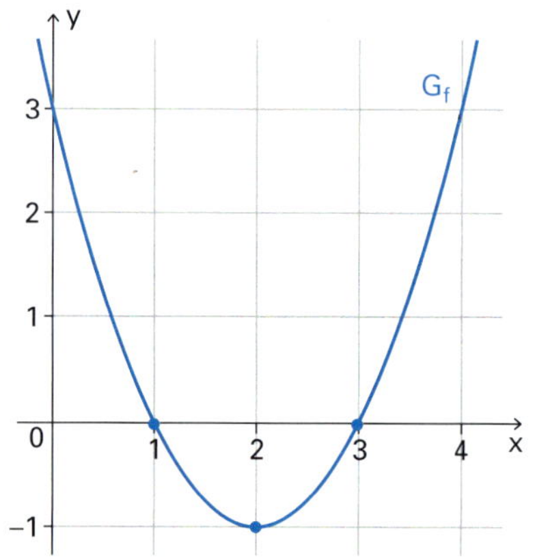

Die folgende Vorzeichentabelle gibt die Monotonie des Graphen G_F vereinfacht wieder:

Monotonie	$-\infty < x < 1$	$x = 1$	$1 < x < 3$	$x = 3$	$3 < x < \infty$
$F'(x) = f(x)$	+	0	−	0	+
G_F	steigt	Hochpunkt H	fällt	Tiefpunkt T	steigt

An der Stelle $x_3 = 2$ hat die Funktion f, und damit die Steigung von G_F, ein Minimum: G_F hat für $x_3 = 2$ einen Wendepunkt W.
Da der Steigungswert an dieser Stelle $f(2) = -1$ ist, ist die Steigung der Wendetangente gleich -1.

Die y-Koordinaten der besonderen Punkte sind nicht bekannt. Dazu benötigen wir den Term von F. Wir müssen f „aufleiten“.

$$F'(x) = f(x) = x^2 - 4x + 3$$
$$\Rightarrow \quad F(x) = \tfrac{1}{3}x^3 - 2x^2 + 3x + c$$

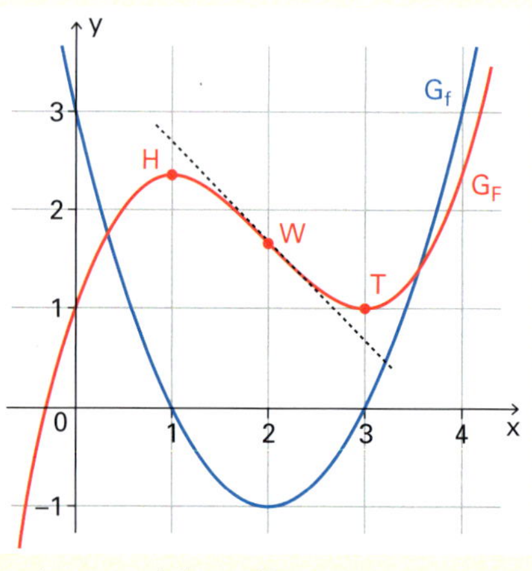

Ferner muss ein „Startwert“ gegeben sein, der aus den vielen Stammfunktionen eine einzige herauspickt, z. B.

$$F(0) = 1 \quad \Rightarrow \quad F(x) = \tfrac{1}{3}x^3 - 2x^2 + 3x + 1.$$

Setzen wir in den Term von F die x-Werte der besonderen Punkte ein, erhalten wir: $H(1|2\tfrac{1}{3})$, $W(2|1\tfrac{2}{3})$, $T(3|1)$. Mit unseren Ergebnissen zeichnen wir G_F.

Aufgaben

1 Bitte „aufleiten"!

Gesucht ist eine Funktion F, deren Ableitung f(x) ergibt: $F'(x) = f(x)$.

a) $f(x) = 2x$ b) $f(x) = x$ c) $f(x) = 3x^2$ d) $f(x) = x^2$
e) $f(x) = 4x^3$ f) $f(x) = x^3$ g) $f(x) = 5x^4$ h) $f(x) = 4x^5$
i) $f(x) = 7x^7$ k) $f(x) = 7$ l) $f(x) = (n+1)x^n$ m) $f(x) = x^n$

2 Suche nach Stammfunktionen

Gib zur Funktion f jeweils drei Stammfunktionen an.

a) $f(x) = -1$ b) $f(x) = 0$ c) $f(x) = 10x^4$ d) $f(x) = \frac{1}{2}x^2$
e) $f(x) = 3x^2 + 2x$ f) $f(x) = 4x^2 - 1$ g) $f(x) = \frac{1}{3}x^3 - \frac{1}{2}x^2$ h) $f(x) = 3x^3 + 2x^2$
i) $f(x) = x^2 + 1$ k) $f(x) = (x+1)^2$ l) $f(x) = x^3 - 3^3$ m) $f(x) = x^2 - a^2$
n) $f(x) = x(x - \frac{1}{2}) - x(x + \frac{1}{2})$ o) $f(x) = (x + \sqrt{2})^2 - (x - \sqrt{2})^2$
p) $f(x) = ax^3 - 6x^2 + a^2x - a^3$ q) $f(x) = x(x-a)^2 - x^2(x-a)$

3 Graph einer Stammfunktion

Zeichne den Graphen G_f der Funktion f. Beschreibe anhand von G_f den Verlauf des Graphen G_F einer Stammfunktion F. Fertige dabei eine Skizze von G_F an. Gib Art und x-Koordinate der besonderen Punkte an und – falls vorhanden – die Steigung der Wendetangente. Bestimme den Term der Stammfunktion F, die den gegebenen Wert annimmt. Zeichne den Graphen G_F dieser Stammfunktion.

a) $f(x) = x$; $F(0) = 1$ b) $f(x) = 2x - 2$; $F(1) = -1$
c) $f(x) = -2x + 2$; $F(0) = 0$ d) $f(x) = -x + 2$; $F(0) = 0$
e) $f(x) = x^2 - 1$; $F(0) = 0$ f) $f(x) = -x^2$; $F(0) = 1$
g) $f(x) = -x^2 + 2x$; $F(0) = 0$ h) $f(x) = -x^2 + 2x - 1$; $F(1) = 1$

4 Stammfunktion einer ganzrationalen Funktion 3. Grades

Gegeben ist die ganzrationale Funktion 3. Grades f durch

$$f(x) = x^3 - 3x \quad \text{und} \quad x \in \mathbb{R}.$$

Rechts ist ihr Graph G_f abgebildet. Die Nullstellen sind $x_1 = -\sqrt{3}$, $x_2 = 0$ und $x_3 = \sqrt{3}$.

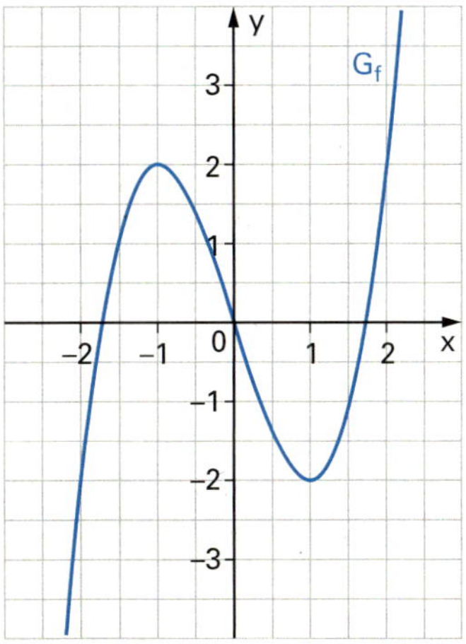

a) Beschreibe den Verlauf des Graphen einer Stammfunktion F. Fertige dabei eine Skizze von G_F an. Gib Art und x-Koordinate der besonderen Punkte sowie die Steigungen der Wendetangenten an.

b) Bestimme den Term der Stammfunktion F mit $F(1) = -2$.
Zeichne den Graphen dieser Stammfunktion.

5 Suche anhand eines Bildes

Rechts ist der Graph G_f einer ganzrationalen Funktion f abgebildet. F sei eine Stammfunktion von f.

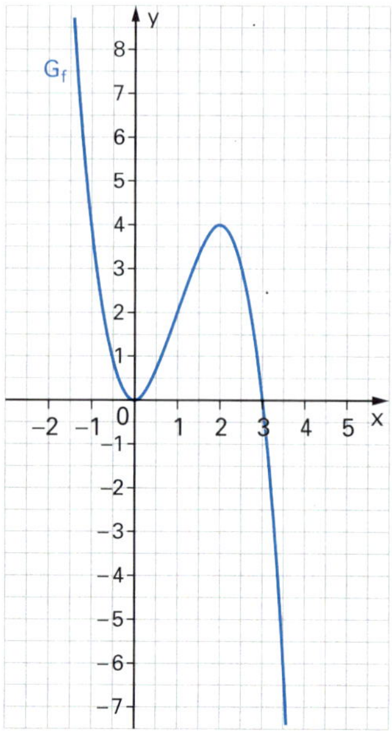

a) Beschreibe den Verlauf des Graphen G_F. Fertige dabei eine Skizze von G_F an. Gib Art und x-Koordinate der besonderen Punkte sowie die Steigungen der Wendetangenten an.

b) Stelle die Gleichung der Funktion f auf.

c) Bestimme die Gleichung der Stammfunktion F mit $F(0) = 0$.
Zeichne G_F unter Verwendung aller Ergebnisse.

6 Diskussion der Diskussion

Bestimme die Nullstellen der Funktion f sowie die Hoch-, Tief- und Wendepunkte ihres Graphen G_f. Zeichne G_f. Beschreibe den Verlauf des Graphen einer Stammfunktion F. Stelle die Gleichung der Stammfunktion auf. Zeichne den Graphen G_F.

a) $f(x) = \frac{1}{2}(x^3 + 3x^2)$; $F(0) = 1{,}5$

b) $f(x) = \frac{1}{2}(x^3 + 6x^2 + 9x)$; $F(-1) = 0$

7 Die Typen ganzrationaler Funktionen 3. Grades

Jede ganzrationale Funktion F dritten Grades kann als Stammfunktion einer quadratischen Funktion f aufgefasst werden. Deren Graph ist eine Parabel. Jede Parabel lässt sich durch Verschieben, Strecken oder Spiegeln aus der Normalparabel $y = x^2$ erzeugen. Wir erhalten also alle Typen ganzrationaler Funktionen F, wenn wir eine Normalparabel G_f verschieben, strecken oder spiegeln und sie anschließend „aufleiten".

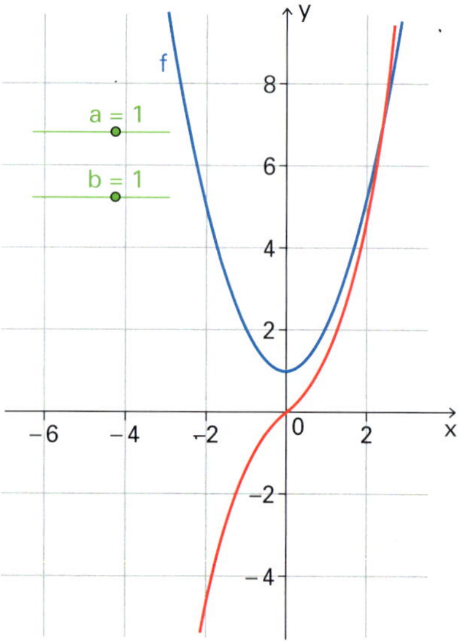

a) Starte einen Funktionsplotter und definiere zwei Schieberegler a und b. Stelle diese zunächst auf die Werte $a = 1$ und $b = 1$ ein. Gib anschließend die Gleichung $f(x) = ax^2 + b$ der Funktion f in die Eingabezeile ein:

Eingabe: `f(x)=a*x^2+b`

Lass dir jetzt auch die Stammfunktion F, die durch den Ursprung verläuft, anzeigen:

Eingabe: `Integral[f]`

Verändere nun den Parameter b und beobachte, wie sich mit der Parabel G_f der Graph G_F verändert. Welche verschiedenen Typen ergeben sich für G_F?

b) Wähle zu jedem Typ von G_F einen Parameterwert b und variiere nun nur den Parameter a. Beobachte, wie sich dabei die Parabel G_f und der Graph G_F verändern. Begründe deine Feststellung.

c) Welche drei Grundtypen ganzrationaler Funktionen dritten Grades gibt es?

8 **„Who is who?"**

Das rechts abgebildete Diagramm zeigt die Graphen einer Funktion f, einer Stammfunktion F von f und der Ableitungsfunktion f'. Who is who? Warum?

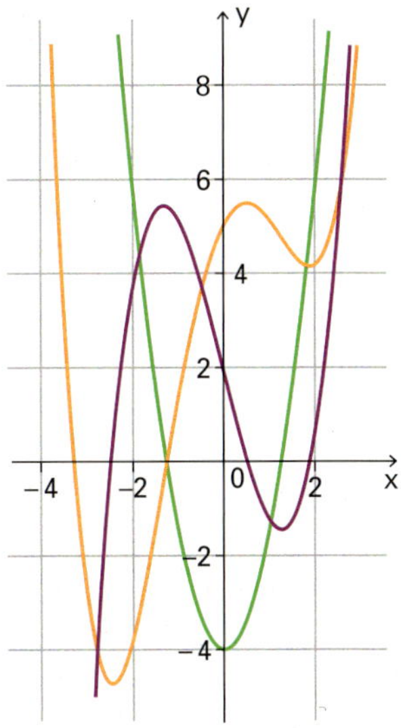

9 **Freier Fall**

„Geschwindigkeit gleich Weg durch Zeit, Beschleunigung gleich Geschwindigkeit durch Zeit". Genauer: Die Momentangeschwindigkeit $v(t)$ ist die Ableitung $s'(t)$ des Weges $s(t)$ nach der Zeit t; die Momentanbeschleunigung $a(t)$ ist die Ableitung der Geschwindigkeit $v(t) = s'(t)$ nach der Zeit t. Also: $a(t) = s''(t)$

Beim freien Fall ist die Beschleunigung $a(t)$ konstant. Diese heißt Erdbeschleunigung g. Also: $a(t) = g$. Ein Körper falle in Richtung einer nach unten orientierten s-Achse. Zum Zeitpunkt null sollen die Geschwindigkeit und der Fallweg null sein: $v(0) = s'(0) = 0$ und $s(0) = 0$.

a) Bestimme die Geschwindigkeit $v(t) = s'(t)$ in Abhängigkeit von der Zeit t.

b) Ermittle den Weg $s(t)$ in Abhängigkeit von der Zeit t, d. h. das Fallgesetz.

10 **Bremsweg**

Ein Pkw fährt mit der Geschwindigkeit v_0. Zum Zeitpunkt $t = 0$ wird die Bremse betätigt. Das Auto werde mit der konstanten negativen Beschleunigung $-a$ verzögert: $a(t) = -a$

a) Bestimme die Momentangeschwindigkeit $v(t) = s'(t)$.
Gib die Zeit t_E, nach der der Pkw zum Stehen kommt, in Abhängigkeit von v_0 und a an. Wie verhalten sich die Abbremszeiten, wenn der Pkw bei der doppelten Anfangsgeschwindigkeit v_0 abgebremst wird?

b) Ermittle den Weg $s(t)$.
Gib den Bremsweg $s(t_E)$ in Abhängigkeit von v_0 und a an. Wie verhalten sich die Bremswege, wenn der Pkw bei der doppelten Anfangsgeschwindigkeit v_0 abgebremst wird?

11 **Grundwissen: Limes**

Bestimme – falls vorhanden – die Grenzwerte $\lim\limits_{x \to -\infty} f(x)$ und $\lim\limits_{x \to +\infty} f(x)$.

a) $f(x) = -x^5 - 3x^2 + 8$

b) $f(x) = 2^x$

c) $f(x) = 2^{-x} + 3$

d) $f(x) = x \cdot \sin x$

e) $f(x) = \frac{1}{x+3} - 2$

f) $f(x) = \frac{x^3 - 2x^2 + 3}{x}$

g) $f(x) = \frac{x}{x^3 - 2x^2 + 3}$

h) $f(x) = \frac{2x^2 + 3x + 9}{3x^2 + x - 8}$

i) $f(x) = \frac{2x + 3}{(2x - 1)^2}$

3.5 Funktionenscharen

Modellieren mit Funktionen

Architekt Franz Schuster plant für das Freibad am Neroberg in Wiesbaden eine Wasserrutsche, die einschließlich einer schwungvoll geführten Treppe 15 m lang sein soll. Franz modelliert die Rutsche durch eine ganzrationale Funktion 3. Grades mit dem Definitionsbereich $D = [0; 15]$: Da die Benutzer waagerecht ins Wasser gleiten sollen, setzt er für $x = 15$ eine doppelte Nullstelle und für den Beginn der Treppe eine einfache Nullstelle $x = 0$ an:

$$g(x) = x(x-15)^2$$

Weil $g(1) = 14^2 = 196$ ist, staucht Franz den Graphen von g in y-Richtung mit a:

$$f_a(x) = a\,x(x-15)^2 = a(x^3 - 30x^2 + 225x) \quad \text{und} \quad x \in [0; 15]$$

Zu jedem Wert des Parameters a erhält Franz eine ganzrationale Funktion f_a.
Die Menge der Funktionen f_a nennt man **Funktionenschar**. Mit dem Parameter a kann Franz die Steigung des zugehörigen Graphen verändern. Damit die Rutsche attraktiv ist, soll ihr Gefälle möglichst groß sein. Aus Sicherheitsgründen darf es aber an keiner Stelle 75 % überschreiten.

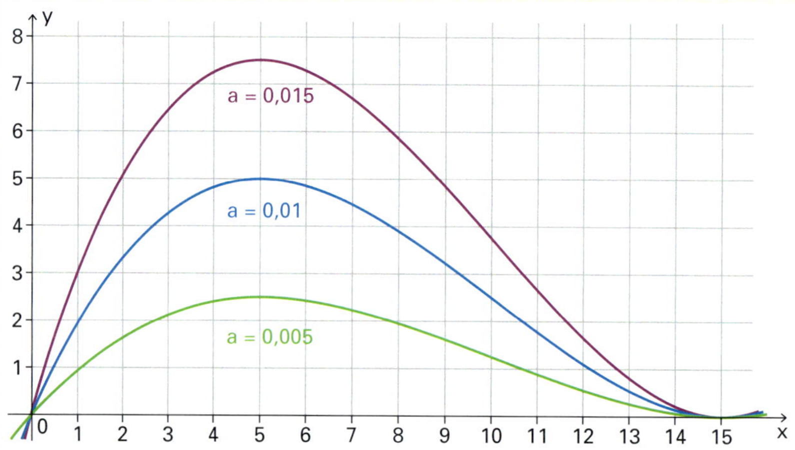

Für unser Problem sind nur positive Parameterwerte sinnvoll: $a \in \mathbb{R}^+$. Oben sind die Graphen der Funktionen $f_{0{,}005}$, $f_{0{,}01}$ und $f_{0{,}015}$ dargestellt.
Wir erkennen parameterunabhängige Eigenschaften – wie die gemeinsamen Nullstellen – aber auch parameterabhängige Eigenschaften – wie die Steigung der Graphen.
Die Graphen G_a der Funktionen f_a legen nahe, dass alle **Hochpunkte** der Schar an der Stelle $x = 5$ liegen. Der Nachweis gelingt mit der 1. Ableitung:

$$f'_a(x) = a(3x^2 - 60x + 225) = 3a(x^2 - 20x + 75)$$

$$f'_a(x) = 0 \quad \Leftrightarrow \quad 3a(x^2 - 20x + 75) = 0$$

$$x_{1,2} = \frac{20 \pm \sqrt{400 - 300}}{2} = \frac{20 \pm 10}{2}$$

Nullstellen von $f_a'(x)$ sind $x_1 = 5$ und $x_2 = 15$.
Zwischen den Nullstellen $x_0 = 0$ und $x_2 = 15$ der Funktion f_a ist $f_a(x) > 0$. G_a hat in diesem Bereich nur eine horizontale Tangente für $x_1 = 5$. Also liegt dort – wie erwartet – ein Hochpunkt: $H_a(5|500a)$. Den Tiefpunkt T_a liefert die doppelte Nullstelle: $T_a(15|0)$.

Welcher Graph G_a hat an seiner **steilsten Stelle** ein Gefälle von 75%, d.h. als kleinste Steigung −75%?
$f_a'(x) = 3a(x^2 - 20x + 75)$ beschreibt eine quadratische Funktion. Ihr Minimum nimmt sie im Scheitel an. Seine x-Koordinate tritt in der Mitte zwischen den beiden Nullstellen von f', also bei $x_4 = 10$ auf: $f_a'(10) = -75a$.
Da der Wert −75% sein soll, können wir nun den gesuchten Parameter a berechnen: $-75a = -0{,}75$ und folglich ist $a = 0{,}01$.

Die Wasserrutsche wird somit durch die Funktion $f_{0,01}(x) = 0{,}01 \cdot x(x-15)^2$ mit dem Definitionsbereich $D = [0; 15]$ modelliert. Ihr Hochpunkt liegt bei $H(5|5)$. Ihr durchschnittliches Gefälle beträgt also 50%. Ihr maximales Gefälle von 75% tritt im Wendepunkt $W(10|2{,}5)$ auf. $G_{0,01}$ ist auf Seite 60 abgebildet. Ein Foto der Realisierung ist rechts zu sehen.

Aufgaben

1 Bedeutung des Parameters a
Welche Bedeutung hat der Parameter a für die Funktionenschar f_a?

a) $f_a(x) = ax + 2$
b) $f_a(x) = x^2 + 2x + a$
c) $f_a(x) = a(x^2 + 2x - 3)$
d) $f_a(x) = a \cdot \sin x$
e) $f_a(x) = \frac{1}{x-a}$
f) $f_a(x) = \frac{1}{x} + a$

2 Parabelschar
Wir betrachten die Funktionenschar f_a mit $f_a(x) = x^2 + 2ax + 1$; $a \in \mathbb{R}$. Ihre Graphen werden mit G_a bezeichnet.

a) Welchen Punkt haben alle Graphen G_a gemeinsam?
b) Bestimme die Lage des Scheitels in Abhängigkeit von a.
c) Von welchen Parabeln G_a liegt der Scheitel auf der x-Achse?
d) Welche Parabeln liegen bezüglich der y-Achse symmetrisch?
e) Zeichne G_0, G_1, G_{-1}, G_2 und G_{-2} in ein gemeinsames Koordinatensystem.

3 Eigenschaften von Graphen einer Funktionenschar

Wir betrachten die Funktionenschar f_a mit $f_a(x) = x^2 + 2ax + a^2 + a$ und $a \in \mathbb{R}$.

a) Bestimme die Lage des Scheitels der Parabel G_a in Abhängigkeit von a. Auf welcher Linie liegen alle Scheitel der Parabelschar?

b) Zeichne G_0, G_1, G_{-1}, G_2 und G_{-2} in ein gemeinsames Koordinatensystem.

Für welche Werte des Parameters a

c) hat die Parabel an der Stelle $x = 5$ die Steigung 8,

d) ist die Parabel symmetrisch zur y-Achse,

e) hat f_a die Nullstellen $x = 6$ und $x = 12$,

f) hat die Parabel keine Nullstellen,

g) geht die Parabel durch den Punkt $P(-1|3)$?

4 Dachkonstruktion

Das Profil der großen Wasserrutsche im Freizeitbad Atlantik kann durch $f(x) = \frac{1}{100}(x^3 - 15x^2 + 500)$ mit $D = [0; 10]$ modelliert werden.

Für diese Rutsche soll ein Dach gebaut werden, dessen Verlauf durch die Funktion g_b beschrieben wird: $g_b(x) = \frac{1}{25}x^2 - bx + 8$.

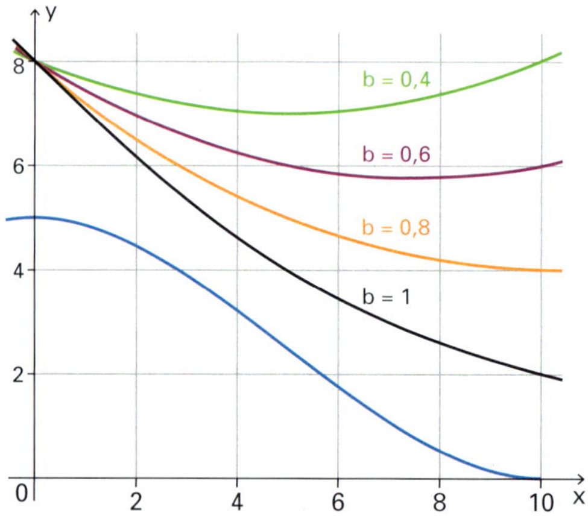

a) Begründe, dass alle Graphen G_b der Funktionenschar g_b einen Punkt gemeinsam haben.

b) Bestimme die Höhe des Daches an der Stelle $x = 10$ in Abhängigkeit von b.
Untersuche, für welche Werte von b die Mindesthöhe von 2 m an dieser Stelle eingehalten wird.

c) Kondenswasser, das sich unter dem Dach bildet, tropft an der tiefsten Stelle des Dachs herunter. Bestimme diese Stelle x_T in Abhängigkeit von b.
Für welche Werte von b liegt x_T am Ende der Rutsche bei $x = 10$?

5 Wanted: Parabeln mit besonderen Eigenschaften

Wir betrachten die nach oben geöffneten Parabeln $y = x^2 + bx + c$ und die nach unten geöffneten Parabeln $y = -x^2 + bx + c$.
Welche dieser Parabeln

a) sind symmetrisch zur y-Achse,

b) gehen durch den Ursprung $O(0|0)$,

c) verlaufen durch den Punkt $P(1|2)$,

d) haben für $x = 1$ die Steigung 2,

e) haben ihren Scheitel auf der Geraden $x = 1$,

f) haben den Scheitel auf der x-Achse,

g) sind linksgekrümmt?

6 **Funktionenschar**
Für jedes $k > 0$ ist eine Funktion f_k durch

$$f_k(x) = -k x^3 + 3 k^2 x^2; \quad x \in \mathbb{R}$$

gegeben. Ihr Graph wird mit G_k bezeichnet.

a) Ermittle die Nullstellen von f_k. Untersuche G_k auf Extrem- und Wendepunkte.

b) Bestimme zu den drei abgebildeten Graphen jeweils den k-Wert.

c) Für welche k-Werte liegt der Punkt $P(3|-6)$ auf G_k?

d) Für welches k ist die Steigung an der steilsten Stelle von G_k gleich 3?

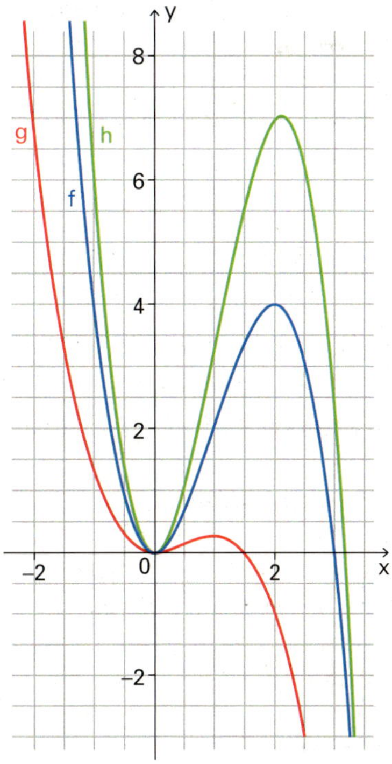

7 **Ganzrational**
Wir betrachten die Funktionsterme
$f_a(x) = \frac{1}{8}(x^3 - 3ax + 3a^2x - 12x)$ mit $a \in \mathbb{R}$
und der Definitionsmenge $D = \mathbb{R}$.

a) Bestimme die Nullstellen von f_a in Abhängigkeit von a.

b) Untersuche f_a auf Extrema in Abhängigkeit von a.

c) Untersuche f_a auf Wendepunkte in Abhängigkeit von a.

d) Lege eine Tabelle nach nebenstehendem Vorbild an und skizziere anschließend die Graphen von f_1, f_4 und f_5 in einem gemeinsamen Koordinatensystem.

	Nst	HP	TP	WP
a = 1	?	?	?	?
a = 4	?	?	?	?
a = 5	?	?	?	?

8 **Parameter gesucht**
Gegeben ist die Funktionenschar f_k mit
$f_k(x) = x^3 - kx^2$ und $k \in \mathbb{R}$.
Bestimme k so, dass

a) der Graph von f_k bei $x = 3$ eine horizontale Tangente hat,

b) die Tangente an G_f in $x = 2$ die x-Achse unter einem 45°-Winkel schneidet,

c) das rechts abgebildete Diagramm den Graphen von f_k darstellt.

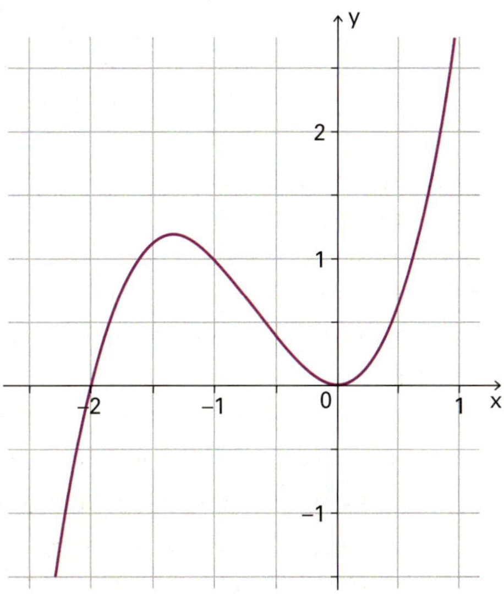

Training der Grundkenntnisse

9 Untersuchung einer ganzrationalen Funktion

Durch $f(x) = \frac{1}{36}(x^3 - 9x^2 + 162)$ ist eine Funktion f gegeben.

a) Bestimme das Monotonieverhalten von f. Gib Art und Lage der Extrema von f an.

b) In welchem Punkt W hat G_f die kleinste Steigung?

c) Die Tangente an G_f in W und die zugehörige Normale in W schließen mit der x-Achse ein Dreieck ein. Berechne den Flächeninhalt dieses Dreiecks.

d) Bestimme das Verhalten von f für $x \to \pm\infty$. Gib den Wertebereich von f an.

e) Begründe, warum f nur eine Nullstelle haben kann. Wo liegt diese ungefähr? Berechne mit dieser Schätzung als Startwert mithilfe des Newton-Verfahrens die Nullstelle auf zwei Dezimalen genau.

f) Skizziere den Graphen von f unter Verwendung aller Ergebnisse.

g) Gib eine Stammfunktion F von f an. Begründe, welche der Abbildungen den Graphen einer Stammfunktion von f wiedergibt und welche nicht.

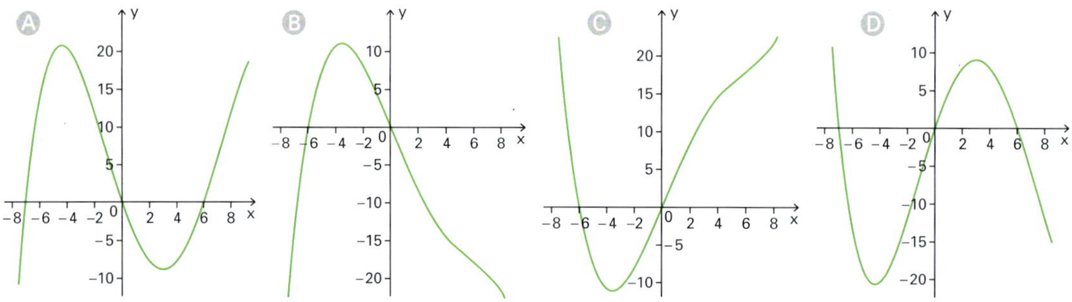

10 Parameter

Durch $f_a(x) = x^3 - ax$ ist die Funktionenschar f_a mit $a \in \mathbb{R}$ gegeben.

a) Bestimme die Nullstellen von f_a in Abhängigkeit von a.

b) Bestimme die Extrema von f_a in Abhängigkeit von a.

c) Für welches a ist die Gerade mit $y = x - 2$ Tangente an G_f in $P(1\,|\,f_a(1))$?

11 Grundwissen: Umformen von Bruchtermen

Vereinfache die folgenden Bruchterme so weit wie möglich. Gib außerdem jeweils den Definitionsbereich und die Nullstellen an.

a) $f(x) = x + 1 + \frac{1}{x-1}$

b) $f(x) = \frac{x}{x+1} + \frac{1}{x-1}$

c) $f(x) = x + 2 + \frac{3}{x-2}$

d) $f(x) = x - 3 + \frac{4}{x+2}$

e) $f(x) = \frac{x^2 \cdot 2x - (x^2 - 1) \cdot 2x}{x^4}$

f) $f(x) = \frac{(x+1) \cdot (x+3) - (x+1)^2}{(x+1)^2}$

g) $f(x) = \frac{(x-1) \cdot 2 - (2x+1)}{(x-1)^2}$

h) $f(x) = \frac{(2x+1)^2 \cdot 3 - (3x-1) \cdot 4 \cdot (2x+1)}{(2x+1)^4}$

Untersuchung von Funktionen

4 Rationale Funktionen

Definition der rationalen Funktion

Ganzrationale Funktionen sind Funktionen, deren Term sich in der Form eines Polynoms $a_n x^n + a_{n-1} x^{n-1} + \ldots + a_1 x + a_0$ mit $n \in \mathbb{N}$ und $a_i \in \mathbb{R}$ schreiben lässt.
Eine *rationale Zahl* ist der Quotient *zweier ganzer Zahlen*. Entsprechend zu den rationalen Zahlen definiert man die rationalen Funktionen.

> Eine Funktion f, deren Term f(x) als Bruch $\frac{Z(x)}{N(x)}$ von zwei Polynomen Z(x) und N(x) geschrieben werden kann, heißt **rationale Funktion**.

Hat das Nennerpolynom N(x) den Grad 0, ist der Nenner eine Konstante. f ist dann eine **ganzrationale Funktion**. Ist der Grad des Nennerpolynoms größer als 0, nennt man f **gebrochenrationale Funktion**.

Die einfachsten gebrochenrationalen Funktionen sind die Potenzfunktionen $x \mapsto x^{-n}$ mit negativen ganzzahligen Exponenten $-n$:

$$f_1(x) = \frac{1}{x}, \quad f_2(x) = \frac{1}{x^2}, \quad f_3(x) = \frac{1}{x^3}, \quad \ldots$$

4.1 Potenzfunktionen mit negativen ganzzahligen Exponenten – Die Kettenregel

Definitionsbereich und Verhalten an den Rändern des Definitionsbereichs

Die Potenzfunktionen $x \mapsto \frac{1}{x^n}$ mit $n \in \mathbb{N}$ haben an der Stelle 0 eine Definitionslücke. Ihr Definitionsbereich ist $D = \mathbb{R} \setminus \{0\}$.

Zur Untersuchung des Verhaltens der Funktionen $x \mapsto \frac{1}{x}$ und $x \mapsto \frac{1}{x^2}$ in der Umgebung ihrer Definitionslücke 0 nähern wir uns dieser von links und von rechts. Strebt x von links gegen null, schreiben wir dafür kurz $x \to 0-0$, strebt x von rechts gegen null, $x \to 0+0$. Der Funktionswert f(x) strebt dabei jeweils gegen $+\infty$ oder $-\infty$ (Aufgabe 1). Eine solche Unendlichkeitsstelle nennt man **Pol**.
Für $x \to 0 \pm 0$ schmiegen sich die Graphen immer mehr an die y-Achse an. Man sagt: Die y-Achse ist eine **senkrechte Asymptote** der Graphen.

Um das Verhalten bei Annäherung von x an einen Pol kurz und prägnant auszudrücken, übertragen wir die Limesschreibweise auf diese Situation:

Verhalten der Funktion $x \mapsto \frac{1}{x}$

$$\lim_{x \to 0-0} \frac{1}{x} = -\infty; \quad \lim_{x \to 0+0} \frac{1}{x} = +\infty$$

x = 0 ist ein **Pol mit Vorzeichenwechsel**.

Verhalten der Funktion $x \mapsto \frac{1}{x^2}$

$$\lim_{x \to 0-0} \frac{1}{\underbrace{x^2}_{\to +0}} = +\infty; \quad \lim_{x \to 0+0} \frac{1}{x^2} = +\infty$$

x = 0 ist ein **Pol ohne Vorzeichenwechsel**.

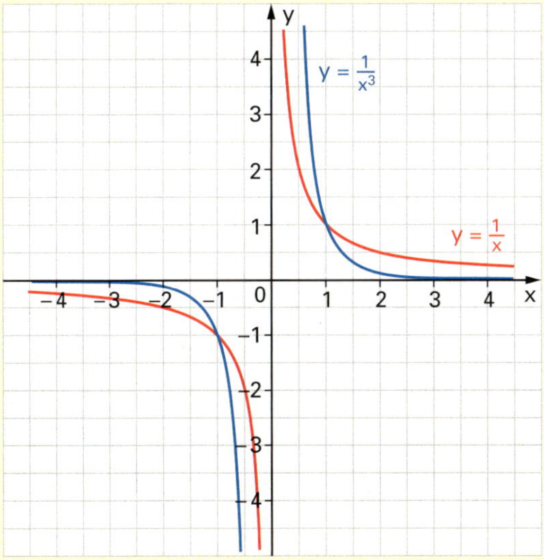

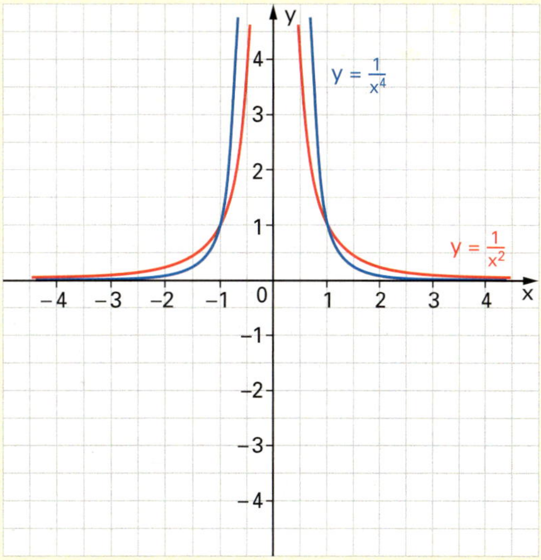

Diese Überlegungen lassen sich auf beliebige ungerade und gerade Exponenten verallgemeinern (Aufgabe 1):

Die Funktionen $x \mapsto \frac{1}{x}, x \mapsto \frac{1}{x^3}, x \mapsto \frac{1}{x^5}, \ldots$

haben an der Stelle 0 einen **Pol mit Vorzeichenwechsel.**

Die Funktionen $x \mapsto \frac{1}{x^2}, x \mapsto \frac{1}{x^4}, x \mapsto \frac{1}{x^6}, \ldots$

haben an der Stelle 0 einen **Pol ohne Vorzeichenwechsel**.

Für $x \to \pm\infty$ strebt der Funktionswert f(x) gegen null:

$$\lim_{x \to -\infty} \frac{1}{x} = -0; \quad \lim_{x \to +\infty} \frac{1}{x} = +0 \quad \text{und} \quad \lim_{x \to -\infty} \frac{1}{\underbrace{x^2}_{\to +\infty}} = +0; \quad \lim_{x \to +\infty} \frac{1}{x^2} = +0$$

Bei allen betrachteten Funktionen schmiegt sich der Graph für $x \to \pm\infty$ immer mehr an die x-Achse an. Die x-Achse ist eine **waagerechte Asymptote**.

Monotonie

Am Verlauf der Graphen G_f der Potenzfunktionen $x \mapsto \frac{1}{x^n}$ erkennen wir

- *für ungerade Exponenten n*:
  G_f fällt sowohl für $x < 0$ als auch für $x > 0$ streng monoton. Das bedeutet nicht, dass G_f im gesamten Definitionsbereich streng monoton fällt. $x_1 = -1$ ist z. B. kleiner als $x_2 = 1$, aber auch $f(x_1)$ ist kleiner als $f(x_2)$.
- *für gerade Exponenten n*:
  G_f steigt für $x < 0$ streng monoton und fällt für $x > 0$ streng monoton.

Wie können wir das Monotonieverhalten rechnerisch bestätigen? Wir müssen dazu die Funktion f mit $f(x) = \frac{1}{x^n}$ ableiten.

Das gelingt mit einer Regel über das Ableiten „ineinander geschachtelter" Funktionen. Wir befassen uns zunächst damit.

Die Kettenregel

Wir betrachten zunächst eine ineinander geschachtelte Funktion f, die sich auch mit den bereits bekannten Regeln differenzieren lässt.

Beispiel: $f(x) = (x^2 - 2x)^3$ mit $x \in \mathbb{R}$

Zu jeder reellen Zahl x ergibt sich der Funktionswert f(x), indem wir zuerst den Funktionswert $u(x) = x^2 - 2x$ der quadratischen Funktion u berechnen und dann damit den Funktionswert $v(u(x)) = (u(x))^3$ der Potenzfunktion 3. Grades v.

Die Funktionen u und v sind ineinandergeschachtelt: u heißt **innere Funktion** und v **äußere Funktion**. Wir sprechen von einer **Verkettung** der Funktionen u und v.

Die Funktion f könnten wir ableiten, indem wir zunächst die dritte Potenz des quadratischen Terms berechnen und dann differenzieren. Das ist mühsam (Aufgabe 2). Wir suchen eine Regel, bei der es genügt, nur die äußere und die innere Funktion abzuleiten.

Wir setzen voraus, dass die ineinandergeschachtelten Funktionen u und v differenzierbar sind und leiten $f(x) = v(u(x))$ mithilfe der Definition ab:

$$f'(x) = \lim_{h \to 0} \frac{f(x+h) - f(x)}{h} = \lim_{h \to 0} \frac{v(u(x+h)) - v(u(x))}{h}$$

$$= \lim_{h \to 0} \frac{v(u(x+h)) - v(u(x))}{u(x+h) - u(x)} \cdot \frac{u(x+h) - u(x)}{h} \qquad \text{Erweitern mit } u(x+h) - u(x)$$

$$= \lim_{h \to 0} \frac{v(u(x)+k) - v(u(x))}{k} \cdot \frac{u(x+h) - u(x)}{h} \qquad \text{Substitution: } u(x+h) - u(x) = k$$

Da u differenzierbar ist, strebt für $h \to 0$ der Funktionswert $u(x+h)$ gegen $u(x)$ und damit auch $k \to 0$. Also:

$$f'(x) = \lim_{k \to 0} \frac{v(u(x)+k) - v(u(x))}{k} \cdot \lim_{h \to 0} \frac{u(x+h) - u(x)}{h}$$

$$= v'(u(x)) \cdot u'(x)$$

Kettenregel
Die Funktionen u und v seien im Intervall I differenzierbar. Dann ist die Funktion f mit $f(x) = v(u(x))$ in I differenzierbar und es gilt:

$$f'(x) = \underbrace{v'(u(x))}_{\substack{\text{äußere Fkt ableiten} \\ \text{innere Fkt beibehalten}}} \underbrace{\cdot}_{\text{mal}} \underbrace{u'(x)}_{\text{innere Fkt ableiten}}$$

Beispiel: $f(x) = (x^2 - 2x)^3$

$$f'(x) = \underbrace{3 \cdot (x^2 - 2x)^2}_{\substack{\text{äußere Fkt ableiten} \\ \text{innere Fkt beibehalten}}} \cdot \underbrace{(2x - 2)}_{\text{innere Fkt ableiten}} = 6 \cdot (x^2 - 2x)^2 (x - 1)$$

Den zweiten Schritt nennt man **Nachdifferenzieren**.

Die Ableitung der Potenzfunktion mit ganzzahligen Exponenten

Mit der Kettenregel und der Ableitung der Kehrwertfunktion (Aufgabe 5) beweisen wir, dass sich die Ableitungsregel für natürliche Zahlen n als Exponenten auf negative erweitern lässt:

$$f(x) = x^{-n} = (x^n)^{-1}$$

$$f'(x) = (-1) \cdot (x^n)^{-2} \cdot n \cdot x^{n-1} = (-n) \cdot x^{-2n} x^{n-1} = (-n) \cdot x^{-n-1}$$

Ableitung der Potenzfunktion mit ganzzahligen Exponenten
Wenn $f(x) = x^m$ mit $m \in \mathbb{Z}$ ist, dann ist $f'(x) = m \cdot x^{m-1}$.

Beispiel: $f(x) = \frac{1}{x^6} = x^{-6} \quad \Rightarrow \quad f'(x) = -6 \cdot x^{-7} = -\frac{6}{x^7}$

Lineare Transformationen von Potenzfunktionen

Aus den Potenzfunktionen $x \mapsto \frac{1}{x^n}$ lassen sich viele rationale Funktionen durch lineare Transformationen erzeugen.

Beispiel: $f(x) = -\frac{1}{(x-2)^2} + 1$

Die Funktion f geht aus der Potenzfunktion g mit $g(x) = \frac{1}{x^2}$ hervor. Da x durch $x-2$ ersetzt ist, wird G_g um 2 nach rechts verschoben. Das Minuszeichen vor dem Bruchstrich bedeutet eine anschließende Spiegelung an der x-Achse. Schließlich wird noch um 1 nach oben verschoben.

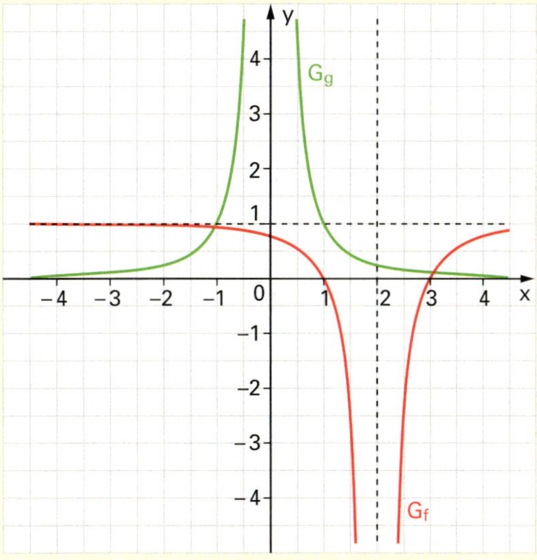

Die Funktion f hat also den Definitionsbereich $D_f = \mathbb{R} \setminus \{2\}$. Der Graph G_f hat an der Stelle 2 einen Pol ohne Vorzeichenwechsel. Die senkrechte Asymptote ist $x = 2$, die waagerechte $y = 1$. Für das Verhalten an den Rändern des Definitionsbereichs folgt somit:

$$\lim_{x \to \pm\infty} -\frac{1}{(x-2)^2} + 1 = 1 \quad \text{und}$$

$$\lim_{x \to 2-0} -\frac{1}{(x-2)^2} + 1 = -\infty \quad \text{sowie}$$

$$\lim_{x \to 2+0} -\frac{1}{(x-2)^2} + 1 = -\infty.$$

Für $x < 2$ fällt G_f streng monoton, für $x > 2$ steigt G_f streng monoton. Das bestätigt die Ableitung:

$$f(x) = -(x-2)^{-2} + 1 \quad \Rightarrow \quad f'(x) = +2 \cdot (x-2)^{-3} \cdot 1 = \frac{2}{(x-2)^3}$$

Das Zeichnen von G_f können wir uns erleichtern, wenn wir die Asymptoten als neues Koordinatensystem auffassen: Da nur verschoben und an der x-Achse gespiegelt wurde, tragen wir in dieses den Graphen der Funktion $x \mapsto -\frac{1}{x^2}$ ein.

Aufgaben

1 Potenzfunktionen mit ganzzahligen Exponenten
Untersuche die Graphen der Funktionen

$$f_1(x) = \frac{1}{x} = x^{-1},\quad f_2(x) = \frac{1}{x^2} = x^{-2},\quad f_3(x) = \frac{1}{x^3} = x^{-3}, \ldots$$

mithilfe eines Funktionsplotters. Definiere dazu einen Schieberegler m von −10 bis 0 mit der Schrittweite 1 und lass dir den Graphen der Funktion $f(x) = x^m$ anzeigen: Eingabe: f(x)=x^m .
Welche Gemeinsamkeiten, welche Unterschiede treten auf? Beschreibe den groben Verlauf der Graphen in Abhängigkeit von m mit eigenen Worten. Gehe dabei insbesondere auf den Definitionsbereich, die Symmetrie, die Asymptoten und das Monotonieverhalten ein.

2 Ableitung gesucht
Wir suchen die Ableitung der Funktion f mit $f(x) = (x^2 - 2x)^3$.
Peter behauptet: „Irgendetwas hoch 3 wird abgeleitet, indem man die 3 als Faktor davor schreibt und das Ganze nur noch hoch 2 nimmt. Deshalb ist $f'(x) = 3 \cdot (x^2 - 2x)^2$".

a) Widerlege Peters Aussage durch Ableiten der Funktion $g(x) = (x^2)^3$.

b) Wie muss man vorgehen, um die korrekte Ableitung f' der Funktion f zu erhalten? Wie lautet das Ergebnis?

3 Differenzieren auf zwei Arten

A) Forme in eine Summe um und leite dann ab.

B) Differenziere den Term mit der Kettenregel.

a) $f(x) = (2x + 1)^2$ b) $f(x) = (3x^2 + 2)^2$ c) $f(x) = (x^2 - 2x + 1)^2$

d) $f(x) = (x - 2)^2 - 4$ e) $f(x) = 2 \cdot (x - 1)^2$ f) $f(x) = a \cdot (x - b)^2 + c$

4 Differenzieren ganzrationaler Funktionen mit der Kettenregel
Differenziere mit der Kettenregel:

a) $f(x) = (3x - 2)^4$ b) $f(x) = (1 - x)^5$ c) $f(x) = (x - 3)^6$

d) $f(x) = (x^2 + x + 1)^3$ e) $f(x) = (x^3 - x^2 + x - 1)^2$ f) $f(x) = (\frac{1}{3}x^3 + \frac{1}{2}x^2 + x)^3$

5 Ableitung der Kehrwertfunktion

Die Kehrwertfunktion f mit $f(x) = \frac{1}{x}$ und $D = \mathbb{R} \setminus \{0\}$ soll mithilfe der h-Methode differenziert werden.

a) Stelle den Differenzialquotienten auf und forme diesen um. Zeige, dass $f'(x) = -\frac{1}{x^2}$ ist.

b) Schreibe f(x) und f'(x) mit negativen Exponenten.
Lässt sich die Regel für das Ableiten von $f(x) = x^n$ mit natürlichen Zahlen n als Exponenten auf den negativen ganzzahligen Exponenten $m = -1$ erweitern?

6 **Differenzieren einfacher gebrochenrationaler Funktionen**
Differenziere:

a) $f(x) = \frac{1}{7}x^7$ b) $f(x) = x^{-2}$ c) $f(x) = x^{-3}$ d) $f(x) = \frac{1}{12}x^{-4}$

e) $f(x) = \frac{1}{x^5}$ f) $f(x) = \frac{1}{x^2} - \frac{1}{x^3}$ g) $f(x) = \frac{1}{x} + \frac{1}{2x^2}$ h) $f(x) = \frac{4}{x^4} - \frac{5}{x^5}$

i) $f(x) = \frac{1}{(2x+1)^2}$ k) $f(x) = \frac{1}{3x+2}$ l) $f(x) = \frac{1}{(x^2+1)^3}$ m) $f(x) = \frac{1}{(2x+1)^2}$

n) $f(x) = x^2 + \frac{1}{x^2+1}$ o) $f(x) = \frac{x-1}{x}$ p) $f(x) = \frac{x^2-a^2}{x^3}$ q) $f(x) = \frac{ax^2-a^3}{a^2x^2}$

7 **Lineare Transformationen von Potenzfunktionen**
Beschreibe, wie der Graph G_f aus dem Graphen der zugehörigen Potenzfunktion g hervorgeht. Gib den Definitionsbereich, die Polstelle, die Asymptoten und das Monotonieverhalten von G_f an. Fertige eine grobe Skizze von G_f an. Überprüfe deine Aussagen rechnerisch durch Grenzwertbildung und Ableiten.

a) $f(x) = \frac{1}{(x+1)^2}$ b) $f(x) = \frac{1}{(x-2)^2} + 1$ c) $f(x) = -\frac{1}{x} + 2$ d) $f(x) = \frac{1}{x-2} - 1$

e) $f(x) = -\frac{1}{x-1} - 2$ f) $f(x) = \frac{1}{(x+2)^3} - 4$ g) $f(x) = \frac{-2}{(x-1)^2}$ h) $f(x) = \frac{1+2x}{x}$

8 **„Strömungsabriss"**

Die Tragflächen eines Flugzeugs sind so gebaut, dass durch die Luftströmung eine nach oben gerichtete Auftriebskraft entsteht. Diese ist umso größer, je größer die Geschwindigkeit des Flugzeugs ist. Sinkt die Geschwindigkeit über Grund eines Segelflugzeugs unter 60 km/h, ist die Auftriebskraft zu klein. Das Flugzeug kippt vorne nach unten. Ein Segelflugzeug wird auf eine Höhe von 320 m hochgezogen. Dann wird das Schleppseil ausgeklinkt. Ohne Aufwind beginnt ein Gleitflug ($t = 0$). Pro Sekunde verliert das Flugzeug 2 km/h an Geschwindigkeit über Grund. Die Funktion $t \mapsto h$ beschreibt, wie seine Höhe h in Metern von der Zeit t in Sekunden abhängt:

$$h(t) = \begin{cases} 320 - t & \text{für } 0 \leq t < 20 \\ 240 + \frac{180}{t-17} & \text{für } \quad t \geq 20 \end{cases}$$

a) Skizziere den Verlauf der Flughöhe h in Abhängigkeit von der Zeit t.
b) Beschreibe den Flug mit eigenen Worten. Welche Geschwindigkeit über Grund hatte das Flugzeug beim Ausklinken des Schleppseils?
c) Gib die momentane Änderungsrate der Flughöhe h in Abhängigkeit von der Zeit an. Wann verliert das Segelflugzeug pro Sekunde am meisten an Höhe? Wie viel Zeit vergeht nach dem „Strömungsabriss", bis das Segelflugzeug nur noch einen Meter pro Sekunde an Höhe verliert?

9 **Mittlere jährliche Kosten eines Kühlschranks**

Der Anschaffungspreis eines energiesparenden Kühlschranks mit einem Rauminhalt von 174 Litern beträgt 575 €. Der Betrieb kostet im Jahr ca. 50 €. Der Kühlschrank ist x Jahre in Betrieb.

a) Stelle die Gleichung für die Kosten $K(x)$ auf, die der Kühlschrank im Mittel pro Jahr verursacht hat.

b) Aus welcher Potenzfunktion g geht die Kostenfunktion $x \mapsto K(x)$ hervor? Wie erhält man aus G_g den Graphen der Kostenfunktion G_K? Fertige eine grobe Skizze des Graphen G_K an. Gib seine Asymptoten an.

c) Welche anschauliche Bedeutung hat die waagerechte Asymptote?

d) Ab welcher Lebensdauer sinken die mittleren Kosten pro Jahr unter 100 €?

10 **Stammfunktionen der Potenzfunktionen**

Gegeben ist eine Potenzfunktion f mit ganzzahligem Exponenten:

$$f(x) = x^m \text{ und } m \in \mathbb{Z}.$$

a) Gib zu f alle Stammfunktionen F an.

b) Für welchen Exponenten m gelingt das nicht?

11 **Stammfunktion gesucht!**

Gib zur Funktion f eine Stammfunktion F an.

a) $f(x) = x^3$ b) $f(x) = 3x^2 - 5x^4$ c) $f(x) = x^{-2}$ d) $f(x) = (-2) \cdot x^{-3}$

e) $f(x) = x^{-4}$ f) $f(x) = \frac{4}{x^5}$ g) $f(x) = \frac{1}{x^2} - \frac{1}{x^3}$ h) $f(x) = \frac{3}{(x-2)^2}$

i) $f(x) = \frac{1}{(x+3)^4}$ k) $f(x) = 2x + \frac{1}{2x^2}$ l) $f(x) = 3(x+1)^2$ m) $f(x) = 3(3x+1)^3$

12 **Grundwissen: Trigonometrie am rechtwinkligen Dreieck**

a) Welche Aussagen sind bezogen auf das abgebildete Dreieck richtig?

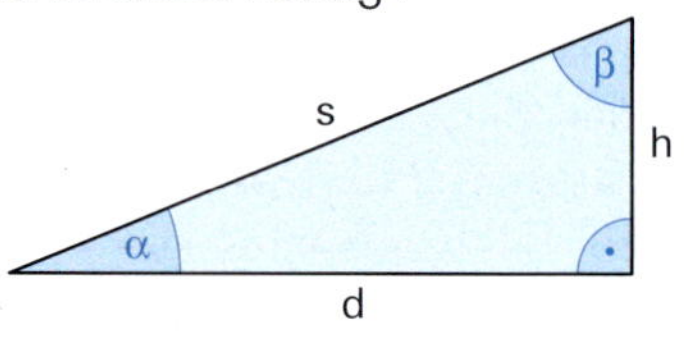

A) $\tan\alpha = \frac{d}{s}$ B) $\tan\alpha = \frac{h}{s}$ C) $\tan\alpha = \frac{h}{d}$

D) $\sin\alpha = \frac{d}{s}$ E) $\sin\alpha = \frac{h}{s}$ F) $\sin\alpha = \frac{h}{d}$

G) $\cos\alpha = \frac{d}{s}$ H) $\cos\alpha = \frac{h}{s}$ I) $\cos\alpha = \frac{h}{d}$

K) $s \cdot \cos\beta = h$ L) $s \cdot \sin\beta = h$ M) $s \cdot \tan\beta = h$

N) $\sin\alpha = \cos\beta$ O) $\tan\alpha = \frac{\sin\alpha}{\cos\alpha}$ P) $\sin\alpha = 90° - \cos\beta$

b) Begründe, warum die Steigung im abgebildeten Verkehrsschild nicht richtig dargestellt ist.
Welche Maße (Seitenlängen und Winkel) müsste ein Dreieck haben, damit es in das abgebildete Verkehrsschild passt und die Steigung von 33 % richtig wiedergibt?

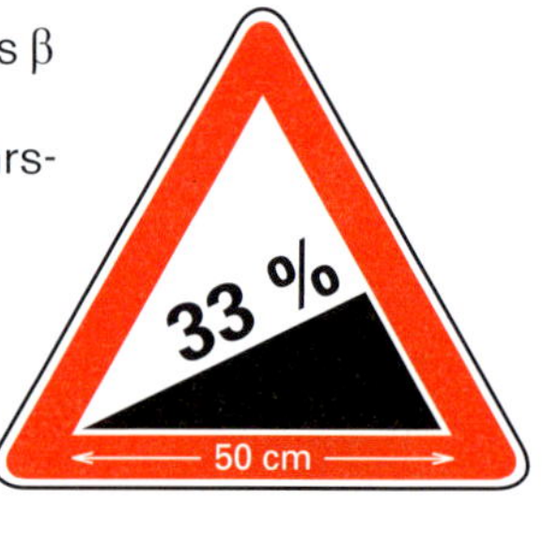

4.2 Das Verhalten rationaler Funktionen an den Rändern von D

Definitionsbereich und Verhalten an den Definitionslücken

Wir haben bisher Potenzfunktionen mit negativen Exponenten betrachtet und Funktionen, die man durch lineare Transformationen daraus erhält. Wir werden nun auch andere Typen gebrochenrationaler Funktionen kennenlernen.

1. Beispiel: $x \mapsto \frac{x^2-1}{x-1}$

Die Funktion f hat an der Stelle 1 eine Definitionslücke. Ihr maximaler Definitionsbereich ist $D = \mathbb{R} \setminus \{1\}$. $x = 1$ ist aber auch eine Nullstelle des Zählers. Lassen wir x gegen 1 streben, geht sowohl der Nenner als auch der Zähler gegen null. Dieses Verhalten kennen wir bereits vom Differenzieren. Wir haben damals das Problem durch Kürzen mit h gelöst. Auch hier hilft Kürzen weiter:

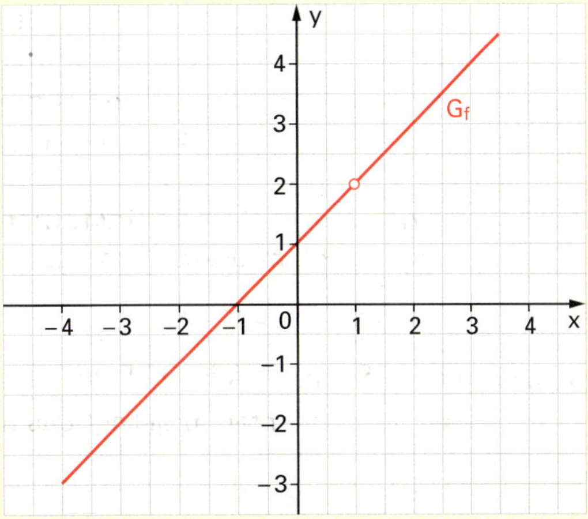

$$f(x) = \frac{x^2-1}{x-1} = \frac{(x-1)(x+1)}{x-1} \overset{\text{für } x \neq 1}{\widehat{=}} x+1$$

Die Funktionswerte f(x) stimmen für alle reellen Zahlen $x \neq 1$ mit den Funktionswerten $g(x) = x + 1$ überein. Der Graph G_f stimmt mit dem Graphen G_g bis auf $x = 1$ überein. G_f hat für $x = 1$ eine **Lücke**. In unserem Fall ist G_f die Gerade $y = x + 1$ mit einem Loch an der Stelle $x = 1$. Die **Definitionslücke** wurde **durch Kürzen behoben**.

2. Beispiel: $x \mapsto \frac{1}{x^2+1}$

Für alle reellen Zahlen x ist der Nenner stets positiv, also nie null. Der maximale Definitionsbereich ist $D = \mathbb{R}$. Der Verlauf des Graphen wurde in Aufgabe 1 untersucht.

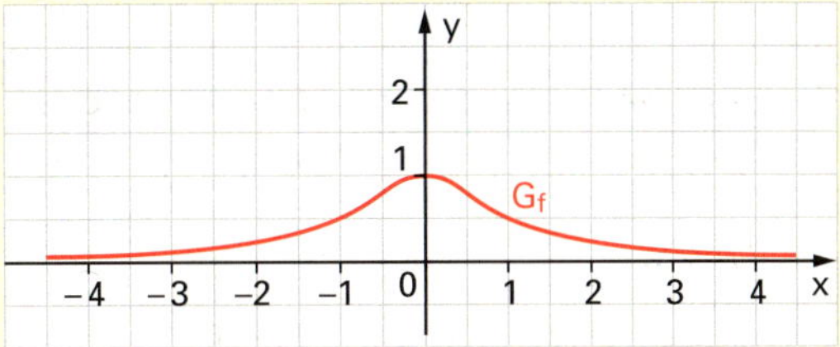

Eine rationale Funktion f *kann* **Definitionslücken** haben. Diese sind die Nullstellen des Nenners. Dabei gibt es zwei Arten:

- Die Definitionslücke kann **durch Kürzen behoben** werden. Der Graph hat an der Definitionslücke eine Lücke.
- Strebt bei Annäherung an die Definitionslücke der Funktionswert f(x) entweder gegen $+\infty$ oder gegen $-\infty$, heißt die Definitionslücke **Pol**. Wechseln die Funktionswerte f(x) bei Annäherung von links und von rechts an den Pol das Vorzeichen, liegt ein **Pol mit Vorzeichenwechsel** vor, andernfalls ein **Pol ohne Vorzeichenwechsel**. Der Graph hat am Pol eine **senkrechte Asymptote**.

Schräge Asymptoten

Unterwerfen wir eine Potenzfunktion mit negativen Exponenten einer linearen Transformation, erhalten wir stets eine gebrochenrationale Funktionen mit genau einer Definitionslücke, nämlich der Nullstelle des Nenners. An dieser Stelle liegt ein Pol vor. Die zugehörige Asymptote verläuft senkrecht zur x-Achse. Außerdem hat der Graph eine waagerechte Asymptote, die aus der x-Achse hervorgeht. Andere Lagen der Asymptoten können sich ergeben wenn wir Grundfunktionen addieren.

1. Beispiel: $f(x) = x + \frac{1}{x} = \frac{x^2+1}{x}$

mit $x \in \mathbb{R} \setminus \{0\}$

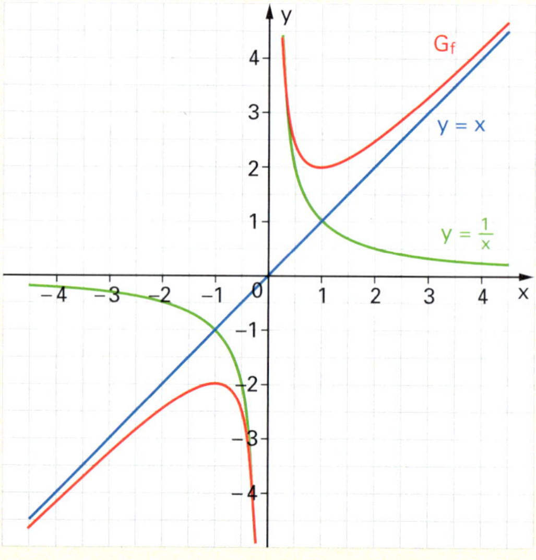

f ist die Summenfunktion der linearen Grundfunktion $x \mapsto x$ und der rationalen Grundfunktion $x \mapsto \frac{1}{x}$. Den Graphen G_f erhalten wir, indem wir die Funktionswerte $y = x$ und $y = \frac{1}{x}$ stellenweise addieren.

G_f hat an der Stelle $x = 0$ einen Pol mit Vorzeichenwechsel.

Wird x größer und größer, wird $\frac{1}{x}$ kleiner und kleiner. Die Funktionswerte $f(x)$ unterscheiden sich immer weniger vom Wert von x. Für $x \to +\infty$ schmiegt sich G_f immer mehr an die Gerade $y = x$ an. Die Gerade $y = x$ ist für $x \to +\infty$ Asymptote von G_f. Da sie schräg zur x-Achse verläuft, nennt man sie **schräge Asymptote**.

Analog ergibt sich: Für $x \to -\infty$ schmiegt sich G_f auch immer mehr an die Gerade $y = x$ an. Die Gerade $y = x$ ist auch für $x \to -\infty$ schräge Asymptote von G_f.

> Schmiegt sich der Graph einer rationalen Funktion f für $x \to +\infty$ und für $x \to -\infty$ immer mehr an eine Gerade $y = mx + t$ an, heißt die Gerade **Asymptote**.
> Für $m = 0$ liegt eine **waagerechte Asymptote** vor,
> für $m \neq 0$ eine **schräge Asymptote**.
> Für $x \to +\infty$ und für $x \to -\infty$ strebt die Differenz $f(x) - (mx + t)$ gegen null:
>
> $$\lim_{x \to \pm\infty} (f(x) - (mx + t)) = 0$$

Beachte: Wir haben den Term der Funktion f des 1. Beispiels sowohl in der **Bruchform** $f(x) = \frac{x^2+1}{x}$ als auch in der **Summenform** $f(x) = x + \frac{1}{x}$ dargestellt.

Die Bruchform eignet sich zum Bestimmen der Nullstellen. Aus der Summenform entnehmen wir genauere Aussagen über das Verhalten der Funktion für $x \to \pm\infty$.

Das grobe Verhalten gebrochenrationaler Funktionen für $x \to \pm\infty$ wurde bereits in der 10. Klasse untersucht: Wir haben dabei Zähler und Nenner durch die höchste Potenz des Nennerpolynoms dividiert (Aufgabe 4).

2. Beispiel: $f(x) = \frac{x^3 + x^2 + 1}{x^2}$ mit $x \in \mathbb{R} \setminus \{0\}$

$$\lim_{x \to +\infty} \frac{\overbrace{x^3 + x^2 + 1}^{\to +\infty}}{\underbrace{x^2}_{\to +\infty}} = \lim_{x \to +\infty} \frac{\overbrace{x + 1 + \frac{1}{x^2}}^{\to +\infty}}{1} = +\infty; \quad \text{analog: } \lim_{x \to -\infty} f(x) = -\infty$$

Um herauszufinden, wie $f(x)$ gegen ∞ strebt, formen wir $f(x)$ in eine Summe um:
$f(x) = \frac{x^3 + x^2 + 1}{x^2} = x + 1 + \frac{1}{x^2}$
Für $x \to \pm\infty$ geht $\frac{1}{x^2}$ gegen null. Die Funktionswerte unterscheiden sich immer weniger vom Wert von $x + 1$. Die Gerade $y = x + 1$ ist schräge Asymptote des Graphen G_f.
Wir erhalten G_f, indem wir die Werte der Grundfunktionen $x \mapsto x + 1$ und $x \mapsto \frac{1}{x^2}$ stellenweise addieren. Offensichtlich ergibt sich für $x > 0$ ein Tiefpunkt. Seine Koordinaten bestimmen wir mithilfe der ersten Ableitung der Summenform:

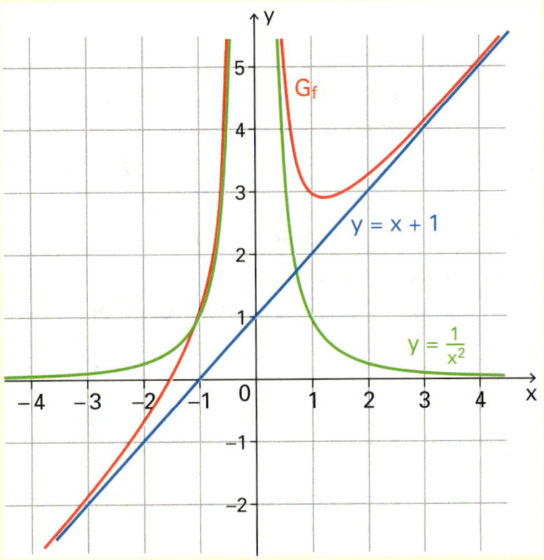

$$f(x) = x + 1 + \frac{1}{x^2} = x + 1 + x^{-2}$$
$$\Rightarrow \quad f'(x) = 1 - 2x^{-3} = 1 - \frac{2}{x^3}$$

Nullstelle der ersten Ableitung:

$$f'(x) = 0 \quad \Leftrightarrow \quad 1 - \frac{2}{x^3} = 0 \quad \Leftrightarrow \quad x^3 = 2 \quad \Leftrightarrow \quad x_T = \sqrt[3]{2} \approx 1{,}26$$

Einsetzen in $f(x)$:

$$y_T = f(\sqrt[3]{2}) = \sqrt[3]{2} + 1 + \frac{1}{(\sqrt[3]{2})^2} = \sqrt[3]{2} + 1 + \frac{\sqrt[3]{2}}{2} = 1 + \frac{3}{2}\sqrt[3]{2} \approx 2{,}89$$
$$\Rightarrow \quad \text{Tiefpunkt } T(1{,}26\,|\,2{,}89)$$

Um das Verhalten einer gebrochenrationalen Funktion f für $x \to \pm\infty$ zu untersuchen, dividieren wir in der *Bruchform* Zähler und Nenner durch die höchste Potenz des Nennerpolynoms.
Liegt eine *Summenform* vor, eignet sich diese häufig für die Untersuchung des *genaueren* Verhaltens von $f(x)$ für $x \to \pm\infty$.

Aufgaben

1 Die einfachste gebrochenrationale Funktion ohne Definitionslücke

Gegeben ist die Funktion f durch $f(x) = \frac{1}{x^2+1}$.

a) Warum ist f(x) für alle reellen Zahlen definiert? Gib die Symmetrie des Graphen G_f an. Bestimme sein Verhalten für $x \to \pm\infty$.

b) Untersuche G_f auf Monotonie und Extrempunkte.

c) Warum hat G_f mindestens zwei Wendepunkte?

d) Erstelle zur Funktion f eine Wertetabelle für das Intervall $0 \le x \le 4$ mit der Schrittweite 1. Zeichne G_f unter Verwendung aller Ergebnisse.

e) Wie geht der Graph der Funktion g mit $g(x) = \frac{2}{4x^2+1} = \frac{2}{(2x)^2+1}$ aus G_f hervor? Skizziere auch G_g in das Koordinatensystem von d).

2 Definitionslücken und ihre Art

Bestimme die Definitionslücken der Funktion f. Untersuche, ob es sich jeweils um eine durch Kürzen behebbare Definitionslücke oder einen Pol handelt. Entscheide, ob bei einem Pol ein Vorzeichenwechsel vorliegt oder nicht. Gib die senkrechten Asymptoten des Graphen G_f an.

a) $f(x) = \frac{1}{x+2}$
b) $f(x) = \frac{x}{(x-2)^2}$
c) $f(x) = \frac{x^2+2x+1}{x+1}$
d) $f(x) = \frac{x+1}{x^2+2x+1}$

e) $f(x) = \frac{1}{1-x^2}$
f) $f(x) = \frac{x-2}{x^2-4}$
g) $f(x) = \frac{x}{x^3+x^2}$
h) $f(x) = \frac{x^2+1}{x+1}$

i) $f(x) = \frac{2x+6}{x^2+6x+9}$
k) $f(x) = \frac{2x^2-8}{(x+2)(x-2)}$
l) $f(x) = \frac{x^2-2x-3}{x^2+2x-3}$
m) $f(x) = \frac{x^2+x-2}{x^2+2x-3}$

n) $f(x) = \frac{x+1}{x^2+x+1}$
o) $f(x) = \frac{x^2-4x+4}{x^2+4x+4}$
p) $f(x) = \left(\frac{x+1}{x-1}\right)^2$
q) $f(x) = \left(\frac{x^2+x}{x+1}\right)^2$

3 Rationale Funktionen gesucht!

Gib eine möglichst einfache rationale Funktion mit den folgenden Eigenschaften an. Überprüfe deine Lösung anschließend mit einem Funktionsplotter. Die Funktion hat

a) an der Stelle $x = 3$ einen Pol mit Vorzeichenwechsel und die Asymptote $y = 2$,

b) an der Stelle $x = -2$ einen Pol ohne Vorzeichenwechsel und die Asymptote $y = 0$,

c) keinen Pol und die Asymptote $y = -3$,

d) keinen Pol und keine Asymptote,

e) an der Stelle $x = 1$ einen Hochpunkt und die Asymptote $y = -2$,

f) einen Tiefpunkt auf der x-Achse und die Asymptote $y = 2$.

4 Verhalten für $x \to +\infty$ und für $x \to -\infty$

Bestimme das Verhalten der Funktion f für $x \to +\infty$ und für $x \to -\infty$ durch Dividieren des Zählers und des Nenners durch die höchste Potenz des Nenners. Gib ggf. die Gleichung der Asymptote an.

a) $f(x) = \frac{2x}{x^2+1}$
b) $f(x) = \frac{2x^2}{x^2+1}$
c) $f(x) = \frac{2x^3+1}{x^2}$
d) $f(x) = \frac{x^4+x^2}{x^2+1}$

5 Asymptoten ablesen

Gib von jeder Funktion f den Grenzwert $\lim\limits_{x \to \pm\infty} f(x)$ an. Welche Funktionen haben eine waagerechte bzw. schräge Asymptote? Gib ggf. deren Gleichung an.

a) $f(x) = \frac{1}{x+1}$ b) $f(x) = \frac{-2}{x+1}$ c) $f(x) = \frac{1}{x+1} - 2$ d) $f(x) = \frac{1}{x+1} - 2x$

e) $f(x) = x - 1 + \frac{1}{x}$ f) $f(x) = x^2 + \frac{1}{x+2}$ g) $f(x) = \frac{1}{x+1} - x + 1$ h) $f(x) = \frac{1}{x^2+1} + x$

6 Waagerechte und schräge Asymptoten

Untersuche das Verhalten der Funktion für $x \to +\infty$ und für $x \to -\infty$ unter Verwendung der Limesschreibweise. Bestimme die Gleichung der zugehörigen Asymptote. Nähert sich der Graph der Asymptote jeweils von oben oder von unten?

a) $f(x) = \frac{2x^2+1}{x}$ b) $f(x) = \frac{1-3x^2}{x^2}$ c) $f(x) = \frac{x^3-1}{x^2}$ d) $f(x) = \frac{x}{x+1}$

e) $f(x) = \frac{x+1}{x-1}$ f) $f(x) = \frac{2x^2+1}{2x^2-1}$ g) $f(x) = \frac{x^3-4x^2-1}{2x^2}$ h) $f(x) = \frac{4x^2-1}{2x-1}$

7 Dem Funktionsterm Informationen entlocken

Forme den Bruchterm der Funktion f in die Summenform um. Was lässt sich sofort über den maximalen Definitionsbereich, die Symmetrie, die Definitionslücken und die Asymptoten der Funktion f aussagen? Beschreibe den Verlauf des Graphen G_f anhand des Summenterms und skizziere ihn. Bestimme die Koordinaten der Extrempunkte mithilfe der Ableitung des Summenterms.

a) $f(x) = \frac{x^2-1}{x}$ b) $f(x) = \frac{x^3+1}{x^2}$ c) $f(x) = \frac{x^2+x+1}{x}$ d) $f(x) = \frac{x^2+x-2}{x}$

e) $f(x) = \frac{x^2-4x+4}{4x}$ f) $f(x) = \frac{2x-2}{x^2-1}$ g) $f(x) = \frac{x^2+x}{x+1}$ h) $f(x) = \frac{x^4+1}{x^2}$

8 Funktionenschar

Gegeben ist die Funktionenschar f_a durch $f_a(x) = \frac{x^2-2x+a}{(x-1)^2}$ und $a \in \mathbb{R}$.

a) Gib den maximalen Definitionsbereich von f_a an. Für welchen Parameterwert a_1 lässt sich die Definitionslücke durch Kürzen beheben? Liegt für die anderen Funktionen ein Pol mit oder ohne Vorzeichenwechsel vor?

b) Zeige, dass sich $f_a(x)$ in der Form $f_a(x) = 1 + \frac{a-1}{(x-1)^2}$ schreiben lässt.

Gib alle Asymptoten dieser Funktionen f_a an.

c) Berechne die 1. Ableitung $f_a'(x)$ und begründe damit, dass der Graph G_a der Funktion f_a keinen Extrempunkt hat.
Wie geht der Graph G_a für $a > 1$ aus der Grundfunktion $g(x) = \frac{1}{x^2}$ hervor, wie für $a < 1$? Skizziere die Graphen G_1, G_2 und G_0.

d) Wie geht G_0 aus G_2 hervor? Gib weitere Paare von Graphen an, welche die gleiche Eigenschaft besitzen.

9 **„Running in the rain"**

Wir untersuchen, mit welcher konstanten Geschwindigkeit v man im Regen ohne Schirm laufen sollte, damit man möglichst wenig nass wird. Die Regenmenge R(v), die auf eine Person beim Zurücklegen der Strecke s trifft, wird näherungsweise durch die Formel

$$R(v) = \rho \cdot s \cdot \Big(\underbrace{A_{oben} \cdot \frac{u \cdot \sin\alpha}{v}}_{\text{Nässe von oben}} + \underbrace{A_{vorne} \cdot \Big|1 + \frac{u \cdot \cos\alpha}{v}\Big|}_{\text{Nässe von vorne bzw. hinten}}\Big)$$

beschrieben. Dabei ist ρ die Dichte des Regens, A_{oben} die von oben gesehene Querschnittsfläche der Person und A_{vorne} die von vorne bzw. hinten gesehene Querschnittsfläche. u ist die Geschwindigkeit der Regentropfen und α der Winkel, unter dem sie auf den Boden treffen.

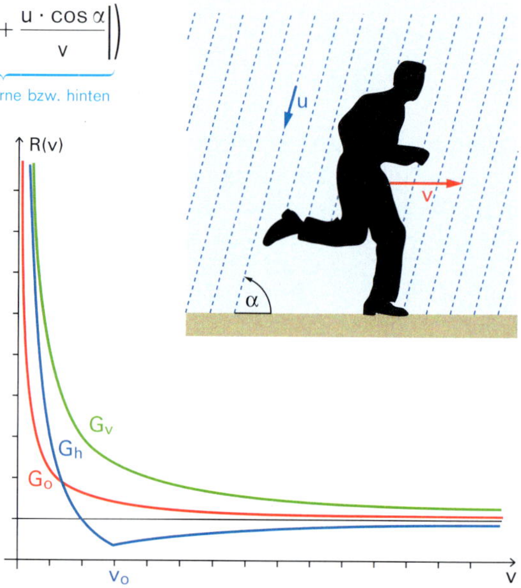

Wir betrachten nun drei Fälle:

a) Regen von oben: $\alpha = 90°$
Setze $\alpha = 90°$ in die Formel ein. Erläutere damit den groben Verlauf des zugehörigen Graphen G_o rechts.
Für $v \to \infty$ strebt R(v) gegen einen Grenzwert. Gib diesen an. Um welche Regenmenge handelt es sich dabei anschaulich?
Mit welcher Geschwindigkeit sollte man laufen, damit man möglichst wenig nass wird?

b) Regen von vorne: $0° < \alpha < 90°$
Warum kann man in diesem Fall die Betragsstriche im Term R(v) einfach weglassen? Oben ist zu $\alpha = 60°$ ein Graph G_v dargestellt. Erläutere seinen groben Verlauf mithilfe der Formel. Warum verlaufen alle Graphen des Falls „Regen von vorne" entsprechend?
Mit welcher Geschwindigkeit sollte man laufen, damit man möglichst wenig nass wird?

c) Regen von hinten: $90° < \alpha < 180°$
Bestimme die Geschwindigkeit v_0 in Abhängigkeit von u und α, für die der Term zwischen den Betragstrichen null ist? Vergleiche mit den Komponenten u_1 und u_2 der Geschwindigkeit u. Oben ist zu $\alpha = 120°$ ein Graph G_h dargestellt. Erläutere den Verlauf. Wo wird man jeweils nass, wenn $v < v_0$, $v = v_0$, $v > v_0$ ist?
2 mm große Regentropfen fallen mit 15 km/h unter dem Winkel $\alpha = 120°$ auf die Erde.

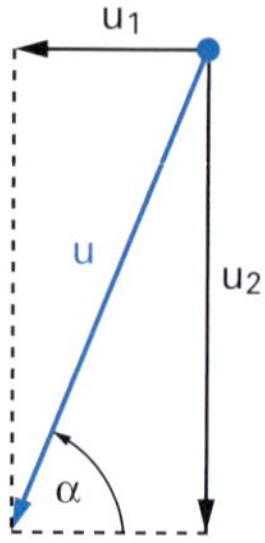

Mit welcher Geschwindigkeit sollte man laufen, damit man möglichst wenig nass wird?

4.3 Die Quotientenregel – Untersuchung rationaler Funktionen

Die Quotientenregel

Für die genauere Untersuchung von Funktionen benötigen wir ihre Ableitung. Bruchterme, deren Zähler und Nenner die Variable x enthält, können wir noch nicht differenzieren. Diese Lücke schließen wir. Dabei setzen wir voraus, dass die Funktionen Z und N im Intervall I differenzierbar sind. Ferner sei N(x) für alle $x \in I$ ungleich null. Zur Herleitung der Regel verwenden wir die Definition der Ableitung:

$$f'(x) = \lim_{h \to 0} \frac{f(x+h) - f(x)}{h} = \lim_{h \to 0} \frac{\frac{Z(x+h)}{N(x+h)} - \frac{Z(x)}{N(x)}}{h}$$

$$= \lim_{h \to 0} \frac{N(x) \cdot Z(x+h) - Z(x) \cdot N(x+h)}{h \cdot N(x+h) \cdot N(x)}$$

$$= \lim_{h \to 0} \frac{N(x) \cdot Z(x+h) - N(x) \cdot Z(x) + N(x) \cdot Z(x) - Z(x) \cdot N(x+h)}{h \cdot N(x+h) \cdot N(x)}$$

$$= \lim_{h \to 0} \frac{N(x) \cdot (Z(x+h) - Z(x)) - Z(x) \cdot (N(x+h) - N(x))}{h \cdot N(x+h) \cdot N(x)}$$

$$= \lim_{h \to 0} \frac{N(x) \cdot \frac{Z(x+h) - Z(x)}{h} - Z(x) \cdot \frac{N(x+h) - N(x)}{h}}{N(x+h) \cdot N(x)}$$

$$= \frac{N(x) \cdot Z'(x) - Z(x) \cdot N'(x)}{(N(x))^2}$$

Also:

> **Quotientenregel**
> Die Funktionen Z und N seien im Intervall I differenzierbar und ferner sei $N(x) \neq 0$ für alle $x \in I$. Dann ist der Quotient $f(x) = \frac{Z(x)}{N(x)}$ in I differenzierbar und es gilt:
>
> $$f'(x) = \frac{N(x) \cdot Z'(x) - Z(x) \cdot N'(x)}{(N(x))^2}.$$
>
> In Worten: *Nenner mal Ableitung des Zählers minus Zähler mal Ableitung des Nenners durch Nenner zum Quadrat.*

Mit den Anfangsbuchstaben der Substantive gibt es eine einprägsame Merkhilfe: „*NAZ minus ZAN durch N Quadrat*".

Beispiel: Ableitung der Funktion f mit $f(x) = \frac{x^2}{(x+1)^2}$ und $x \in \mathbb{R}$

$$f'(x) = \frac{(x+1)^2 \cdot 2x - x^2 \cdot 2(x+1)^1 \cdot 1}{(x+1)^4} = \frac{(x+1) \cdot [(x+1) \cdot 2x - 2x^2]}{(x+1)^4} = \frac{2x}{(x+1)^3}$$

Ausführliche Untersuchung einer rationalen Funktion

Aus den Termen gebrochenrationaler Funktionen lassen sich viele Informationen über den Verlauf des Graphen unmittelbar ablesen. Hilfreich sind dabei verschiedenen Darstellungsformen des Terms (Aufgabe 2).

Beispiel: $f(x) = x + \frac{x}{x^2 - 1}$

Umformung: $f(x) = \underbrace{x + \frac{x}{x^2 - 1}}_{\text{Summenform}} = \frac{x(x^2 - 1) + x}{x^2 - 1} = \underbrace{\frac{x^3}{x^2 - 1}}_{\text{Bruchform}} = \underbrace{\frac{x^3}{(x+1)(x-1)}}_{\text{faktorisierte Form}}$

a) Symmetrie

Ersetzen wir in der Bruchform x durch $-x$ erhalten wir

$f(-x) = \frac{(-x)^3}{(-x)^2 - 1} = -\frac{x^3}{x^2 - 1} = -f(x).$

G_f ist also punktsymmetrisch zum Ursprung O.

b) Definitionsbereich und Verhalten an seinen Rändern

Der faktorisierten Form entnehmen wir die Nullstellen des Nenners: $x_1 = -1$ und $x_2 = 1$. Folglich ist der maximale *Definitionsbereich* $D = \mathbb{R} \setminus \{-1; 1\}$.
Der Zähler ist für $x_1 = -1$ und für $x_2 = 1$ nicht null. Somit sind die Definitionslücken Polstellen. Da die Faktoren $(x+1)$ und $(x-1)$ im Nenner in der ersten Potenz auftreten, sind es *Polstellen mit Vorzeichenwechsel*. G_f hat die senkrechten Asymptoten $x = -1$ und $x = 1$.
Aus dem Summenterm entnehmen wir: G_f hat eine *schräge Asymptote* mit der Gleichung $y = x$.

c) Nullstellen

Die einzige Nullstelle ist $x = 0$ (faktorisierte Form). Da es sich um eine dreifache Nullstelle handelt, hat G_f im Ursprung O einen Terrassenpunkt $T(0|0)$.

d) Skizze des Graphen aufgrund der bisherigen Ergebnisse

Wir tragen zunächst die Asymptoten in das Koordinatensystem ein und verfolgen systematisch, wie G_f verläuft.
Der Graph G_f kommt von „links unten“. Da für $x < -1$ im Summenterm von x ein positiver Wert subtrahiert wird, verläuft G_f unterhalb der Geraden $y = x$. Der Unterschied wird größer. G_f entfernt sich von der Geraden $y = x$. G_f muss sich dann der senkrechten Asymptote $x = -1$ nähern. Da f keine Nullstellen kleiner als -1 hat, schneidet G_f in diesem Bereich die x-Achse nicht. G_f kommt also von unten und geht nach unten. G_f hat deshalb mindestens einen Hochpunkt.

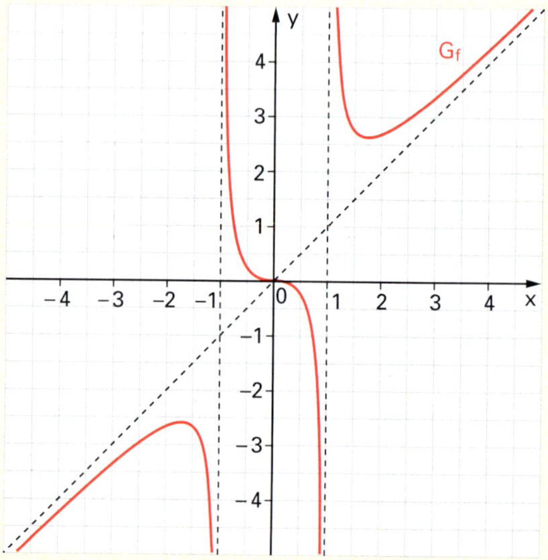

Bei der Asymptote $x = -1$ wechselt $f(x)$ das Vorzeichen. G_f kommt somit von oben, verläuft durch O als Terrassenpunkt, nähert sich der Asymptote $x = 1$ und verschwindet dabei nach unten.
Nun springt der Graph wieder: Er kommt von oben und nähert sich der schrägen Asymptote von oben, da für $x > 1$ im Summenterm zu x ein positiver Wert addiert wird. G_f hat also mindestens einen Tiefpunkt.

e) Lage der Hoch- und Tiefpunkte

Die genaue Lage der Hoch- und Tiefpunkte des Graphen ermitteln wir durch Differenzieren. Dazu leiten wir die Bruchform mit der Quotientenregel ab.

$$f'(x) = \frac{(x^2-1)\cdot 3x^2 - x^3 \cdot 2x}{(x^2-1)^2} = \frac{3x^4 - 3x^2 - 2x^4}{(x^2-1)^2} = \frac{x^4-3x^2}{(x^2-1)^2}$$

$$f'(x) = 0 \quad \Leftrightarrow \quad x^4 - 3x^2 = 0 \quad \Leftrightarrow \quad x^2(x^2-3) = 0$$

$$\Leftrightarrow \quad x_3 = 0;\ x_4 = -\sqrt{3};\ x_5 = \sqrt{3}$$

$x_3 = 0$ gehört zum Terrassenpunkt. Also gibt es nur noch zwei weitere Punkte mit waagerechten Tangenten. Es existiert somit nur ein einziger Hoch- und ein einziger Tiefpunkt: $H(-\sqrt{3}\,|\,-\frac{3}{2}\sqrt{3})$ und $T(\sqrt{3}\,|\,\frac{3}{2}\sqrt{3})$.

Aufgaben

1 Quotientenregel

Bilde die erste und die zweite Ableitung:

a) $f(x) = \frac{x^2}{x^2+1}$ b) $f(x) = \frac{x+2}{3x-4}$ c) $f(x) = \frac{x^2}{2x-1}$ d) $f(x) = \frac{x}{x^2-1}$

e) $f(x) = \frac{1}{x^2-1}$ f) $f(x) = \frac{x^3-1}{x+1}$ g) $f(x) = \frac{x^3+1}{x+1}$ h) $f(x) = \frac{x^3}{x^2+1}$

i) $f(x) = 1 - \frac{1}{x^2+1}$ k) $f(x) = \frac{x^2-2x+1}{x^2-1}$ l) $f(x) = \left(1 + \frac{1}{x}\right)^2$ m) $f(x) = \frac{x^4+x^2+1}{x^2+1}$

2 Kurvendiskussion

Der Term der Funktion f ist in unterschiedlichen Formen gegeben:

$$f(x) = \underbrace{x - 4 + \frac{5}{x+2}}_{\text{Summenform}} = \frac{(x-4)(x+2)+5}{x+2} = \underbrace{\frac{x^2-2x-3}{x+2}}_{\text{Bruchform}} = \underbrace{\frac{(x+1)(x-3)}{x+2}}_{\text{faktorisierte Form}}$$

a) Entnimm dem Term, der sich jeweils dafür am besten eignet, den maximalen Definitionsbereich, die Nullstellen, die Polstelle sowie die Asymptoten. Bestimme $\lim\limits_{x \to \pm\infty} f(x)$. Gib an, ob G_f für $x \to +\infty$ bzw. für $x \to -\infty$ oberhalb oder unterhalb der Asymptote verläuft. Fertige aufgrund der bisherigen Kenntnisse eine grobe Skizze des Graphen G_f an. Wie viele Extrempunkte gibt es mindestens?

b) Berechne die erste Ableitung. Bestimme Art und Lage aller Extrempunkte.

3 Ausführliche Untersuchungen

Eine gebrochenrationale Funktion kann durch einen Bruchterm, einen faktorisierten Bruchterm oder einen Summenterm gegeben sein.
Forme den Funktionsterm, falls möglich, in die beiden anderen Formen um. Untersuche die Funktion f und zeichne ihren Graphen G_f.

a) $f(x) = \frac{1}{x^2-4}$ b) $f(x) = \frac{x}{x^2-4}$ c) $f(x) = \frac{x}{x^2+2x+1}$ d) $f(x) = 1 - \frac{2x}{x^2+1}$

e) $f(x) = 1 + \frac{3}{x^2-4}$ f) $f(x) = x - 4 + \frac{4}{(x-1)^2}$ g) $f(x) = 1 + \frac{4x+4}{x^2-4}$ h) $f(x) = 1 - \frac{2}{x} + \frac{1}{x^2}$

4 „Who is who?"

Rechts sind vier Graphen G_1, G_2, G_3 und G_4 abgebildet. Welche der folgenden Funktionen gehört zu welchem Graphen? Begründe deine Entscheidung.

a) $f(x) = \frac{x^2+1}{x^2+4}$ b) $g(x) = \frac{x^2+4}{x^2+1}$

c) $h(x) = \frac{x^2-4}{x^2+1}$ d) $k(x) = \frac{x^2-1}{x^2+4}$

e) $l(x) = \frac{x^2+1}{x^2-4}$ f) $u(x) = \frac{1+x^2}{4-x^2}$

g) $v(x) = \frac{1-x^2}{4-x^2}$ h) $w(x) = \frac{x^2-1}{x^2-4}$

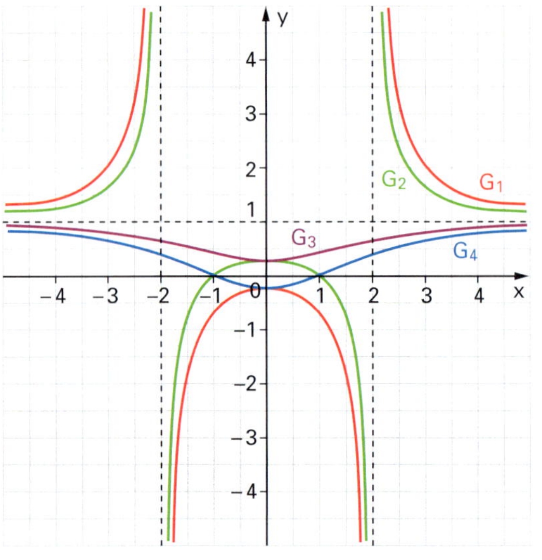

5 Der Flug eines Wellensittichs

Messungen haben ergeben, dass der Energieverbrauch E eines Wellensittichs in Abhängigkeit von der Fluggeschwindigkeit v näherungsweise durch

$$E(v) = \frac{(v-20)^2 + 2100}{25v}$$

beschrieben wird. Dabei wird E in Joule pro g Körpermasse pro km Flugstrecke gemessen und die Geschwindigkeit v in km/h.

a) Bringe den Funktionsterm E(v) in die Summenform. Untersuche das Verhalten der Funktion $v \mapsto E$ an den Rändern ihres Definitionsbereichs, also für $v \to 0+0$ und für $v \to +\infty$. Wie lauten die Gleichungen der Asymptoten? Fertige eine grobe Skizze des Graphen an.

b) Für welche Geschwindigkeit ist der Energieverbrauch minimal? Wie viel Prozent des Energieverbrauchs bei der maximalen Geschwindigkeit von 120 km/h sind das?

6 Vom Graphen zur Gleichung

Rechts sind die Graphen zweier rationaler Funktionen f und g abgebildet.

a) Entnimm G_f möglichst viele Eigenschaften der Funktion f. Gib einen möglichen Funktionsterm f(x) an.

b) Entnimm G_g möglichst viele Eigenschaften der Funktion g. Gib einen möglichen Funktionsterm g(x) an.

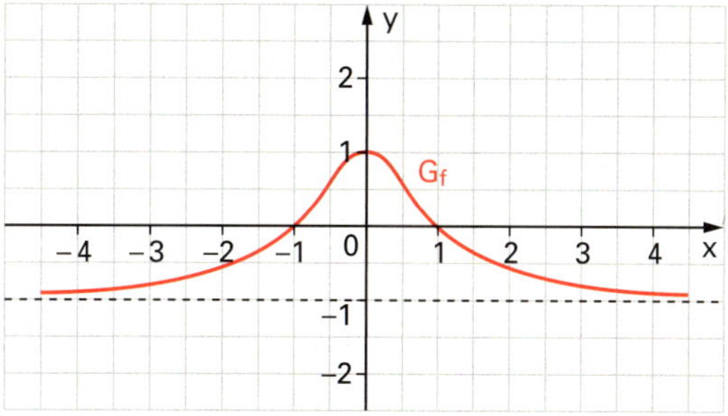

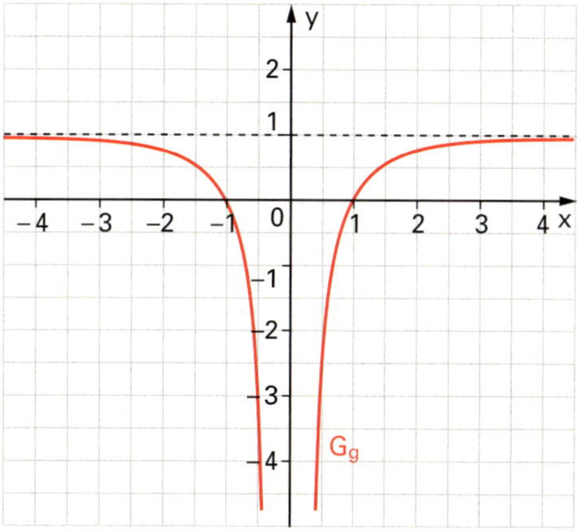

Wir betrachten nun die Kehrwertfunktionen f_K und g_K

$$f_K(x) = \frac{1}{f(x)} \quad \text{und} \quad g_K(x) = \frac{1}{g(x)}.$$

c) Gib möglichst viele Eigenschaften von f_K an. Skizziere ihren Graphen.

d) Gib möglichst viele Eigenschaften von g_K an. Skizziere ihren Graphen.

7 Verschmutzung eines Sees (nach Abitur 2008)

Gegeben ist die Funktion f durch $f(x) = \frac{8x}{x^2+4}$ und $D = \mathbb{R}$.

a) Bestimme die Symmetrie und die Asymptote des Graphen G_f. Gib die Nullstelle von f an.

b) Untersuche G_f auf Hoch-, Tief- und Wendepunkte und berechne ihre Koordinaten.

c) Wie lautet die Gleichung der Tangente an G_f im Ursprung? Berechne f(1) sowie f(6).
Skizziere G_f im Bereich $-6 \leq x \leq 6$ unter Verwendung aller Ergebnisse.

Unmittelbar nach dem einmaligen, kurzzeitigen Einleiten von Abwasser in einen See kommt es zum Absinken seines Sauerstoffgehalts. Durch die Selbstreinigung des Sees steigt der Sauerstoffgehalt aber wieder. Die Funktion h mit

$$h(x) = 8 - f(x) \quad \text{und} \quad x \geq 0$$

beschreibt den Sauerstoffgehalt an der Einleitungsstelle näherungsweise. Dabei ist x die Anzahl der Tage, die seit dem Einleiten vergangen sind, und h(x) der Sauerstoffgehalt in mg/l.

d) Wie geht der Graph G_h der Funktion h aus G_f hervor? Skizziere G_h.

e) Nach wie vielen Tagen erreicht der Sauerstoffgehalt seinen kleinsten Wert? Wie hoch ist dieser?

f) Nach wie vielen Tagen ist der Sauerstoffgehalt wieder auf 95% des ursprünglichen Wertes angestiegen?

8 Reißender Gebirgsbach

Gegeben ist die Funktion f durch $f(x) = \frac{x^2}{x^4 + 1}$ und $D = \mathbb{R}$.

a) Bestimme die Symmetrie und die Asymptote des Graphen G_f. Gib die Nullstelle von f an.

b) Untersuche G_f auf Hoch-, Tief- und Wendepunkte und berechne ihre Koordinaten.

c) Skizziere G_f unter Verwendung aller bisherigen Ergebnisse im Bereich $-3 \leq x \leq 3$ (Einheit auf den Achsen: 2,5 cm).

Zur Zeit $x = 0$ Stunden geht während eines Gewitters ein kurzer, heftiger Platzregen nieder. Die Funktion w mit

$$w(x) = 8 \cdot f(x) + 1 \quad \text{und} \quad x \geq 0$$

beschreibt die Wassermenge in hl/s, die ein Gebirgsbach zum Zeitpunkt x Stunden führt.

d) Wie geht der Graph G_w der Funktion w aus G_f hervor? Fertige eine Skizze von G_w an.

e) Wie viel Wasser in hl/s führt der Bach zu Beginn des Platzregens?

f) Zu welchem Zeitpunkt führt der Bach am meisten Wasser? Vergleiche mit der Wasserführung zum Zeitpunkt $x = 0$ Stunden.

g) Wann ist die momentane Änderungsrate des Wasserstroms null, wann am größten, wann am kleinsten? Skizziere grob das Diagramm, das die momentane Änderungsrate in Abhängigkeit von der Zeit x beschreibt.

h) Wie viel Wasser wird der Bach nach mehreren regenfreien Tagen führen?

9 Besonderes Viereck

Gegeben ist die Funktion f durch $f(x) = \frac{x^2 - 8}{x^2 - 4}$.

a) Gib den maximalen Definitionsbereich D an. Bestimme die Symmetrie. Untersuche das Verhalten an den Definitionslücken sowie für $x \to +\infty$ und für $x \to -\infty$. Welche Asymptoten hat G_f? Berechne die Nullstellen.

b) Ermittle Art und Lage des Extrempunkts von G_f.

c) Berechne f(1), f(3) und f(4). Zeichne G_f im Bereich $-5 \leq x \leq 5$ mithilfe aller bisherigen Ergebnisse.

d) Wie lauten die Gleichungen der Tangenten t_1 und t_2 in den Schnittpunkten N_1 und N_2 des Graphen mit der x-Achse? Stelle die Gleichungen der Normalen n_1 und n_2 zu G_f in N_1 und N_2 auf.
Der Schnittpunkt der Tangenten t_1 und t_2 heißt P, der Schnittpunkt der Normalen n_1 und n_2 Q. Welches besondere Viereck ist N_1PN_2Q? Berechne seinen Flächeninhalt.

10 Gebrochenrational (nach Abitur 2006)

Gegeben ist die Funktionenschar f_a durch

$$f_a(x) = \frac{ax^2 - 5}{x^2}$$

mit $a \in \mathbb{R}^+$ und $D_a = \mathbb{R} \setminus \{0\}$.

Der Graph von f_a wird mit G_a bezeichnet.

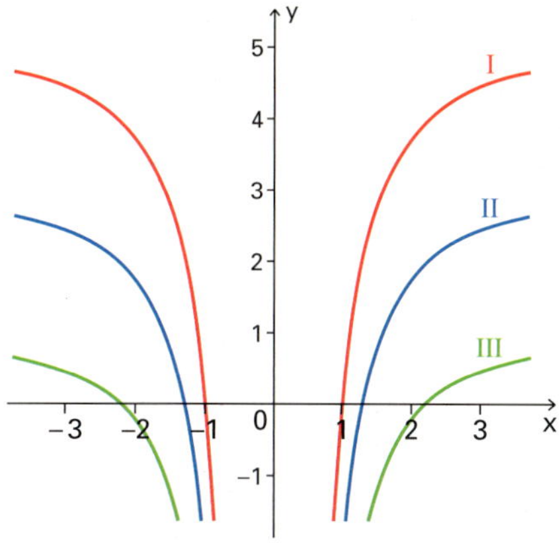

a) Bestimme das Symmetrieverhalten von G_a und die beiden Nullstellen von f_a.

b) Begründe, dass $y = a$ Asymptote von G_a ist. Untersuche das Verhalten von f_a an der Definitionslücke.

c) Untersuche das Monotonieverhalten von f_a.

d) Die Abbildung zeigt drei Graphen der Schar zu ganzzahligen Parameterwerten a. Gib an, zu welchem a die Graphen I, II und III jeweils gehören. Begründe deine Entscheidung.

Nun sei $a = 2$.

e) Die Tangenten an G_2 in den Kurvenpunkten $P(-1{,}25 \mid -1{,}2)$ und $Q(1{,}25 \mid -1{,}2)$ schließen mit der Asymptote $y = 2$ ein Dreieck ein. Skizziere den Graphen G_2 und zeichne das Dreieck ein. Berechne den Flächeninhalt des Dreiecks.

11 Typenvielfalt in einer Funktionenschar

Gegeben ist die Funktionenschar f_a durch

$$f_a(x) = \frac{x^2 - a}{x + 1} \quad \text{und} \quad a \in \mathbb{R}.$$

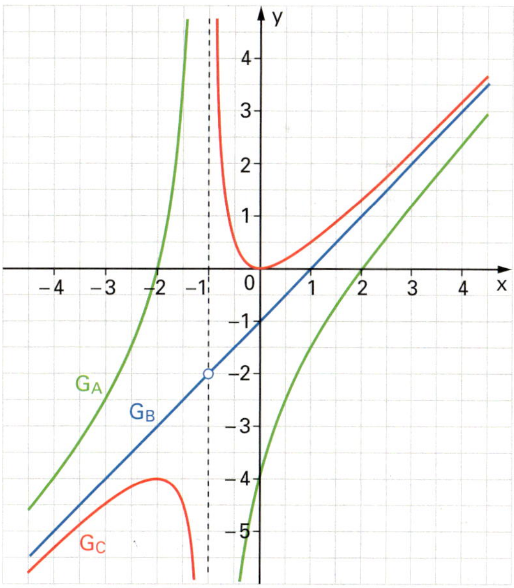

a) Zeige, dass sich $f_a(x)$ in der Form $f_a(x) = x - 1 + \frac{1-a}{x+1}$ schreiben lässt.

b) Gib den maximalen Definitionsbereich von f_a an. Für welchen Parameterwert a_1 lässt sich die Definitionslücke durch Kürzen beheben? Liegt für die anderen Funktionen ein Pol mit oder ohne Vorzeichenwechsel vor? Gib alle Asymptoten dieser Funktionen f_a an.

c) Berechne die 1. Ableitung.
(Zur Kontrolle: $f_a'(x) = \frac{x^2 + 2x + a}{(x+1)^2}$)
Der Graph G_a der Funktion f_a hat entweder keinen Extrempunkt oder zwei. Für welche a-Werte ist das jeweils der Fall?

d) Rechts sind drei Graphen der Funktionenschar abgebildet. Bestimme zu jedem Graphen den zugehörigen Parameterwert. Begründe deine Entscheidung.

12 Gegen den Strom schwimmen

In einem Bach, der mit der Geschwindigkeit 5 km/h fließt, schwimmt ein Fisch gegen die Strömung. Hat der Fisch die zur Strömung relative Geschwindigkeit v in km/h, dann beträgt sein Energiebedarf E(v) für eine 1 km lange Strecke näherungsweise

$$E(v) = c \cdot \frac{v^3}{v-5} \quad \text{mit} \quad v \in]5; 15],$$

wobei c ein vom Fisch abhängiger Parameter ist.

a) Mit welcher Geschwindigkeit bewegt sich der Fisch vom Ufer aus gesehen, wenn $v = 6$ ist?

b) Skizziere den Graphen der Funktion E mithilfe einer kurzen Untersuchung von E.

c) Deute das Verhalten von E(v) für $v \to 5$ anschaulich.

d) Für welche Geschwindigkeit ist der Energiebedarf minimal? Wie viel Prozent des Energiebedarfs bei maximaler Geschwindigkeit sind das?

13 Die Linsengleichung

Bei einer Sammellinse wird der Zusammenhang zwischen der Brennweite f, der Gegenstandsweite g und der Bildweite b durch die *Linsengleichung* wiedergegeben:

$$\frac{1}{f} = \frac{1}{b} + \frac{1}{g}$$

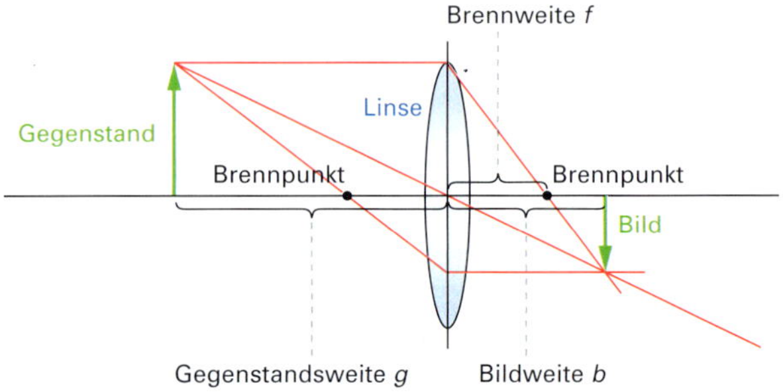

a) Löse die Gleichung nach b auf. (Zur Kontrolle: $b = \frac{fg}{g-f}$)

Wir betrachten die Funktion $g \mapsto b$ mit $g \in \mathbb{R}^+$, welche die Bildweite b in Abhängigkeit von der Gegenstandsweite g beschreibt.

b) Zeige: b lässt sich auch in der Form $b = f + \frac{f^2}{g-f}$ darstellen.

c) Gib die Definitionslücke, ihre Art und die Gleichung der senkrechten Asymptote an.

d) Wie verhält sich b(g) für $g \to 0$, und wie für $g \to +\infty$? Wie lautet die Gleichung der waagerechten Asymptote.

e) Skizziere den Graphen der Funktion $g \mapsto b$.

f) Ein Gegenstand wird aus sehr großer Entfernung an die Linse herangeführt. Beschreibe, wie sich dabei die Bildweite b verhält.

14 Ein überraschender Zusammenhang

Gegeben sind die Funktionen f und g mit $f(x) = \frac{(x-1)^2}{x}$ und $g(x) = \frac{(x+1)^2}{x}$.

a) Berechne f'(x) und g'(x).

b) Wie geht der Graph G_g der Funktion g aus dem Graphen G_f der Funktion f hervor?

c) Weise das Ergebnis von b) auch durch Umformen der Funktionsterme f(x) und g(x) nach.

Training der Grundkenntnisse

15 Betrag

Die gebrochenrationale Funktion f ist durch $f(x) = \frac{2x}{1-x^2}$ gegeben.

a) Bestimme den maximalen Definitionsbereich D_f sowie die Nullstelle von f. Untersuche den Graphen G_f auf Symmetrie.

b) Untersuche das Verhalten von f(x) an den Rändern von D_f und gib die Asymptoten des Graphen G_f an.

c) Berechne f'(x) und bestimme damit das Monotonieverhalten von f.

d) Begründe ohne weitere Rechnung, warum G_f im Ursprung einen Wendepunkt haben muss und bestimme die Gleichung der Wendetangente in O.

e) Skizziere G_f unter Verwendung aller bisheriger Ergebnisse.

f) Die Funktion g ist durch $g(x) = f(|x|)$ definiert.
Zeichne den Graphen von g mit einer anderen Farbe in das Koordinatensystem von e). An welcher Stelle ist g nicht differenzierbar?

16 Funktionenschar

Gegeben ist die Funktionenschar f_a durch $f_a(x) = \frac{x^2+a-4}{x+2}$ und $x \in \mathbb{R} \setminus \{-2\}$; $a \in \mathbb{R}$.

a) Zeige, dass sich $f_a(x)$ in der Form $f_a(x) = x - 2 + \frac{a}{x+2}$ schreiben lässt.

b) Für welchen Parameterwert a lässt sich die Definitionslücke durch Kürzen beheben? Liegt für die anderen Funktionen ein Pol mit oder ohne Vorzeichenwechsel vor? Gib alle Asymptoten dieser Funktionen f_a an.

c) Bestimme die Anzahl und die Lage der Schnittpunkte der Scharkurven mit den Koordinatenachsen in Abhängigkeit von a.

d) Der Graph G_1 der Funktion f_1 hat zwei Nullstellen sowie einen Hoch- und einen Tiefpunkt. Bestimme die Koordinaten dieser Punkte und zeichne G_1.
Für welche anderen Werte von a hat der Graph G_a ebenfalls zwei Nullstellen sowie einen Hoch- und einen Tiefpunkt?

e) Das Kurvenstück von G_1 im Intervall $[-1{,}5; +1]$ stellt das Verbindungsstück zweier geradliniger Straßen g und h dar. Bestimme die Gleichungen der beiden Straßen. Um welchen Winkel α ändert ein Pkw seine Richtung, wenn er von A nach B fährt?

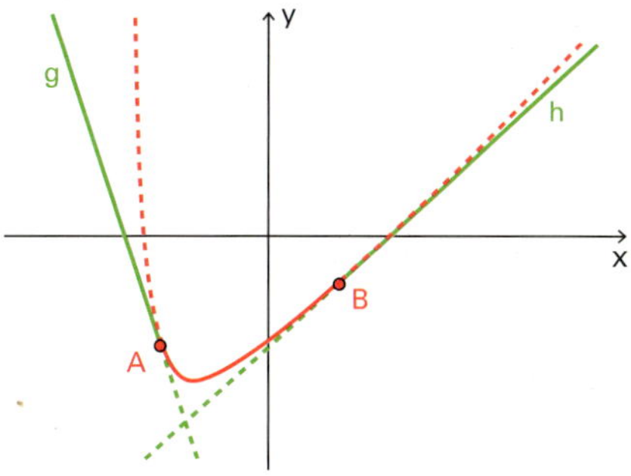

17 Grundwissen: Rechnen mit Wurzeln

Wahr oder falsch? Beantworte ohne Taschenrechner!

a) $\sqrt{3^2+4^2} = 3+4$ b) $\sqrt{3^2 \cdot 4^2} = 3 \cdot 4$ c) $\sqrt{63} - \sqrt{28} - \sqrt{7} = 0$

d) $\sqrt{x^3} = x\sqrt{x}$ e) $\sqrt{x^3} = x^{\frac{3}{2}}$ f) $3y^2 \cdot y^{-3} - 4y^{-1} = -\frac{1}{y}$

g) $\left(\frac{16}{54}\right)^{-\frac{2}{3}} = 2\frac{1}{4}$ h) $\sqrt{x^4+1} = x^2+1$ i) $\sqrt[4]{81x^{12}} = 3x^8$

5 Die Wurzelfunktion

Wir haben uns bisher nur mit Funktionen beschäftigt, deren Terme aus Polynomen aufgebaut sind. In den folgenden Kapiteln befassen wir uns auch mit anderen Funktionsklassen.

5.1 Die Wurzelfunktion als Umkehrung der Quadratfunktion

Umkehrbarkeit einer Funktion - Kriterium für Umkehrbarkeit

Eine Fahrschulregel für trockene Fahrbahn lautet: „Dividiert man die vom Tacho angezeigte Zahl durch zehn und quadriert das Ergebnis, erhält man den Bremsweg in Metern.“ Diese Faustregel ordnet jeder Geschwindigkeit x in km/h einen ganz bestimmten Bremsweg $y = (\frac{x}{10})^2 = 0{,}01\,x^2$ in Metern zu. Die Zuordnung $x \mapsto y$ ist *eindeutig* und deshalb eine Funktion f.

Nach einem Unfall ist die Polizei aber umgekehrt daran interessiert, aus der Länge y der gemessenen Bremsspur die Geschwindigkeit x des Unfallwagens zu ermitteln.

Wir betrachten zunächst – losgelöst vom Sachbezug – die Funktion f mit $f(x) = y = 0{,}01\,x^2$ innerhalb ihres maximalen Definitionsbereichs $D_{max} = \mathbb{R}$.
In diesem Fall ist aber nicht jedem y-Wert genau ein x-Wert zugeordnet. Beispielsweise werden dem Wert y = 200 die beiden Werte $x_1 \approx 140$ und $x_2 \approx -140$ zugeordnet. Die umgekehrte Zuordnung $y \mapsto x$ ist *mehrdeutig* und deshalb keine Funktion.

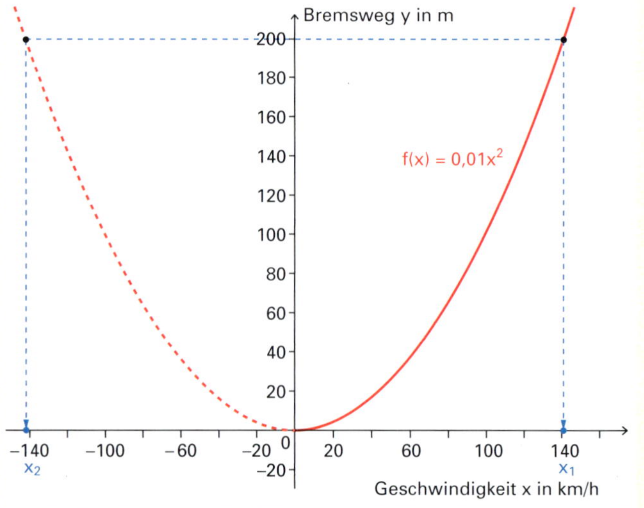

Beschränken wir f auf den obigen Sachzusammenhang, wird der Definitionsbereich auf $D = \mathbb{R}_0^+$ eingeschränkt. Mit diesem eingeschränkten Definitionsbereich gehört zu jedem y-Wert genau ein x-Wert. Die umgekehrte Zuordnung $y \mapsto x$ ist eindeutig und damit eine Funktion.

> Eine Funktion f heißt **umkehrbar**, wenn verschiedene x-Werte des Definitionsbereichs D stets verschiedene Funktionswerte f(x) haben.
> Die eindeutige umgekehrte Zuordnung nennt man **Umkehrfunktion f^{-1}**.

Beim Übergang zur umgekehrten Zuordnung vertauschen sich Definitions- und Wertebereich: $D_{f^{-1}} = W_f$ und $W_{f^{-1}} = D_f$.

Wir bezeichnen die unabhängige Funktionsvariable der Umkehrfunktion künftig nicht mit y, sondern mit dem gewohnten x. Beim Übergang zur Umkehrfunktion vertauschen wir also die Variablen x und y.
Für die Graphen bedeutet das: Die x- und y-Werte der einzelnen Punkte werden vertauscht. Man erhält den Graphen von f^{-1} durch Spiegeln des Graphen von f an der Winkelhalbierenden des I. und III. Quadranten.

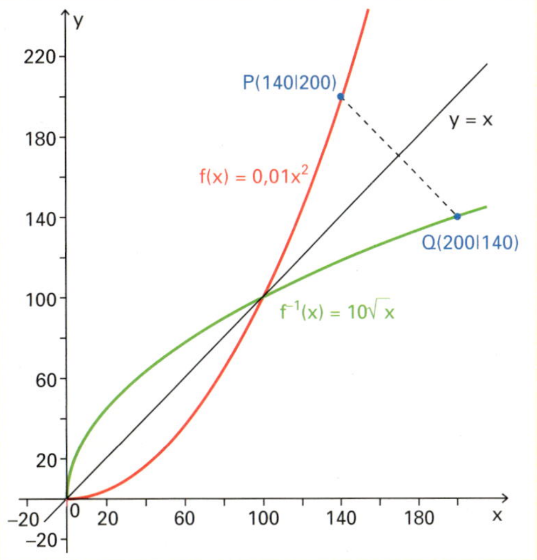

Rechnerische Bestimmung des Terms $f^{-1}(x)$

Funktion: $f(x) = y = 0{,}01\,x^2$ mit $D_f = \mathbb{R}_0^+$

Umkehrfunktion: $x = 0{,}01\,y^2$ — Vertauschen von x und y

$y^2 = 100\,x$ — Auflösen nach y

$y_1 = 10\sqrt{x}$ bzw. $y_2 = -10\sqrt{x}$

Da $W_{f^{-1}} = D_f = \mathbb{R}_0^+$ ist, kommt nur die erste Lösung in Frage:

$$f^{-1}(x) = 10\sqrt{x} \quad \text{mit} \quad D_{f^{-1}} = W_f = \mathbb{R}_0^+$$

Beim Übergang von einer umkehrbaren Funktion f zur Umkehrfunktion f^{-1} vertauschen sich Werte- und Definitionsbereich: $D_{f^{-1}} = W_f$ und $W_{f^{-1}} = D_f$.

Den Graphen von f^{-1} erhält man durch Spiegelung des Graphen von f an der Winkelhalbierenden des I. und III. Quadranten.

Bei einer umkehrbaren Funktion f ist zwei verschiedenen x-Werten niemals der gleiche y-Wert zugeordnet. Das bedeutet für den Graphen: Jede Parallele zur x-Achse darf den Graphen höchstens einmal schneiden (Aufgabe 1).
Wenn eine Funktion streng monoton ist, dann ist das der Fall.

Kriterium für Umkehrbarkeit
Wenn eine Funktion f in einem Intervall I streng monoton ist, dann ist sie in I umkehrbar.

Mit diesem Kriterium können wir bei vielen Funktionen die Intervalle finden, in denen sie umkehrbar sind.

Aufgaben

1 Parallelentest – horizontal und vertikal

Beschreibe, warum man mit einem Parallelentest überprüfen kann, ob eine Zuordnung eine Funktion ist, bzw. ob eine Funktion umkehrbar ist. Welcher Test ist wofür geeignet?

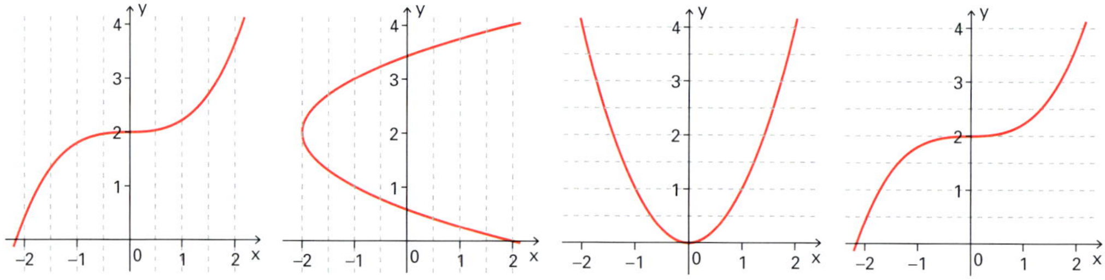

2 Umkehrfunktion gesucht

Die Funktion f ist in D_f umkehrbar. Bestimme $f^{-1}(x)$, $D_{f^{-1}}$ und $W_{f^{-1}}$.

a) $f(x) = x^2 + 2;\ D_f = \mathbb{R}_0^+$

b) $f(x) = \frac{1}{2}x^2 + 1;\ D_f = \mathbb{R}_0^-$

c) $f(x) = (x-1)^2;\ D_f = [1, +\infty[$

d) $f(x) = x^2 + 4x + 4;\ D_f = [-2; +\infty[$

e) $f(x) = x^2 + 4x + 6;\ D_f =]-\infty; -2]$

f) $f(x) = 2x^2 + 4x - 1;\ D_f = [1; +\infty[$

Bestimme mit dem Kriterium für Umkehrbarkeit einen möglichst großen Bereich $[a; +\infty[$, in dem f umkehrbar ist. Ermittle $f^{-1}(x)$.

g) $f(x) = \frac{1}{3}(x-3)^2 + 1$

h) $f(x) = x^2 - 6x + 10$

i) $f(x) = 2x^2 - 6x + 10$

k) $f(x) = \frac{1}{2}x^2 - 6x + 10$

3 Umkehrbarkeit und Monotonie

Gib zu folgenden Funktionsgraphen möglichst große Bereiche an, in denen die Funktionen umkehrbar sind. Was kann man über die Monotonie von f aussagen?

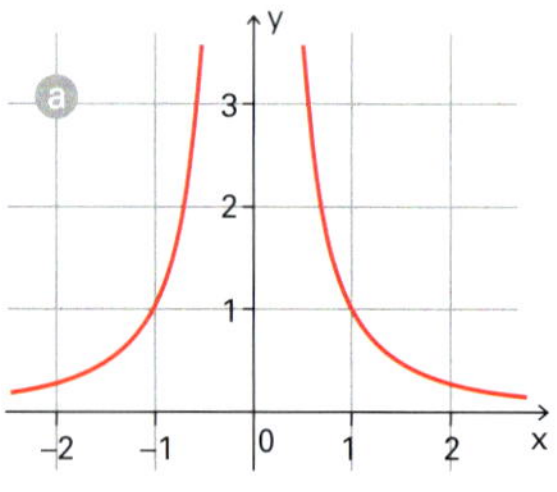

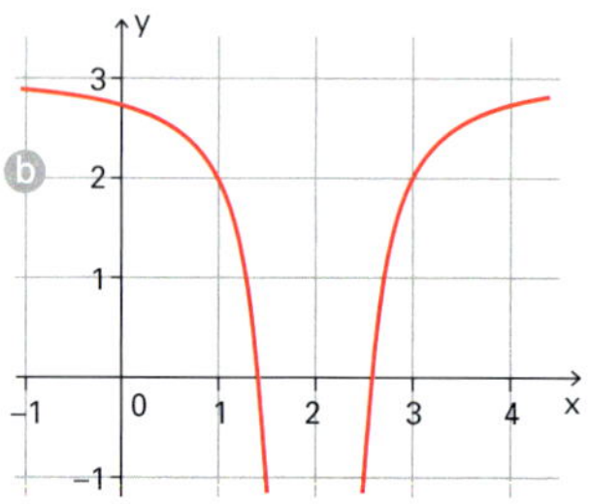

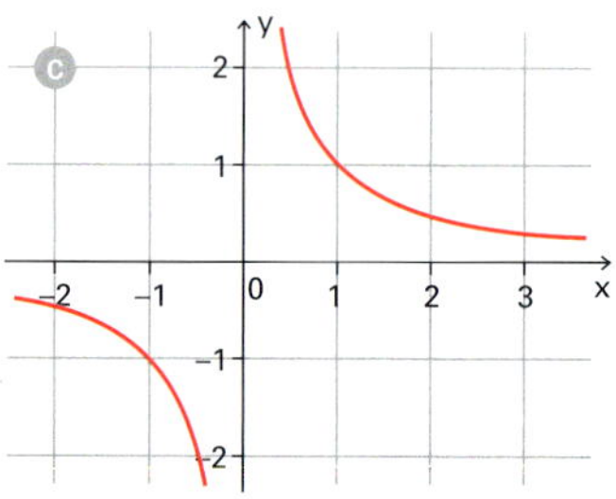

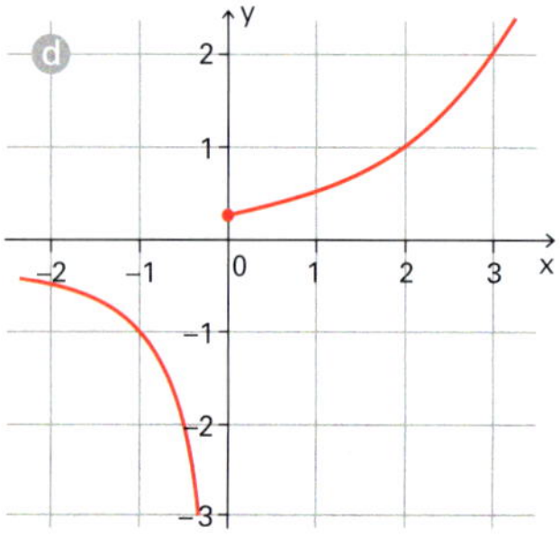

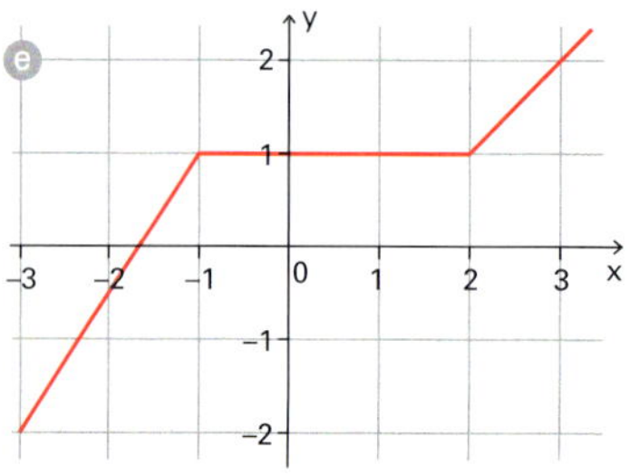

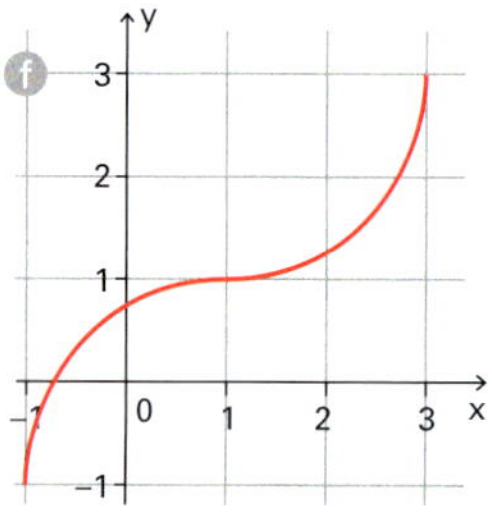

5.2 Ableitungsregeln: Produkt- und Potenzregel

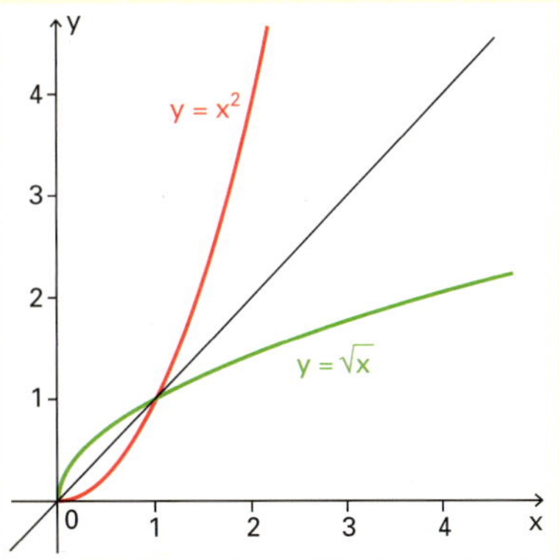

Die Ableitung der Wurzelfunktionen

Beschränkt man sich bei der Normalparabel $y = x^2$ auf den rechten Ast, also auf $x \in \mathbb{R}_0^+$, so erhält man als Umkehrfunktion die *Grundfunktion* der Wurzelfunktionen

$$f(x) = \sqrt{x} \text{ mit } x \in \mathbb{R}_0^+.$$

Ihr Graph ist das Spiegelbild des rechten Astes der Parabel an der Winkelhalbierenden des I. Quadranten. Die Quadratfunktion $x \mapsto x^2$ ist für alle $x \in \mathbb{R}_0^+$ differenzierbar. Die Parabel $y = x^2$ hat aber eine einzige Stelle, an der die Steigung null ist, nämlich $x = 0$. Beim Spiegeln geht die waagerechte Tangente in eine senkrechte Tangente über. Folglich strebt die Ableitung der Wurzelfunktion für $x \to 0$ gegen $+\infty$. Die Wurzelfunktion ist somit nur für $x > 0$ differenzierbar. Ihre Ableitung lässt sich entweder mit der Definition von $f'(x)$ (Aufgabe 1) oder durch einen Trick gewinnen:

Für alle positiven x-Werte gilt:

$$(\sqrt{x})^2 = x$$

Wir differenzieren beide Seiten der Gleichung:

$$2 \cdot (\sqrt{x})^1 \cdot (\sqrt{x})' = 1 \quad \Rightarrow \quad (\sqrt{x})' = \frac{1}{2\sqrt{x}}$$

Links wird nach der Kettenregel abgeleitet: Die äußere Funktion – die Quadratfunktion – wird differenziert und die innere Funktion – die Wurzelfunktion – beibehalten. Dann wird nachdifferenziert, d. h. mit der unbekannten Ableitung $(\sqrt{x})'$ der inneren Funktion multipliziert. Rechts ergibt sich 1. Diese Gleichung lösen wir nach $(\sqrt{x})'$ auf.

Ableitung der Wurzelfunktion

Die Wurzelfunktion f mit $f(x) = \sqrt{x}$ ist für $x > 0$ differenzierbar und es ist

$$f'(x) = \frac{1}{2\sqrt{x}}.$$

Wurzeln kann man als Potenzen mit Brüchen als Exponenten schreiben.

$$f(x) = \sqrt{x} = x^{\frac{1}{2}} \quad \Rightarrow \quad f'(x) = \frac{1}{2\sqrt{x}} = \frac{1}{2} \cdot x^{-\frac{1}{2}}$$

Wir erkennen: Die Potenzregel „$f(x) = x^m \Rightarrow f'(x) = m \cdot x^{m-1}$“ lässt sich auch auf den Exponenten $r = \frac{1}{2}$ übertragen. Es gilt sogar allgemein:

Potenzregel für rationale Exponenten

Wenn $f(x) = x^r$ mit $r \in \mathbb{Q}$ und $x > 0$ ist, dann ist $f'(x) = r \cdot x^{r-1}$.

Schreiben wir Wurzeln als Potenzen, lassen sich diese nun leicht ableiten.

Beispiel: $f(x) = \frac{1}{\sqrt{x}} = x^{-\frac{1}{2}} \Rightarrow f'(x) = -\frac{1}{2} \cdot x^{-\frac{1}{2}-1} = -\frac{1}{2} \cdot x^{-\frac{3}{2}} = -\frac{1}{2x^{\frac{3}{2}}} = -\frac{1}{2x\sqrt{x}}$

Die Produktregel

Bereits im Kapitel 2.2 haben wir erkannt, dass die Ableitung einer Produktfunktion nicht gleich dem Produkt der Ableitungen ihrer Faktoren ist. Wir haben deshalb Produkte aus Polynomen zunächst ausmultipliziert und dann abgeleitet. Bei vielen Produkten führt aber das Ausmultiplizieren nicht zum Ziel. Wir benötigen deshalb eine Regel, nach der wir das Produkt zweier Funktionen ableiten können.

Die Funktionen u und v seien im Intervall I differenzierbar. Aufgabe 5 lässt vermuten:

$$(u(x) \cdot v(x))' = u'(x) \cdot v(x) + u(x) \cdot v'(x).$$

Der Beweis gelingt mit der Definition der Ableitung:

$$f'(x) = \lim_{h \to 0} \frac{f(x+h) - f(x)}{h} = \lim_{h \to 0} \frac{u(x+h) \cdot v(x+h) - u(x) \cdot v(x)}{h}$$

Im Hinblick auf unsere Vermutung subtrahieren wir im Zähler das Produkt $u(x) \cdot v(x+h)$ und addieren es gleichzeitig wieder:

$$f'(x) = \lim_{h \to 0} \frac{u(x+h) \cdot v(x+h) - u(x) \cdot v(x+h) + u(x) \cdot v(x+h) - u(x) \cdot v(x)}{h}$$

$$= \lim_{h \to 0} \frac{u(x+h) - u(x)}{h} \cdot v(x+h) + \lim_{h \to 0} u(x) \cdot \frac{v(x+h) - v(x)}{h}$$

$$= u'(x) \cdot v(x) + u(x) \cdot v'(x)$$

Produktregel

Wenn die Funktionen u und v im Intervall I differenzierbar sind, dann ist das Produkt f beider Funktionen in I differenzierbar und es gilt:

$$f(x) = u(x) \cdot v(x) \Rightarrow f'(x) = u'(x) \cdot v(x) + u(x) \cdot v'(x)$$

In Worten: *ersten Faktor ableiten, zweiten Faktor beibehalten plus ersten Faktor beibehalten, zweiten Faktor ableiten.*

Beispiel:

- Wir leiten $f(x) = x \cdot \sqrt{x}$ mit der Produktregel ab:
  Wir setzen: $u(x) = x$ und $v(x) = \sqrt{x}$
  Dann ist: $u'(x) = 1$ und $v'(x) = \frac{1}{2\sqrt{x}}$.
  $f'(x) = u'(x) \cdot v(x) + u(x) \cdot v'(x) = 1 \cdot \sqrt{x} + x \cdot \frac{1}{2\sqrt{x}} = \sqrt{x} + \frac{1}{2}\sqrt{x} = \frac{3}{2}\sqrt{x}$
- Wir leiten $f(x) = x \cdot \sqrt{x} = x^{\frac{3}{2}}$ mit der Potenzregel ab:
  $f'(x) = \frac{3}{2} \cdot x^{\frac{1}{2}} = \frac{3}{2} \cdot \sqrt{x}$

Aufgaben

1 Ableitung der Wurzelfunktion mit der Definition

Es sei $f(x) = \sqrt{x}$ und $x > 0$. Nach der Definition der Ableitung ist

$f'(x) = \lim\limits_{h \to 0} \frac{f(x+h) - f(x)}{h} = \lim\limits_{h \to 0} \frac{\sqrt{x+h} - \sqrt{x}}{h}$.

Erweitere nun mit $\sqrt{x+h} + \sqrt{x}$ und beweise so, dass $f'(x) = \frac{1}{2\sqrt{x}}$ ist.

2 Wurzelfunktion

Bestimme für den Graphen der Wurzelfunktion f mit $f(x) = \sqrt{x}$

a) die Steigung an der Stelle $x = 2{,}25$,

b) die Stelle mit der Steigung 2,

c) den Steigungswinkel der Tangente im Punkt $P(1|1)$,

d) die Gleichung der Tangente im Punkt $Q(0{,}25|0{,}5)$,

e) den Punkt R, für den der Steigungswinkel der Tangente 60° ist.

3 Ableitungsübung mit Wurzeln

Differenziere:

a) $f(x) = 3\sqrt{x}$
b) $f(x) = \sqrt{x} + 3$
c) $f(x) = 4 - \sqrt{x}$
d) $f(x) = \frac{1}{2}\sqrt{x} - 4$
e) $f(x) = 4\sqrt{x} + 3x^2$
f) $f(x) = \frac{1}{x} - \sqrt{x}$
g) $f(x) = \frac{2}{x} + 6\sqrt{x}$
h) $f(x) = \frac{1}{2}\sqrt{x} - \frac{1}{x^2}$
i) $f(x) = (\sqrt{x} - 1)^2$

4 Differenzieren mit der Potenzregel

Schreibe als Potenzen, differenziere und übersetze wieder in Wurzelschreibweise.

a) $f(x) = x^2\sqrt{x}$
b) $f(x) = \sqrt{x^5}$
c) $f(x) = \frac{1}{x\sqrt{x}}$
d) $f(x) = \frac{\sqrt{x}}{x^2}$
e) $f(x) = \frac{x+1}{\sqrt{x}}$
f) $f(x) = \frac{x^2+2}{\sqrt{x}}$

5 Ein Verdacht über die Produktregel

Wir interessieren uns für die Ableitung der Produktfunktion: $f(x) = u(x) \cdot v(x)$. Es sei speziell $u(x) = x^2$, $v(x) = x^3$ und $f(x) = x^5$.

Berechne $u'(x)$, $v'(x)$ und $f'(x)$. Versuche aus $u'(x)$, $v'(x)$, $u(x)$ und $v(x)$ in diesem Sonderfall einen Term so zu konstruieren, dass sich $f'(x)$ ergibt. Wie lautet vermutlich die Regel für die Differenziation eines Produkts von Funktionen?

6 Differenzieren mit der Produktregel

Bestimme den maximalen Definitionsbereich D_f und leite f ab. Gib $D_{f'}$ an.

a) $f(x) = x^2\sqrt{x}$
b) $f(x) = (2x+1)\sqrt{x}$
c) $f(x) = (2x - 2x^3)\sqrt{x}$
d) $f(x) = 3x(x-2)\sqrt{x}$
e) $f(x) = \frac{1}{x}\sqrt{x}$
f) $f(x) = x^n\sqrt{x}$

5.3 Einfache Wurzelfunktionen

Halbparabeln als Graphen von Wurzelfunktionen

Der Graph der Wurzelfunktion $x \mapsto \sqrt{x}$ geht durch Spiegelung aus der halben Normalparabel $y = x^2$ mit $x \geq 0$ hervor. Er ist somit eine **Halbparabel**. Durch lineare Transformationen der Wurzelfunktion wird ihr Graph gestreckt, gestaucht und verschoben. Dadurch ergeben sich stets wieder Halbparabeln.

Beispiel: $f(x) = 2\sqrt{x+2} - 1$

Da die Wurzel nur für $x + 2 \geq 0$ definiert ist, ist der maximale Definitionsbereich $D_f = [-2; +\infty[$.

Aus $f(x)$ entnehmen wir, wie die Halbparabel der Funktion f aus der Halbparabel der Wurzelfunktion $x \mapsto \sqrt{x}$ hervorgeht: Diese wird um 2 nach links verschoben, dann wird in y-Richtung mit 2 gesteckt und schließlich wird noch um 1 nach unten verschoben:

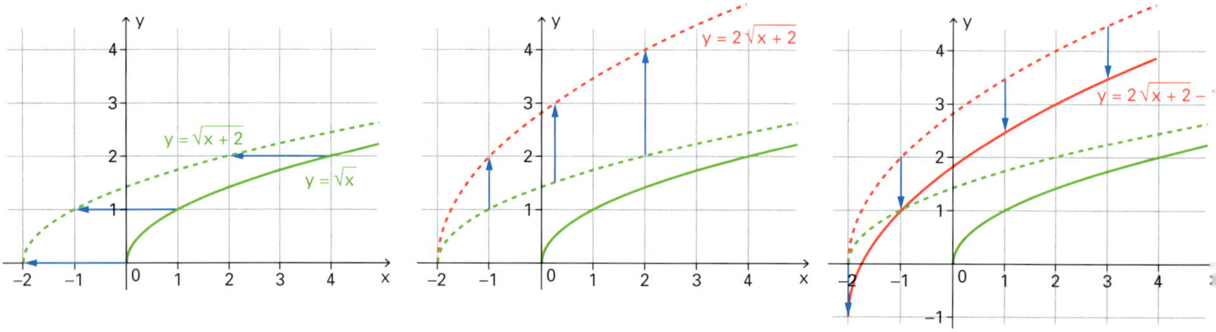

Wir verallgemeinern (Aufgabe 1):

> Der Graph der Funktion f mit $f(x) = a \cdot \sqrt{x-b} + c$ und $x \geq b$ ist eine Halbparabel.
> Sie ergibt sich aus der Halbparabel der Wurzelfunktion $x \mapsto \sqrt{x}$ durch
> - Verschieben um b in x-Richtung,
> - Strecken bzw. Stauchen mit dem Faktor a in y-Richtung,
> - Verschieben um c in y-Richtung.

Ableitung von Wurzelfunktionen

Besteht der Term unter der Wurzel nicht nur aus der Variablen x, fassen wir die Funktion als Verkettung zweier Funktionen auf. Wir differenzieren dann mit der Kettenregel: Wir leiten die äußere Funktion – die Wurzelfunktion – ab, behalten die innere Funktion bei und multiplizieren mit der Ableitung der inneren Funktion.

Beispiel: $f(x) = 2\sqrt{x+2} - 1 \quad \Rightarrow \quad f'(x) = 2 \cdot \frac{1}{2\sqrt{x+2}} \cdot 1 = \frac{1}{\sqrt{x+2}}$

Halbkreise als Graphen von Wurzelfunktionen

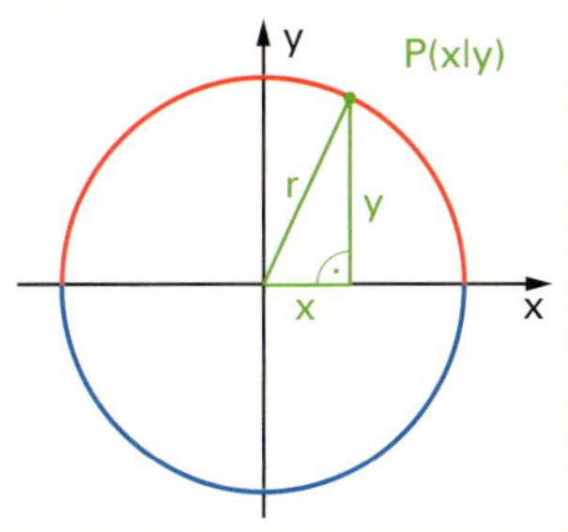

Liegt ein Punkt P(x|y) auf dem Kreis um den Ursprung O mit dem Radius r, dann erfüllen seine Koordinaten x und y nach dem Satz von Pythagoras die Gleichung

$$x^2 + y^2 = r^2.$$

Der Kreis ist kein Graph einer Funktion. Beschränken wir uns auf den oberen roten bzw. unteren blauen Halbkreis, so ist dieser der Graph einer Funktion:

$$f(x) = \sqrt{r^2 - x^2};\ D = [-r; r];\ W = [0; r] \quad \text{bzw.}$$

$$g(x) = -\sqrt{r^2 - x^2};\ D = [-r; r];\ W = [-r; 0]$$

> Der Graph der Funktion f mit $f(x) = \sqrt{r^2 - x^2}$ und $-r \leq x \leq r$ ist ein **Halbkreis** mit Radius r um den Ursprung O.

Beim Differenzieren der Halbkreisfunktion f wenden wir die Kettenregel an.

Beispiel: $f(x) = \sqrt{r^2 - x^2}$

$$f'(x) = \frac{1}{2\sqrt{r^2 - x^2}} \cdot (-2x) = -\frac{x}{\sqrt{r^2 - x^2}}.$$

Aufgaben

1 Lineare Transformationen der Wurzelfunktion

Wir überprüfen die Auswirkungen der Parameter a, b und c auf den Graphen der Funktion $f(x) = a \cdot \sqrt{x - b} + c$ mithilfe des Computers.

Definiere dazu drei Schieberegler a, b und c und gib die Funktion f ein:

Eingabe: f(x)=a*sqrt(x-b)+c .

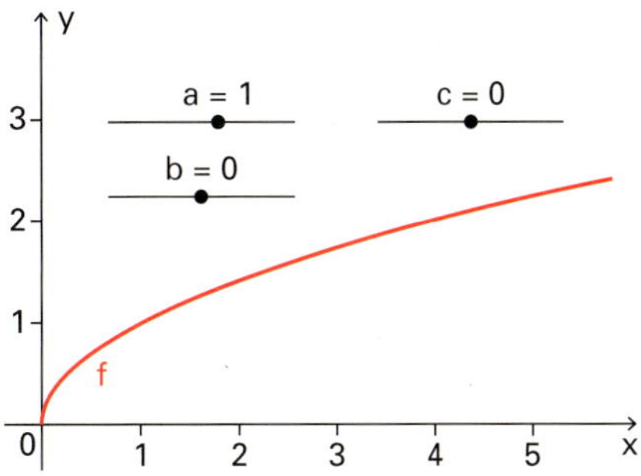

Beschreibe zunächst in Worten, wie der Graph der Funktion f aus dem Graphen der Wurzelfunktion $x \mapsto \sqrt{x}$ hervorgeht. Überprüfe deine Aussage anschließend durch entsprechendes Einstellen der Schieberegler.

a) $f(x) = \sqrt{x} + 2$
b) $f(x) = \sqrt{x + 2}$
c) $f(x) = 2\sqrt{x}$
d) $f(x) = \sqrt{x + 1} + 2$
e) $f(x) = \sqrt{x - 1} - 2$
f) $f(x) = \frac{1}{2}\sqrt{x + 3} - 2$

2 Tsunami

Tsunami sind durch Erdbeben auf dem Meeresboden ausgelöste Wellen. Ihre Geschwindigkeit v (in m/s) hängt von der Wassertiefe x (in m) ab: $v = \sqrt{10x}$.

a) Zeichne einen Graphen der Funktion $x \mapsto v$ mithilfe der Halbparabel $y = \sqrt{x}$.

b) Mit welcher Geschwindikgeit in km/h breitet sich ein Tsunami im Ozean (Wassertiefe 5000 m) aus? Welches Verkehrsmittel hat ungefähr die gleiche Geschwindigkeit?

c) Wie ändert sich die Geschwindigkeit eines Tsunami, der sich auf die Küste zu bewegt? Wie groß ist seine Geschwindigkeit, wenn die Wassertiefe auf die Hälfte, auf ein Viertel abgenommen hat?
Auf dem offenen Ozean hat eine Tsunami-Welle nur eine Höhe von einigen Dezimetern, am Strand aber von etwa 10 m. Wie kann man das erklären?

d) Ein Vorwarnsystem wertet ständig seismographische Messungen aus und benötigt dafür 20 bis 30 Minuten. Ist es trotzdem effektiv?

3 Gleichung gesucht

Gib die Definitions- und Wertemenge der Funktion f an. Stelle ihren Term in der Form $f(x) = a \cdot \sqrt{x - b} + c$ auf.

a
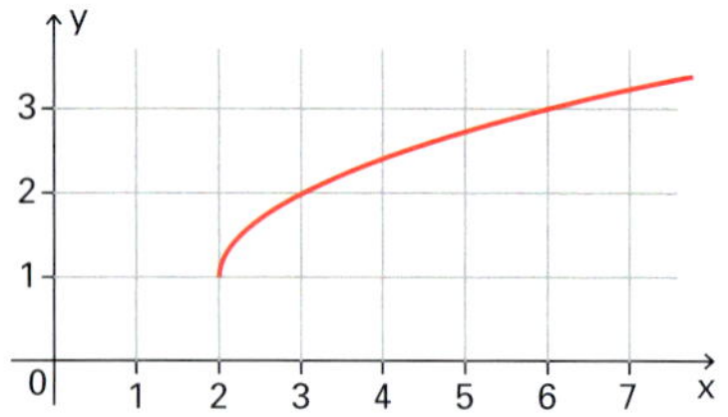

b
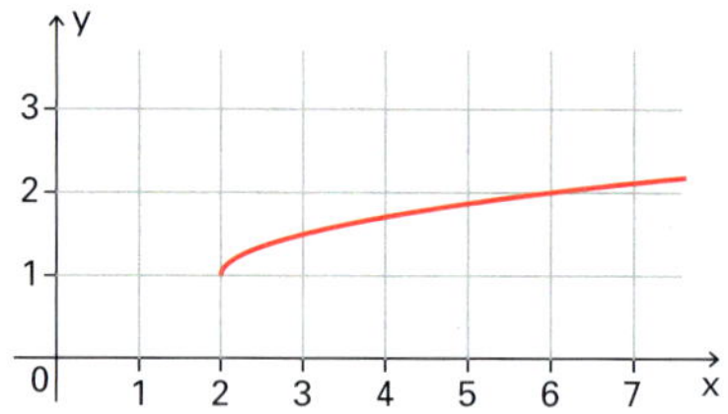

c
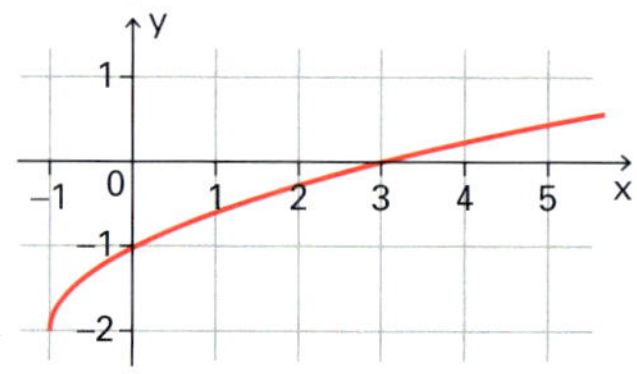

d
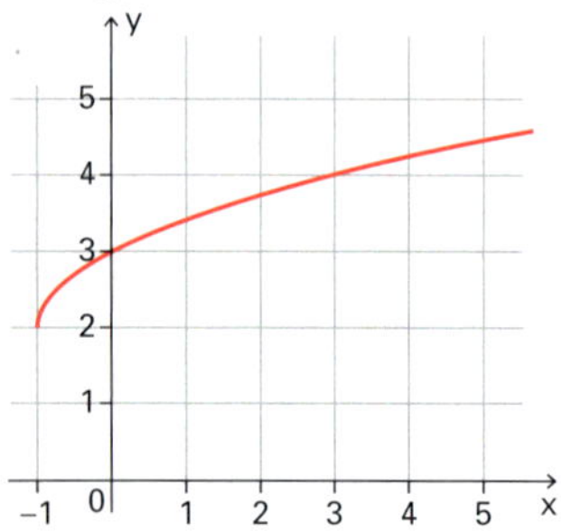

e
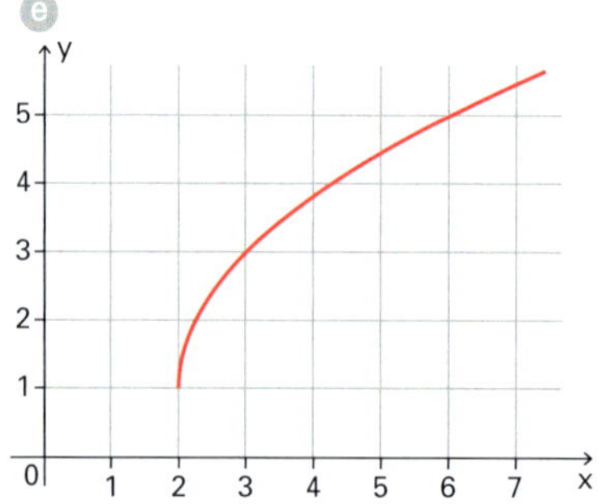

f
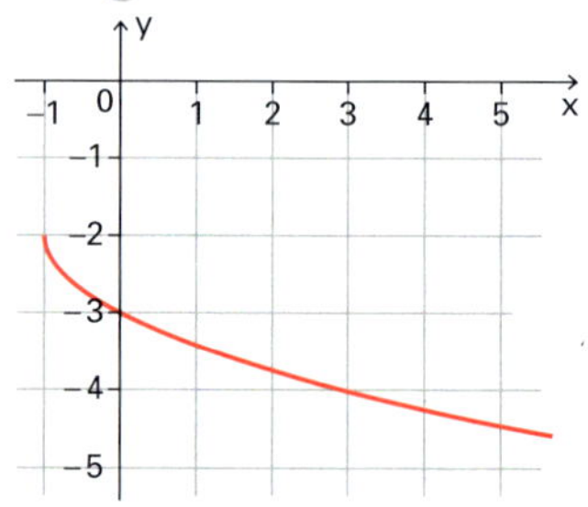

g
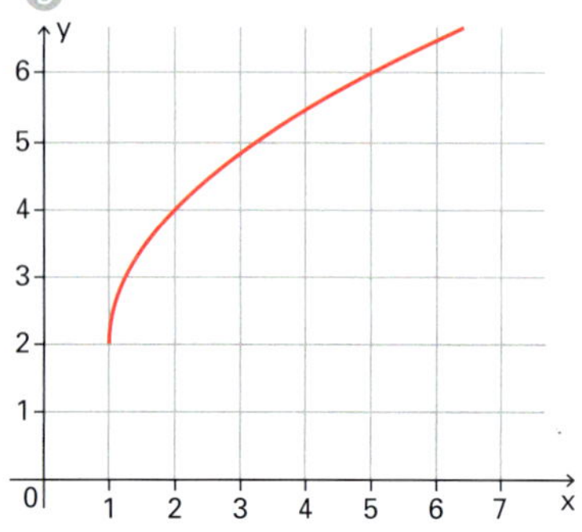

h
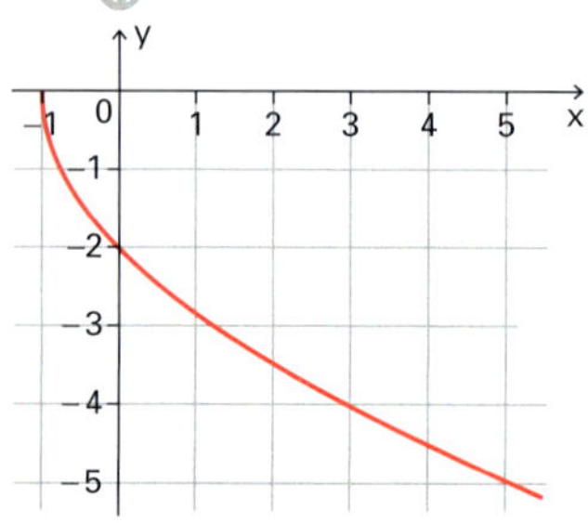

i
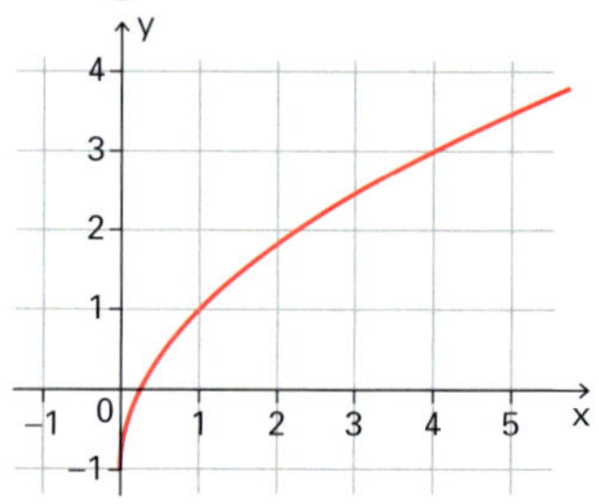

4 Fadenpendel

Bei einem Fadenpendel hängt die Schwingungsdauer T (in s) von der Pendellänge x (in m) ab: $T(x) = 2\pi\sqrt{\frac{x}{10}}$.

a) Zeichne den Graphen von T mithilfe der Halbparabel $y = \sqrt{x}$ $(0 \leq x \leq 10)$.

b) Löse zeichnerisch: Welche Schwingungsdauer hat ein Pendel der Länge 9 m? Welche Länge hat ein Pendel mit der Schwingungsdauer 5 s?

c) Löse rechnerisch: Wie lang muss ein Pendel sein, damit es genau 1 s für eine Schwingung benötigt?

5 Ableitungen gesucht

Bestimme die Definitionsmenge D_f sowie die Ableitung der Funktion f. Wie lautet der Definitionsbereich $D_{f'}$ der Ableitungsfunktion f'?

a) $f(x) = \sqrt{x-2} + 3$ b) $f(x) = \frac{1}{2}\sqrt{x+2}$ c) $f(x) = \sqrt{\frac{1}{2}x+2}$

d) $f(x) = \sqrt{2x-2} + x$ e) $f(x) = \sqrt{x^2-2}$ f) $f(x) = \sqrt{x^2-x-6}$

g) $f(x) = \sqrt{-x}$ h) $f(x) = \sqrt{(x+2)(2-x)}$ i) $f(x) = \sqrt{(1-x)(2+x)}$

k) $f(x) = x\sqrt{x-1}$ l) $f(x) = x\sqrt{2x-3}$ m) $f(x) = x\sqrt{4-x^2}$

6 Turbine

Eine Firma baut Gehäuse für Wasserkraftturbinen. Die untere Innenwand kann im Bereich [1; 10] durch den Graphen der Funktion f mit $f(x) = 0{,}7\sqrt{x-1} - 3$, die untere Außenwand durch den Graphen der Funktion g mit $g(x) = \sqrt{x-0{,}8} - 4$ modelliert werden.

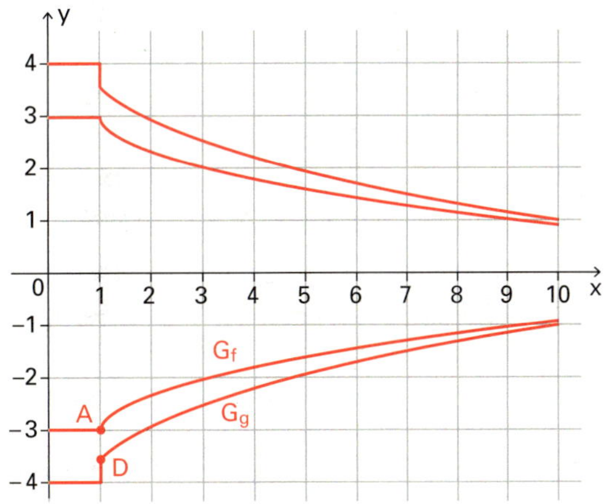

a) Die Turbinenblätter sollen bei x = 4 eingebaut werden. Welchen Innendurchmesser weist das Gehäuse an dieser Stelle auf?

b) Wie lauten die Gleichungen der Graphen, die die oberen Wände begrenzen?

c) In den Punkten A und D hat das Gehäuse einen Knick. Bestimme die zugehörigen Winkel.

7 Halbkreise verschieben und spiegeln

Zeichne den Graphen G_f der Funktion f mit $f(x) = \sqrt{9-x^2}$. Wie geht der Graph der folgenden Funktion aus G_f hervor? Zeichne den Graphen.

a) $g(x) = \sqrt{9-x^2} - 2$ b) $h(x) = -\sqrt{9-x^2}$ c) $k(x) = \sqrt{9-(x-2)^2}$

d) $p(x) = -\sqrt{9-(x+3)^2}$ e) $q(x) = \sqrt{9-(x+1)^2} + 2$ f) $r(x) = \sqrt{9-(x-1)^2} - 2$

8 **Gleichungen von Halbkreisen**
Stelle die Gleichung des Halbkreises mit dem Mittelpunkt M, dem Radius r und der angegebenen Öffnung (unten/oben) auf. Überprüfe deine Lösung mit einem Funktionsplotter.

a) $M(0|2)$; $r = 2$; unten b) $M(3|0)$; $r = 3$; oben c) $M(2|3)$; $r = 4$; unten
d) $M(-3|4)$; $r = 5$; oben e) $M(-1|-2)$; $r = \sqrt{5}$; unten f) $M(1|1)$; $r = 2$; unten

9 **Tangenten an Halbkreise**
Zeichne den angegebenen Halbkreis und in den Punkten P und Q die Tangenten. Stelle die Gleichungen der beiden Tangenten auf. Unter welchem Winkel schneiden sie sich?

a) $y = \sqrt{25 - x^2}$, $P(3|4)$, $Q(-4|3)$
b) $y = -\sqrt{6{,}25 - x^2}$, $P(2|-1{,}5)$, $Q(-1{,}5|-2)$
c) Wie verlaufen die Tangenten zueinander? Versuche, diese Eigenschaft geometrisch zu begründen.

10 **Merkmal der Kreistangente**
Der Punkt $P(x_0|y_0)$ liegt auf dem Halbkreis $y = \sqrt{r^2 - x^2}$. Zeige, dass die Tangente im Punkt P auf dem Berührungsradius [MP] senkrecht steht.

11 **Weihnachtspyramide**
Die Manufaktur Silbernagel aus dem Erzgebirge stellt Weihnachtspyramiden her. Die Blätter für das Flügelrad werden aus Holz ausgesägt und können durch den Graphen der Funktion f mit $f(x) = 0{,}3\,x\sqrt{3 - 0{,}3\,x}$ modelliert werden.

a) Bestimme den Definitionsbereich von f.
b) Wie lautet die Gleichung des unten gestrichelt dargestellten Graphen, den man durch Spiegelung von G_f an der x-Achse erhält?
c) Welche Maße muss ein rechteckiges Stück Holz mindestens haben, damit man ein solches Blatt ausschneiden kann?
d) Berechne die Winkel, unter denen G_f die x-Achse schneidet.

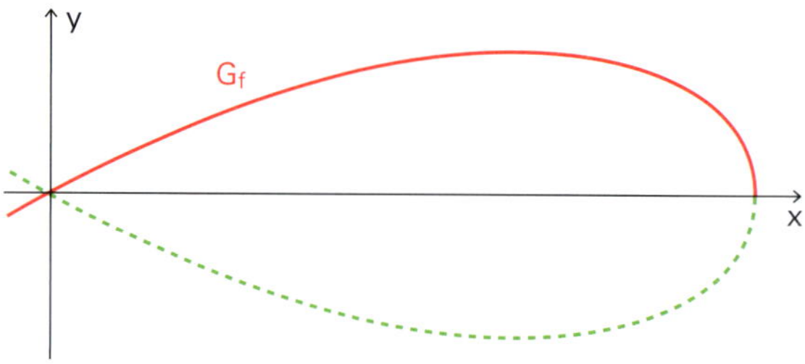

Training der Grundkenntnisse

12 Diskussion einer Funktionenschar

Wir betrachten die Funktionenschar f_k mit
$f_k(x) = x \cdot (\sqrt{x} - k)$ und $k > 0$.
Der Graph von f_k wird mit G_k bezeichnet.

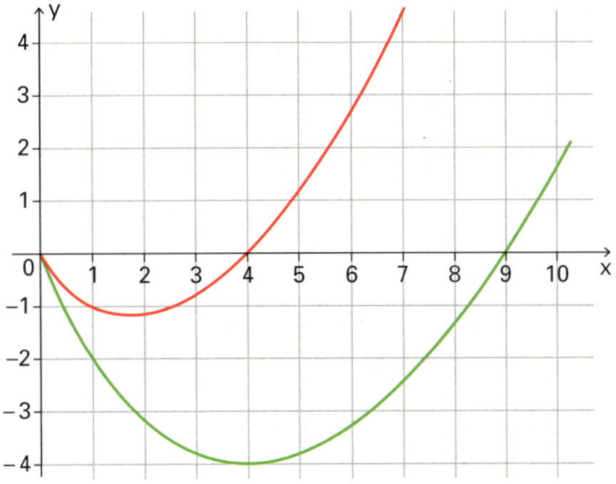

a) Rechts sind die Graphen zweier Funktionen der Schar abgebildet. Gib die zugehörigen k-Werte an.

b) Untersuche das Monotonieverhalten von $f_k(x)$ und bestimme Lage und Art der Extrempunkte von G_k.

c) Berechne $\lim\limits_{x \to 0+0} f_k'(x)$. Bestimme die Gleichungen der Tangenten in den Nullstellen von G_k.

d) Bestimme einen möglichst großen Bereich $[?; +\infty[$, in dem f_k umkehrbar ist.

13 Umkehrung einer gebrochenrationalen Funktion

Wir betrachten die in $\mathbb{R}\setminus\{1\}$ definierte Funktion f mit $f(x) = \frac{x}{x-1}$.

a) Gib die Nullstelle von f an. Untersuche das Verhalten von f an den Grenzen des Definitionsbereichs. Bestimme die Monotoniebereiche.

b) Warum ist f umkehrbar? Ermittle den Term $f^{-1}(x)$.
Was folgt aus dem Ergebnis über die Symmetrie des Graphen G_f?

c) Zeichne G_f unter Verwendung von $f(2)$.

d) Wie geht G_f aus dem Graphen der Hyperbel $y = \frac{1}{x}$ hervor?
Schreibe $f(x)$ in der Form $f(x) = \frac{1}{x-c} + d$. Weise die Gleichheit der beiden Terme von f algebraisch nach.

e) Zeichne den Graphen der Funktion g mit $g(x) = |f(x)|$ in das Koordinatensystem.
An welcher Stelle x_0 ist g vermutlich nicht differenzierbar?

14 Grundwissen: Sinusfunktion

a) Löse die Gleichung $\sin x = -0{,}7$. Beschreibe am Graphen, welche Lösung der TR anzeigt und wie man die Lösungen der Gleichung im Intervall $[0; 2\pi]$ erhält.

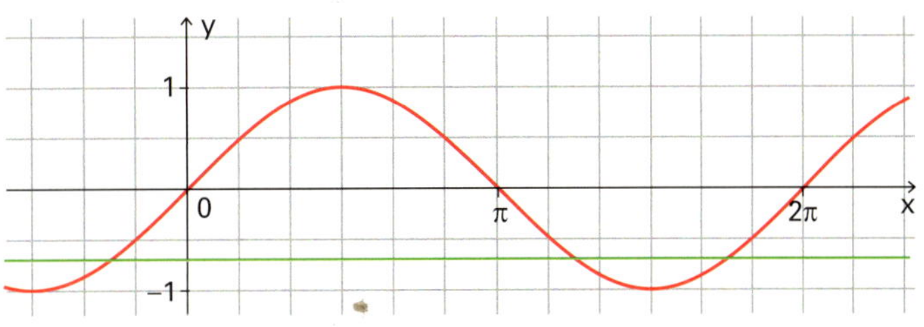

Löse folgende Gleichungen in $[0; 2\pi]$:

b) $\sin x = 0{,}8$ c) $\sin x = -0{,}9$ d) $\cos x = 0{,}3$ e) $\cos x = -0{,}7$

6 Die Sinus- und die Kosinusfunktion

Viele periodische Vorgänge in Natur und Technik lassen sich mit Sinus- oder Kosinusfunktionen modellieren. Genauere Aussagen über diese Vorgänge ließen sich der momentanen Änderungsrate, der Ableitung, entnehmen. Um diese zu berechnen, benötigen wir die Ableitungen der trigonometrischen Grundfunktionen $x \mapsto \sin x$ und $x \mapsto \cos x$.

6.1 Die Ableitung der Sinus- und der Kosinusfunktion

Die Ableitung der Sinusfunktion

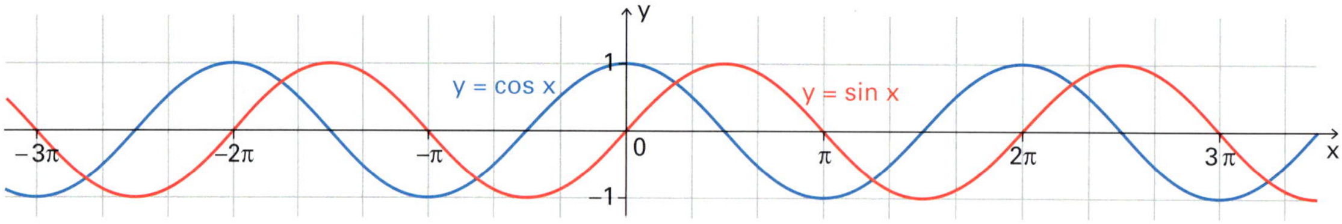

Die Sinusfunktion $x \mapsto \sin x$ ist periodisch mit der Periode 2π. Also ist auch ihre Ableitung f' periodisch mit 2π. Für $x = 0$ ist die Ableitung 1 (Aufgabe 1): $f'(0) = 1$. Somit ist die Ableitung für alle geradzahligen Vielfachen von π auch gleich 1. Aufgrund der Symmetrie der Sinuskurve hat die Ableitung für alle ungeradzahligen Vielfachen von π den Wert -1.
Die Steigung der Sinuskurve in den Hoch- und Tiefpunkten ist 0. Somit hat die Ableitung $f'(x)$ für $x = \frac{\pi}{2} + k\pi$ den Wert 0.

Bereits diese wenigen Werte legen die Vermutung nahe, dass die Ableitung der Sinusfunktion die Kosinusfunktion ist: $(\sin x)' = \cos x$. Durch die Betrachtung der Steigung der Sinuskurve in beliebigen Punkten wird diese Vermutung eindrucksvoll erhärtet (Aufgabe 2). Der Beweis wird in Aufgabe 3 erbracht.

Die Ableitung der Sinusfunktion ist die Kosinusfunktion: $(\sin x)' = \cos x$

Nun sind wir in der Lage, Terme zu differenzieren, die $\sin x$ enthalten.

Beispiele: a) $f(x) = 2 \cdot \sin x + 4x + 5$
f(x) wird mit der Summenregel differenziert.
Konstante Faktoren werden abgeschrieben: $f'(x) = 2 \cdot \cos x + 4$

b) $f(x) = (\sin x)^2 = \sin x \cdot \sin x$
f(x) lässt sich entweder mit der Produkt- oder der Kettenregel differenzieren:
$f'(x) = \cos x \cdot \sin x + \sin x \cdot \cos x = 2 \sin x \cos x$ oder
$f'(x) = 2 \cdot \sin x \cdot (\sin x)' = 2 \sin x \cos x$

Die Ableitung der Kosinusfunktion

Verschiebt man die Sinuskurve um $\frac{\pi}{2}$ nach links, erhält man die Kosinuskurve:

$$\cos x = \sin\left(x + \frac{\pi}{2}\right)$$

Mithilfe der Kettenregel erhalten wir:

$$(\cos x)' = \left(\sin\left(x + \frac{\pi}{2}\right)\right)' = \cos\left(x + \frac{\pi}{2}\right) \cdot 1 = \cos\left(x + \frac{\pi}{2}\right)$$

$y = \cos(x + \frac{\pi}{2})$ beschreibt eine um $\frac{\pi}{2}$ nach links verschobene Kosinuskurve. Diese ist das Spiegelbild der Sinuskurve an der x-Achse:

$$(\cos x)' = \cos\left(x + \frac{\pi}{2}\right) = -\sin x$$

Die Ableitung der Kosinusfunktion: $(\cos x)' = -\sin x$.

Im Minuszeichen kommt zum Ausdruck, dass die Kosinuskurve nach dem Hochpunkt für $x = 0$ zu fallen beginnt.

Aufgaben

1 Die Ableitung der Sinusfunktion im Ursprung

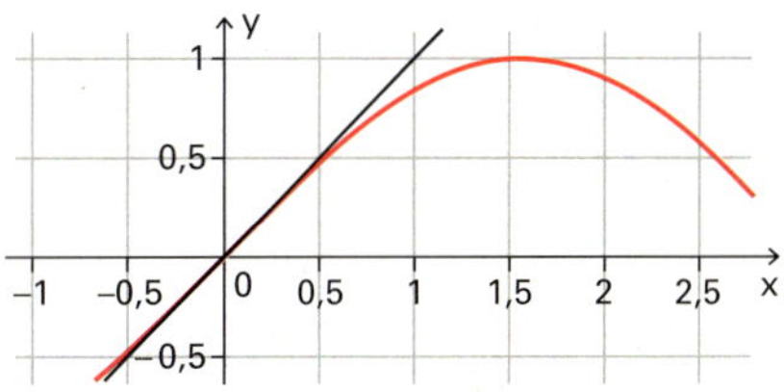

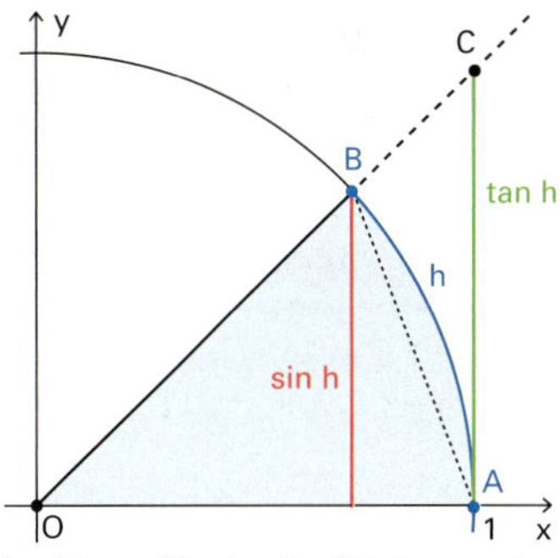

Die Steigung der Tangente an die Sinuskurve im Ursprung lässt vermuten, dass $f'(0) = 1$ ist. Die Berechnung führt auf

$$f'(0) = \lim_{h \to 0} \frac{\sin(0 + h) - \sin 0}{h} = \lim_{h \to 0} \frac{\sin h}{h}.$$

Dieser Term lässt sich nicht mit h kürzen. Man schätzt ihn deshalb durch einen Flächenvergleich am Einheitskreis ab: h ist der Winkel im Bogenmaß. h ist somit die Länge des Bogens des Einheitskreises.

a) Der Flächeninhalt des Einheitskreises ist $A_{\text{Einheitskreis}} = \pi \cdot 1^2 = \pi$. Welchen Flächeninhalt A_{Sektor} hat folglich der Kreisausschnitt OAB? Welche Flächeninhalte haben die Dreiecke OAB und OAC?

b) Die Sektorfläche A_{Sektor} lässt sich zwischen die beiden Dreiecksflächen einschachteln: $A_{\triangle OAB} < A_{\text{Sektor}} < A_{\triangle OAC}$.
Folgere daraus, dass $\sin h < h < \tan h$ ist.
Dividiere die Ungleichung durch $\sin h$ (wobei $\sin h$ positiv ist, da wir uns auf kleine positive h-Werte beschränken).
Bilde von jedem Glied der Ungleichung den Kehrwert und beachte, wie sich dabei die Ungleichheitszeichen verhalten.

c) Lass nun h gegen 0 streben und folgere daraus die Vermutung $\lim\limits_{h \to 0} \frac{\sin h}{h} = 1$.

2 Tangentensteigung mit Funktionsplotter

Starte einen Funktionsplotter und lass dir den Graphen der Funktion $f(x) = \sin(x)$ anzeigen. Definiere einen Punkt A auf G_f. Lege eine Tangente an G_f durch A und lass dir ihre Steigung m einblenden:

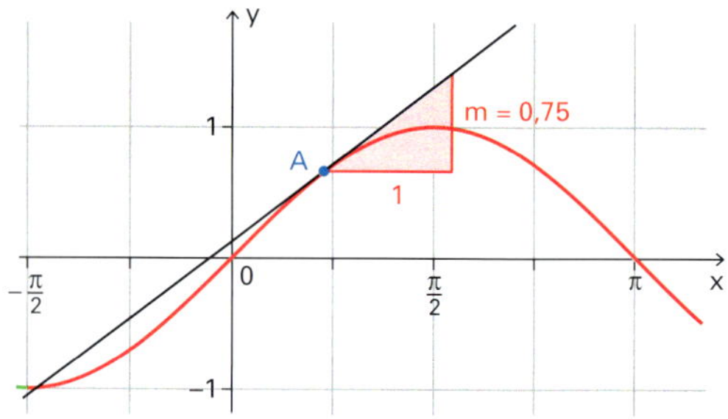

a) Verändere A im Zugmodus und beobachte dabei die Tangente genau. Lies ihre Steigung an markanten Punkten ab und erstelle eine Wertetabelle nach folgendem Vorbild:

x_0	…	$-\frac{\pi}{2}$	0	$\frac{\pi}{4}$	$\frac{\pi}{2}$	$\frac{3}{4}\pi$	π	$\frac{5}{4}\pi$	$\frac{3}{2}\pi$	$\frac{7}{4}\pi$	2π	$\frac{5}{2}\pi$	…
m													

b) Trage die Werte der Tabelle in ein neues Koordinatensystem ein und verbinde sie. Welche Funktion ist vermutlich die Ableitung f' der Sinusfunktion f?

c) Einfacher geht die Zeichnung des Graphen von f' mit dem Computer. Definiere dazu einen Punkt B, der die gleiche x-Koordinate wie A hat, aber als y-Koordinate die jeweils zughörige Steigung m Eingabe: B=(x(A),m). Verändere A im Zugmodus und beobachte, welche Kurve dabei B durchläuft. Lass zur Überprüfung deiner Vermutung diese Kurve – die sogenannte Spur von B – einblenden. Wie lautet die Gleichung der Ableitungsfunktion f'?

3 Herleitung der Ableitung der Sinusfunktion

Aus der Definition der Ableitung ergibt sich für die Sinusfunktion f mit $f(x) = \sin x$:

$$f'(x) = \lim_{h \to 0} \frac{\sin(x+h) - \sin x}{h}$$

Für die Umformung des Bruchs verwenden wir das Additionstheorem (Band 10, Seite 46, Aufgabe 15) $\sin(\alpha + \beta) = \sin\alpha \cdot \cos\beta + \cos\alpha \cdot \sin\beta$.
Wende das Additionstheorem auf $\sin(x+h)$ des obigen Bruchs an.
Welchen Wert hat $\lim\limits_{h \to 0} \cos h$? Wie lässt sich damit der Zähler des Bruchs vereinfachen? Zeige nun unter Verwendung von $\lim\limits_{h \to 0} \frac{\sin h}{h} = 1$, dass $f'(x) = \cos x$ ist.

4 Ableitungstraining

Berechne die Ableitung $f'(x)$:

a) $f(x) = 2 + 2x + 2\sin x$
b) $f(x) = \frac{1}{3}x^3 + 2\sin x$
c) $f(x) = \sqrt{x} - \sin x$
d) $f(x) = 3x^2 - 2\cos x$
e) $f(x) = 3\sin x - 4\cos x$
f) $f(x) = \sin x + \frac{1}{\sqrt{3}}\cos x$
g) $f(x) = x \cdot \sin x$
h) $f(x) = x^2 \cdot \sin x$
i) $f(x) = \sqrt{x} \cdot \cos x$
k) $f(x) = \frac{1}{x} \cdot \cos x$
l) $f(x) = \sin x \cdot \cos x$
m) $f(x) = \sin 2x$

5 Nachdifferenzieren!

a) $f(x) = (\sin x)^4$ b) $f(x) = \sin(x^4)$ c) $f(x) = \sin(x+4)$

d) $f(x) = \cos(4x)$ e) $f(x) = \sqrt{\cos x}$ f) $f(x) = \cos\sqrt{x}$

g) $f(x) = \sin(\frac{1}{2}x)$ h) $f(x) = \sin(\frac{1}{2}x+2)$ i) $f(x) = \sin(\frac{1}{2}x^2+2x)$

k) $f(x) = (\sin x)^2 + (\cos x)^2$ l) $f(x) = (\sin x)^2 - (\cos x)^2$ m) $f(x) = (\sin x)^4 - (\cos x)^4$

6 Quotientenregel

Berechne die Ableitung f'(x):

a) $f(x) = \frac{\sin x}{x^3}$ b) $f(x) = \frac{x^3}{\sin x}$ c) $f(x) = \tan x$

d) $f(x) = \frac{\cos x}{x}$ e) $f(x) = \frac{x}{\cos x}$ f) $f(x) = \frac{\sin x}{1+\cos x}$

g) $f(x) = \frac{1+\cos x}{1-\cos x}$ h) $f(x) = \frac{1+\sin x}{x \cdot \cos x}$ i) $f(x) = \frac{x \cdot \sin x}{1+\cos x}$

7 Partnersuche – graphisch!

Die Abbildungen zeigen sechs Graphen von Funktionen f (rot) und sechs Graphen von Ableitungsfunktionen f' (blau). Welche Ableitung gehört zu welcher Funktion?

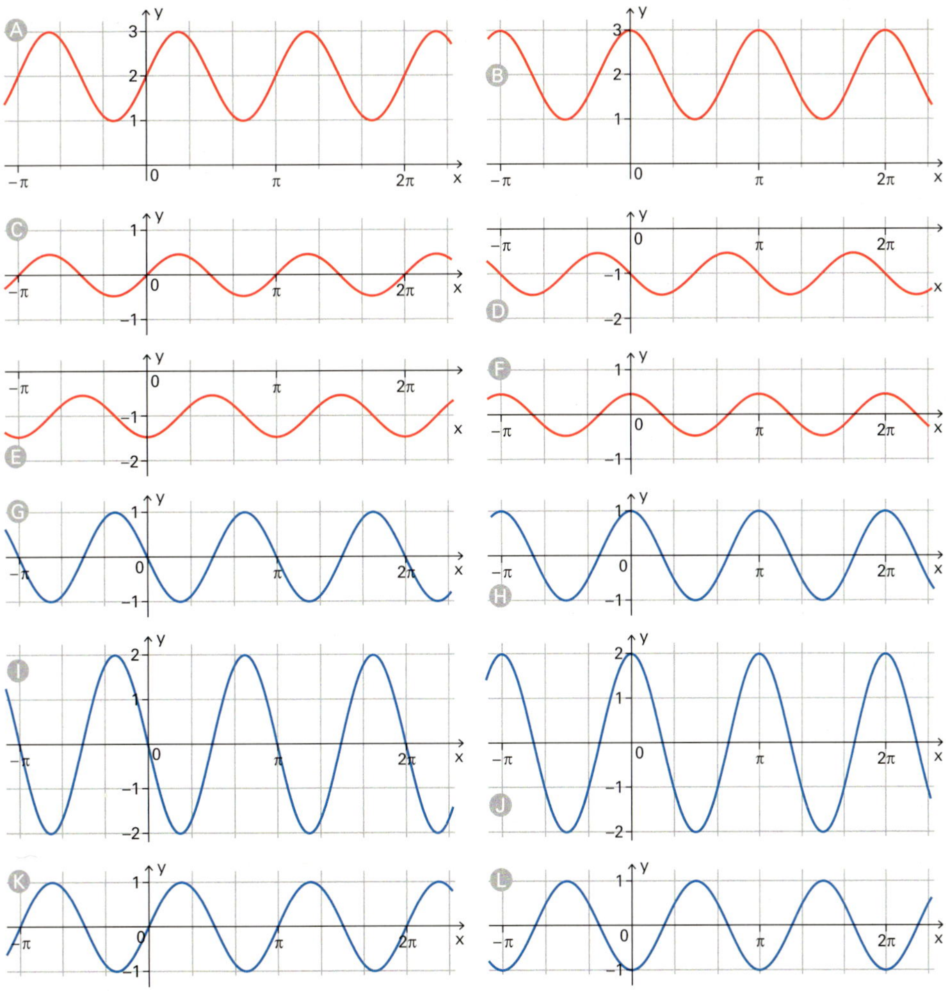

6.2 Untersuchung einfacher trigonometrischer Funktionen

Summe einer linearen und einer trigonometrischen Funktion

Die im Jahr 2008 ins Olympia-Programm neu aufgenommenen BMX-Rennen verliefen in Peking spektakulär. Das löste ein gesteigertes Interesse an BMX-Bahnen aus. Architekt Christian Deppen hat die 320 m lange Cottbuser Bahn geplant. Eine Bodenwelle lässt sich durch die Funktion f mit

$f(x) = 0{,}8 \sin x + 0{,}4\,x;\quad x \in [-0{,}5\,\pi; 2{,}5\,\pi]$

modellieren. Wie groß ist die maximale Steigung dieses Streckenabschnitts?

Wir untersuchen die Funktion f in ihrem maximalen Definitionsbereich $D = \mathbb{R}$.

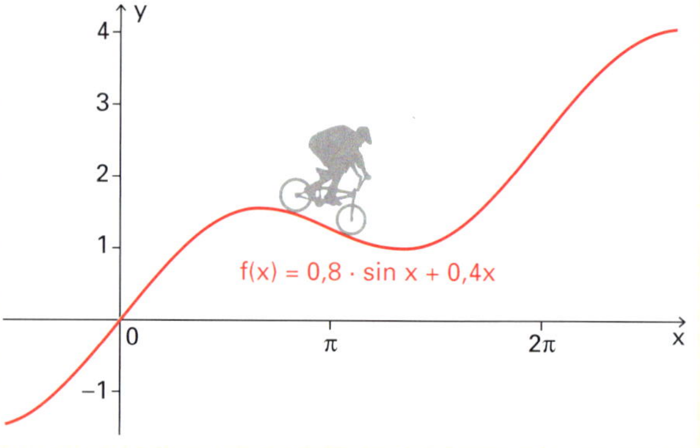

a) Symmetrie

$$\begin{aligned} f(-x) &= 0{,}8 \sin(-x) - 0{,}4\,x \\ &= -0{,}8 \sin x - 0{,}4\,x \\ &= -(0{,}8 \sin x + 0{,}4\,x) = -f(x) \end{aligned}$$

G_f ist punktsymmetrisch zum Ursprung.

b) Verhalten an den Rändern von D

$$\lim_{x \to +\infty} f(x) = \lim_{x \to +\infty} (0{,}8 \sin x + \underbrace{0{,}4\,x}_{\to +\infty}) = +\infty$$

$$\lim_{x \to -\infty} f(x) = \lim_{x \to -\infty} (0{,}8 \sin x + 0{,}4\,x) = -\infty$$

c) Nullstellen

$f(x) = 0 \quad \Leftrightarrow \quad 0{,}8 \sin x = -0{,}4\,x \quad \Leftrightarrow \quad \sin x = -\frac{1}{2}x$

Da sich die Sinuskurve und die Gerade $y = -\frac{1}{2}x$ nur im Ursprung schneiden, erhält man nur eine Lösung $x_0 = 0$.

d) Extrema

Ableitung: $f'(x) = 0{,}8 \cos x + 0{,}4 = 0{,}8\,(\cos x + \frac{1}{2})$

$f'(x) = 0 \quad \Rightarrow \quad \cos x = -\frac{1}{2}$

Im Intervall $[0; 2\pi]$ sind $x_1 = \frac{2}{3}\pi$ und $x_2 = \frac{4}{3}\pi$ die Lösungen. Alle Nullstellen der Ableitung erhalten wir durch Addition von $2k\pi$, wobei $k \in \mathbb{Z}$.

In der Umgebung von $x_1 = \frac{2}{3}\pi$ gilt:

Für $x < x_1$ ist $\cos x > -\frac{1}{2}$ und damit $f'(x) > 0$.

Für $x > x_1$ ist $\cos x < -\frac{1}{2}$ und damit $f'(x) < 0$.

Also liegt an der Stelle $x_1 = \frac{2}{3}\pi$, und damit an allen Stellen $x = \frac{2}{3}\pi + 2k\pi$, ein lokales Maximum vor. Analog folgt, dass an der Stelle $x_2 = \frac{4}{3}\pi$, und damit an allen Stellen $x = \frac{4}{3}\pi + 2k\pi$, ein lokales Minimum vorliegt.

e) Größte Steigung

Wir suchen die steilsten Stellen des Bahnabschnitts. Da $\cos x$ höchstens den Wert 1 annimmt, kann die Ableitung $f'(x) = 0{,}8\cos x + 0{,}4$ maximal den Wert 1,2 annehmen. Die steilsten Stellen des Graphen treten somit für $\cos x = 1$, also für die geradzahligen Vielfachen von π auf: $x = 2k\pi$ $(k \in \mathbb{Z})$. Dort beträgt die Steigung 1,2 = 120 %! Der zugehörige Steigungswinkel ergibt sich aus $\tan\alpha = 1{,}2$ zu $\alpha = 50{,}2°$.
Im Intervall $[-0{,}5\pi; 2{,}5\pi]$ tritt die maximale Steigung zweimal auf, nämlich im Ursprung O und im Punkt $P(2\pi\,|\,0{,}8\pi)$.
Die Gleichung der Tangente durch O lautet somit $y = 1{,}2x$.
Für die Tangente durch P benötigen wir noch den y-Achsenabschnitt: $y = 1{,}2x + t$.
Dazu setzen wir die Koordinaten von P in die Gleichung ein und erhalten:

$$0{,}8\pi = 1{,}2 \cdot 2\pi + t$$
$$\Rightarrow \quad t = -1{,}6\pi \approx -5$$
$$\Rightarrow \quad y = 1{,}2x - 1{,}6\pi$$

f) Graph

Mithilfe des Hochpunkts $H(\frac{2}{3}\pi\,|\,1{,}53)$, des Tiefpunkts $T(\frac{4}{3}\pi\,|\,0{,}98)$ und der beiden Tangenten durch die steilsten Stellen O und P skizzieren wir den Graphen G_f im Bereich $[-0{,}5\pi; 2{,}5\pi]$.

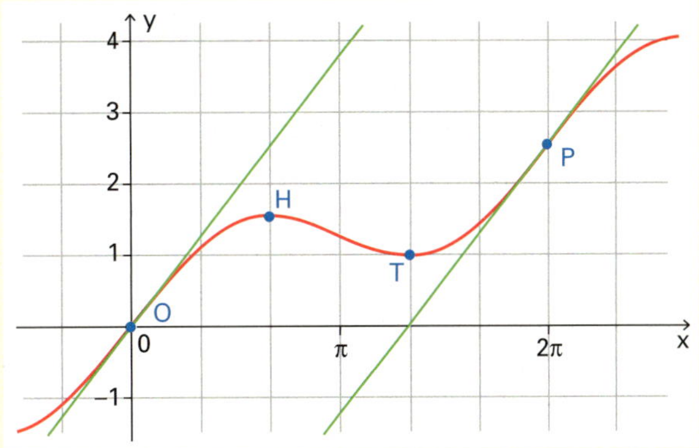

Lineare Transformationen der Sinus- und der Kosinusfunktion

Lässt sich eine trigonometrische Funktion als lineare Transformation der Sinus- oder der Kosinusfunktion auffassen, erleichtert das die Untersuchung wesentlich.

Beispiel: $f(x) = -2\sin(\frac{3}{4}x + \frac{\pi}{2})$ und $x \in \mathbb{R}$

Wir bringen den Funktionsterm $f(x)$ auf die Form $f(x) = a \cdot \sin b(x - c)$:

$$f(x) = -2 \cdot \sin \tfrac{3}{4}(x + \tfrac{2}{3}\pi)$$

Daraus entnehmen wir in der Reihenfolge, in der wir zu einem x-Wert den Funktionswert $f(x)$ berechnen, wie G_f aus der Sinuskurve hervorgeht:

- $c = -\frac{2}{3}\pi$: Die Sinuskurve wird um $\frac{2}{3}\pi$ nach links verschoben. G_f „startet" bei $x = -\frac{2}{3}\pi$.
- $b = \frac{3}{4}$: Die verschobene Sinuskurve wird in x-Richtung mit dem Faktor $\frac{1}{b} = \frac{4}{3}$ gedehnt, wobei die Nullstelle $x = -\frac{2}{3}\pi$ erhalten bleibt. Die Periode der Funktion f ist somit $\frac{2\pi}{b} = \frac{2\pi}{\frac{3}{4}} = \frac{8}{3}\pi$.
- $a = -2$: Die Amplitude der Funktion ist 2. Wegen des Minuszeichens muss der verschobene, gedehnte und gestreckte Graph noch an der x-Achse gespiegelt werden.

Mit diesen Erkenntnissen zeichnen wir G_f im Bereich von $[-2\pi; 2\pi]$:

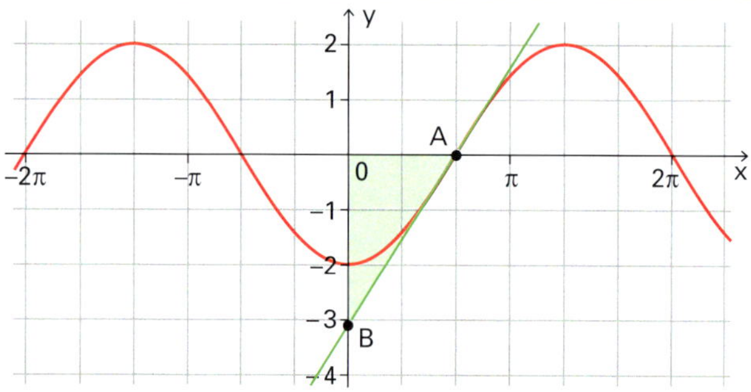

Wir interessieren uns für den Flächeninhalt des Dreiecks, das die Tangente durch $A(\frac{2}{3}\pi|0)$ mit den Koordinatenachsen bildet. Dazu differenzieren wir zunächst f:

$$f'(x) = -2\cos\left(\frac{3}{4}x + \frac{\pi}{2}\right) \cdot \frac{3}{4}$$
$$= -\frac{3}{2}\cos\left(\frac{3}{4}x + \frac{\pi}{2}\right)$$

Im Punkt A hat G_f somit die Steigung

$$f'\left(\frac{2}{3}\pi\right) = -\frac{3}{2}\cos\left(\frac{3}{4} \cdot \frac{2}{3}\pi + \frac{\pi}{2}\right) = -\frac{3}{2}\cos\pi = -\frac{3}{2} \cdot (-1) = \frac{3}{2}.$$

Für die Berechnung des Flächeninhalts benötigen wir noch den y-Abschnitt t der Tangente. Dazu setzen wir die Koordinaten von A in $y = \frac{3}{2}x + t$ ein:

$$0 = \frac{3}{2} \cdot \frac{2}{3}\pi + t \quad \Rightarrow \quad t = -\pi \quad \Rightarrow \quad A_{\text{Dreieck}} = \frac{1}{2} \cdot \frac{2}{3}\pi \cdot \pi = \frac{1}{3}\pi^2 \approx 3{,}3 \text{ FE}$$

Aufgaben

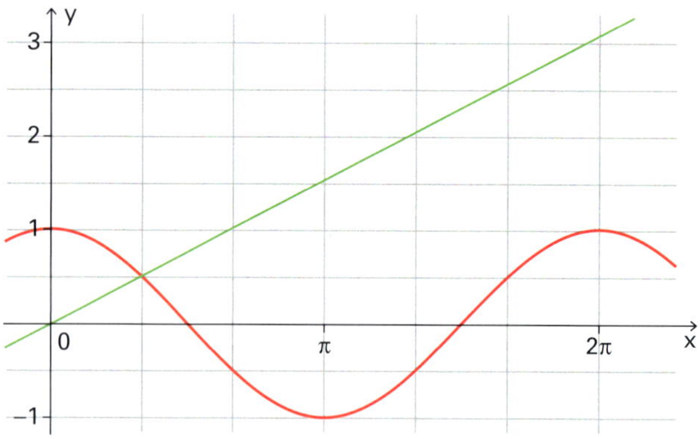

1 Zeichnerische Lösung

Rechts sind die Graphen der Funktionen f und g mit $f(x) = \cos x$ und $g(x) = \frac{1}{2}x$ im Intervall $[0; 2\pi]$ abgebildet.

a) Zeichne den Graphen der Summenfunktion $h(x) = \frac{1}{2}x + \cos x$ im Intervall $[0; 2\pi]$ mithilfe dieser beiden Graphen.

b) Berechne $h'(x)$ und zeichne den Graphen von h' in das Koordinatensystem ein.

Beantworte mithilfe des Graphen von h':

c) In welchen Punkten hat G_h waagerechte Tangenten? In welchen Punkten ist G_h am steilsten?

2 Rechnerische Lösung

Wir untersuchen die Funktion f mit $f(x) = \frac{1}{2}x + \sin x$ und $x \in [0; 2\pi]$.

a) Bestimme die Bereiche, in denen f monoton steigt bzw. monoton fällt, sowie die Extrempunkte von G_f.

b) Berechne $f(0)$, $f(\pi)$ und $f(2\pi)$. Was lässt sich über die Nullstellen von f aussagen?

c) Bestimme die Stellen, an denen G_f am steilsten ist.

d) Skizziere den Graphen G_f unter Verwendung aller Ergebnisse.

e) Gib eine Stammfunktion von f an.

3 Interessanter Kurvenverlauf

Wir untersuchen die Funktion f mit $f(x) = x + \sin x$ unter Verwendung ihres rechts abgebildeten Graphen.

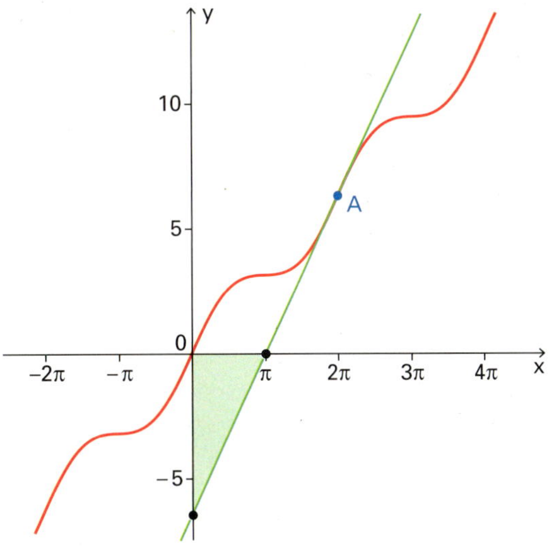

a) Bestimme den maximalen Definitionsbereich D und das Symmetrieverhalten. Untersuche das Verhalten von f(x) an den Rändern von D.

b) Mache plausibel, warum f(x) nur die Nullstelle $x = 0$ hat.

c) Berechne die Ableitung $f'(x)$. Bestimme die Stellen von G_f, die eine horizontale Tangente besitzen. Kann es sich dabei um Extrema handeln?
An welchen Stellen ist G_f am steilsten?

d) Stelle die Gleichung der Tangente durch den Punkt $A(2\pi \mid y_A)$ auf.
Berechne den Flächeninhalt des Dreiecks, das diese Tangente mit den Koordinatenachsen einschließt.

4 Ausführliche Untersuchung

Untersuche die Funktion f im Bereich $[-2\pi; 2\pi]$ auf Symmetrie, Nullstellen, Monotonie sowie Extrempunkte. Berechne $f(-2\pi)$ und $f(2\pi)$. Zeichne den Graphen G_f im angegebenen Intervall.

a) $f(x) = \sin x - x$ b) $f(x) = \sin x + (\sin x)^2$ c) $f(x) = \sqrt{3}\sin x - \cos x$

(Tipp zu c: Dividiere die zu lösende Gleichung bei Bedarf durch cos x.)

5 Nicht elementar lösbare Gleichung

Wir betrachten die Funktion f mit $f(x) = x \cdot \sin x$ und $x \in \mathbb{R}$. Rechts sind dazu der Graph G_f sowie die beiden Geraden $y = x$ und $y = -x$ abgebildet.

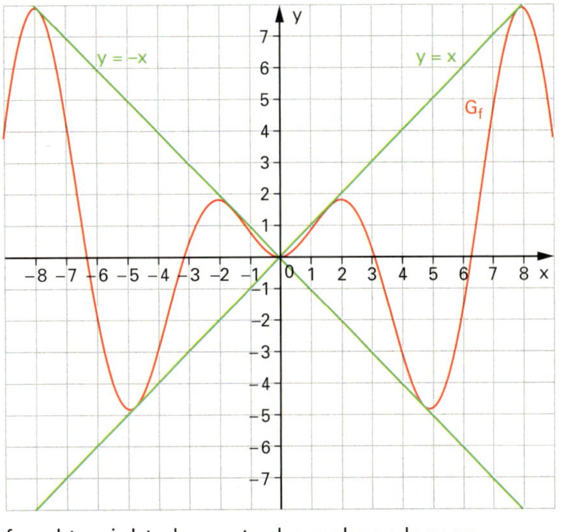

a) Erläutere mittels f(x), wie der grobe Verlauf von G_f zustande kommt.

b) Entnimm der Zeichnung die Symmetrie und die Nullstellen. Weise diese rechnerisch nach.

c) Welche Punkte hat G_f mit den beiden Geraden gemeinsam? Warum handelt es sich dabei bis auf O nicht um Hoch- oder Tiefpunkte?

d) Erläutere anhand von $f'(x)$, dass sich die Koordinaten der Hoch- und Tiefpunkte nicht elementar berechnen lassen. Beschreibe, wie man sie näherungsweise bestimmen könnte.

6 **Die Funktion f mit $f(x) = -\cos 2x$ und $x \in \mathbb{R}$**

a) Beschreibe, wie G_f aus der Kosinuskurve $y = \cos x$ hervorgeht. Skizziere G_f.

b) Berechne den Steigungswinkel der Tangente im Punkt $P(\frac{\pi}{6} | ?)$ des Graphen G_f.

c) Welchen Flächeninhalt hat das Dreieck, das diese Tangente mit den Koordinatenachsen einschließt?

d) In welchen Punkten von G_f ist die Tangente parallel zur Geraden $y = x + 5$?

7 **Schnellzeichnungen**

Gib die Periode der Funktion f an. Wie entsteht der Graph G_f aus der Sinuskurve $y = \sin x$ bzw. der Kosinuskurve $y = \cos x$? Skizziere G_f im Bereich $[-2\pi; 2\pi]$.

a) $f(x) = 2 \sin \frac{1}{2} x$
b) $f(x) = 2 + \sin \frac{1}{2} x$
c) $f(x) = \sin(\frac{\pi}{2} + x)$
d) $f(x) = \sin(\frac{\pi}{2} x)$
e) $f(x) = \sin 2(x - \frac{\pi}{2})$
f) $f(x) = \sin(2x - \frac{\pi}{2})$
g) $f(x) = \cos 2(x - \frac{\pi}{3})$
h) $f(x) = \sin(\frac{3}{2} x - \frac{3}{4}\pi)$
i) $f(x) = -2 \cos(\pi x)$

8 **Kraulschwimmen**

Ein Kraulschwimmer treibt sich mit dem linken und dann mit dem rechten Arm an. Seine Geschwindigkeit v (in m/s) in Abhängigkeit von der Zeit t während des linken und des rechten Armzugs (in s) beschreibt näherungsweise

$$v(t) = -0{,}1 \cdot \cos(2\pi t) + 1{,}0 \quad \text{mit} \quad 0 \le t \le 2.$$

a) Skizziere den Graphen der Funktion $t \mapsto v$.

b) Beschreibe den zugehörigen Schwimmvorgang. Wo befinden sich dabei jeweils die linke und die rechte Hand? Wann beschleunigt er am stärksten?

c) Wie lange benötigt er für eine 25 m lange Bahn?

9 **Die Tageslänge im Jahresverlauf**

Die Tageslänge ist die Zeit, die zwischen Sonnenaufgang und Sonnenuntergang verstreicht. Die Tage des Jahres seien von 1 bis 365 nummeriert und t sei die Nummer des Tages. Die Funktion f beschreibt für Regensburg die Tageslänge in Stunden in Abhängigkeit von t:

$$f(t) = 4 \cdot \sin(\tfrac{2\pi}{365}(t - 80)) + 12$$

a) Wie entsteht der Graph G_f aus der Sinuskurve? Welche Periode hat f? Fertige eine grobe Skizze des Graphen G_f an.
Zwischen welchen Werten schwankt die Tageslänge in Regensburg? An welchem Tag ist die Tageslänge am größten bzw. am kleinsten?

b) An welchem Tag beträgt in Regensburg die Tageslänge 10 Stunden?

c) Berechne die momentane Änderungsrate $f'(t)$. Skizziere den Graphen $G_{f'}$ in das Diagramm von a). Wann ist die momentane Änderungsrate am größten? Um wie viele Minuten nimmt dabei die Tageslänge pro Tag zu?

10 **Wattwanderung**

An den Küsten lassen Ebbe und Flut den Wasserstand periodisch mit einer Periodenlänge von 12,4 Stunden fallen und steigen. In Küstennähe werden während des Niedrigwassers sogar manche Gebiete eine Zeit lang trockengelegt. Diese Gebiete nennt man Watt.

Ein 8 km langer Wattwanderweg verbindet die beiden nordfriesischen Inseln Amrum und Föhr. Das rote Diagramm zeigt für eine Stelle des Weges den Graphen der Funktion $t \mapsto w$, die für eine Periode den Wasserstand w in Metern in Abhängigkeit von der Zeit t in Stunden beschreibt.

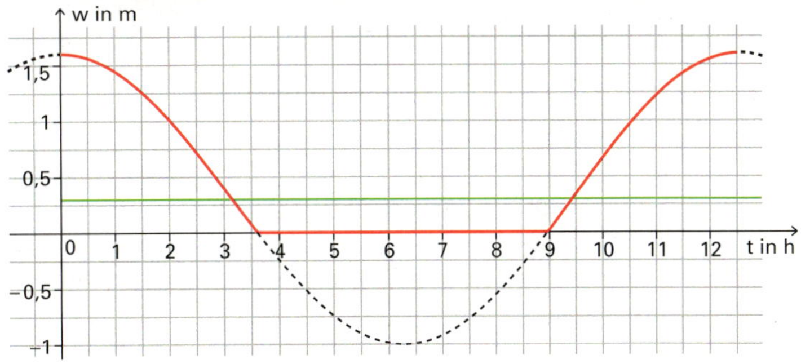

a) An dieser Stelle war an einem Tag um 8.00 Uhr der höchste Wasserstand. Wie hoch war der Wasserstand um 10.00 Uhr, um 13.30 Uhr und um 17.45 Uhr?

b) Für einen Teil ihres Definitionsbereichs $D = [0; 12{,}4]$ lässt sich die Funktion durch eine Kosinusfunktion mit $w(t) = a \cdot \cos(b\,t) + c$ darstellen. Bestimme die Werte der Parameter a, b und c.

c) Wie lang ist während einer Periode der Weg trockengelegt? (Graphische und rechnerische Lösung!)

d) Berechne die momentane Änderungsrate $w'(t)$. Um wie viele Zentimeter steigt das Wasser pro Minute, wenn es den Weg zu überfluten beginnt?

e) Das Diagramm zeigt $w(t)$ bei Vollmond. Bei Halbmond ist der Unterschied des Wasserstandes zwischen Hoch- und Niedrigwasser, der *Tidenhub*, nicht 2,6 m, sondern nur 1,0 m. Wird dadurch die Zeitspanne, während welcher der Weg nicht überflutet ist, größer oder kleiner? Erfolgt der Anstieg des Wasserspiegels bei der Überflutung schneller oder langsamer?

11 **Eine Umrechnungsformel**

Gegeben ist die Funktion f mit $f(x) = 1 - 2(\sin x)^2$.

a) Untersuche die Funktion f im Bereich $[-2\pi; 2\pi]$ auf Symmetrie, Nullstellen, Monotonie sowie Extrema. Zeichne damit G_f im angegebenen Intervall.

b) Man kann nachweisen, dass sich f(x) in der Form $f(x) = a \cdot \cos(b\,x)$ schreiben lässt. Bestimme a und b. Überprüfe mit einem Funktionsplotter, dass beide Terme die gleiche Funktion beschreiben.

c) Berechne den genauen Wert von $\sin 15°$ mithilfe der beiden Funktionsterme.

Training der Grundkenntnisse

12 Ableitungstraining

Berechne f'(x):

a) $f(x) = 3 - 2\sin x$
b) $f(x) = 2x^3 - 2\cos x$
c) $f(x) = \frac{3}{x} - 3\sin x$
d) $f(x) = 4\sqrt{x} - 2\cos x$
e) $f(x) = 4\sqrt{x} - \cos 2x$
f) $f(x) = \frac{\sin x + \cos x}{\sqrt{3}}$
g) $f(x) = x \cdot \cos x$
h) $f(x) = \sqrt{x} \cdot \sin x$
i) $f(x) = \frac{1}{x} \cdot \cos x$

13 Stammfunktion

Bestimme zur Funktion f eine Stammfunktion F.

a) $f(x) = 5 + 2x + \cos x$
b) $f(x) = \frac{1}{3}x^3 + 4\sin x$
c) $f(x) = 3x^2 - 2\cos x$
d) $f(x) = \sin x + \frac{1}{\sqrt{5}}\cos x$
e) $f(x) = \frac{4}{x^5} + 4\sin x$
f) $f(x) = \sqrt{x} - \sin x$

14 Erst zeichnen, dann rechnen

a) Wie geht der Graph der Funktion f mit $f(x) = -2\cos\frac{1}{2}(x + \frac{\pi}{4})$ aus dem Graphen der Kosinusfunktion $y = \cos x$ hervor?
Zeichne G_f im Intervall $[-3\pi; +3\pi]$.

b) Berechne die Nullstellen sowie Art und Lage der Extrema von f. Überprüfe deine Ergebnisse anhand des gezeichneten Graphen.

15 Zwei Gesichter einer Funktion

Gegeben ist die Summenfunktion f mit $f(x) = \sin x + \cos x$.

a) Untersuche die Funktion f im Bereich $[-2\pi; 2\pi]$ auf Nullstellen und Extrempunkte. (Tipp: Dividiere die zu lösende Gleichung bei Bedarf durch cos x.)

b) Unter welchen Winkeln schneidet G_f die x-Achse?

c) An welchen Stellen ist die Steigung von G_f maximal bzw. minimal?

d) Berechne $f(-2\pi)$ und $f(2\pi)$ und zeichne G_f mithilfe aller bisherigen Ergebnisse im angegebenen Intervall.

e) Man kann nachweisen, dass sich f(x) in der Form $f(x) = a \cdot \sin(x - c)$ schreiben lässt. Bestimme a und c.
Überprüfe mit einem Funktionsplotter, dass beide Terme die gleiche Funktion beschreiben.

16 Grundwissen: Rückschlüsse von f' auf f

Die Abbildung zeigt den Graphen der Ableitungsfunktion f' einer Funktion f. Welche der folgenden Aussagen über die Funktion f sind wahr, falsch oder nicht entscheidbar? Begründe deine Antwort.

a) f ist für $x \in [-3; 3]$ streng monoton steigend.
b) G_f hat mindestens einen Wendepunkt.
c) G_f ist symmetrisch zur y-Achse.
d) $f(x) > 0$ für alle $x \in [-3; 3]$.

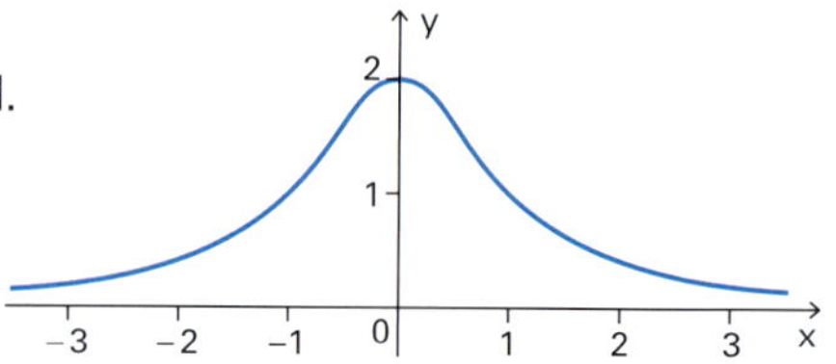

7 Natürliche Exponential- und Logarithmusfunktion

Im letzten Jahr haben wir Wachstums- und Abklingvorgänge betrachtet. Wenn sich der Bestand b pro Zeiteinheit ver-a-facht, lässt sich der Vorgang durch eine Exponentialfunktion f der Form $f(x) = b \cdot a^x$ beschreiben. Nun werfen wir die Frage nach der Änderungsrate auf, mit der präzise Aussagen möglich werden.

7.1 Die natürliche Exponentialfunktion

Eine kurze Anleitung: Wie werde ich Millionär?

Felix erhält zum bestandenen Abitur 1000 € (= 1 k€). Er legt dieses Kapital bei der Bank seines Großvaters an. Dieser bietet ihm für 1 Jahr den ungewöhnlichen Jahreszinssatz von 100%. Außerdem vereinbaren beide: Sollte Felix das Kapital schon nach einem halben, einem viertel ... Jahr in Anspruch nehmen, wird es zum Halbjahreszinssatz $\frac{100\%}{2}$, zum Vierteljahreszinssatz $\frac{100\%}{4}$, ... verzinst.

Im ersten Fall bekommt er nach einem Jahr 1 k€ Grundkapital und 1 k€ Zinsen zurück, also $1\,\text{k€} \cdot (1 + 1) = 2\,\text{k€}$.

Im zweiten Fall wächst das Kapital nach einem halben Jahr auf das $(1 + \frac{1}{2})$-fache, auf 1,5 k€ an. Felix ist ein schlauer Junge: Er hebt nach einem halben Jahr 1,5 k€ ab und zahlt diese sofort wieder ein. Dann werden die Zinsen des ersten Halbjahres mitverzinst. Nach einem Jahr erhält er somit:

$$\underbrace{1\,\text{k€} \cdot (1 + \tfrac{1}{2})}_{\text{1. Halbjahr}} + \underbrace{1\,\text{k€} \cdot (1 + \tfrac{1}{2}) \cdot \tfrac{1}{2}}_{\text{Zinsen für das 2. Halbjahr}} = 1\,\text{k€} \cdot (1 + \tfrac{1}{2})^2 = 2{,}25\,\text{k€}$$

Hebt er nach jeweils einem viertel Jahr sein Geld ab und zahlt es sofort wieder ein, bekommt er am Ende des Jahres

$$1\,\text{k€} \cdot (1 + \tfrac{1}{4})^4 = 2{,}44141\,\text{k€}.$$

Verzinsung	Kapital am Ende des Jahres in k€
jährlich	$1 + 1 = 2$
halbjährlich	$(1 + \frac{1}{2})^2 = 2{,}25$
vierteljährlich	$(1 + \frac{1}{4})^4 = 2{,}44141$
monatlich	$(1 + \frac{1}{12})^{12} = 2{,}61304$
täglich	$(1 + \frac{1}{365})^{365} = 2{,}71457$
stündlich	$(1 + \frac{1}{365 \cdot 24})^{365 \cdot 24} = 2{,}71813$
minütlich	$(1 + \frac{1}{365 \cdot 24 \cdot 60})^{365 \cdot 24 \cdot 60} = 2{,}71827$
sekündlich	$(1 + \frac{1}{365 \cdot 24 \cdot 60 \cdot 60})^{365 \cdot 24 \cdot 60 \cdot 60} = 2{,}71828$

Je kürzer das Zinsintervall ist, desto größer ist das Kapital am Ende des Jahres. Kann Felix innerhalb eines Jahres Millionär werden, wenn er die Zinsintervalle genügend kurz wählt?
Die Tabelle zeigt: Das Kapital nimmt nicht unbegrenzt zu. Beim Übergang von der stündlichen Verzinsung zur minütlichen erhöht es sich nur um 14 Cent, beim Übergang von der minütlichen zur sekündlichen sogar nur noch um 1 Cent. Felix kann auf diese Art leider nicht Millionär werden.

Man kann beweisen, dass die von uns betrachtete Folge $(1+\frac{1}{n})^n$ für $n \to \infty$ konvergiert. Der Grenzwert $\lim\limits_{n \to \infty} (1+\frac{1}{n})^n$ ist eine irrationale Zahl, ja sogar eine transzendente Zahl. Sie lässt sich also nicht durch einen unendlichen periodischen Dezimalbruch beschreiben, ja nicht einmal mithilfe von Wurzeln aus rationalen Zahlen (Aufgabe 1). Analog zur Kreiszahl π hat man dem Grenzwert einen Buchstaben als Namen gegeben. Man nennt ihn e, nach dem Schweizer Mathematiker LEONHARD EULER (1707–1783), der die Mathematik des 18. Jahrunderts durch hervorragende Beiträge prägte.
Wir haben bereits einen sehr guten Näherungswert für e gefunden (Aufgabe 1):

Euler'sche Zahl e
Die Folge $(1+\frac{1}{n})^n$ konvergiert für $n \to \infty$ gegen e.

$$e = \lim_{n \to \infty} (1+\tfrac{1}{n})^n = 2{,}718281828\ldots$$

Die e-Funktion und ihre Ableitung

Der Graph der Funktion f mit $f(x) = e^x$ verläuft im gesamten Definitionsbereich $D = \mathbb{R}$ stets oberhalb der x-Achse. Der Wertebereich ist $W = \mathbb{R}^+$. Die y-Achse wird im Punkt $P(0|1)$ geschnitten. Außerdem verläuft der Graph durch den Punkt $Q(1|e)$ (Aufgabe 2).

Die Exponentialfunktion mit der Basis e nennt man **natürliche Exponentialfunktion** oder kurz **e-Funktion:**

$$f(x) = e^x$$

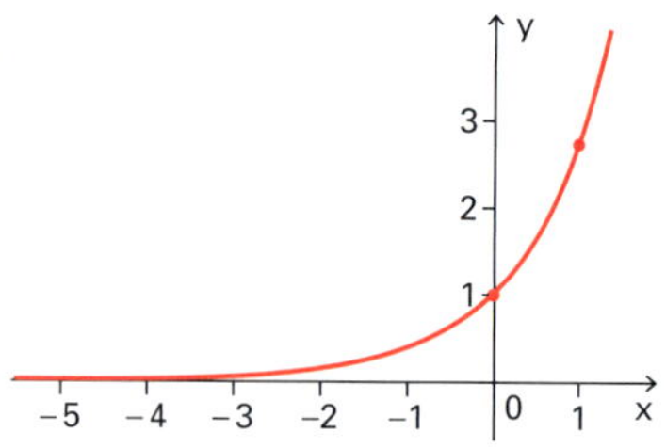

Was ist an der e-Funktion natürlich? Ihre Basis e ist es sicher nicht, sondern eine besondere Eigenschaft ihrer Ableitung.

Die Steigung der Sekante durch die Punkte $P(x|f(x))$ und $Q(x+h|f(x+h))$ liefert der Differenzenquotient:

$$\frac{\Delta y}{\Delta x} = \frac{f(x+h)-f(x)}{h} = \frac{e^{x+h}-e^x}{h}$$
$$= \frac{e^x \cdot e^h - e^x}{h} = e^x\,\frac{e^h-1}{h}$$

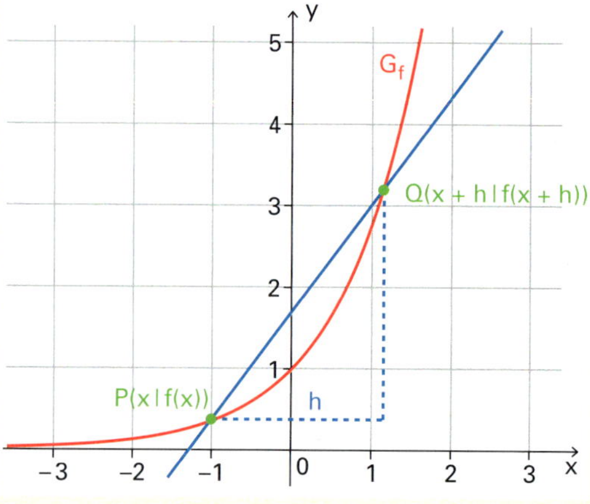

Der Graph der e-Funktion ist eine glatte Kurve. Deshalb erwarten wir, dass die e-Funktion differenzierbar ist (Aufgabe 7).

$$f'(x) = \lim_{h \to 0} e^x \cdot \frac{e^h - 1}{h} = e^x \cdot \lim_{h \to 0} \frac{e^h - 1}{h}$$

Lassen wir h kontinuierlich gegen 0 streben, fehlen uns die mathematischen Mittel, den Grenzwert zu berechnen. Wir erhalten diesen aber auch, wenn wir uns mit den Schritten 1, $\frac{1}{2}$, $\frac{1}{3}$, $\frac{1}{4}$, … der Null nähern:

$$f'(x) = e^x \cdot \lim_{n \to \infty} \frac{e^{\frac{1}{n}} - 1}{\frac{1}{n}} \qquad \text{Substitution: } h = \frac{1}{n}$$

$$= e^x \cdot \lim_{n \to \infty} \frac{\left(1 + \frac{1}{n}\right)^{n \cdot \frac{1}{n}} - 1}{\frac{1}{n}} \qquad \text{Substitution: } e = \lim_{n \to \infty} \left(1 + \frac{1}{n}\right)^n$$

$$= e^x \cdot \lim_{n \to \infty} \frac{\left(1 + \frac{1}{n}\right) - 1}{\frac{1}{n}} = e^x \cdot \lim_{n \to \infty} \frac{\frac{1}{n}}{\frac{1}{n}} = e^x$$

Ein überraschendes Ergebnis:

> Die e-Funktion stimmt mit ihrer Ableitung überein:
>
> $$f'(x) = f(x) = e^x$$

Was bedeutet das für den Graphen der e-Funktion?

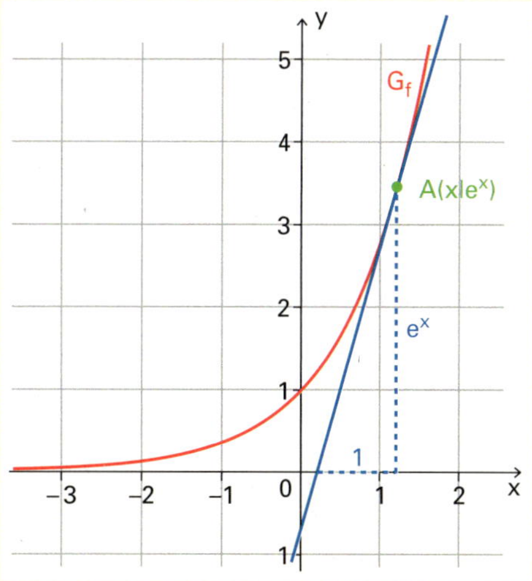

In jedem Punkt ist die Steigung der Tangente gleich dem Funktionswert. Damit lassen sich Tangenten auf sehr einfache Weise zeichnen: Gehen wir auf der x-Achse von der x-Koordinate des Berührpunktes A um 1 nach links und verbinden diesen Punkt mit dem Berührpunkt, erhalten wir die Tangente.

Die Ableitung der e-Funktion ist die e-Funktion. Das bedeutet auch, dass eine **Stammfunktion** der e-Funktion die e-Funktion selbst ist. Alle Stammfunktionen ergeben sich aus der e-Funktion durch Verschieben in y-Richtung: $F(x) = e^x + c$.

Der „Wettstreit" zwischen der e-Funktion und einer Potenzfunktion

Durch lineare Transformationen der e-Funktion erhalten wir stets streng monoton steigende oder streng monoton fallende Funktionen (Aufgabe 2). Interessantere Graphen ergeben sich, wenn wir die e-Funktion mit anderen Funktionen verknüpfen. Dabei kommt es aber vor, dass sich die Funktionen am Rand des Definitionsbereichs verschieden verhalten. Dann entsteht ein „Wettstreit". Wer gewinnt?

Beispiel: $g(x) = \frac{x}{e^x}$ mit $x \in \mathbb{R}$

Wie verhält sich g(x) für x → ∞?

Für $x \to \infty$ strebt sowohl der Zähler x als auch der Nenner e^x gegen $+\infty$. Mit wachsenden x-Werten werden die Werte der linearen Funktion gegenüber den Werten der e-Funktion vernachlässigbar klein (Aufgabe 12). Wir vermuten: Mit wachsenden x-Werten strebt der Wert des Quotienten gegen null. „Die e-Funktion gewinnt".

Wie lässt sich das beweisen?

Wir schätzen die e-Funktion durch ganzrationale Funktionen p ab, die wir schrittweise aufbauen. Wir benutzen dabei: Wenn zwei Funktionen p und f für x_0 gleiche Funktionswerte $p(x_0) = f(x_0)$ annehmen und für $x \geq x_0$ die lokale Zuwachsrate $p'(x)$ stets kleiner oder gleich der lokalen Zuwachsrate $f'(x)$ ist, dann ist für $x \geq x_0$ stets $p(x) \leq f(x)$.

Die e-Funktion nimmt für $x_0 = 0$ den Funktionswert $f(0) = e^0 = 1$ an, alle betrachteten ganzrationalen Funktionen ebenfalls: $p_1(0) = p_2(0) = p_3(0) = \ldots = 1$.

Es sei $x \geq 0$. Dann folgern wir:

a) $p_0(x) = 1 \quad \Rightarrow \quad p_0'(x) = 0 < e^x = f'(x) \quad \Rightarrow \quad 1 \leq e^x$

b) $p_1(x) = 1 + x \quad \Rightarrow \quad p_1'(x) = \underbrace{1 \leq e^x}_{\text{nach a)}} = f'(x) \quad \Rightarrow \quad 1 + x \leq e^x$

c) $p_2(x) = 1 + x + \frac{1}{2}x^2 \quad \Rightarrow \quad p_2'(x) = \underbrace{1 + x \leq e^x}_{\text{nach b)}} = f'(x) \quad \Rightarrow \quad 1 + x + \frac{1}{2}x^2 \leq e^x$

Mithilfe der Abschätzung c) ergibt sich:

$$0 \leq \lim_{x \to \infty} \frac{x}{e^x} \leq \lim_{x \to \infty} \frac{x}{1 + x + \frac{1}{2}x^2} = \lim_{x \to \infty} \frac{\overbrace{\frac{1}{x}}^{\to 0}}{\underbrace{\frac{1}{x^2} + \frac{1}{x} + \frac{1}{2}}_{\to \frac{1}{2}}} = 0$$

Also muss der Grenzwert gleich null sein:

$$\lim_{x \to +\infty} \frac{\overbrace{x}^{\to +\infty}}{\underbrace{e^x}_{\to +\infty}} = 0 \qquad \text{„e gewinnt"}$$

Mit $p_3(x) = 1 + x + \frac{1}{2}x^2 + \frac{1}{6}x^3$ folgt analog, dass die e-Funktion viel stärker zunimmt als die Quadratfunktion $x \mapsto x^2$. Die Fortsetzung des Verfahrens ergibt:

> Die e-Funktion nimmt für $x \to \infty$ viel stärker zu als jede Potenzfunktion:
>
> $$\lim_{x \to +\infty} \frac{x^n}{e^x} = 0 \qquad \text{„e gewinnt"} \quad (\text{für alle } n \in \mathbb{N})$$

Beachte: Schreiben wir g(x) als Produkt, erhalten wir anstatt des unbestimmten Ausdrucks „$\frac{\infty}{\infty}$" einen unbestimmten Ausdruck der Form „$\infty \cdot 0$". Auch hier muss der Grenzwert 0 sein:

$$\lim_{x \to +\infty} \underbrace{x}_{\to +\infty} \cdot \underbrace{e^{-x}}_{\to +0} = 0 \qquad \text{„e gewinnt"}$$

Verknüpfung einer e-Funktion mit einer linearen Funktion

Wir untersuchen weitere Eigenschaften der im letzten Abschnitt betrachteten Funktion g.

$$g(x) = \frac{x}{e^x} = x \cdot e^{-x}$$

Verhalten an den Rändern von D:

Für $x \to -\infty$ strebt der Zähler x gegen $-\infty$, der Nenner e^x gegen $+0$. Der Betrag des Zählers wird immer größer, der Betrag des Nenners immer kleiner, der Betrag des Quotienten also immer größer:

$$\lim_{x \to -\infty} \frac{\overbrace{x}^{\to -\infty}}{\underbrace{e^x}_{\to +0}} = -\infty \quad \text{und} \quad \lim_{x \to +\infty} \frac{\overbrace{x}^{\to +\infty}}{\underbrace{e^x}_{\to +\infty}} = +0 \quad \text{„e gewinnt“}$$

Die x-Achse ist Asymptote des Graphen. G_g nähert sich dieser für $x \to +\infty$ von oben.

Gemeinsame Punkte mit den Koordinatenachsen:

Nullstelle: $g(x) = 0 \quad \Rightarrow \quad x \cdot \underbrace{e^{-x}}_{>0} = 0 \quad \Leftrightarrow \quad x_1 = 0$

y-Achse: $f(0) = 0 \cdot e^0 = 0 \cdot 1 = 0$

Somit hat G_g mit den Koordinatenachsen nur den Punkt $O(0|0)$ gemeinsam.

Monotonie und Extrema:

$g'(x) = 1 \cdot e^{-x} + x \cdot e^{-x} \cdot (-1) = (1 - x) \cdot e^{-x}$ (Produkt- und Kettenregel)

Nullstellen der 1. Ableitung:

$g'(x) = 0 \quad \Leftrightarrow \quad (1 - x) \cdot e^{-x} = 0$

$\Leftrightarrow \quad 1 - x = 0$

$\Leftrightarrow \quad x_2 = 1$

Vorzeichentabelle für $g'(x)$:

	$-\infty < x < 1$	$x = 1$	$1 < x < +\infty$
$(1 - x)$	+	0	–
e^{-x}	+	+	+
$g'(x)$	+	0	–
G_g	steigt	Hochpunkt H	fällt

Also hat G_g den Hochpunkt $H(1|e^{-1})$.

Wendepunkte:

Im Hochpunkt H ist G_g rechtsgekrümmt. Der x-Achse nähert sich G_g für $x \to +\infty$ von oben linksgekrümmt. Also gibt es mindestens einen Wendepunkt. Der zweiten Ableitung

$$g''(x) = (-1) \cdot e^{-x} + (1 - x) \cdot e^{-x} \cdot (-1) = (-2 + x) \cdot e^{-x}$$

entnehmen wir die einzige Nullstelle $x_3 = 2$. Also hat G_g genau einen Wendepunkt: $W(2|2e^{-2})$.

Graph:

Siehe rechts!

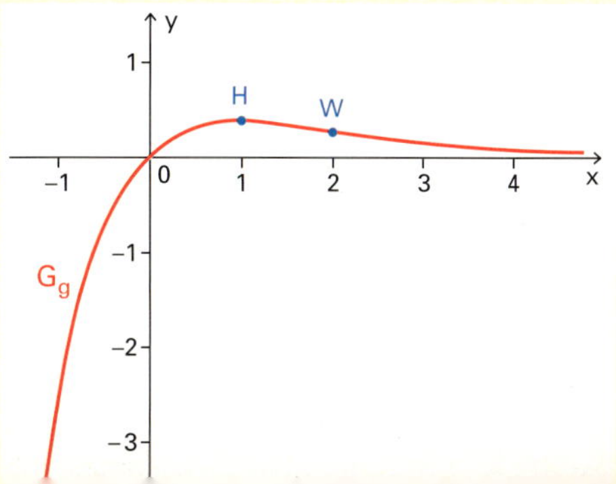

Aufgaben

1 Die Euler'sche Zahl e

a) Berechne die Werte der Folge $a_n = (1 + \frac{1}{n})^n$ für die Zehnerpotenzen $n = 10^1, 10^2, 10^3, \dots 10^8$ mithilfe einer Tabellenkalkulation oder des TR auf sechs Nachkommastellen genau. Auf wie viele Nachkommastellen genau ist damit die Euler'sche Zahl e bekannt?

b) Kann man die nächsten drei Nachkommastellen von e vorhersagen?

c) Alle reellen Zahlen lassen sich durch Dezimalbrüche darstellen. Welche Besonderheit liegt bei einer rationalen, einer irrationalen bzw. einer transzendenten Zahl vor? Gib für jede dieser Zahlen einige Beispiele an.

2 Lineare Transformationen der e-Funktion

a) Zeichne die Graphen der Funktionen $f_1(x) = 2^x$ und $f_2(x) = 3^x$ mithilfe der Funktionswerte an den Stellen −1, 0, +1 und +2 in ein gemeinsames Koordinatensystem.
Wie verläuft dazu der Graph der Funktion $f(x) = e^x$? Zeichne G_f ein.

b) Zeichne den Graphen der e-Funktion $f(x) = e^x$ mithilfe eines Funktionsplotters:

Eingabe: f(x)=exp(x)

Definiere vier Schieberegler a, b, c und d. Untersuche ihre Auswirkungen auf die Funktion g mit $g(x) = a \cdot f(b(x - c)) + d$.

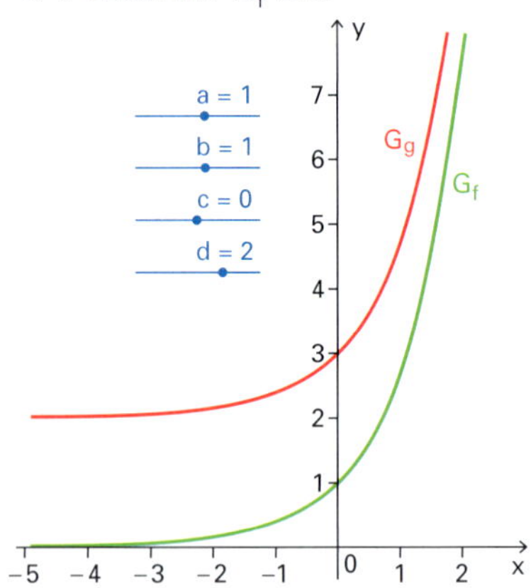

c) Skizziere den Graphen der e-Funktion $f(x) = e^x$ mithilfe der Funktionswerte f(0), f(−1) und f(1). Gib an, wie man durch Strecken, Stauchen oder Spiegeln jeweils den Graphen der folgenden Funktion erhält. Skizziere ihn in das Koordinatensystem.

$g_1(x) = -e^x$ $g_2(x) = e^{-x}$ $g_3(x) = e^x - 2$ $g_4(x) = e^{x-2}$

$g_5(x) = 2e^x$ $g_6(x) = e^{2x}$ $g_7(x) = 2e^{-x}$ $g_8(x) = e^{-2x} - 2$

Überprüfe deine Ergebnisse mit einem Funktionsplotter.

3 Multiplizieren und Dividieren von Potenzen

Vereinfache ohne TR:

a) $2^3 \cdot 2^7$ b) $2^{-5} \cdot 2^7$ c) $5 \cdot 5^{-3}$ d) $2^{\frac{1}{2}} \cdot 2^{\frac{3}{2}}$ e) $8^{\frac{1}{2}} \cdot 8^{\frac{1}{6}}$

f) $2^{\frac{2}{3}} \cdot 2^{-1,5} \cdot 2^{-\frac{1}{6}}$ g) $5^{-\frac{1}{3}} \cdot 5^{-\frac{2}{3}}$ h) $7^{-\frac{1}{2}} \cdot 7^{\frac{2}{3}} \cdot 7^{-\frac{1}{6}}$ i) $5^{-\frac{2}{3}} \cdot 5^{-\frac{3}{2}} \cdot 5^{\frac{1}{6}}$

k) $2^7 : 2^5$ l) $10^{-2} : 10^4$ m) $5^{-2} : 5^{-3}$ n) $7^{-\frac{1}{2}} : 7^{-\frac{3}{2}}$ o) $8^{-\frac{1}{2}} : 8^{-\frac{1}{6}}$

p) $3e^2 - e^2$ q) $3e^2 \cdot e^2$ r) $3e^2 : e^2$ s) $3e^2 - e^{-2}$ t) $3e^2 \cdot e^{-2}$

u) $e : e^{\frac{1}{2}}$ v) $e^{-1} : e^{-2}$ w) $e^0 : e^{-3}$ x) $\sqrt{e} \cdot \sqrt{e^{-3}}$ y) $\sqrt{e} : \sqrt{e^{-3}}$

4 Potenzieren von Potenzen

Vereinfache ohne TR:

a) $(2^3)^2$ b) $(10^{-2})^{-1}$ c) $(e^{-1})^{-1}$ d) $(49^{\frac{1}{3}})^{\frac{3}{2}}$ e) $(4^{\frac{5}{3}})^{-\frac{3}{2}}$

f) $(25x^2)^{-\frac{1}{2}}$ g) $(8e^{-6})^{-\frac{2}{3}}$ h) $(\frac{1}{16}x^2)^{-\frac{1}{2}}$ i) $(27^{-\frac{4}{5}})^{-\frac{5}{6}}$ k) $(e^2-4)^{\frac{1}{2}}$

5 Potenzen der Euler'schen Zahl

Ermittle mit dem TR auf drei Dezimalen genau:

a) e b) e^2 c) e^{-1} d) e^{-2} e) $\sqrt{e}$

f) $\frac{1}{\sqrt{e}}$ g) $2e^2-1$ h) $\frac{e^3+e^{-3}}{2}$ i) $e^{-\sqrt{2}}$ k) $\frac{e+e^{-1}}{e-e^{-1}}$

6 Funktionsgleichung gesucht

Suche zu jedem Graphen die zugehörige Gleichung. Begründe deine Wahl.

a) $y=-e^x$ b) $y=e^{-x}$ c) $y=-e^{-x}$ d) $y=e^x+1$

e) $y=1-e^x$ f) $y=e^{x+1}$ g) $y=e^{x-1}$ h) $y=e^x-1$

i) $y=e^{-x}-2$ k) $y=e^{\frac{1}{2}x}$ l) $y=e^{2x}$ m) $y=\frac{1}{2}e^x$

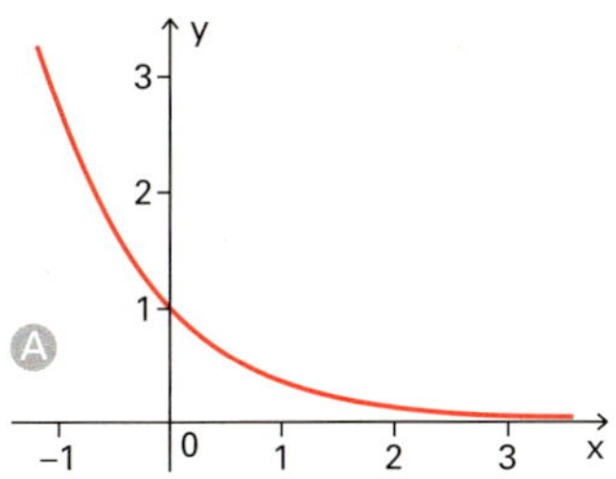

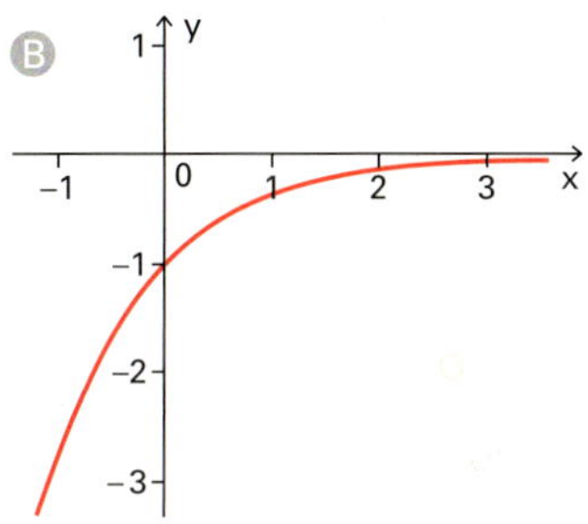

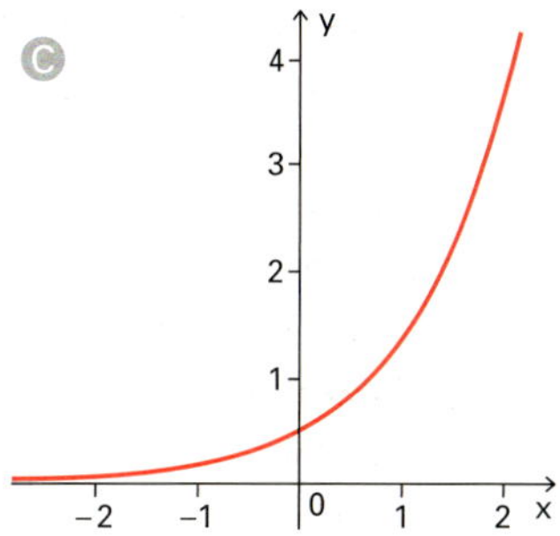

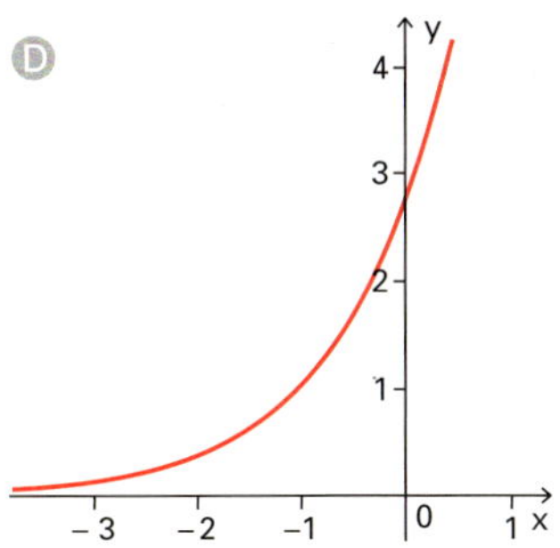

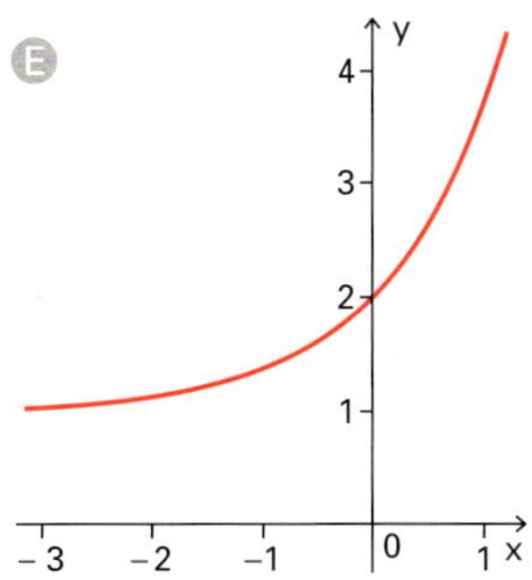

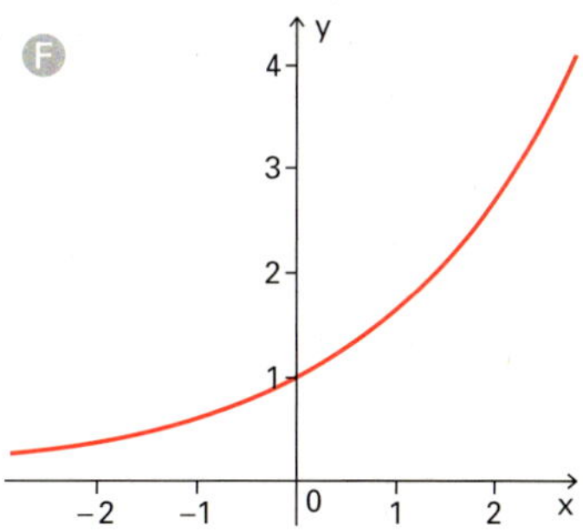

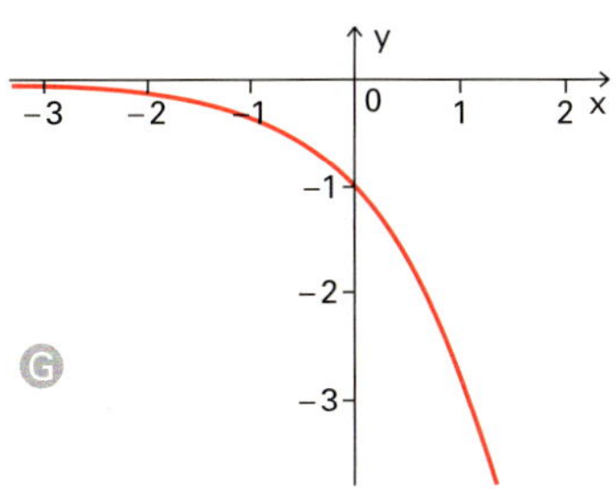

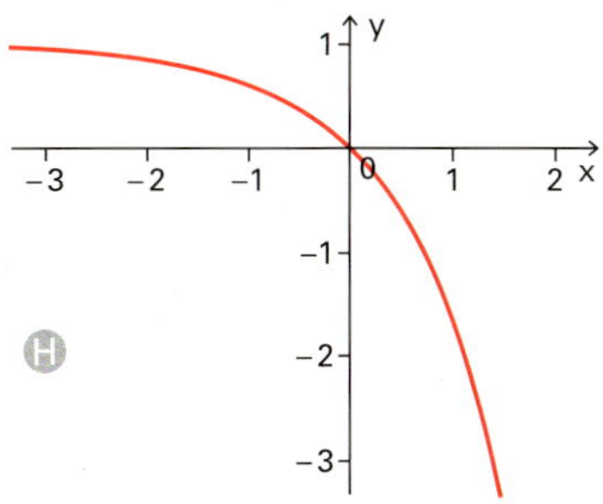

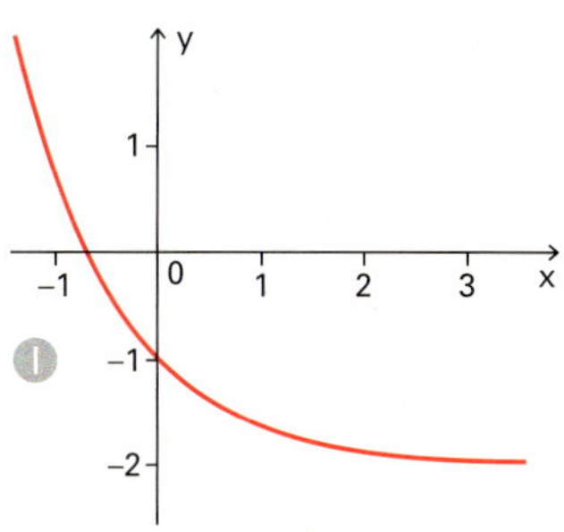

7 Das Besondere der e-Funktion

Zeichne den Graphen der e-Funktion mit $f(x) = e^x$ mithilfe eines Funktionplotters.

Lege einen Punkt A auf G_f und definiere die Tangente an G_f in A:

 oder Eingabe: t=Tangente[A,f] .

Lass dir ihre Steigung m anzeigen:

 oder Eingabe: m=Steigung[t] .

Verschiebe A im Zugmodus und beobachte dabei die Koordinaten von A sowie die Steigung m.
Was fällt dir auf?

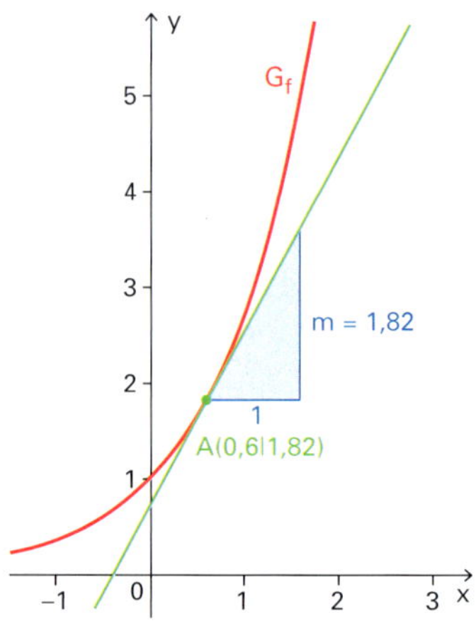

8 Differenziationsübungen (I)

Leite ab:

a) $f(x) = -2e^x$ b) $f(x) = e^x - 2$ c) $f(x) = x + e^x$ d) $f(x) = x \cdot e^x$

e) $f(x) = x^2 \cdot e^x$ f) $f(x) = x^2 - e^x$ g) $f(x) = e + e^x$ h) $f(x) = \sqrt{e} - e^x$

i) $f(x) = \sqrt{x} + e^x$ k) $f(x) = \sqrt{x} \cdot e^x$ l) $f(x) = \sin x + e^x$ m) $f(x) = \cos x \cdot e^x$

9 Ableitung auf drei Arten

Drei Wege, ein Ziel: die Ableitung der Funktion f mit $f(x) = e^{2x}$.

a) Es ist $f(x) = e^{2x} = e^x \cdot e^x$. Berechne $f'(x)$ mithilfe der Produktregel.

b) Differenziere f mithilfe der Kettenregel.

c) Bestimme $f'(x)$ mithilfe der Definition der Ableitung. Benutze das Verfahren, mit dem wir die e-Funktion differenziert haben.

10 Differenziationsübungen (II)

Leite ab:

a) $f(x) = e^{3x}$ b) $f(x) = e^{x^2}$ c) $f(x) = e^{-\frac{1}{2}x^2}$ d) $f(x) = e \cdot e^{x-1}$

e) $f(x) = e \cdot e^{2x+1}$ f) $f(x) = e^{\sqrt{x}}$ g) $f(x) = \sqrt{e^x}$ h) $f(x) = \sqrt{x} \cdot e^{\sqrt{x}}$

i) $f(x) = \dfrac{1}{\sqrt{e^x}}$ k) $f(t) = e^{-t} \cdot \sin t$ l) $f(t) = e^{-kt} \cdot \sin(\omega t)$ m) $f(t) = e^{-t} \cdot (\sin t)^2$

n) $f(x) = (e^x - 2)^2$ o) $f(x) = \dfrac{e^x - 1}{e^x + 1}$ p) $f(x) = \dfrac{e^x - e^{-x}}{e^x + e^{-x}}$ q) $f(x) = \dfrac{e^x}{(e^x - 1)^2}$

11 Stammfunktion gesucht!

Bestimme jeweils eine Stammfunktion F von f.

a) $f(x) = e^x + 1$ b) $f(x) = e^{2x}$ c) $f(x) = e^{-x}$ d) $f(x) = e^{-x} - x$

e) $f(x) = e^{x+1}$ f) $f(x) = e^{3x-2}$ g) $f(x) = e^{3x} - 2$ h) $f(x) = e^{\frac{1}{2}x} + e^x$

i) $f(x) = e^{\frac{1}{2}x} + e$ k) $f(x) = e^x \cdot e^{-x}$ l) $f(x) = \sqrt{e^x}$ m) $f(x) = x \cdot e^{x^2}$

12 Reicht eine Küchenrolle?

Wir wollen das Wachstum der beiden Funktionen f mit $f(x) = x$ und g mit $g(x) = e^x$ für $x \to \infty$ miteinander vergleichen. Dazu eine Veranschaulichung:
Eine übliche Küchenrolle ist 26 cm breit und ausgerollt 12 m lang. Angenommen, wir würden den unteren Rand als x-Achse, den linken als y-Achse mit der Längeneinheit cm wählen und darauf die beiden Graphen der Funktionen f und g zeichnen.
In welcher Höhe erreicht die Gerade $y = x$ den rechten Rand? Schätze ab: Warum reicht die Küchenrolle nicht für die e-Funktion?
Berechne nun die Höhe, die der Graph der e-Funktion am rechten Rand der Rolle einnimmt. Wie viele Küchenrollen würde man für die Darstellung benötigen?

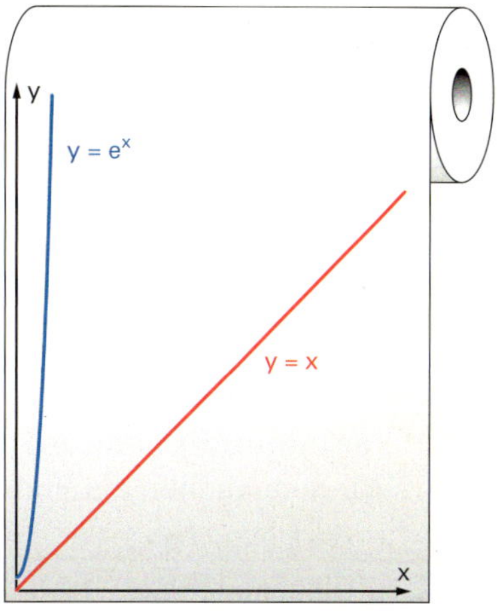

13 „Wer gewinnt?"

Ermittle das Verhalten der Funktion f für $x \to -\infty$ und für $x \to \infty$. Gib, falls möglich, den Limes an.

a) $f(x) = \frac{e^x}{x}$ b) $f(x) = \frac{e^x}{x^2}$ c) $f(x) = \frac{e^x}{x^3}$ d) $f(x) = \frac{x^3}{e^x}$

e) $f(x) = x^3 \cdot e^x$ f) $f(x) = \frac{x^2+1}{e^x}$ g) $f(x) = e^{-x}$ h) $f(x) = e^x - e^{-x}$

i) $f(x) = e^{-x} \cdot \sin x$ k) $f(x) = x \cdot e^{\sin x}$ l) $f(x) = \frac{\cos x}{e^x}$ m) $f(x) = x + e^x$

14 Multiplikation einer e-Funktion mit einer linearen Funktion

Bearbeite für die Funktion f die Aufgaben 1 bis 5.

a) $f(x) = x \cdot e^x$ b) $f(x) = x \cdot e^{2-x}$

1. Bestimme den maximalen Definitionsbereich D, das Verhalten an den Rändern von D und den Schnittpunkt mit den Koordinatenachsen.
2. In welchem Teilbereich von D fällt bzw. steigt G_f? Gib den Extrempunkt und seine Art an.
3. Bestimme die Koordinaten des Wendepunkts W. Stelle die Gleichung der Wendetangente auf.
4. Skizziere G_f mithilfe der ermittelten Ergebnisse (Einheit auf den Achsen: 2 cm).
5. Betrachte $f''(x)$, $f'(x)$ und $f(x)$: Wie erhält man aus $f''(x)$ die erste Ableitung $f'(x)$, wie aus $f'(x)$ den Funktionsterm $f(x)$? Wie könnte vermutlich der Term einer Stammfunktion F lauten? Überprüfe durch Differenzieren, ob deine Vermutung richtig ist.

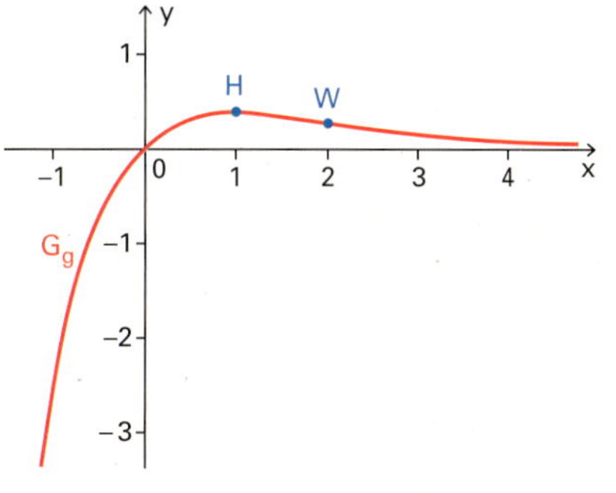

c) Wie gehen die Graphen der Funktionen h und g mit $h(x) = -x \cdot e^{-x}$ und $g(x) = x \cdot e^{-x}$ aus G_f von Aufgabe a) hervor? G_g ist rechts abgebildet. Überprüfe damit deine oben ermittelten Ergebnisse (vgl. Seite 115).

15 **Glockenkurve**

Gegeben ist die in $\mathbb{R}$ definierte Funktion f durch $f(x) = e^{-\frac{1}{2}x^2}$.

a) Beschreibe anhand des Terms f(x) den groben Verlauf ihres Graphen G_f mit eigenen Worten.

b) Bestimme die Koordinaten des Hochpunkts und der Wendepunkte. Zeichne G_f.

c) Beschreibe den Verlauf des Graphen $G_{f'}$ der Ableitungsfunktion f'.

d) Bestimme die Lage der Extrempunkte und der Wendepunkte von $G_{f'}$. Zeichne $G_{f'}$.

16 **Verknüpfung einer e-Funktion mit einer quadratischen Funktion**

Wir untersuchen die Funktion f mit

$$f(x) = 4x^2 \cdot e^x.$$

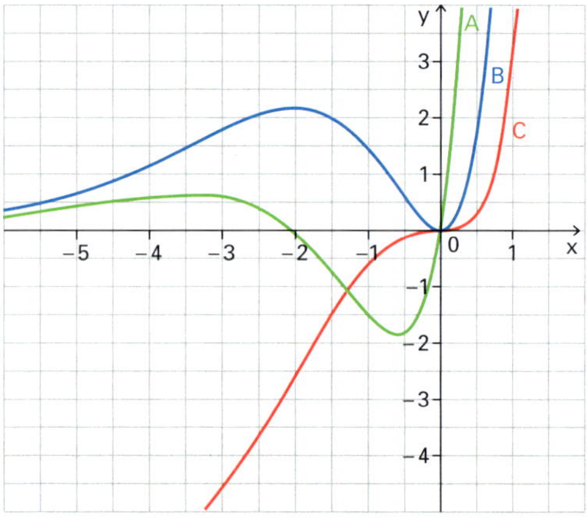

a) Bestimme den maximalen Definitionsbereich D, das Verhalten an den Rändern von D und den gemeinsamen Punkt mit den Koordinatenachsen.

b) In welchem Teilbereich von D fällt bzw. steigt G_f? Gib seine Extrempunkte und ihre Art an.

c) Bestimme die Koordinaten der Wendepunkte.

d) Rechts sind drei Graphen zu sehen: der Graph der Funktion f, der Graph der Ableitungsfunktion f' und der Graph einer Stammfunktion F. Who is who? Begründe deine Entscheidung.

17 **Firmenlogo**

Das Logo des Sportartikel-Herstellers *Life* kann (nach Drehung um 90°) durch Graphen der Funktionenschar f_a mit

$$f_a(x) = e^x(x - a) \text{ und } a \geq 0$$

modelliert werden.

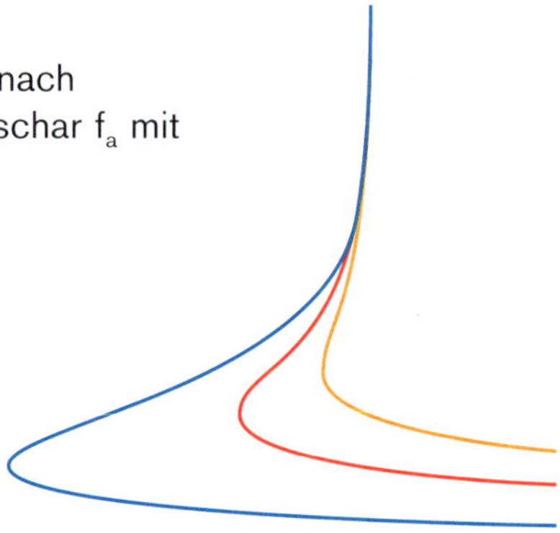

a) Berechne die Schnittpunkte der Graphen G_a mit den Koordinatenachsen und bestimme das Verhalten von f_a für $x \to \pm\infty$.

b) Bestimme Lage und Art des Extrempunktes von G_a. Untersuche das Krümmungsverhalten und gib die Lage des Wendepunktes an.

c) Skizziere die Graphen G_1 und G_2 in ein gemeinsames Koordinatensystem. Welche drei Parameterwerte a bilden vermutlich die Graphen des Firmenlogos?

d) Zeige, dass f_{a+1} eine Stammfunktion von f_a ist.

7.2 Die natürliche Logarithmusfunktion

Der natürliche Logarithmus

Bei Wachstums- und Abklingvorgängen interessiert häufig, wie lange es dauert, bis eine zu- oder abnehmende Größe einen bestimmten Wert erreicht hat. Für exponentielle Vorgänge bedeutet das: Wir müssen zu einem gegebenen y-Wert die Gleichung $y = b \cdot a^t$ nach dem Exponenten t auflösen (Aufgabe 1). Im letzten Schuljahr haben wir dazu das Logarithmieren kennen gelernt.

Der **Logarithmus** von u zur Basis a ist diejenige Zahl r, mit der man a potenzieren muss, um u zu erhalten:

$$\log_a u = r \quad \text{ist gleichbedeutend mit} \quad a^r = u \qquad (a, u \in \mathbb{R}^+;\ a \neq 1).$$

Der Logarithmus von u zur Basis e heißt **natürlicher Logarithmus**. Man schreibt dafür kurz **ln u**.
ln u ist diejenige Zahl, mit der man e potenzieren muss, um u zu erhalten: $e^{\ln u} = u$

Logarithmus ist nur ein anderer Name für Exponent. Der natürliche Logarithmus ist der Exponent zur Basis e.

Beispiele: $\ln 1 = 0$, da $1 = e^0$ $\qquad \ln\sqrt{e} = \frac{1}{2}$, da $\sqrt{e} = e^{\frac{1}{2}}$

Da der Logarithmus ein Exponent zu einer bestimmten Basis ist, können wir die Regeln für das Rechnen mit Potenzen gleicher Basis in die Logarithmus-Sprache übersetzen (Aufgabe 3):

Rechenregeln für natürliche Logarithmen
Es sei $u > 0$, $v > 0$ und r beliebig.
Beim Logarithmieren wird aus

- einem Produkt eine Summe: $\ln(u \cdot v) = \ln u + \ln v$ Produktregel
- einem Quotienten eine Differenz: $\ln \frac{u}{v} = \ln u - \ln v$ Quotientenregel
- einer Potenz ein Produkt: $\ln u^r = r \cdot \ln u$ Potenzregel

Die natürliche Logarithmusfunktion $x \mapsto \ln x$

Rechts ist eine Wertetabelle zur e-Funktion $x \mapsto e^x$ abgebildet. Diese ordnet jedem Exponenten x den Potenzwert e^x zu. Lesen wir die Tabelle von rechts nach links, wird jeder Zahl ihr Exponent zur Basis e, d.h. ihr natürlicher Logarithmus zugeordnet. Da die e-Funktion streng monoton steigt, ist auch die umgekehrte Zuordnung eindeutig und damit eine Funktion.

e-Funktion	
$x \mapsto$	**e^x**
-1	$\frac{1}{e}$
0	1
$\frac{1}{2}$	$\sqrt{e}$
1	e
2	e^2
$\ln x \leftarrow$	**x**
ln-Funktion	

Die Funktion f, die jeder positiven Zahl x den natürlichen Logarithmus zuordnet, heißt **natürliche Logarithmusfunktion** oder kurz **ln-Funktion:** $f(x) = \ln x$.

Die ln-Funktion $x \mapsto \ln x$ ist die **Umkehrfunktion** der e-Funktion $x \mapsto e^x$.

Bei der ln-Funktion sind im Vergleich zur e-Funktion die x- und y-Werte vertauscht. Der Graph G_{ln} der ln-Funktion geht durch eine Spiegelung an der Winkelhalbierenden des I. und III. Quadraten aus dem Graphen G_e der e-Funktion hervor.
Die Definitionsmenge der e-Funktion ist $D_e = \mathbb{R}$, die Wertemenge $W_e = \mathbb{R}^+$. Also ist die Definitionsmenge der ln-Funktion $D_{ln} = \mathbb{R}^+$ und die Wertemenge $W_{ln} = \mathbb{R}$.

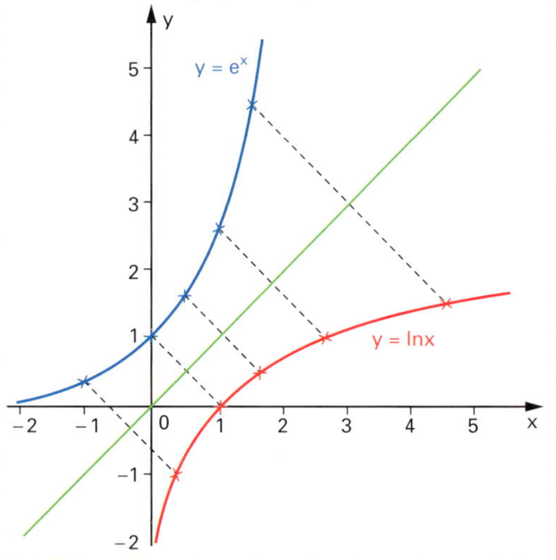

Den Logarithmus kann man nur von positiven Zahlen bilden. Die Werte des Logarithmus können positiv oder negativ sein:

Für $0 < x < 1$ ist $\ln x < 0$,
$x = 1$ $\ln 1 = 0$,
$1 < x < \infty$ $\ln x > 0$.

Die Ableitung der ln-Funktion

Mithilfe des Computers stießen wir auf die Vermutung $(\ln x)' = \frac{1}{x}$, die wir geometrisch bestätigt haben (Aufgabe 11). Nun zum rechnerischen Nachweis!
Für alle positiven x-Werte gilt nach der Definition des natürlichen Logarithmus:

$$e^{\ln x} = x$$

Wir differenzieren beide Seiten der Gleichung: Links wird nach der Kettenregel zunächst die e-Funktion differenziert und der Exponent beibehalten und dann mit Ableitung des Exponenten multipliziert, d. h. mit der unbekannten Ableitung $(\ln x)'$. Rechts ergibt sich 1. Diese Gleichung lösen wir nach $(\ln x)'$ auf:

$$e^{\ln x} \cdot (\ln x)' = 1 \quad \Rightarrow \quad (\ln x)' = \frac{1}{e^{\ln x}} = \frac{1}{x}$$

Die Ableitung der ln-Funktion mit $f(x) = \ln x$ ist $f'(x) = \frac{1}{x}$ (für alle $x > 0$).

Durch Spiegeln des Graphen G_e wird aus einem steigenden Graphen wieder ein steigender Graph G_{ln}. Aber aus einem steilen Graphen wird ein flacher (Aufgabe 13).

Die ln-Funktion nimmt für $x \to \infty$ viel schwächer zu als jede Potenzfunktion.

$$\lim_{x \to +\infty} \frac{\ln x}{x^n} = 0$$ „ln ist der Loser." (für alle $n \in \mathbb{N}$)

„Loser" ist das englische Wort für Verlierer.

Verknüpfung der ln-Funktion mit einer linearen Funktion

Beispiel: $f(x) = \frac{\ln x}{x}$

a) *Maximaler Definitionsbereich:* $D = \mathbb{R}^+$

b) *Verhalten an den Rändern von D:*

$$\lim_{x \to +0} \frac{\overbrace{\ln x}^{-\infty}}{\underbrace{x}_{\to +0}} = -\infty \quad \text{und} \quad \lim_{x \to +\infty} \frac{\overbrace{\ln x}^{+\infty}}{\underbrace{x}_{\to +\infty}} = +0$$

„ln ist der Loser."

Die y- und die x-Achse sind Asymptoten des Graphen. G_f nähert sich dem negativen Teil der y-Achse von rechts und der x-Achse für $x \to \infty$ von oben.

c) *Nullstellen:* $f(x) = 0 \Leftrightarrow \frac{\ln x}{x} = 0 \Leftrightarrow \ln x = 0 \Leftrightarrow x_1 = 1$

d) *Monotonie und Extrema:*

$$f'(x) = \frac{x \cdot \frac{1}{x} - \ln x \cdot 1}{x^2} = \frac{1 - \ln x}{x^2}$$

(Quotientenregel)

Nullstellen der 1. Ableitung:

$f'(x) = 0 \Leftrightarrow 1 - \ln x = 0$

$\Leftrightarrow \ln x = 1$

$\Leftrightarrow x_2 = e$

Vorzeichentabelle für $f'(x)$:

$\Rightarrow$ Hochpunkt $H(e|\frac{1}{e})$.

	$0 < x < e$	$x = e$	$e < x < +\infty$
$1 - \ln x$	+	0	–
x^2	+	+	+
$f'(x)$	+	0	–
G_f	steigt	Hochpunkt H	fällt

e) *Krümmung, Wendepunkte:*

$$f''(x) = \frac{x^2 \cdot (-\frac{1}{x}) - (1 - \ln x) \cdot 2x}{x^4} = \frac{-x - 2x + 2x \cdot \ln x}{x^4} = \frac{-3 + 2 \cdot \ln x}{x^3}$$

Nullstellen der 2. Ableitung:

$f''(x) = 0 \Leftrightarrow -3 + 2 \cdot \ln x = 0$

$\Leftrightarrow \ln x = \frac{3}{2}$

$\Leftrightarrow x_3 = e^{\frac{3}{2}}$

Vorzeichentabelle für $f''(x)$:

$\Rightarrow$ Wendepunkt $W(e^{\frac{3}{2}}|\frac{3}{2}e^{-\frac{3}{2}})$

	$0 < x < e^{\frac{3}{2}}$	$x = e^{\frac{3}{2}}$	$e^{\frac{3}{2}} < x < +\infty$
$-3 + 2\ln x$	–	0	+
x^3	+	+	+
$f''(x)$	–	0	+
G_f	rechtsgekrümmt	Wendepunkt W	linksgekrümmt

f) *Graph:* Dieser ist rechts abgebildet.

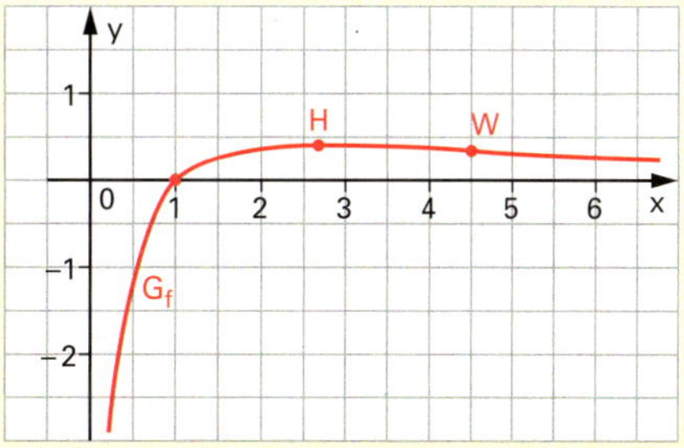

g) *Stammfunktion:*

Wir kennen kein Verfahren, mit dem wir eine Stammfunktion F von f systematisch bestimmen können. Von welcher Funktion F könnte $f(x) = \frac{\ln x}{x} = \ln x \cdot \frac{1}{x}$ die Ableitung sein? $\frac{1}{x}$ könnte durch Nachdifferenzieren von $\ln x$ entstanden sein. Dann hätte man nach der Kettenregel $\ln x$ abgeschrieben. Beim Differenzieren von $(\ln x)^2$ geht man so vor: $((\ln x)^2)' = 2 \cdot \ln x \cdot \frac{1}{x}$. Das ist bis auf den Faktor 2 das gewünschte Ergebnis. Also lautet der Term für die Stammfunktionen $F(x) = \frac{1}{2} \cdot (\ln x)^2 + c$.

Aufgaben

1 Der Logarithmus zur Basis a

Stelle jeweils eine Funktionsgleichung der Form $y = b \cdot a^t$ auf und bestimme anschließend die gesuchte Zeit.

a) Ein Organismus wird von 1000 Viren befallen. Während jeder Stunde wächst ihre Anzahl y um 50%. Wann hat sich ihre Zahl verdoppelt?

b) Ein Medikament wird intravenös mithilfe einer Spritze verabreicht. Seine Konzentration y ist zu Beginn 10 mg/l. Während jeder Stunde nimmt die Konzentration um 5% ab. Wann beträgt die Konzentration nur noch 2 mg/l?

2 Taschenrechnerübung

Ermittle den Wert auf 3 Dezimalen genau:

a) $\ln 2$ b) $\ln 4$ c) $\ln 8$ d) $\ln 10$ e) $\ln 0{,}1$
f) $\ln 100$ g) $\ln 0{,}01$ h) $\ln 1000$ i) $\ln 0{,}001$ k) $\ln 0{,}05$
l) $\ln 20$ m) $\ln \sqrt{20}$ n) $\ln e$ o) $\ln 1$ p) $\ln 10^{-6}$

3 Veranschaulichung der ln-Regeln

Die Tabelle zeigt einige, auf eine Nachkommastelle gerundete ln-Werte:

x	0,5	1	2	3	4	5	6	7	8	9	10	20	50	100
ln x	−0,7	0,0	0,7	1,1	1,4	1,6	1,8	1,9	2,1	2,2	2,3	3,0	3,9	4,6

a) Es gilt z. B.: $\ln 10 = \ln(2 \cdot 5) \approx 2{,}3$. Wie kann man ln 10 durch ln 2 und ln 5 ausdrücken? Überprüfe diese Regel auch mit anderen Zahlen.

b) Welche der folgenden Terme kann man mithilfe einer Logarithmus-Regel vereinfachen, welche nicht?
$\ln(u \cdot v)$, $\ln(u + v)$, $\ln \frac{u}{v}$, $\ln(u - v)$, $\ln u^r$.

c) Bestimme – ausschließlich mit obiger Tabelle – Näherungswerte für ln 56, ln 1000, ln 125, ln 0,75 und ln 0,125.

4 Logarithmische Rechenregeln I

Vereinfache mithilfe der Rechenregeln, aber ohne TR.

a) $\ln 2^x$ b) $\ln a^3$ c) $\ln \sqrt{a}$ d) $\ln \sqrt{e}$ e) $\ln \frac{1}{x}$
f) $\ln \frac{1}{x^2}$ g) $\ln \frac{1}{e}$ h) $\ln \frac{1}{\sqrt{e}}$ i) $\ln \sqrt[3]{e}$ k) $\ln(e\,x)$

5 Logarithmische Rechenregeln II

Vereinfache mithilfe der Rechenregeln, aber ohne TR.

a) $\ln 4 + \ln 25$ b) $\ln 77 - \ln 7$ c) $\ln 8 + \ln 125 - \ln 100$
d) $2 \cdot \ln 3 + \ln 24$ e) $\frac{1}{2} \cdot \ln 63 - \frac{1}{2} \cdot \ln 7$ f) $\frac{1}{3} \cdot \ln 18 - \frac{1}{3} \cdot \ln 16 - \frac{1}{3} \cdot \ln \frac{1}{3}$
g) $\ln x^2 - \ln x$ h) $\ln x - \ln e$ i) $2 \cdot \ln x + \ln x^3$
k) $\ln(e^2 + e) - \ln e$ l) $\ln x + \ln \frac{1}{x}$ m) $2 \cdot \ln x - \ln \frac{1}{x^2}$
n) $\ln(x - 1) - 2 \cdot \ln x$ o) $\ln(a^2 + 2\,a\,b + b^2)$ p) $\ln(x^2 + 2\,x + 1) + \ln \frac{1}{1 + x}$

6 Lineare Transformationen der ln-Funktion

Skizziere den Graphen der ln-Funktion $f(x) = \ln x$ mithilfe der Funktionswerte $f(0{,}5)$, $f(1)$, $f(2)$, $f(e)$ und $f(4)$. Gib zu folgenden Funktionen jeweils die Definitionsmenge an. Beschreibe, wie man den Graphen durch Verschieben, Strecken, Stauchen oder Spiegeln aus dem Graphen der ln-Funktion erhält. Skizziere ihn in das Koordinatensystem. Überprüfe dein Ergebnis mithife eines Funktionsplotters: Eingabe: f(x)=ln(x)

a) $g_1(x) = -\ln x$ b) $g_2(x) = \ln(-x)$ c) $g_3(x) = -\ln(-x)$ d) $g_4(x) = \ln 2x$

e) $g_5(x) = 2 \cdot \ln x$ f) $g_6(x) = \ln(x-1)$ g) $g_7(x) = 2\ln(x-1)$ h) $g_8(x) = \ln 2(x-1)$

7 Gleichungen zu Graphen gesucht

Suche zu jedem Graphen die zugehörige Gleichung. Begründe deine Wahl.

a) $y = \ln x - 1$ b) $y = \ln(x-1)$ c) $y = \ln(x+1)$ d) $y = \ln x + 1$

e) $y = \frac{1}{2}\ln x$ f) $y = \ln \frac{1}{2}x$ g) $y = -\ln x$ h) $y = \ln(-x)$

i) $y = 2\ln x$ k) $y = \ln 2x$ l) $y = \ln(x-2)$ m) $y = 1 - \ln x$

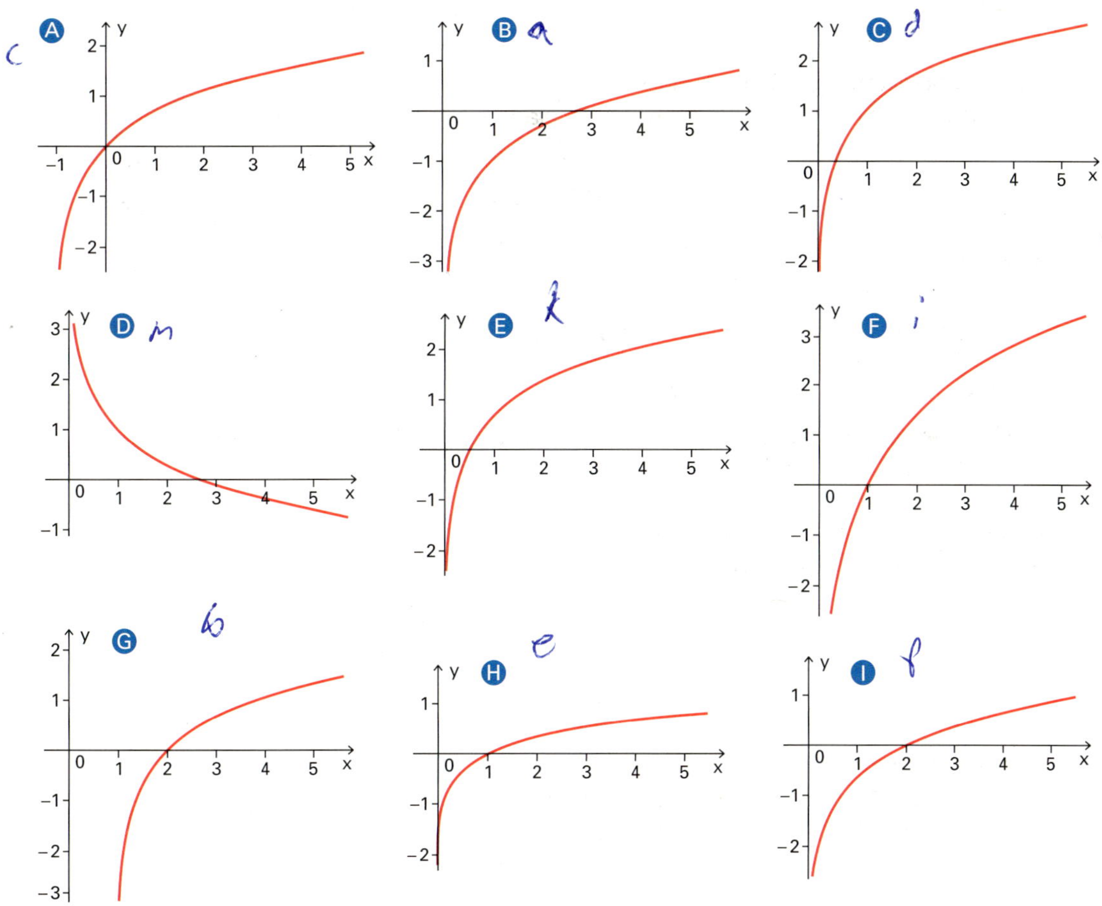

8 **„e meets ln"**

Vereinfache:

a) $\ln e^3$ b) $e^{\ln 3}$ c) $\ln e^{-5}$ d) $\ln e^x$ e) $e^{\ln x}$

f) Begründe mithilfe der Definion des ln: „Treffen e und ln unmittelbar aufeinander, so heben sie sich gegenseitig auf."

Forme so um, dass e und ln „unmittelbar aufeinandertreffen". Vereinfache dann:

g) $e^{-\ln 2}$ h) $e^{\frac{1}{2}\cdot\ln 9}$ i) $\ln\frac{1}{e^7}$ k) $e^{\ln 6-\ln 2}$ l) $e^{\ln 5-\ln 2}$

9 **Gleichungen lösen**

Bestimme die Lösungen auf drei Dezimalen genau.

a) $e^x = 2$ b) $e^x = 0{,}135$ c) $e^x = 1$ d) $e^{2-x} = 0{,}0498$

e) $e^{-x^2} = \frac{1}{2}$ f) $e^{-\sqrt{x}} = 0{,}368$ g) $\ln x = 2$ h) $\ln x = 1{,}649$

i) $\ln x = 1$ k) $\ln x = -1$ l) $\ln(x+1) = 2$ m) $\ln(1-x) = 1$

n) $\ln(1-x) = -1$ o) $2\cdot\ln x = 1$ p) $3\cdot\ln(2x+4) = 6$ q) $3-\ln x^2 = 1$

10 **Forellenwachstum**

In einer Forellenzuchtanstalt der Oberpfalz erreichen Regenbogenforellen innerhalb von 2 Jahren eine durchschnittliche Länge von 25 cm. Die Länge L der Forellen in cm in Abhängigkeit vom Alter t in Monaten wird durch folgende Gleichung näherungsweise beschrieben:

$$L(t) = 25\cdot(1-e^{-0{,}25t}).$$

a) Wie geht der Graph G_L der Funktion $t\mapsto L$ aus dem Graphen der Funktion $t\mapsto e^{-t}$ hervor? Skizziere G_L. Beschreibe das Wachstum der Forellen.

b) Wie lang ist etwa eine 3 Monate bzw. eine 6 Monate alte Forelle?

c) Wie alt ist eine Forelle, die 90 % bzw. 99 % von 25 cm lang ist?

11 **Die Ableitung der ln-Funktion**

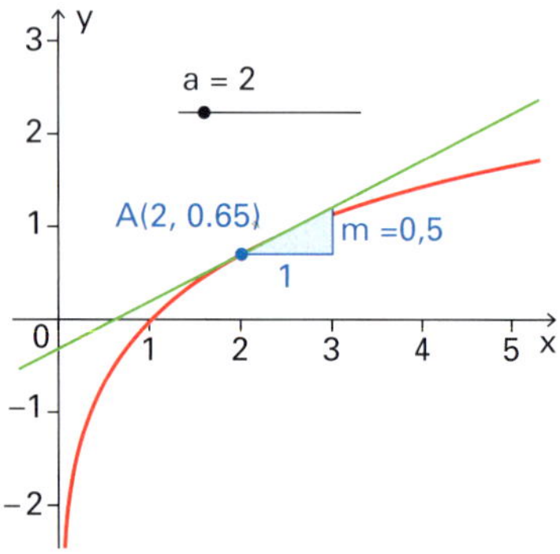

a) Zeichne den Graphen der ln-Funktion mithilfe eines Funktionsplotters: Eingabe: f(x)=ln(x) . Definiere einen Schieberegler a mit Schrittweite 0,5 und lege einen Punkt A, der die x-Koordinate a hat, auf G_f: Eingabe: A=(a,f(a)) . Lass die zugehörige Tangente sowie deren Steigung m anzeigen. Beobachte, wie groß die Steigung m im Punkt A ist, wenn man A mithilfe des Schiebereglers auf G_f wandern lässt. Welcher Zusammenhang ist zu erkennen? Definiere, um die Ableitungsfunktion f' zu veranschaulichen, einen Punkt B, der die gleiche x-Koordinate wie A hat, aber als y-Koordinate die zugehörige Steigung m Eingabe: B=(x(A),m) . Verändere A im Zugmodus und lass die dabei von B durchlaufene Kurve – die sogenannte Spur von B – einblenden. Wie lautet vermutlich die Gleichung der Ableitungsfunktion f'?

b) Wir wollen die Vermutung aus Teilaufgabe a) geometrisch beweisen. Erstelle nach dem Vorbild rechts eine Zeichnung. Dabei ist $P(x_P|y_P)$ ein Punkt auf dem Graphen der e-Funktion und t_e die Tangente in diesem Punkt. Wie lang ist im eingezeichneten Steigungsdreieck die senkrechte Kathete? Spiegele nun den Graphen der e-Funktion, den Punkt P, die Tangente t_e sowie das eingezeichnete Steigungsdreieck an der Winkelhalbierenden des I. und III. Quadranten. Welchen Graphen G erhält man auf diese Weise? Wie lauten die Koordinaten des Spiegelpunkts P'? Wie lang sind die Katheten des gespiegelten Steigungsdreiecks? Wie groß ist folglich die Steigung der gespiegelten Tangente? Vergleiche diese Steigung mit den Koordinaten von P'. Welche Steigung hat der Graph G im Punkt A(x|y)?

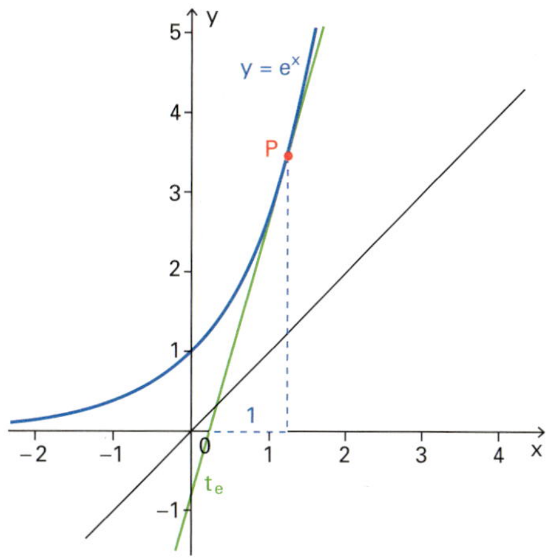

12 **Definitionsbereich und Ableitung**

Gib jeweils den maximalen Definitionsbereich an und differenziere:

a) $f(x) = x + \ln x$	b) $f(x) = x \cdot \ln x$	c) $f(x) = \ln x^2$	d) $f(x) = (\ln x)^2$
e) $f(x) = \ln(-x)$	f) $f(x) = \ln\sqrt{x}$	g) $f(x) = \sqrt{\ln x}$	h) $f(x) = \sqrt{x} \cdot \ln x$
i) $f(x) = x \cdot \ln(x-1)$	k) $f(x) = \ln(\ln x)$	l) $f(x) = \ln(e^x)$	m) $f(x) = \ln(e^{-x})$
n) $f(x) = \ln(1 + e^x)$	o) $f(x) = \ln(e^x + e^{-x})$	p) $f(x) = \frac{\ln x}{x}$	q) $f(x) = \frac{x}{\ln x}$

13 **„Nullwachstum"**

Wir veranschaulichen das Wachstum der ln-Funktion mit

$$f(x) = \ln x \qquad \text{und} \qquad x > 0.$$

Stell dir dazu vor, dass den Äquator ein Papierband umspannt. Darauf wird ein Koordinatensystem mit der Längeneinheit 1 cm angelegt: Der untere Rand des Bandes sei die x-Achse. Nun wird darauf der Graph $G_{\ln}$ der ln-Funktion gezeichnet.

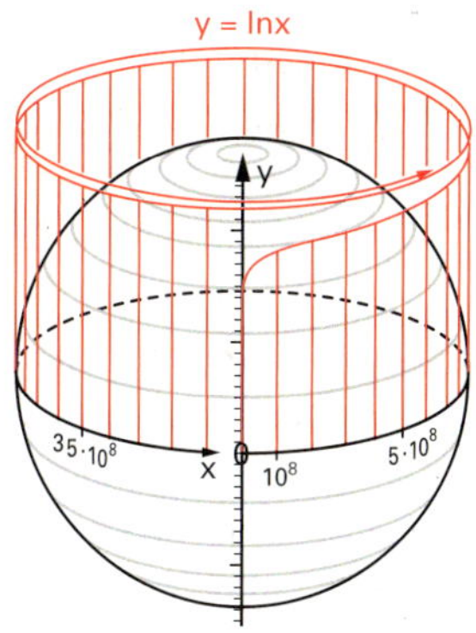

a) In welcher Höhe schneidet $G_{\ln}$ nach einer Erdumrundung die y-Achse? (Tipp: Verwandle den Umfang des Erdäquators 40 000 km in cm.)

b) Der Graph wird weitergezeichnet. Wo schneidet er nach der zweiten Umrundung die y-Achse?

c) Das Papierband besteht aus aneinander gefügten 26 cm hohen Küchenrollen. Nach wie vielen Umrundungen ist $G_{\ln}$ am oberen Rand des Bandes angekommen?

d) Was bedeutet dieses Wachstum für den konkurrierenden „Wettstreit" der ln-Funktion mit Potenzfunktionen?

14 **Verknüpfung der ln-Funktion mit einer linearen Funktion**
Wir untersuchen die Funktion f mit $f(x) = x \cdot \ln x$.

a) Bestimme den maximalen Definitionsbereich D_f, das Verhalten an den Rändern von D_f und die Nullstelle.
b) Untersuche das Monotonieverhalten von f und gib Lage und Art des Extrempunktes von G_f an.
c) Zeige, dass G_f keine Wendepunkte besitzt.
d) Berechne f(e). Skizziere G_f mithilfe der ermittelten Ergebnisse.

Wir betrachten nun die beiden Funktionen g und h mit

$$g(x) = -x \cdot \ln(-x) \qquad \text{und} \qquad h(x) = x \cdot \ln|x|.$$

e) Gib den Definitionsbereich D_g von g an. Wie geht der Graph G_g aus G_f hervor? Skizziere G_g in das Koordinatensystem von d).
f) Gib den Definitionsbereich D_h von h an. Wie erhält man aus G_f und G_g den Graphen G_h?

15 **Das Quadrat der ln-Funktion**
Wir untersuchen die Funktion f mit $f(x) = (\ln x)^2$ und $x \in \mathbb{R}^+$.

a) Ermittle das Verhalten von f an den Rändern des Definitionsbereichs und die Nullstelle.
b) Untersuche das Monotonieverhalten des Graphen G_f. Gib die Lage und Art des Extrempunkts E_f von G_f an.
c) G_f hat einen einzigen Wendepunkt W_f. Ermittle die Lage von W_f und die Gleichung der Wendetangente w_f.
d) Berechne f(0,5) und f(6). Zeichne die Wendetangente w_f und G_f im Bereich $0 < x \leq 6$ unter Verwendung aller bisherigen Ergebnisse.

Wir betrachten nun die Funktion g mit $g(x) = 1 - (\ln x)^2$ und $x \in \mathbb{R}^+$.

e) Wie geht ihr Graph G_g aus G_f hervor? Wie lautet die Gleichung der Wendetangente w_g?
f) Zeichne w_g und G_g in das obige Koordinatensystem mit ein.

16 **Produkt der ln-Funktion mit einer Quadratfunktion**
Wir untersuchen die Funktion f mit $f(x) = x^2 \cdot \ln x$ und $x \in \mathbb{R}^+$.

a) Bestimme das Verhalten an den Rändern des Definitionsbereichs D_f und die Nullstelle.
b) Ermittle Lage und Art des Extrempunkts vom Graphen G_f.
c) G_f hat einen Wendepunkt. Bestimme seine Lage.
d) Berechne f(2) und f(e). Skizziere G_f mithilfe der ermittelten Ergebnisse.

Wir betrachten nun die beiden Funktionen g und h mit

$$g(x) = 2x^2 \cdot \ln x \qquad \text{und} \qquad h(x) = x^2 \cdot \ln x^2.$$

e) Gib den Definitionsbereich D_g von g an. Wie erhält man den Graphen G_g aus G_f? Skizziere G_g in das Koordinatensystem von d).
f) Gib den Definitionsbereich D_h von h an. Wie erhält man aus G_g den Graphen G_h?

17 Die ln-Funktion im Nenner

Wir untersuchen die Funktion f mit $f(x) = \frac{x}{\ln x}$.

a) Bestimme den maximalen Definitionsbereich D.

b) Der Definitionsbereich D besteht aus zwei Teilbereichen. Untersuche das Verhalten von f(x) an den Rändern der beiden Teilbereiche.
Gib die Asymptote von G_f an.

c) Untersuche das Monotonieverhalten von G_f. Bestimme Art und Lage seines Extrempunkts.

d) G_f hat einen Wendepunkt. Ermittle seine Lage und die Gleichung der Wendetangente w.

e) Berechne f(0,5) und f(5). Zeichne die Wendetangente w. Skizziere G_f mithilfe der ermittelten Ergebnisse.

18 „Gebremstes Bakterienwachstum"

Gegeben ist die Funktion f durch $f(x) = (e^x - 1)^2$ und $D_f = \mathbb{R}$.

a) Untersuche das Verhalten von f an den Rändern des Definitionsbereichs. Gib die Gleichung der Asymptote an. Welche Nullstelle hat f?

b) Untersuche die Monotonie von f. Bestimme Art und Lage des Extrempunkts von G_f.

c) Warum hat G_f mindestens einen Wendepunkt?
Es gibt genau einen Wendepunkt W. Welche Koordinaten hat er?

d) Berechne f(−2) und f(1). Skizziere G_f unter Verwendung aller Ergebnisse (Einheit auf den Achsen: 2,5 cm).

e) Skizziere den Graphen $G_{f'}$ der Ableitungsfunktion f' in das vorhandene Koordinatensystem.

Auf einem Nährboden befinden sich zur Zeit x = 0 sehr wenige Bakterien. Die Anzahl der Bakterien kann einen bestimmten Wert, die Kapazitätsgrenze, nicht überschreiten. Die sinkende Temperatur verzögert das Bakterienwachstum. Die Funktion g mit $g(x) = f(-x)$ und $D_g = \mathbb{R}_0^+$ beschreibt, welchen Bruchteil der Kapazitätsgrenze die Anzahl der Bakterien in der Zeit x Stunden erreicht hat.

f) Beschreibe, wie der Graph G_g aus dem Graphen G_f hervorgeht. Skizziere G_g in das vorhandene Koordinatensystem.

g) Nach wie vielen Minuten hat die Anzahl der Bakterien die halbe Kapazitätsgrenze erreicht?

h) Beschreibe mit Worten, wie sich die Bakterienkultur im Lauf der Zeit entwickelt. Gehe dabei auch auf die Änderungsrate ein.

19 Suche nach Stammfunktionen

Es sei $x \in \mathbb{R}^+$. Bestimme zur Funktion f alle Stammfunktionen F.

a) $f(x) = \frac{1}{x^2}$ b) $f(x) = \frac{1}{x}$ c) $f(x) = \frac{3}{x}$ d) $f(x) = \frac{1}{\sqrt{x}}$ e) $f(x) = \frac{1}{x+2}$

f) $f(x) = \frac{x+2}{x}$ g) $f(x) = \frac{x+2}{x^2}$ h) $f(x) = \frac{x+2}{x+1}$ i) $f(x) = \frac{x}{x+1}$ k) $f(x) = \frac{x-1}{x+1}$

20 Wachstum einer Population von Essigfliegen

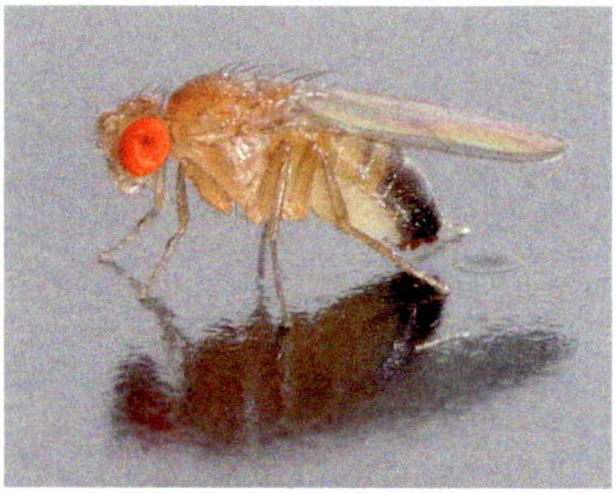

f(t) beschreibt die Anzahl der 2 bis 3 mm großen Essigfliegen einer Population in Abhängigkeit von der Zeit t in Tagen. Ihre momentane Wachstumsrate ist

$$f'(t) = 10 + \frac{20}{t+1} \quad \text{für } t \geq 0.$$

Zur Zeit t = 0 sind 50 Fliegen vorhanden.

a) Wie geht der Graph $G_{f'}$ der Wachstumsrate f' aus dem Graphen der Funktion $t \mapsto \frac{1}{t}$ hervor. Skizziere $G_{f'}$.
Beschreibe mit eigenen Worten, wie sich die Population von Essigfliegen innerhalb einer Woche entwickeln wird.

b) Bestimme f(t).
Skizziere den groben Verlauf des Graphen G_f.

c) Wie viele Essigfliegen sind nach einer Woche vorhanden?

21 Stammfunktion einer e-Funktion

Gegeben sind die in $\mathbb{R}$ definierten Funktionen f, g und h durch

$$f(x) = \frac{1}{2}e^x, \quad g(x) = \frac{1}{2}e^{-x} \quad \text{und} \quad h(x) = \frac{1}{2}(e^x + e^{-x}).$$

a) Zeichne den Graphen G_f im Bereich $-2 \leq x \leq 2$ mithilfe der Funktionswerte f(−1), f(1) und f(2) in ein Koordinatensystem mit der Längeneinheit 2 cm.

b) Wie geht der Graph G_g aus G_f hervor? Wie entsteht G_h aus G_f und G_g? Zeichne G_g und G_h in das vorhandene Koordinatensystem.

c) Bestimme zu f, g und h je eine Stammfunktion F, G und H.

d) Wie erhält man mithilfe von G_f und G_g den Graphen G_H der Stammfunktion von h, der durch den Ursprung geht? Zeichne diesen in das Koordinatensystem ein. Beschreibe den gegenseitigen Verlauf von G_h und G_H.

22 Medikamentenabbau

Die Funktion f mit

$$f(t) = (t+1) \cdot e^{-t} \text{ und } t \geq 0$$

beschreibt die Konzentration eines Medikaments im Blut eines Menschen in Abhängigkeit von der Zeit t in Stunden. Dabei wird f(t) in der Einheit mg/l gemessen.

a) Nach welcher Zeit hat die Konzentration ihren höchsten Wert erreicht?

b) Nach welcher Zeit wird das Medikament am stärksten abgebaut? Wie groß ist die momentane Änderungsrate der Konzentration zu diesem Zeitpunkt?

c) Zwei Stunden nach der ersten Einnahme wird das Medikament in der gleichen Dosierung erneut eingenommen. Dabei addieren sich die Konzentrationen des Medikaments im Blut. Gib den Term einer Funktion g an, die die Konzentration des Medikaments im Blut nach dieser Einnahme beschreibt.

Training der Grundkenntnisse

23 Wanted:

a) Die Nullstellen der Funktion f mit $f(x) = (e^x - 4)(x^3 - 4x)$.

b) Die Definitionsmenge der Funktion f mit $f(x) = \frac{\ln x}{x-2}$ sowie die Gleichung der Tangente an G_f im Punkt $P(1|f(1))$.

c) Der Term einer Stammfunktion der Funktion f mit $f(x) = \frac{1}{2x}$.

d) Die Gleichung der Tangente an den Graphen von f mit $f(x) = e^{x+2}$, deren Neigungswinkel gegen die x-Achse 45° beträgt.

e) Der für $x \geq 0$ rechts dargestellte Graph der Funktion mit $f(x) = \sqrt{x}$, $g(x) = -\frac{1}{x+1} + 1$, $h(x) = \ln(x+1)$ und $k(x) = -e^{-x} + 1$.

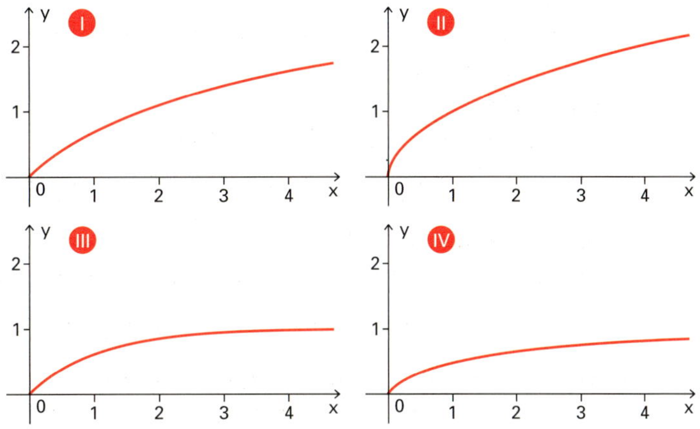

24 Falschaussagen

Alle folgenden Behauptungen sind falsch. Finde jeweils ein Gegenbeispiel.

a) $f'(x_0) = 0 \Rightarrow$ G_f hat bei x_0 einen Extrempunkt.

b) $f''(x_0) = 0 \Rightarrow$ G_f hat bei x_0 einen Wendepunkt.

c) Ist G_f zur y-Achse symmetrisch, dann hat G_f auf der y-Achse einen Extrempunkt.

d) Ist G_f punktsymmetrisch zum Ursprung O, dann ist O ein Wendepunkt von G_f.

e) Jede gebrochenrationale Funktion hat mindestens eine Asymptote.

f) $f'(x) > 0$ für alle $x \in D \Rightarrow$ G_f steigt in D streng monoton.

g) Fällt eine Funktion f streng monoton für alle $x \in \mathbb{R}$, so wird f(x) irgendwann negativ.

h) Der Definitionsbereich der Ableitung stimmt mit dem Definitionsbereich der Funktion überein.

25 Grundwissen: Lineare Gleichungssysteme

a) (I) $y = -2x + 3$
(II) $x = y + 6$

b) (I) $2x - y = 1$
(II) $3x + 2y = 12$

c) (I) $27x + 6y = 6$
(II) $18x + 4y = 2$

d) (I) $3x + y = -5$
(II) $x + 5y = 17$

e) (I) $6x + 11y = 26$
(II) $2x - 3y = 22$

f) (I) $3x + 7y = 62$
(II) $7x - 5y = -90$

8 Anwendungen der Differenzialrechnung

8.1 Modellieren mit Funktionen

Beim Modellieren mit Funktionen wird ein Sachverhalt vereinfacht und eine Funktion aufgestellt, die ihn möglichst genau wiedergibt. Mit der Funktion sind dann berechenbare Vorhersagen möglich. Dazu ein Beispiel!

Skispringen auf der großen Olympiaschanze

Die folgende Grafik zeigt das Profil des Aufsprunghangs der großen Olympiaschanze von Garmisch-Partenkirchen.

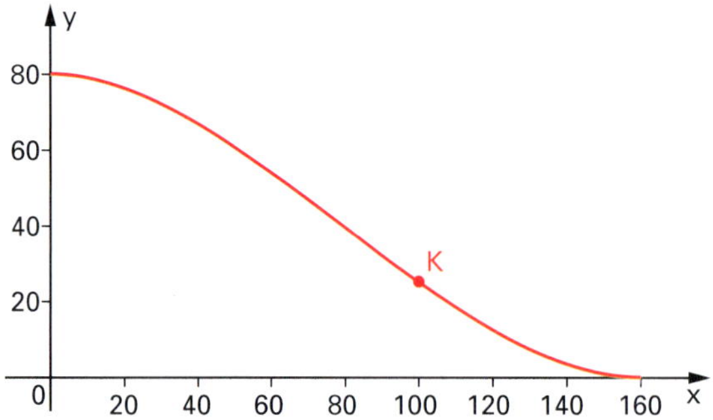

Mathematisches Modell des Hangs

Wir suchen eine ganzrationale Funktion möglichst niedrigen Grades, die das Profil näherungsweise im eingezeichneten Koordinatensystem beschreibt. Für die Steigung des Hangs unterhalb des Schanzentisches und am Ende des Auslaufs nehmen wir vereinfachend jeweils null an. Eine ganzrationale Funktion, die zwei Stellen mit der Ableitung $f'(x) = 0$ hat, ist mindestens vom Grad 3. Wir setzen somit an:

$$f(x) = ax^3 + bx^2 + cx + d \quad \Rightarrow \quad f'(x) = 3ax^2 + 2bx + c$$

Zum Bestimmen der vier Koeffizienten a, b, c und d benötigen wir vier Gleichungen. Wir nutzen dabei, dass der Aufsprunghang in der Höhe 80 m mit der Steigung null beginnt und in der Entfernung 160 m vom Ursprung mit der Steigung null endet. Damit wir nicht mit großen Zahlen rechnen müssen, wählen wir als Längeneinheit 10 m:

$$\begin{array}{lcll}
f(0) = 8 & \Rightarrow & \text{(I)} \quad d = 8 & \\
f'(0) = 0 & \Rightarrow & \text{(II)} \quad c = 0 & \Big\} \text{ in (III) und (IV)} \\
f(16) = 0 & \Rightarrow & \text{(III)} \quad 16^3 a + 16^2 b + 8 = 0 & |:8 \\
f'(16) = 0 & \Rightarrow & \text{(IV)} \quad 3 \cdot 16^2 a + 2 \cdot 16 b = 0 & |:32 \\
\hline
 & & \text{(III')} \quad 512a + 32b = -1 & \\
 & & \text{(IV')} \quad 24a + b = 0 & \Rightarrow \quad b = -24a \text{ in (III')} \\
\hline
 & & \text{(III'')} \quad 512a - 768a = -1 & \Rightarrow \quad a = \frac{1}{256} \quad \Rightarrow \quad b = -\frac{24}{256}
\end{array}$$

$$\Rightarrow \quad f(x) = \frac{1}{256}x^3 - \frac{24}{256}x^2 + 8 = \frac{1}{256}(x^3 - 24x^2 + 2048)$$

Wie leistungsfähig ist unser Modell? Wir vergleichen Werte des Modells mit Messwerten. Den Punkt, in dem der Aufsprunghang „deutlich flacher“ zu werden beginnt,

nennt man Konstruktionspunkt, kurz K-Punkt. Zu ihm gehört die auf dem Hang gemessene Sprungweite 125 m und die horizontale Entfernung 100 m.
Im K-Punkt beträgt der Neigungswinkel des Hangs 34,7°. Das Modell liefert für α_K:

$f'(x) = \frac{1}{256}(3x^2 - 48x) = \frac{3}{256}(x^2 - 16x) \quad \Rightarrow \quad f'(10) = -0{,}703 \quad \Rightarrow \quad \alpha_K = -35{,}1°$

Der größte Neigungswinkel des Hangs beträgt 37,3°. In unserem Modell tritt das größte Gefälle im Wendepunkt W auf.

$f''(x) = \frac{3}{256}(2x - 16) = \frac{3}{128}(x - 8)$

$f''(x) = 0 \quad \Leftrightarrow \quad x_W = 8 \quad \Rightarrow \quad f'(8) = -\frac{3 \cdot 64}{256} = -\frac{3}{4} \quad \Rightarrow \quad \alpha_W = -36{,}9°$

Die Winkel unseres Modells weichen von den Messwerten nur um 0,4° ab.

Der Sprung

Warum ist es für einen Skispringer umso schwieriger einen Sprung zu „stehen", je weiter dieser ist?

Der Schanzentisch liegt am Absprungpunkt 3 m über dem Aufsprunghang und ist unter 11° geneigt. Da der Springer sich beim Absprung abdrückt, nehmen wir an, dass die Flugkurve waagerecht beginnt. Die einfachste Kurve, die etwa ihre Form haben könnte, ist eine nach unten geöffnete Parabel mit dem Scheitel im Absprungpunkt. Wir setzen also an:

$g_a(x) = a x^2 + 8{,}3$

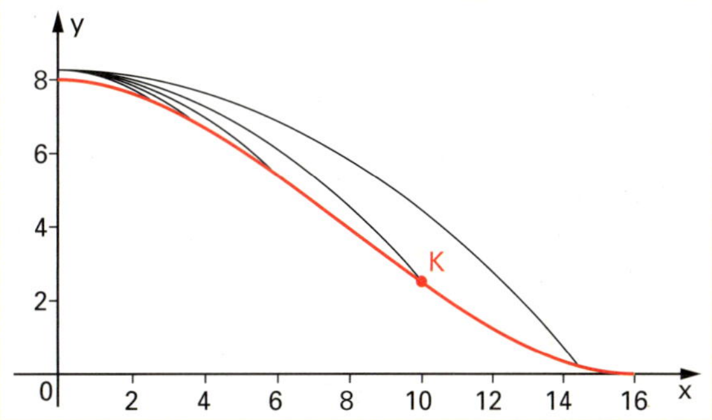

Das Diagramm eines Funktionsplotters zeigt unser Modell des Hangs und zu fünf Parameterwerten a die Flugkurven: Für kleine Sprungweiten ist beim Aufsetzen der Winkel zwischen Hang und der Flugkurve klein. Würde die Flugbahn beim Aufsetzen genau in Hangrichtung verlaufen, gingen das Fliegen und das Fahren ohne Knick ineinander über. Mit zunehmenden Sprungweiten werden die Winkel größer. Durch die deutliche Richtungsänderung beim Landen ist der Springer erheblichen Kräften ausgesetzt.

Gute Springer landen im K-Punkt sicher. Wir berechnen dazu den Winkel γ der Richtungsänderung.

Parabel der Schar, die durch den K-Punkt K(10|2,5) verläuft:

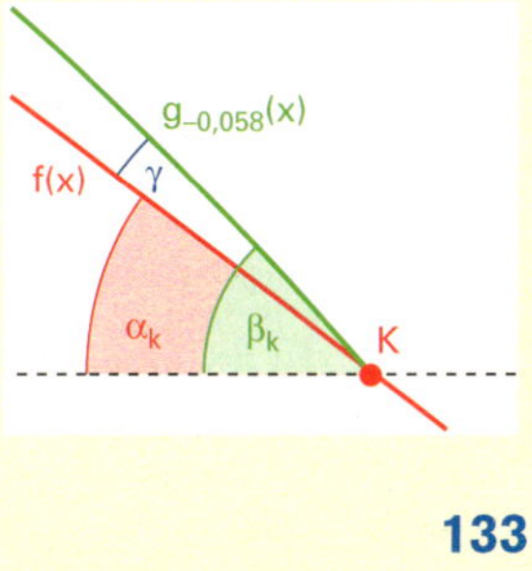

$g_a(10) = 100a + 8{,}3 = 2{,}5 \quad \Rightarrow \quad a = -0{,}058$

$\Rightarrow \quad g_{-0,058}(x) = -0{,}058x^2 + 8{,}3$

Steigungswinkel β_K der Parabel im K-Punkt:

$g'_{-0,058}(x) = -0{,}116x \quad \Rightarrow \quad g'_{-0,058}(10) = -1{,}16 \quad \Rightarrow \quad \beta_K = -49{,}2°$

Winkel γ zwischen Hang und Flugbahn: $\quad \gamma = \beta_K - \alpha_K = -14{,}1°$

Aufgaben

1 **Weitsprung**

Ein Weitspringer springt unter dem Steigungswinkel von 22° ab. Sein Schwerpunkt befindet sich dabei in der Höhe 0,8 m. Er springt 8,0 m weit. Die Flugbahn seines Körperschwerpunkts ist eine Parabel.

a) Skizziere die Flugbahn des Körperschwerpunkts.

b) Setze für die zugehörige quadratische Funktion f an: $f(x) = a x^2 + b x + c$. Bestimme die Koeffizienten a, b und c. (Runde b auf eine Dezimale.)

c) Berechne die größte Höhe des Körperschwerpunkts. Unter welchem Winkel landet er im Sand?

2 **Kugelstoßen**

Eine Kugel verlässt die Hand einer Kugelstoßerin in einer Höhe von 2,0 m, erreicht nach einer Weite von 9,0 m den höchsten Punkt ihrer parabelförmigen Flugbahn und trifft bei 20,0 m auf den Boden.

a) Skizziere die Flugbahn der Kugel.

b) Setze für die zugehörige quadratische Funktion f an: $f(x) = a x^2 + b x + c$. Bestimme die Koeffizienten a, b und c.

c) Berechne die größte Höhe der Flugbahn. Unter welchem Winkel wurde die Kugel abgestoßen? Unter welchem Winkel traf sie am Boden auf?

3 **Terme ganzrationaler Funktionen aufstellen**

Stelle den Term der ganzrationalen Funktion f mit den folgenden Eigenschaften auf.

Ganzrationale Funktion 2. Grades

a) Die nach unten geöffnete, zur Normalparabel kongruente Parabel berührt im Ursprung die Winkelhalbierende des I. und III. Quadranten.

b) Es gilt: $f(1) = f'(1) = f''(1) = 1$

c) Die Parabel ist symmetrisch zur Geraden $x = -2$ und schneidet die x-Achse an der Stelle $x = -0{,}5$ unter einem Winkel von 45°.

Ganzrationale Funktion 3. Grades

d) Der Graph G_f berührt im Ursprung die x-Achse. Die Tangente im Punkt $P(-3|0)$ ist parallel zur Geraden $y = 6x$.

e) G_f ist symmetrisch zum Ursprung. Ferner hat G_f den Hochpunkt $H(-1|2)$.

f) G_f verläuft durch den Ursprung. Der Graph der Ableitungsfunktion f' ist eine nach unten geöffnete Normalparabel mit dem Scheitel $S(2|4)$.

Ganzrationale Funktion 4. Grades

g) Der zur y-Achse symmetrische Graph G_f hat den Hochpunkt $H(0|2{,}5)$. Ferner ist die Gerade $y = -2x + 4$ Tangente im Punkt $A(2|?)$.

h) G_f verläuft durch den Punkt $P(0|5)$. Der Graph der Ableitungsfunktion f' ist symmetrisch zum Ursprung. Ferner hat $G_{f'}$ den Tiefpunkt $T(2|-16)$.

4 Schwerelosigkeit während eines Parabelflugs

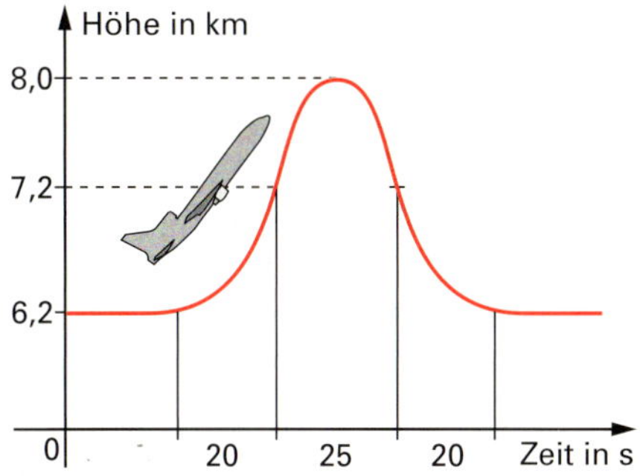

Von einem horizontalen Flug geht die Maschine in einen Steigflug über. Wenn das Flugzeug den Steigungswinkel 50° erreicht hat, werden die Triebwerke so gedrosselt, dass der Schub nur noch den Luftwiderstand ausgleicht: In der Höhe 7,2 km geht das Flugzeug in einen freien Parabelflug über. Die Insassen fühlen sich schwerelos (Seite 65). Die größte Höhe beträgt 8,0 km. Nach 25 Sekunden Schwerelosigkeit beendet der Pilot in der Höhe von 7,2 km den freien Fall und fährt die Triebwerke wieder hoch.

Wir beschreiben den *parabelförmigen Teil* des Flugs im Gegensatz zum abgebildeten t-h-Diagramm in einem Koordinatensystem, dessen y-Achse durch den höchsten Punkt und dessen x-Achse auf der Erde in Flugrichtung verläuft.

a) Bestimme die Gleichung des Parabelbogens und den zugehörigen Definitionsbereich. (Runde auf zwei gültige Ziffern genau.)

b) Während des Parabelflugs nimmt die Vertikalkomponente der Geschwindigkeit des Flugzeugs bis auf den Wert 0 ab und dann wieder zu, die Horizontalkomponente ändert sich nicht. In welchen Höhen befindet sich das Flugzeug 6,25 s, 12,5 s bzw. 18,75 s nach dem Beginn der Schwerelosigkeit?

5 Stein schleudern

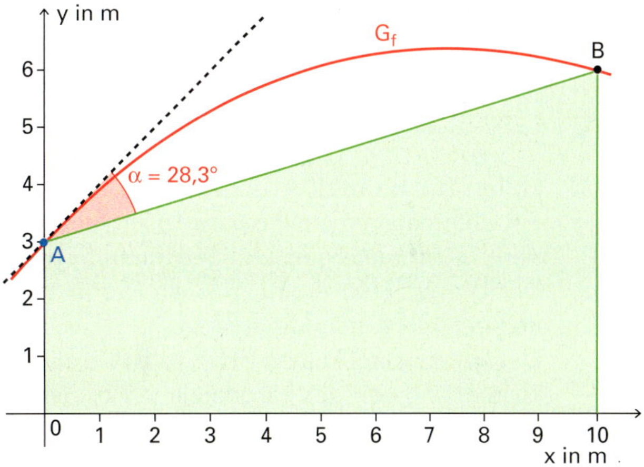

Ein Stein wird vom Punkt A(0|3) unter einem Winkel von 28,3° gegenüber dem schrägen Untergrund abgeworfen. Am Punkt B(10|6) schlägt der Stein auf.

a) Ermittle die quadratische Funktion f, die seine Flugbahn beschreibt.

b) An welcher Stelle befindet sich der höchste Punkt der Flugbahn?

c) Wie groß ist die maximale Flughöhe des Steins über dem schrägen Untergrund?

6 Fischbestand eines Sees

Die Änderungsrate des Fischbestands eines Sees wird für die nächsten 15 Jahre durch eine quadratische Funktion f modelliert: $f(t) = a\,t^2 + b\,t + c$, wobei t die Zeit in Jahren angibt und f(t) die Änderungsrate in Fischen pro Jahr. Zum Zeitnullpunkt ist die Änderungsrate null und nach 4 Jahren mit 240 Fischen pro Jahr maximal.

a) Bestimme die Werte der Parameter a, b und c.

b) Skizziere den Graphen G_f. In welchem Zeitraum nimmt der Bestand zu bzw. ab? Wann ist der Bestand maximal?

c) Am Anfang waren 4000 Fische vorhanden. Ermittle den maximalen und den minimalen Bestand im betrachteten Zeitraum von 15 Jahren.

7 **Stundenlauf**

Alex und Bastian nehmen an einem Lauf teil, der eine Stunde dauert. Sieger ist, wer in dieser Zeit die größte Strecke zurücklegt. In der Abbildung sind die Geschwindigkeiten v_A und v_B in Abhängigkeit von der Zeit t dargestellt.

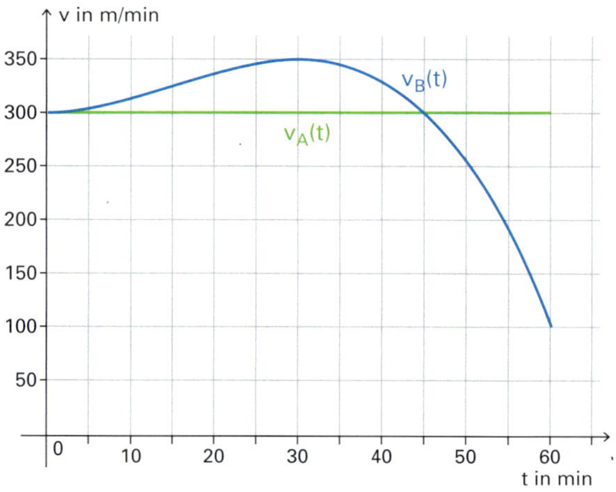

a) Beschreibe die beiden Geschwindigkeitsverläufe. Woran erkennt man, dass Start und Zieleinlauf dabei vernachlässigt werden?

b) Bestimme mithilfe des Diagramms die Terme für $v_A(t)$ und $v_B(t)$. Modelliere dazu die Geschwindigkeit $v_B(t)$ mit einer ganzrationalen Funktion dritten Grades. Verwende dazu auch Bastians Maximalgeschwindigkeit.

c) Die Geschwindigkeitsfunktion ist die Ableitung der Wegfunktion. Bestimme die Wegfunktionen s_A und s_B, welche die zurückgelegten Wege in Abhängigkeit von der Laufzeit t beschreiben. Bedenke, dass beim Start $s_A(0) = s_B(0) = 0$ ist.

d) Wie weit sind Alex und Bastian nach 30 Minuten gelaufen? Wer von beiden schneidet bei diesem Stundenlauf besser ab?

e) Die Momentanbeschleunigung ist die Ableitung der Geschwindigkeitsfunktion. Zu welchem Zeitpunkt ist diese bei Bastian am größten?

8 **Folien für Halbleitertechnik**

Ein Unternehmen stellt Spezialfolien für die Halbleitertechnik her. Die Folie kann zum Verkauf millimetergenau zugeschnitten werden.

Der Umsatz U(x) ergibt sich als Produkt aus dem Verkaufspreis 700 € pro Meter und der verkauften Meterzahl x.

Die Herstellungskosten H(x) setzen sich aus festen Kosten von 2000 €, den Fixkosten, und von der hergestellten Folienmenge abhängigen Kosten zusammen. Für $x = 4$ und $x = 10$ deckt der Umsatz gerade die Herstellungskosten. Im Bereich zwischen $x = 4$ und $x = 10$ erzielt das Unternehmen Gewinn.

a) Stelle den Term U(x) auf. Zeichne den Graphen der Umsatzfunktion U in ein Koordinatensystem (x-Achse: 1 cm $\triangleq$ 1 m; y-Achse: 1 cm $\triangleq$ 1000 €).

b) Die Herstellungskosten H(x) können durch eine ganzrationale Funktion dritten Grades modelliert werden, deren Graph für $x = 3$ einen Wendepunkt hat. Was bedeutet dieser für die Kostensteigerung pro Längeneinheit? Stelle den Term H(x) auf.

c) Zeichne den Graphen der Funktion H der Herstellungskosten in das Koordinatensystem.

d) Bei welchem x-Wert erzielt das Unternehmen den größten Gewinn? Wie groß ist dieser?

9 Hermsdorfer Kreuz

Das Hermsdorfer Kreuz wurde Mitte der 30er Jahre erbaut. Es ist das älteste Autobahnkreuz Deutschlands. Bei ihm kreuzen sich die Autobahnen A4 und A9 rechtwinklig. Will man von Süden (aus München) kommend nach Osten (Richtung Dresden) abbiegen, benutzt man dazu eine Verbindungs-Spange (vom Punkt A zum Punkt B). Diese Spange mündet jeweils ca. 425 m vor der eigentlichen Kreuzung ohne Knick in die Autobahnen ein.

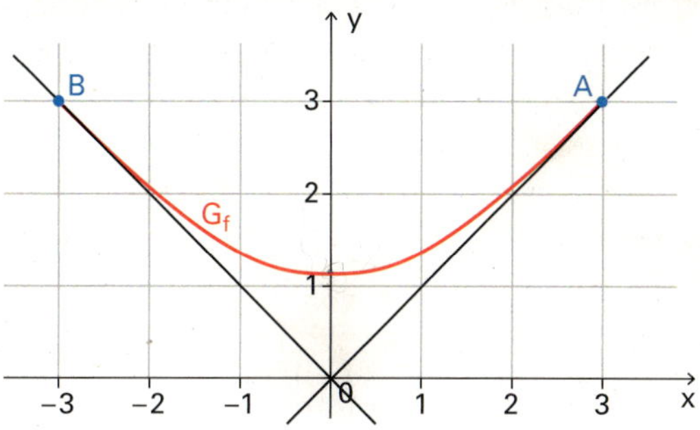

a) Warum ist es sinnvoll, die beschriebene Situation wie rechts abgebildet zu modellieren? Begründe insbesondere die Lage der Punkte A(3|3) und B(−3|3). Welcher Maßstab wird dabei verwendet?
Gib die Gleichungen für die beiden Geraden, die die Autobahnen darstellen, an.

b) Die Verbindungs-Spange soll durch eine Funktion f modelliert werden. Begründe, dass $f(x) = ax^4 + bx^2 + c$ einen möglichen Ansatz darstellt. Bestimme f(x).

c) Wie groß ist der Abstand d?

10 Terme gebrochenrationaler Funktionen aufstellen

Der Term einer gebrochenrationalen Funktion f hat die Form $f(x) = \frac{ax}{x+b}$. Bestimme a und b, wenn

a) $f(-1) = -3$ und $f(1) = 1$ ist,

b) $f(2) = -4$ ist und an der Stelle $x = 3$ ein Pol vorliegt,

c) $x = 4$ und $y = 5$ Asymptoten sind.

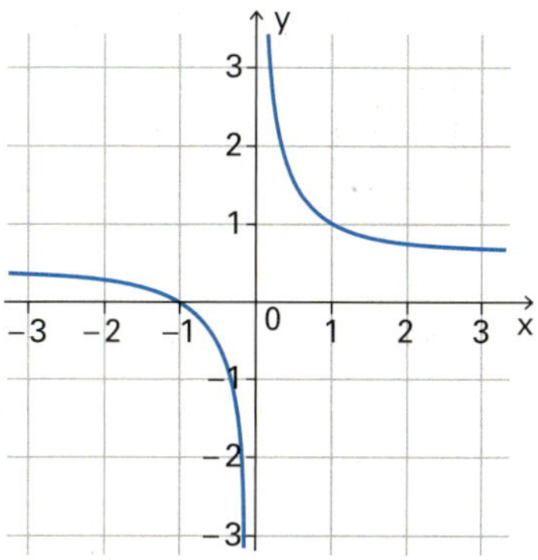

Rechts ist der Graph einer gebrochenrationalen Funktion g abgebildet.

d) Stelle einen Term g(x) auf.

Gib einen einfachen Term einer gebrochenrationalen Funktion h an,

e) die für alle $x \in \mathbb{R}$ definiert ist,

f) die für $x = 1$ nicht definiert ist und die Nullstelle $x = 2$ hat,

g) deren Graph die Asymptoten $x = -2$ und $y = 3$ hat,

h) deren Graph nur die Asymptote $y = 2$ hat,

i) deren Graph die Asymptoten $y = -x$ und $x = -2$ hat.

11 Solarzellen

Die Firma „sun-solar" hat neue Solarzellen entwickelt. Der Manager kalkuliert die Herstellungskosten dafür modellhaft durch die Funktion f mit

$f(x) = \frac{ax+b}{x+5}; \quad x \in \mathbb{R}_0^+.$

Dabei gibt f(x) die Kosten in Euro für die x-te Produktionseinheit an.

Die fünfte Produktionseinheit kostet in der Herstellung 105 Euro, die zwanzigste nur noch 66 Euro.

a) Berechne die Parameterwerte a und b.

b) Weise nach, dass die Herstellungskosten für eine Produktionseinheit im Laufe der Zeit sinken.

c) Ab welcher Produktionseinheit sind die Herstellungskosten für eine Einheit geringer als 50 €?

d) Mit welchen Herstellungskosten für eine Produktionseinheit muss man langfristig rechnen?

e) Skizziere den Graphen von f.

f) Ab welcher Produktionseinheit unterscheiden sich die Herstellungskosten von zwei aufeinander folgenden Einheiten um weniger als 1 Euro?

12 Wirksamkeit einer Schmerztablette

Eine Schmerztablette zeigt nur Wirkung, wenn die Konzentration des Wirkstoffs im Blut eines Patienten mindestens 2 $\frac{mg}{l}$ beträgt. Die Funktion K mit

$K(t) = \frac{at}{t^2+b}$

beschreibt die Konzentration (in $\frac{mg}{l}$) in Abhängigkeit von der Zeit t (in Stunden) seit der Einnahme der Tablette.

a) Die Wirkung der Tablette setzt nach $\frac{1}{2}$ Stunde ein und verschwindet nach 4 Stunden wieder. Berechne die Werte der Parameter a und b.

b) In welchem Zeitintervall nimmt die Konzentration zu, in welchem ab? Wann ist die Konzentration am größten? Wie viel Prozent ist diese größer als der Mindestwert?

c) Berechne die momentane Änderungsrate der Konzentration für den Beginn der Behandlung. Wann nimmt die Änderungsrate am stärksten ab?

d) Fünf Stunden nach der ersten Einnahme schluckt der Patient eine weitere Schmerztablette. Gib den Term $K_2(t)$ der Funktion K_2 an, die die Konzentration nach der erneuten Einnahme beschreibt.

13 Terme von Exponentialfunktionen aufstellen

Exponentielles Wachstum

Zum Beschreiben eines exponentiellen Wachstums verwendet man eine Funktion f der Form $f(x) = a \cdot e^{bx}$, wobei $a > 0$ und $b > 0$ ist.

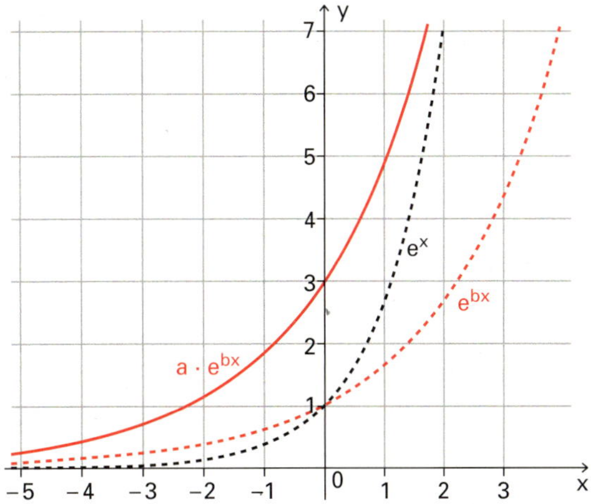

a) Gib jeweils an, wie die Graphen der folgenden Funktionen auseinander hervorgehen: $f_1(x) = e^x$, $f_2(x) = e^{bx}$, $f_3(x) = a \cdot e^{bx}$. Bestimme für die rechts abgebildeten Graphen die Parameter a und b.

Ermittle für die Funktion f die Werte der Parameter a und b:

b) $f(0) = 4$; $f(1) = 6$ c) $f(1) = 2$; $f(3) = 6$ d) $f(10) = 5$; $f(30) = 8$

Beschränktes Wachstum

Zum Beschreiben von Wachstumsvorgängen verwendet man auch Funktionen f der Form $f(x) = a - b \cdot e^{-cx}$, wobei a, b und $c > 0$ sind.

e) Gib jeweils an, wie die Graphen der folgenden Funktionen auseinander hervorgehen, und skizziere sie in ein Koordinatensystem: $f_1(x) = e^x$, $f_2(x) = e^{-x}$, $f_3(x) = -e^{-x}$, $f_4(x) = -b \cdot e^{-x}$, $f_5(x) = a - b \cdot e^{-x}$. Beschrifte die y-Achse mit den Parametern a und b.
Wie wirkt sich der Parameter c im Exponenten aus? Warum beschreibt f ein beschränktes Wachstum?

Gib a und b an und berechne c:

f) $f(0) = 2$; $f(3) = 5$; $\lim\limits_{x \to \infty} f(x) = 6$ g) $f(0) = 1$; $f(5) = 3$; $\lim\limits_{x \to \infty} f(x) = 4$

14 Temperaturausgleich

Zwei Wasserbehälter mit unterschiedlichen Temperaturen berühren sich. Dabei geht Energie vom wärmeren Behälter zum kälteren über. Den zeitlichen Verlauf der Temperaturen beschreiben

$$f(t) = a(1 + e^{-bt}) \quad \text{und} \quad g(t) = a(1 - e^{-bt}); \quad t \geq 0,\ b > 0,$$

wobei t die Zeit in Minuten seit Beobachtungsbeginn ist und f(t) bzw. g(t) die Temperaturen der beiden Wasserbehälter in °C sind.

a) Welche Funktion gehört zu welchem Behälter? Fertige eine grobe Skizze der Graphen der Funktionen f und g an.

b) Welche Temperaturen können in den Behältern beobachtet werden?

c) 5 Minuten nach Beobachtungsbeginn wird in einem Behälter die Temperatur 5 °C gemessen. Nach sehr langer Zeit stellt sich eine gemeinsame Temperatur von 20 °C ein. Bestimme a und b.

d) Nach welcher Zeit hat sich der anfängliche Temperaturunterschied halbiert?

15 Exponentielles Wachstum der Anzahl der Mobilfunkverträge

Die Tabelle gibt die Anzahl der Mobilfunkverträge in Deutschland jeweils zum Ende einiger Jahre an.

Jahr	1991	1993	1995	1997	1999
N(x) in Mio.	0,5	1,8	3,8	8,3	23,4

Die Anzahl N(x) der Mobilfunkverträge in Millionen lässt sich in diesem Zeitraum näherungsweise durch ein exponentielles Wachstum beschreiben:

$$N(x) = a \cdot e^{bx} \quad (a, b \in \mathbb{R}),$$

wobei x die seit Jahresende 1991 vergangene Zeit in Jahren ist.

a) Bestimme a und b aus den Werten für die Jahre 1991 und 1999. Runde b auf zwei Dezimalen.

b) Fertige eine grobe Skizze eines x-N-Diagramms an.

c) Berechne die prozentuale Abweichung des Funktionswertes N(x) für das Jahresende 1995 vom tatsächlichen Wert.
Welcher Funktionswert ergibt sich für das Jahresende 2005? Ist dieses Ergebnis sinnvoll?

d) Bei einem exponentiellen Wachstum dauert es immer gleich lang, bis sich die Funktionswerte verdoppeln. Berechne diese Verdoppelungszeit im vorliegenden Fall.

16 Ausbreitung eines Gerüchts als beschränktes Wachstum

In einem Betrieb mit 100 Mitarbeitern wird am Montagmorgen ein kleiner Kreis von 5 Personen vertraulich darüber informiert, dass die Firma in einen 50 km entfernten Ort verlegt werden soll. Trotz der Vertraulichkeit wissen es eine Woche später am Montagmorgen bereits 20 Betriebsangehörige.

Wir modellieren die Ausbreitung des Gerüchts als beschränktes Wachstum. Zur Beschreibung der Anzahl f(t) der informierten Personen in Abhängigkeit von der Zeit t in Wochen setzen wir an:

$$f(t) = a - b \cdot e^{-ct},$$

wobei die Parameter a, b, c positiv sind, $a > b$ und $t \geq 0$ ist.

a) Fertige eine grobe Skizze des Graphen von f an.

b) Entnimm aus dem Aufgabentext die Werte für a und b. Berechne c.

c) Nach wie vielen Wochen kennt nach diesem Modell die Hälfte der Beschäftigten das Gerücht?

d) Wann breitet sich das Gerücht am stärksten aus? Wie groß ist die größte momentane Zuwachsrate?

17 Vergessenskurve

Der deutsche Psychologe Hermann Ebbinghaus (1850–1909) hat das Vergessen von gelerntem Stoff untersucht und modelliert. Das Vergessen hängt vom Stoff ab: Am schnellsten vergisst man Texte in Prosa, weniger schnell Gedichte und langsam Gesetzmäßigkeiten. Die Funktion f beschreibt den Prozentsatz, den man nach einer Zeit t noch weiß.

Claudia hat ein langes Gedicht gelernt ($t = 0$). Sie hat das Gedicht nicht mehr wiederholt. Nach Ebbinghaus hat sie in t Tagen noch den Prozentsatz

$$f(t) = a + b \cdot e^{-ct}$$

im Gedächtnis, wobei die Parameter a, b und c positiv sind.

a) Claudia weiß nach langer, langer Zeit noch 20% des Gedichts. Skizziere die zugehörige Vergessenskurve G_f.

b) Entnimm aus dem Text die Werte für a und b. Nach 30 Tagen hat Claudia die Hälfte des Gedichts vergessen. Berechne c.

c) Wie viel Prozent des Gedichts hat Claudia nach einer Woche noch im Gedächtnis?

d) Nach wie vielen Tagen hat sie 75% des Gedichts vergessen?

e) Wie viel Prozent vom Anteil des Gedichts, den Claudia zu Beginn eines Tages noch weiß, vergisst sie während des Tages?

18 Lernkurve

Tanja hat erfahren, dass morgen ein Vokabeltest in Englisch stattfindet. Tanja muss am Nachmittag noch 40 vollkommen unbekannte Vokabeln lernen. Die Anzahl N(t), die nach einer Lernzeit von t Minuten in Tanjas Gedächtnis haften bleiben, beschreibt die Gleichung

$$N(t) = 50 \cdot (1 - e^{-at}),$$

wobei der Parameter a positiv ist.

a) Skizziere die zugehörige Lernkurve G_N. Beschreibe, wie das Lernen von Vokabeln zeitlich verläuft. Welche Bedeutung hat die Zahl 50?

Nach 15 Minuten hat Tanja 12 Vokabeln gelernt.

b) Berechne a.

c) Wie lange braucht Tanja, bis sie alle 40 Vokabeln gelernt hat, wenn sie keine Pause einlegt?

d) Nach 30 Minuten macht Tanja eine zweistündige Pause. Erholt stellt sie aber fest, dass sie 20% der vor ihrer Pause gelernten Vokabeln wieder vergessen hat. Wie lang dauert es, bis sie alle Vokabeln kann? Wie lang ist in diesem Fall die gesamte Lernzeit? Vergleiche mit dem Ergebnis von c). Wie sollte man lernen?

8.2 Extremwertprobleme

Das Ermitteln des optimalen Werts einer variablen Größe stellt ein wichtiges Anwendungsgebiet der Differenzialrechnung dar. Dabei kann der optimale Wert in einem Fall ein Maximum sein (Aufgabe 1), in einem anderen Fall aber auch ein Minimum. Dazu betrachten wir im Folgenden ein Beispiel.

Die zylinderförmige Dose mit minimaler Oberfläche

Bei der Produktion von Erbsendosen ist das Volumen $V = 850\,\text{ml}$ vorgegeben. Rechts sind drei verschiedene Konservendosen mit diesem Volumen zu sehen. Um Material zu sparen, interessiert sich der Hersteller für die Dose mit der kleinsten Oberfläche O.

Die Oberfläche einer zylindrischen Dose mit dem Radius r und der Höhe h beträgt

$$O(r,h) = \underbrace{2 \cdot \pi r^2}_{\text{Grund- und Deckfläche}} + \underbrace{2\pi r h}_{\text{Mantelfläche}}.$$

Das Volumen der Erbsendose soll 850 ml sein:

$$V = \pi r^2 \cdot h = 850$$

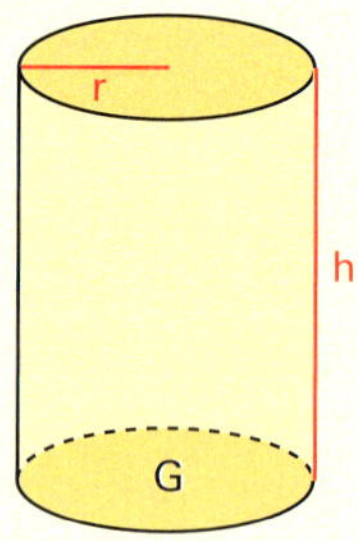

Mit dieser **Nebenbedingung** können wir eine der beiden Variablen aus dem Term O(r, h) **eliminieren**. Wir lösen dazu die Nebenbedingung nach h auf, setzen in O(r, h) ein und erhalten so die zu optimierende Oberfläche in Abhängigkeit von r:

$$h = \frac{850}{\pi r^2} \quad \Rightarrow \quad O(r) = 2\pi r^2 + 2\pi r \cdot \frac{850}{\pi r^2} = 2\pi r^2 + \frac{2 \cdot 850}{r}$$

Die Oberflächenfunktion $r \mapsto O$ ist nur für positive Radien r definiert: $D = \mathbb{R}^+$.

Sie ist die Summenfunktion der quadratischen Funktion $r \mapsto 2\pi r^2$ und der gebrochenrationalen Funktion $r \mapsto \frac{2 \cdot 850}{r}$. Ihre Graphen, die Parabel und die Hyperbel, skizzieren wir in ein Koordinatensystem. Damit fertigen wir eine grobe Skizze des Graphen G_O der Oberflächenfunktion an. G_O nähert sich für $r \to 0+0$ von oben der Hyperbel und für $r \to +\infty$ von oben der Parabel: O(r) strebt sowohl für $r \to 0+0$ als auch für $r \to +\infty$ gegen unendlich.

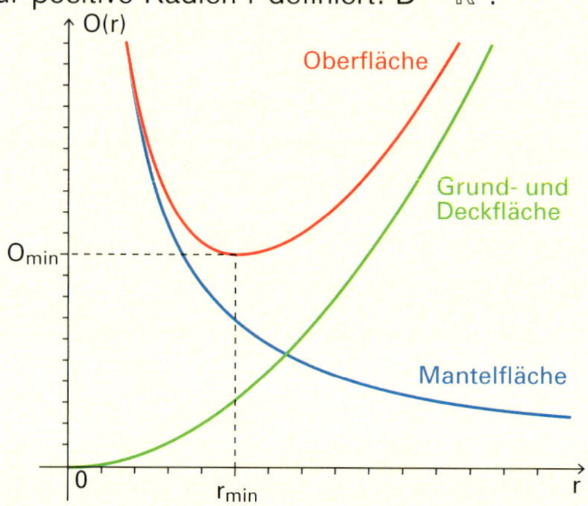

Folglich hat G_O mindestens einen Tiefpunkt.

Bei der Suche nach Extrempunkten hilft uns die erste Ableitung:

$$O(r) = 2\pi r^2 + \frac{2 \cdot 850}{r} = 2\pi r^2 + 2 \cdot 850 \cdot r^{-1}$$

$$\Rightarrow \quad O'(r) = 4\pi r - 2 \cdot 850 \cdot r^{-2} = 4\pi r - \frac{2 \cdot 850}{r^2}$$

$$O'(r) = 0 \quad \Leftrightarrow \quad 4\pi r^3 = 2 \cdot 850 \quad \Leftrightarrow \quad r_1 = \sqrt[3]{\frac{850}{2\pi}} \approx 5{,}13$$

Da die 1. Ableitung nur eine Nullstelle hat, gibt es nur einen einzigen Extrempunkt und dieser ist der gesuchte Tiefpunkt: Die Dose mit dem Radius 5,13 cm hat die kleinste Oberfläche von $O(5{,}13) \approx 497$, also von $497\,\text{cm}^2$.
Für die zugehörige Dosenhöhe (in cm) erhalten wir: $h_1 = \frac{850}{\pi r_1^2} \approx 10{,}28$.
Es fällt auf, dass die Höhe der optimalen Dose doppelt so lang wie der Radius, also genauso lang wie der Durchmesser 2r ist.
Um zu überprüfen, ob dieser Zusammenhang für jedes beliebige vorgegebene Volumen V gilt, ersetzen wir in unserer Berechnung 850 durch V.

Wir erhalten: $r_1 = \sqrt[3]{\frac{V}{2\pi}}$ und $h_1 = \frac{V}{\pi r_1^2}$.

Für das Verhältnis von Höhe zu Radius ergibt sich folglich:

$$h_1 : r_1 = \frac{V}{\pi r_1^2} : r_1 = \frac{V}{\pi r_1^3} = \frac{V \cdot 2\pi}{\pi V} = 2$$

Damit erhalten wir ein *Erkennungsmerkmal* für die optimale Dose:
Von allen Dosen mit dem gleichen Volumen V hat diejenige die kleinste Oberfläche, deren Durchmesser und Höhe gleich lang sind.

Hängt eine zu optimierende Größe von **zwei Variablen** ab, müssen wir mithilfe einer **Nebenbedingung** eine Variable aus dem zugehörigen Term **eliminieren**. Dann können wir das Extremum der Funktion mit **einer Variablen** bestimmen. Dabei ist auf den **Definitionsbereich** zu achten, der aus den Vorgaben folgt.

Aufgaben

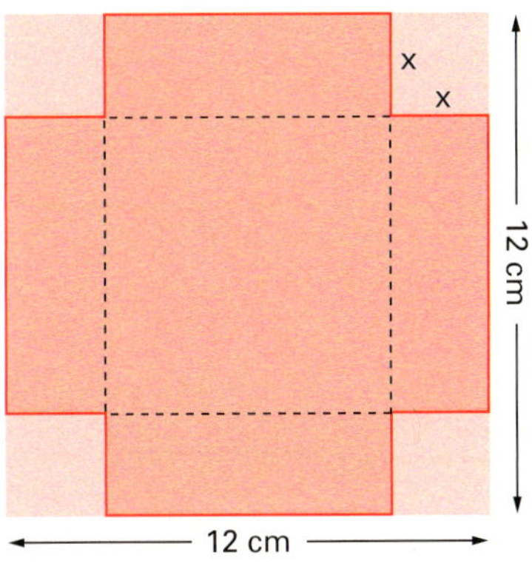

1 Die Schachtel mit maximalem Volumen

Aus einem quadratischen Karton mit der Seitenlänge 12 cm soll eine nach oben offene Schachtel hergestellt werden. Dazu werden an den Ecken Quadrate mit der Seitenlänge x ausgeschnitten.

a) Ermittle den Term der Volumenfunktion $x \mapsto V$, die das Volumen V der Schachtel in Abhängigkeit von x beschreibt. Bestimme den Definitionsbereich.

b) Gib die Nullstellen und ihre Vielfachheit an. Skizziere den Graphen G_V.

c) Berechne den Wert von x, für den die Schachtel ihr maximales Volumen annimmt. Wie groß ist dieses?

Verallgemeinerung: Der quadratische Karton habe die Seitenlänge a.

d) Berechne den Wert von x, für den das Schachtelvolumen maximal wird, in Abhängigkeit von a.

e) Welche Seitenlänge a hat der Karton, wenn das maximale Volumen 2 Liter beträgt?

2 Schokokussschachtel

Wir betrachten eine Schokokussschachtel mit quadratischer Grundfläche der Seitenlänge x dm und des Volumens 2,4 Liter. Rechts ist ihr Netz dargestellt.

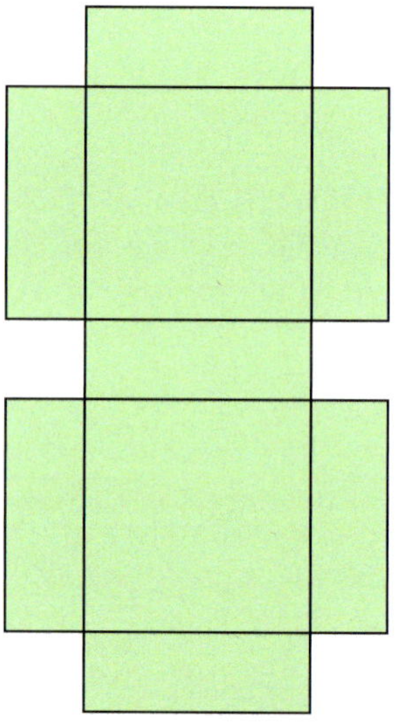

a) Zeige, dass für die Oberfläche A(x) der Schokokussschachtel gilt: $A(x) = 2x^2 + \frac{16{,}8}{x}$.

b) Gib den Definitionsbereich der Funktion $x \mapsto A$ an. Fertige eine grobe Skizze der Graphen der Funktionen $x \mapsto 2x^2$, $x \mapsto \frac{16{,}8}{x}$ und $x \mapsto A$ in einem gemeinsamen Koordinatensystem an.

c) Welche Grundkantenlänge und Höhe hat die Schachtel mit der kleinsten Oberfläche? Wie groß ist die minimale Oberfläche?

d) Diese Schachtel enthält neun Schokoküsse. Welchen Durchmesser und welche Höhe hat ein Schokokuss höchstens?

3 Materialbedarf für die Herstellung von Literdosen

Es sollen zylinderförmige Blechdosen vom Volumen 1 Liter produziert werden.

Im Gegensatz zur rechteckigen Mantelfläche fällt beim Ausstanzen von Boden und Deckel aus quadratischen Blechen ein Abfall an, der zum gesamten Materialverbrauch der Dose zählt.

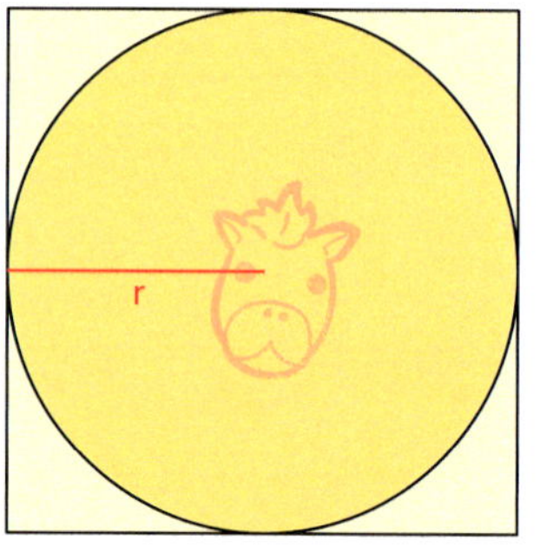

a) Zeige: Der Bedarf A an Blechfläche für eine Dose vom Radius r ist $A(r) = 8r^2 + \frac{2}{r}$. Gib den Definitionsbereich D der Funktion $r \mapsto A$ an.

b) Lege ein Koordinatensystem an und skizziere in diesem für $r > 0$ die Graphen der beiden Funktionen $r \mapsto 8r^2$ und $r \mapsto \frac{2}{r}$. Skizziere mit ihrer Hilfe den Graphen der Funktion $r \mapsto A$. Beschreibe seinen Verlauf.

c) Bestätige den beschriebenen Verlauf rechnerisch. Berechne die Koordinaten des Extremums. Warum ist dieses ein Minimum?

d) Bei welchem Dosendurchmesser und welcher Dosenhöhe ist der Blechbedarf minimal? Vergleiche diesen Blechbedarf mit jenem für einen Literwürfel.

e) Was wurde in unserem einfachen Modell der Dosenherstellung nicht berücksichtigt? Wie würde sich das auf Durchmesser bzw. Höhe der Dose mit minimalem Materialbedarf auswirken?

4 **Tragfähigkeit von Balken**

Die Tragfähigkeit T eines Balkens ist proportional zu seiner Breite x und zum Quadrat y^2 seiner Höhe: $T(x, y) = k \cdot x \cdot y^2$. Dabei ist k ein vom Material abhängiger Proportionalitätsfaktor.

Aus einem zylindrischen Kiefernholzstamm vom Durchmesser d soll der Balken mit der maximalen Tragfähigkeit herausgesägt werden.

a) Berechne die Breite x_1 und die Höhe y_1 des Balkens mit der größten Tragfähigkeit in Abhängigkeit von d. In welchem Verhältnis stehen die Höhe y_1 und die Breite x_1 zueinander?

b) Überprüfe, ob die Balken des Dachstuhls eines Hauses dieses Verhältnis aufweisen.

5 **Sprung in der Platte**

Eine 20 dm breite und 27 dm lange Platte aus italienischem Carrara-Marmor hat einen Sprung. Aus der Platte soll eine rechteckige Platte herausgesägt werden, deren rechte untere Ecke die rechte untere Ecke der ursprünglichen Platte ist.

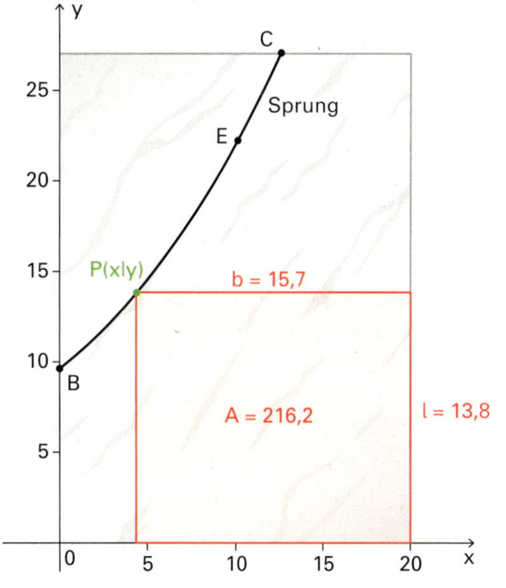

a) Der Sprung verläuft durch die Punkte $B(0|9\frac{1}{2})$ und $C(12\frac{1}{2}|27)$ auf den Kanten und durch den Punkt $E(10|22\frac{1}{4})$. Modelliere den Verlauf des Sprungs mit einer Parabel: $p(x) = ax^2 + bx + c$. Bestimme die Werte der Parameter a, b und c.
[Ergebnis: $p(x) = \frac{1}{40}(2x^2 + 31x + 380)$]

b) Berechne den Flächeninhalt A der herauszusägenden Platte für die beiden Extremfälle, wenn die linke obere Ecke P mit B bzw. mit C zusammenfällt.

c) Erstelle mithilfe eines dynamischen Geometrieprogramms eine Zeichnung nach dem obigen Vorbild. Lasse P auf der Parabel p gleiten und bestimme so näherungsweise, für welche Breite b und Länge l der Flächeninhalt A maximal wird.

d) Stelle den Term A(x) für den Flächeninhalt in Abhängigkeit von x auf. Gib den Definitionsbereich an. Bestimme den maximalen Flächeninhalt.

e) Berechne den prozentualen Flächengewinn der maximalen Fläche gegenüber den in Teilaufgabe b) berechneten Flächen.

6 **Eisbecher**

In der Eisdiele von Luigi gibt es kegelförmige Eisbecher. Die Mantellinie m des Kegels beträgt bei allen Bechern 10 cm.

Das Volumen des Bechers ändert sich, wenn die Höhe h und damit gleichzeitig der Radius r verändert werden.

a) Stelle das Volumen V des Kegels als Funktion der Höhe h dar und gib den Definitionsbereich an.

b) Bestimme denjenigen Wert von h, für den das Volumen des Kegels ein Maximum annimmt. Berechne dieses Volumen.

c) Für welche Werte von h beträgt das Volumen $V = 64\pi\,cm^3$?

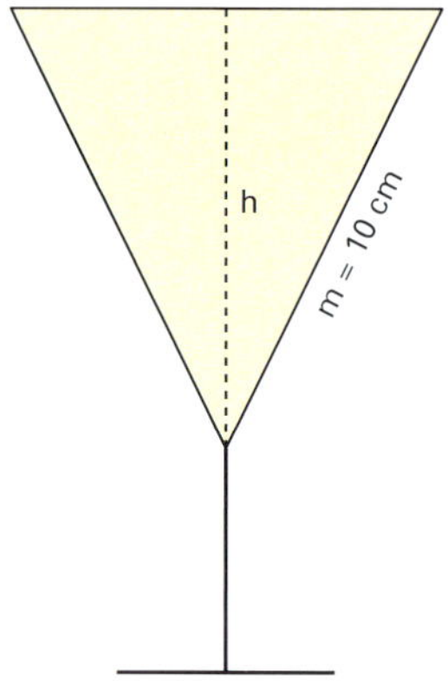

7 **Partyzelte**

Für die unten abgebildeten Zelte des Typs „klassisch" und „Zirkus" soll der Materialverbrauch an Zeltplane minimiert werden.

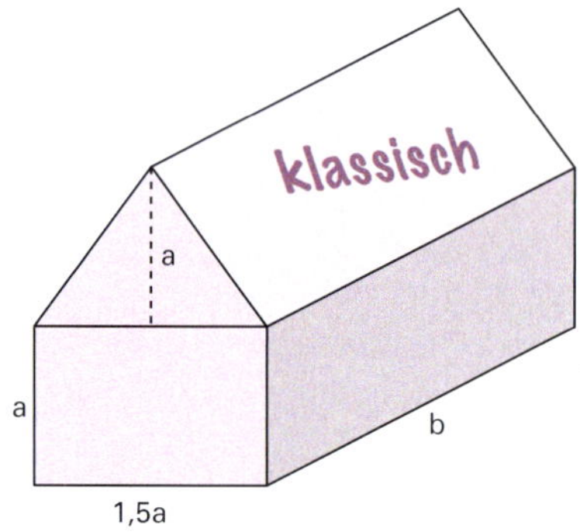

a) Bestimme das Volumen V des Zeltes vom Typ „klassisch" und den Flächeninhalt A der benötigten Zeltplane (ohne Boden) in Abhängigkeit von a und b.
Für welche Werte von a und b ist bei einem Volumen $V = 121{,}5\,m^3$ der Materialverbrauch an Zeltplane am kleinsten?

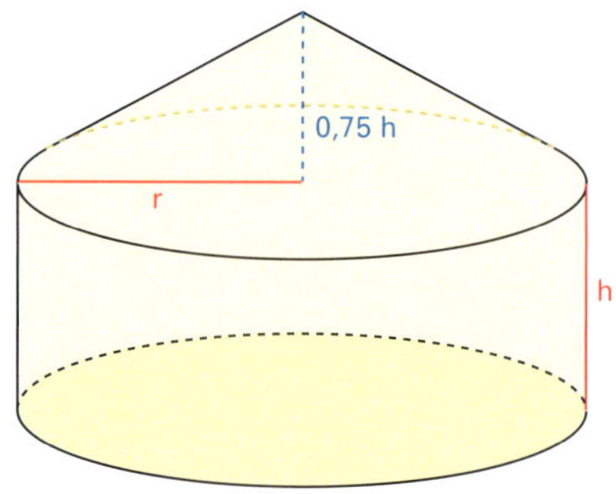

b) Bestimme das Volumen V des Zeltes „Zirkus" und den Flächeninhalt A der benötigten Zeltplane (ohne Boden) in Abhängigkeit von h und r.
Für welche Werte von h und r ist bei einem Volumen von $V = 48\pi\,m^3$ der Materialverbrauch an Zeltplane am kleinsten?

8 Auf der Flucht

Ede ist auf der Flucht.
Er will vom Ursprung O aus sein Versteck V(10|5) erreichen. Auf der Straße kommt er mit der Geschwindigkeit $v_S = 10\,\frac{km}{h}$ voran, im Wald neben der Straße nur mit $v_W = 5\,\frac{km}{h}$.

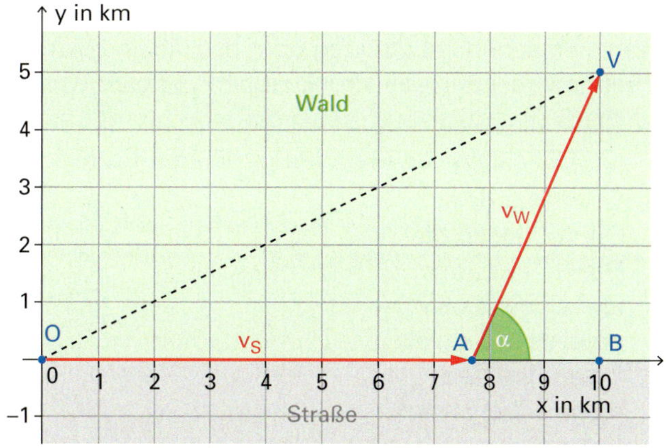

a) Wie lang benötigt Ede, wenn er im Wald direkt von O nach V läuft? Wie viele Stunden braucht er, wenn er auf der Straße von O nach B und dann im Wald von B nach V läuft?

b) Ede möchte an einem Punkt A die Straße verlassen und dann unter dem Winkel α in Richtung von V laufen. Die Funktion $\alpha \mapsto t$ beschreibt die benötigte Laufzeit t in Abhängigkeit von α. Für welche Winkel α ist die Funktion definiert? Stelle einen Term $t(\alpha)$ auf.

c) Unter welchem Winkel α muss Ede von der Straße abbiegen, um sein Versteck möglichst schnell zu erreichen? An welcher Stelle der Straße ist das der Fall? Wie lange benötigt er dann? Fertige eine grobe Skizze des Graphen G_t an.

9 Um die Ecke gebracht

Ein 4,0 m breiter Gang biegt rechtwinklig ab. Dabei nimmt seine Breite auf 2,0 m ab. Diese Situation ist rechts abgebildet. Es soll die größtmögliche Länge L eines Balkens ermittelt werden, der in waagerechter Lage um die Ecke C getragen werden kann. Zur Vereinfachung sehen wir die Dicke des Balkens als vernachlässigbar klein an.

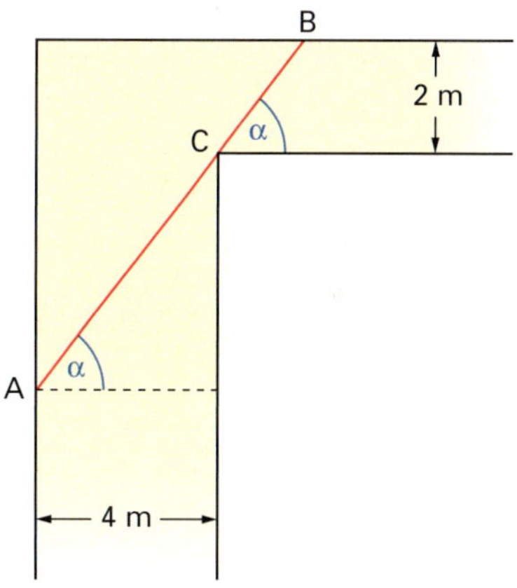

Zur Lösung des Problems betrachten wir zunächst die Funktion l, welche die Länge der Strecke [AB] (in m) in Abhängigkeit vom Winkel α beschreibt und für $0° < \alpha < 90°$ definiert ist.

a) Zeige: Der Funktionsterm lässt sich in der Form

$$l(\alpha) = \frac{2}{\sin\alpha} + \frac{4}{\cos\alpha}$$

darstellen.
Ermittle das Verhalten von l an den Rändern ihres Definitionsbereichs.
Fertige eine grobe Skizze des Graphen der Funktion l an.

b) Erläutere, wie man mithilfe der Funktion l die gesuchte Länge L des Balkens ermitteln kann.
Berechne L auf dm genau.

10 Brückenbogen

Für einen neuen Fahrradweg über den Rhein-Main-Donau-Kanal soll eine Brücke mit einem parabelförmigen Brückenbogen gebaut werden.

a) Stelle die Gleichung der Parabel p auf, die den Brückenbogen beschreibt, und die Gleichung der Geraden g, die den Radweg darstellt.

b) Beim Bau der Brücke sollen die Punkte des Brückenbogens mindestens 1,5 m vom Belag des Radwegs entfernt sein. Untersuche, ob das der Fall ist. Ein dynamisches Geometrieprogramm kann dabei helfen. Tipp: Bestimme zunächst den Berührpunkt E der zu g parallelen Tangente an p. Lege eine zu g senkrechte Gerade s durch E. Bestimme den Schnittpunkt von s und g.

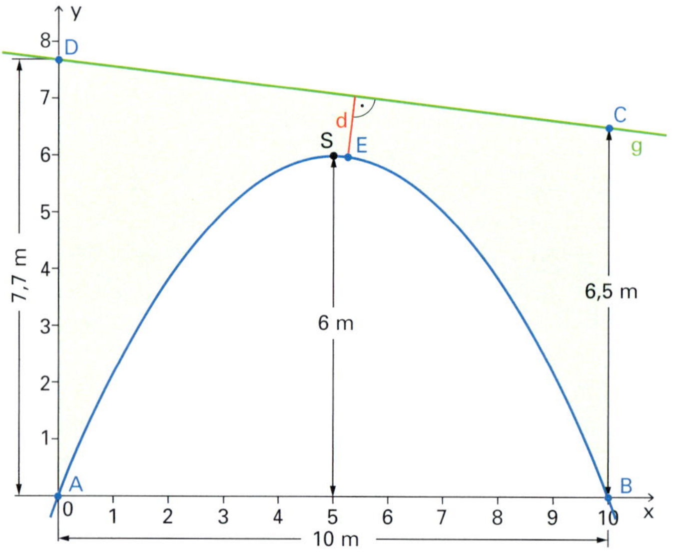

c) Das Foto zeigt das russische Spaceshuttle BURAN auf seinem Weg in das Technik-Museum in Speyer.
Objekte, die für den Transport auf der Straße zu groß sind, werden häufig über das Wasser transportiert. Dabei muss man berücksichtigen, dass der Kahn inklusive seiner Last unter allen Brücken hindurchfahren kann. Man betrachtet dazu die maximale Fläche eines Rechtecks, das gerade noch durch die Brücken passt. Berechne diese Rechtecksfläche sowie ihre Breite und Höhe für den geplanten Brückenbogen des Radwegs.
Könnte ein BURAN-Transport die Brücke passieren?

8.3 Eine Funktionsuntersuchung mit dem Computer (CAS)

Ein Computeralgebrasystem (CAS) ist ein Computerprogramm, das nicht nur wie der Taschenrechner mit Zahlen, sondern auch mit Variablen, Termen, Funktionen usw. umgehen kann. Es vermag z. B. Graphen von Funktionen zu zeichnen, Nullstellen, Extrema, Wendepunkte und Tangenten zu berechnen. Ein CAS kann für uns die Rechenarbeit übernehmen. Dies soll ein Beispiel illustrieren.

Berg und Tal

Ein Tal in den Bergen wird nach Westen von einem steilen, nach Osten von einem flachen Höhenzug begrenzt. Der Querschnitt des Geländes kann näherungsweise durch $f(x) = -\frac{1}{600}(3x^4 - 10x^3 - 139{,}5x^2 + 445{,}5x + 600)$ modelliert werden, wobei die Einheit auf den Achsen 100 m entspricht.

Um uns einen Überblick über das Landschaftsprofil zu verschaffen, lassen wir uns zunächst den Graphen von f anzeigen:

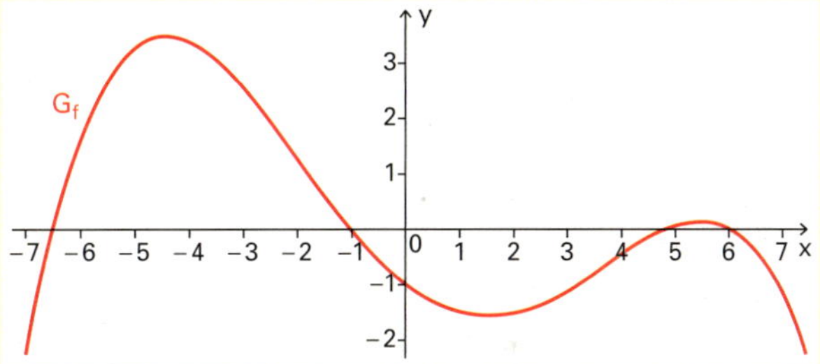

a) Die beiden Gipfel sollen mit einer Drahtseilbahn geradlinig verbunden werden. Welche Mindestlänge hat das dafür benötigte Drahtseil? Wie groß ist die Steigung der Seilbahn?

Um die Extrema von f zu ermitteln, müssten wir die Ableitung f'(x) gleich null setzen. Da es sich dabei um eine Gleichung dritten Grades handelt, gelingt uns das Lösen nicht. Wir lassen uns deshalb die Extrema vom Computer anzeigen: Eingabe: Extremum[f] und erhalten das folgende Bild:

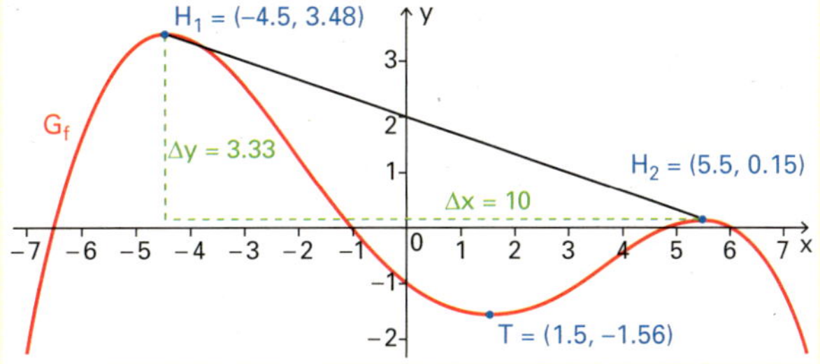

Damit können wir die Differenz der beiden y-Werte Eingabe: Δy=y(H_2)-y(H_1) und der beiden x-Werte berechnen.

Da $\sqrt{(\Delta x)^2 + (\Delta y)^2} \approx 10{,}54$ ist, beträgt die Mindestlänge der Seilbahn s = 1054 m. Die Steigung der Bahn beträgt $\frac{\Delta y}{\Delta x} \approx 0{,}33 = 33\,\%$.

b) An der steilsten Stelle des Hanges im Osten von der Talsohle T soll ein Fun-Park für Snowboarder entstehen. Wo befindet sich diese Stelle und wie groß ist dort die Steigung?

Die steilsten Stellen sind die Wendepunkte. Diese ermitteln wir zunächst mit dem Computer:

Eingabe: Wendepunkt[f]

Um die Steigung in W_2 zu erhalten, zeichnen wir außerdem die Tangente w in diesem Punkt

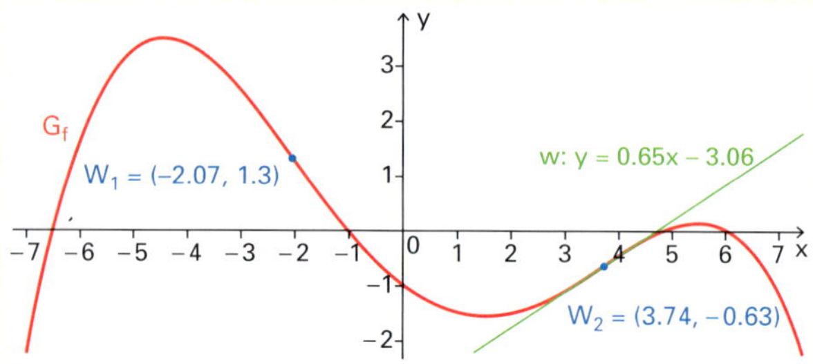

Eingabe: w=Tangente[W_2,f] und lesen ab: m = 0,65 = 65%.

c) Die Snowboard-Piste soll auch auf die westliche Talseite ausgedehnt werden. Bis zu welchem Punkt erstreckt sie sich, wenn auf der Westseite die maximale Steigung der Ostseite nicht überschritten werden soll? Wie lang ist die Piste?

Wir suchen den Punkt V auf G_f, der die Steigung m = −0,65 hat. Wir setzen deshalb an: f'(x) = −0,65. Da wir diese Gleichung dritten Grades nicht nach x auflösen können, verwenden wir auch hier den Computer. Dazu lassen wir den Graphen von f' einblenden

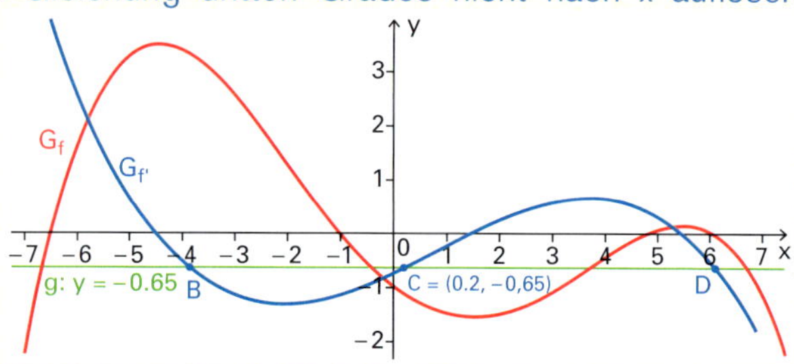

Eingabe: Ableitung[f] und schneiden diesen mit der Geraden y = −0,65.

Eingabe: Schneide[f,g]

Die x-Koordinate von C ist die x-Koordinate des gesuchten Punktes V. Durch Eingabe von Eingabe: V=(0.2,f(0.2)) erhalten wir schließlich den Punkt V(0,2|−1,14). Mithilfe des CAS kann man sogar die Länge der „Snowboard-Piste" zwischen den Punkten V und W_2 ermitteln: Eingabe: Länge[f,V,W_2] liefert 3,85 also eine Länge von 385 m.

d) Für ein Panorama-Restaurant soll der über der x-Achse liegende Teil des westlichen Berges abgetragen und die so entstehende Fläche planiert werden. Nähere den Berg durch einen Kegel und schätze damit ab, wie viele Kubikmeter Erde dazu abgetragen werden müssten.

Der Gipfelpunkt $H_2(5{,}5|0{,}15)$ liegt auf einer Höhe von 15 m oberhalb der x-Achse. Um den Radius des Grundkreises des Kegels zu ermitteln, brauchen wir die Nullstellen von f:

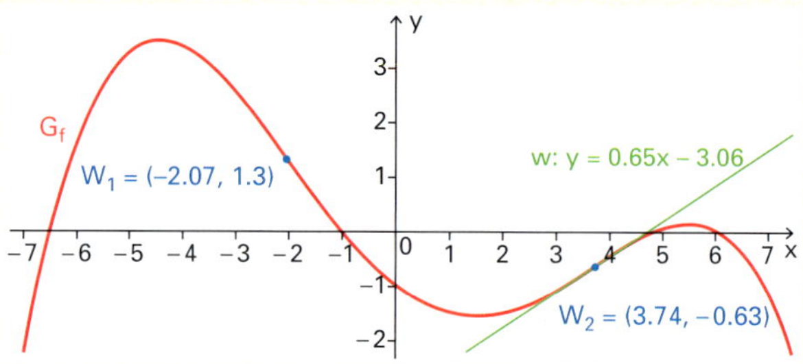

Eingabe: Nullstelle[f]

Da $\frac{1}{2}(6{,}07 - 4{,}84) = 0{,}615$ ist, ist r = 61,5 m. Das ergibt ein abzutragendes Volumen von $V = \frac{1}{3}\pi r^2 \cdot h = \frac{1}{3}\pi (61{,}5\,\text{m})^2 \cdot 15\,\text{m} \approx 60\,000\,\text{m}^3$.

Aufgaben

1 Mäander

Die Sicht auf einen Flusslauf von oben kann im Bereich $-8 \leq x \leq 8$ durch $f(x) = \frac{1}{500}(x^5 + 2x^4 - 83x^3 - 116x^2 + 1316x - 568)$ beschrieben werden, wobei eine Einheit auf den Achsen 1 m entspricht.

a) Zeige, dass die Straße mit $y = 2$ den Fluss an zwei Stellen A und B tangiert und an einer Stelle C schneidet. Ermittle die Koordinaten der Punke A, B und C.

b) In 2 m Abstand soll parallel zur Straße ein Radweg angelegt werden (siehe Zeichnung). In welchen Punkten schneidet dieser den Fluss? Wie lang sind die Abschnitte des Radwegs zwischen den Brücken? An welchen Stellen ist der Fluss vom Radweg am weitesten entfernt? Wie weit ist das?

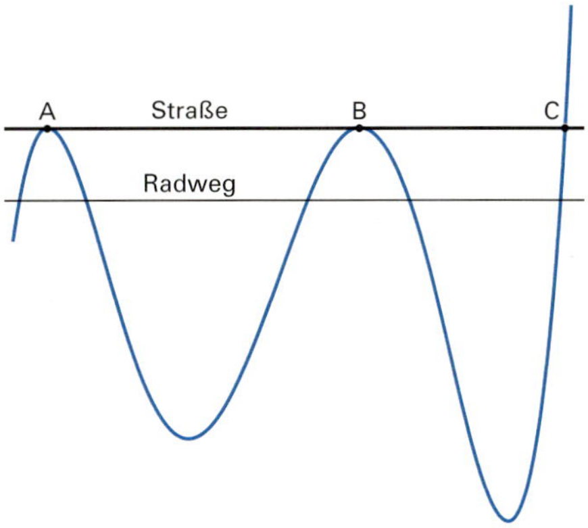

c) In welchen Punkten wechselt der Fluss seine Krümmung? Liegen diese Punkte auf einer Geraden?

2 Sommerrodelbahn

Auf einem Spielplatz wird eine Sommerrodelbahn gebaut. Diese kann im Bereich vom Hochpunkt A bis zum Tiefpunkt D (siehe Zeichnung) durch $f(x) = \frac{1}{32}(x^5 + 2x^4 - 8x^3 - 8x^2 - 16)$ modelliert werden, wobei eine Einheit auf den Achsen 1 m entspricht:

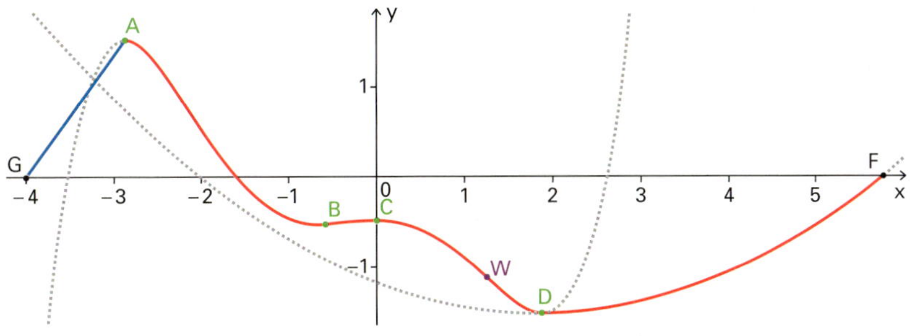

a) Der Aufstieg zum Start A der Rodelbahn erfolgt vom Punkt $G(-4|0)$ über eine Leiter. Wie lang ist diese Leiter? Unter welchem Winkel ist sie geneigt?

b) Wie groß ist das mittlere Gefälle der Rodelbahn vom Punkt A bis zum Punkt D?

c) An welcher Stelle hat die Rodelbahn ihr größtes Gefälle? An welcher Stelle beträgt das Gefälle genau 100 %?

d) Der Auslauf der Rodelbahn (von D nach F) soll durch eine Parabel mit Scheitel in D und dem Öffnungsfaktor 0,1 modelliert werden. Gib die Gleichung der Parabel an. Warum ist der Übergang von der Rodelbahn in den Auslauf knickfrei? In welchem Punkt F erreicht der Auslauf wieder das Ausgangsniveau?

e) Wie lang ist die Rodelbahn einschließlich des Auslaufs?

Training der Grundkenntnisse

3 Maximales Dreieck gesucht

Rechts ist der Graph der Funktion f mit $f(x) = -\frac{1}{18}x^3 + \frac{1}{2}x^2$ dargestellt.

a) Bestimme die Nullstellen, die Extrempunkte und den Wendepunkt von G_f.

b) Für welchen Kurvenpunkt P im ersten Quadranten hat das eingezeichnete Dreieck den größten Flächeninhalt?

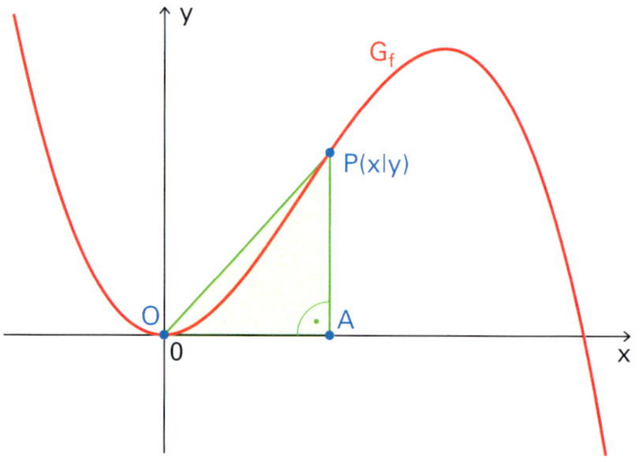

4 Ableitungsfunktion gegeben

Die Abbildung zeigt den Graphen der Ableitung f' einer Funktion f.

a) Welche Aussagen lassen sich daraus über den Graphen von f hinsichtlich Monotonie, Extremstellen und Wendepunkte machen?

b) f' ist eine ganzrationale Funktion 3. Grades. Ermittle mithilfe der Punkte A und B den Term f'(x). Stelle die Gleichung der Funktion f auf, die für x = 0 den Funktionswert f(0) = 5 annimmt. Überprüfe damit die Aussagen zu a).

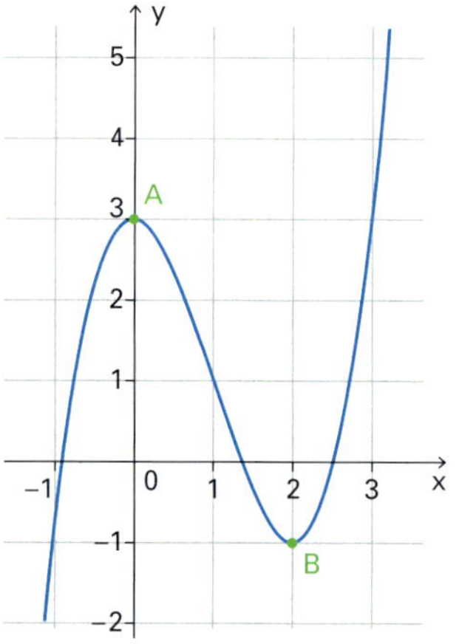

5 Grundwissenstest von A bis Z

Bestimme den maximalen Definitionsbereich der Funktion f:

a) $f(x) = \ln x \cdot \sqrt{2-x}$ b) $f(x) = \frac{x-2}{\ln x}$ c) $f(x) = \frac{2+\sin x}{1-\cos x}$

Ermittle die Nullstellen der Funktion f:

d) $f(x) = x^5 - 3x^3 - 4x$ e) $f(x) = \frac{2+\sin x}{1-\cos x}$ f) $f(x) = (1 - e^{x-2})(1 - \ln x)$

Gib die Gleichungen aller Asymptoten an:

g) $f(x) = 4 - \frac{3}{x^2}$ h) $f(x) = 2 \cdot \ln x$ i) $f(x) = x + 2 + \frac{3}{x}$

Bestimme den Grenzwert:

k) $\lim\limits_{x \to \infty} \frac{x+1}{x}$ l) $\lim\limits_{x \to \infty} \frac{x^3}{e^x}$ m) $\lim\limits_{x \to \infty} \frac{x^3}{\ln x}$ n) $\lim\limits_{x \to \infty} (2 - e^x)$ o) $\lim\limits_{x \to \infty} (e^{-\frac{1}{4}x} \cdot \cos x)$

Leite ab:

p) $f(x) = \frac{x^2}{x^2+5}$ q) $f(x) = x^4 \cdot e^{2x}$ r) $f(x) = \frac{1}{8}\sin(4x^2)$ s) $f(x) = \sqrt{\ln x^2}$

Bestimme eine Stammfunktion der Funktion f:

t) $f(x) = \frac{1}{x^2} + \sin x$ u) $f(x) = \frac{4}{\sqrt{x}} + \frac{1}{2}x^3$ v) $f(x) = x^2 + e^{2x}$

Stelle die Gleichung der Tangente an G_f im Punkt P(1|?) auf:

w) $f(x) = \frac{2}{x} + 2$ x) $f(x) = \sqrt{2x-1}$ y) $f(x) = e^{x^2}$ z) $f(x) = \frac{\ln x}{x-2}$

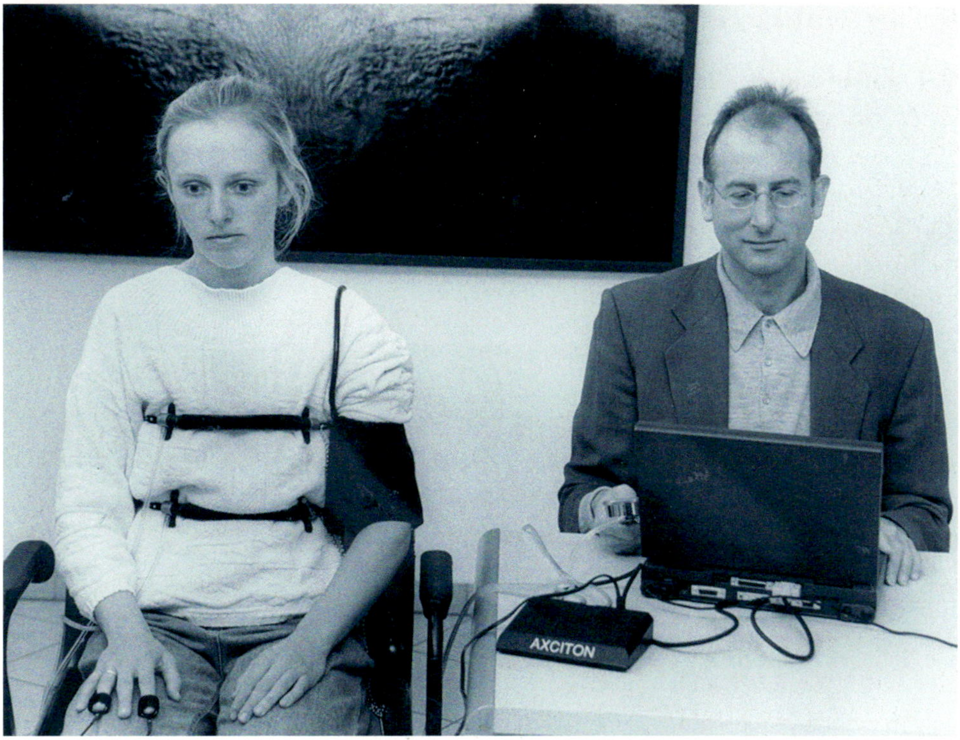

Wahrscheinlichkeitsrechnung

9 Der Wahrscheinlichkeitsbegriff

9.1 Einblick in die Ereignisalgebra

Sprachlich werden Ereignisse durch die beiden Bindwörter *„und"* und *„oder"* zu einem Ereignis verknüpft, z. B.: „Ich bin krank *und* gehe zum Arzt." oder „Der Aufzug hält in jedem Stockwerk, in dem Personen ein- *oder* aussteigen wollen." Ereignisse der Wahrscheinlichkeitsrechnung beschreiben wir durch Mengen. Diese kann man auch verknüpfen und damit rechnen.

Ergebnisraum, Ereignis und Gegenereignis

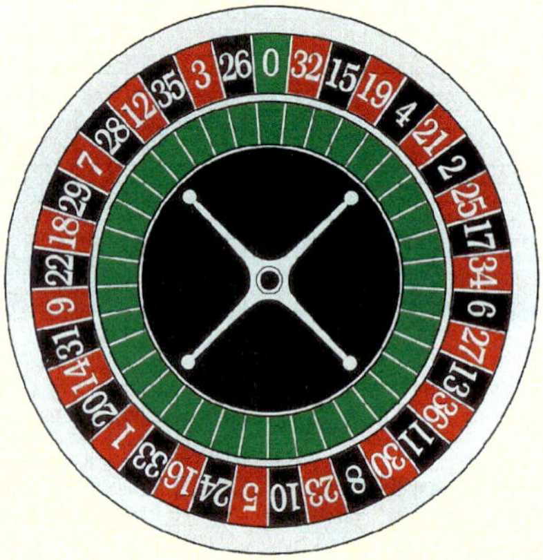

Anhand eines Beispiels wiederholen wir die Grundbegriffe: Beim *Roulette* (frz. Scheibe) fällt eine Kugel in eines der 37 Fächer einer drehbaren Scheibe, die von 0 bis 36 nummeriert sind. Die **Ergebnisse** sind die Zahlen von 0 bis 36. Die *Ergebnismenge*, der **Ergebnisraum**, ist $\Omega = \{0, 1, 2, \ldots, 36\}$.
Vor dem Drehen der Scheibe muss man Jetons auf dem Spielfeld (Tableau) platzieren. Man kann nicht nur auf eines der 37 möglichen Ergebnisse setzen, sondern auch auf andere Teilmengen von Ω, wie *rouge* (R) oder *pair* (P) (Aufgabe 1). Die Ereignisse identifizieren wir mit Teilmengen von Ω: $R = \{1, 3, 5, \ldots, 36\}$ und $P = \{2, 4, 6, \ldots, 36\}$.
Allgemein definiert man:

> Ein **Ereignis** A ist eine Teilmenge des Ergebnisraumes Ω.
> Ein Ereignis A **tritt ein**, wenn das Versuchsergebnis ω in A enthalten ist, also wenn $\omega \in A$.
> Alle Elemente von Ω, die nicht zum Ereignis A gehören, fasst man unter dem Namen **Gegenereignis** $\overline{A}$ von A zusammen: $\overline{A} = \Omega \setminus A$

Jedes Versuchsergebnis ω ist in der Ergebnismenge Ω enthalten. Ω tritt immer ein. Man bezeichnet Ω deshalb als **sicheres Ereignis**. In der leeren Menge $\{\,\}$ ist kein Ergebnis ω enthalten. Deshalb nennt man die leere Menge $\{\,\}$ **unmögliches Ereignis**.
Beim Roulettespiel handelt es sich um ein **Laplace-Experiment**, da alle Ergebnisse gleichwahrscheinlich sind. Um die Gewinnwahrscheinlichkeit für ein bestimmtes Ereignis A zu berechnen, muss man deshalb die Anzahl der Elemente von A bestimmen. Für *Anzahl der Elemente von A* schreibt man kurz $|A|$.

Beispiel: $P(R) = \dfrac{|R|}{|\Omega|} = \dfrac{18}{37}$

Fällt die Kugel auf die grüne Null, verfällt der Einsatz. Die Auszahlungen für die anderen Ergebnisse werden entsprechend der zugehörigen Wahrscheinlichkeiten ohne Beachtung der Null angesetzt.

So erhält man bei *rouge* $\frac{36}{18}$ des Einsatzes, also den 2-fachen Einsatz ausbezahlt.
Bei *carré* bekommt man $\frac{36}{4}$ des Einsatzes, also den 9-fachen Einsatz ausbezahlt.

Verknüpfung von Ereignissen

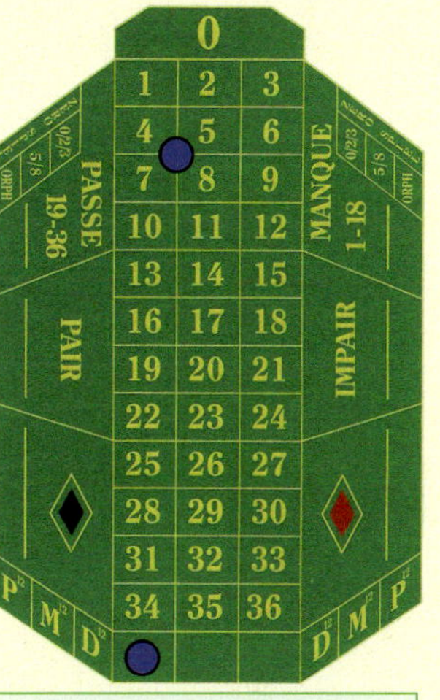

Toni hat 2 Jetons und setzt je einen auf folgende Ereignisse:
colonne A = {1, 4, 7, 10, 13, 16, 19, 22, 25, 28, 31, 34}
carré B = {4, 5, 7, 8}.
Für das Eintreten von A erhält er $\frac{36}{12} = 3$ Jetons zurück, für das Eintreten von B $\frac{36}{4} = 9$ Jetons.

Im abgebildeten Mengendiagramm sind Ω, A und B übersichtlich dargestellt.

Es gibt nun folgende Möglichkeiten:

- Toni gewinnt mit beiden Einsätzen. Das Versuchsergebnis liegt in A **und** in B. Das zugehörige Ereignis ist {4, 7}.
  Diese Menge der gemeinsamen Elemente von A und B nennt man **Schnittmenge** von A und B und schreibt dafür kurz $A \cap B = \{4, 7\}$ (gelesen: A geschnitten B).
  Da sowohl A als auch B eintreten, erhält Toni insgesamt 3 + 9 = 12 Jetons ausbezahlt.

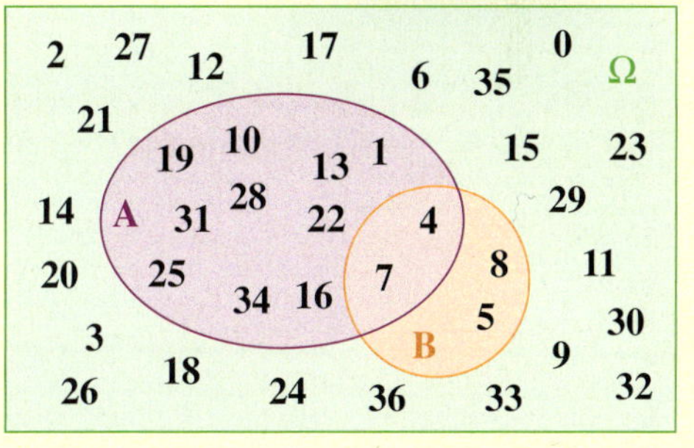

- Toni gewinnt. Das ist der Fall, wenn das Versuchsergebnis in A **oder** auch in B liegt (Aufgabe 2).
  Die Vereinigung der Mengen A und B heißt **Vereinigungsmenge**. Man schreibt dafür $A \cup B = \{1, 4, 5, 7, 8, 10, 13, 16, 19, 22, 25, 28, 31, 34\}$. Das Zeichen ∪ wird „vereinigt" gelesen. Seine Form lehnt sich an das v von **v**ereinigt an.
  Dabei kann auch der Fall eintreten, dass das Ergebnis ω in B **und nicht** in A liegt: $\omega \in B \cap \overline{A} = \{5, 8\}$. Toni erhält dann 9 Jetons.
- Toni gewinnt nicht. Dann tritt das Gegenereignis von „Toni gewinnt" ein, d. h. $\omega \in \overline{A \cup B}$. Anders ausgedrückt: ω liegt **nicht** in A **und nicht** in B: $\omega \in \overline{A} \cap \overline{B}$ = {0, 2, 3, 6, 9, 11, 12, 14, 15, 17, 18, 20, 21, 23, 24, 26, 27, 29, 30, 32, 33, 35, 36}

Im Unterschied zu den soeben betrachteten Ereignissen *colonne* und *carré* können die Ereignisse *rouge* und *noir* nicht gleichzeitig eintreten, da die Schnittmenge von *rouge* und *noir* die leere Menge, also das unmögliche Ereignis, ist:

> Zwei Ereignisse A und B heißen **unvereinbar**, wenn $A \cap B = \{\,\}$.

Die folgende Tabelle gibt eine Übersicht über die Verknüpfung von Ereignissen.

Mengen-Schreibweise	**Mathematische Bedeutung**	**Sprachliche Formulierung**	**Veranschaulichung im Diagramm**
$\overline{A}$	„nicht A" Gegenereignis zu A (Komplementmenge zu A)	„Ereignis A tritt nicht ein"	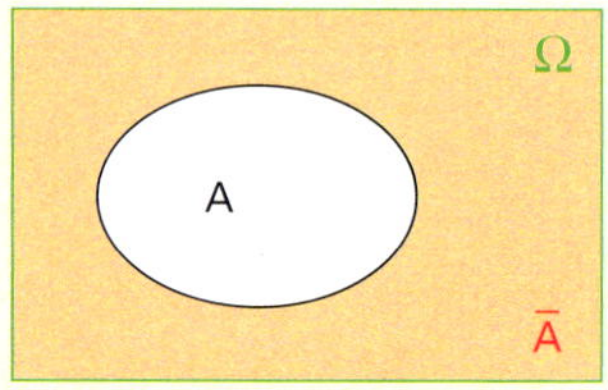
$A \cup B$	„A oder B" (Vereinigungsmenge)	„Mindestens eines der beiden Ereignisse tritt ein"	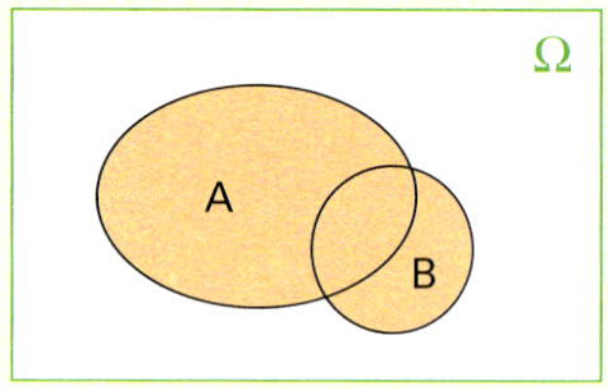
$A \cap B$	„A und B" (Schnittmenge)	„Beide Ereignisse treten ein"	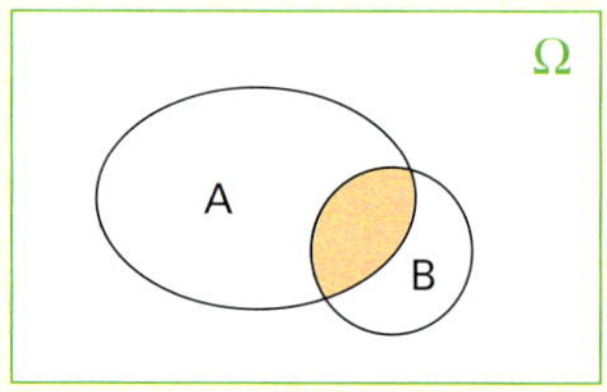
$\overline{A} \cap \overline{B} = \overline{A \cup B}$	„nicht A und nicht B"	„Weder A noch B tritt ein" „Keines der beiden Ereignisse tritt ein"	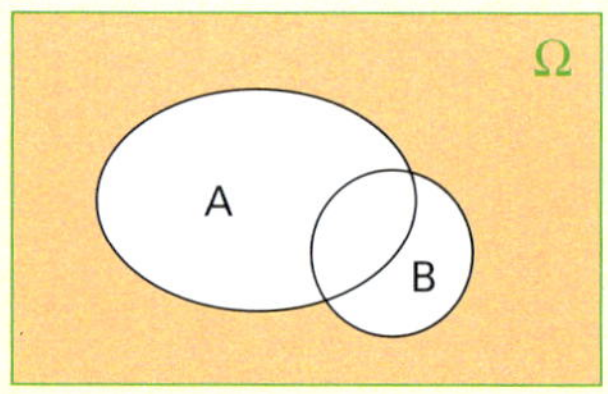
$\overline{A} \cup \overline{B} = \overline{A \cap B}$	„nicht A oder nicht B"	„Höchstens eines der Ereignisse tritt ein" „Es treten nicht beide Ereignisse ein"	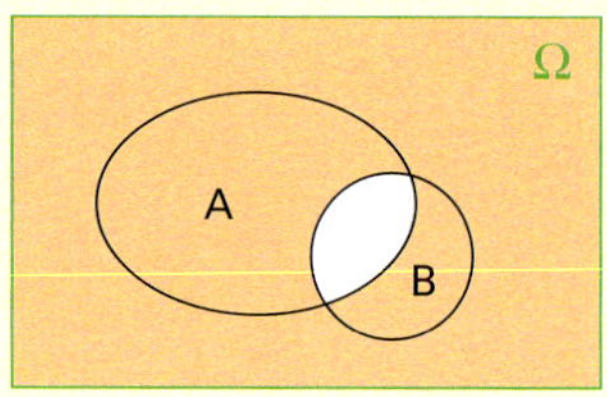
$A \cap \overline{B}$	„A und nicht B"	„Es tritt genau das Ereignis A ein"	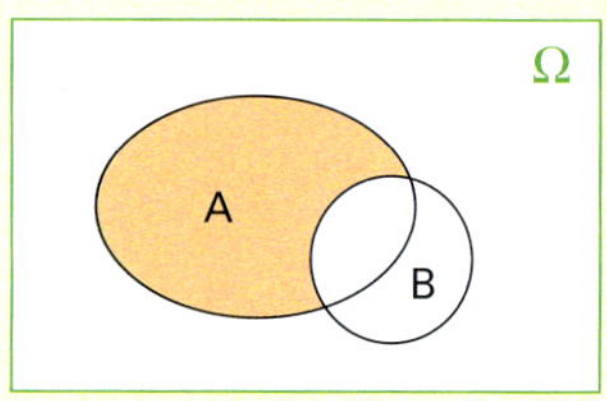

Aufgaben

1 „Faites vos jeux!" (Für Partnerarbeit geeignet)
Mit diesen Worten fordert der Croupier die Spieler auf, zu setzen. Sie können nicht nur auf einzelne Ergebnisse setzen, sondern auch auf bestimmte Ereignisse. Max setzt seine 8 Jetons wie abgebildet:

cheval	zwei benachbarte Zahlen	z. B.: {15, 18}
transversal	Querreihe von drei Zahlen	z. B.: {4, 5, 6}
carré	vier Zahlen im Viereck angeordnet	z. B.: {1, 2, 4, 5}
colonne	eine Längsreihe von 12 Zahlen	z. B.: {2, 5, 8, ..., 35}
douze milieu	das mittlere Dutzend	{13, 14, 15, ..., 24}
pair	alle geraden Zahlen	{2, 4, 6, ..., 34, 36}
rouge	alle roten Zahlen	{1, 3, 5, ..., 34, 36}
passe	die zweite Zahlenhälfte	{19, 20, 21, ..., 36}

a) Nach dem Drehen der Scheibe fällt die Kugel auf die Zahl 4. Welche der obigen Ereignisse sind damit eingetreten?

b) Gib die Wahrscheinlichkeiten für das Eintreten folgender Ereignisse an:
A: *cheval*, B: *transversal*, C: *carré*, D: *douze milieu*, E: *pair*

c) Joe setzt auf die mittlere Kolonne F = {2, 5, 8, ..., 35}, Toni auf D: *douze milieu*. Wie groß ist die Wahrscheinlichkeit, dass Joe und Toni beim nächsten Spiel gewinnen? Wie groß ist die Wahrscheinlichkeit, dass keiner von beiden gewinnt? Wie groß ist die Wahrscheinlichkeit, dass nur Joe gewinnt?

d) Die Auszahlungen werden entsprechend der zugehörigen Gewinnwahrscheinlichkeiten angesetzt, aber ohne Berücksichtigung der Null. Gib zu den Ereignissen aus der Tabelle jeweils die zugehörige Auszahlung bei Einsatz eines Jetons an. Wie viele Jetons erhält Max zurück, wenn die Kugel auf die Zahl 4 fällt?

2 Ein ODER – zwei Bedeutungen
Betrachte die beiden Sätze: „Goethe ist an einem Donnerstag *oder* einem Freitag geboren." „Der Aufzug hält in jedem Stockwerk, in dem Personen ein- *oder* aussteigen wollen." Begründe, warum das ODER im ersten Satz eine andere Bedeutung als das ODER im zweiten Satz hat. Welches ODER wird im täglichen Leben sehr häufig benutzt?
In der Mathematik verwendet man das Wort *oder* stets im Sinn des zweiten Satzes. Welche Zahlen sind durch 2 *oder* durch 3 teilbar?

3 Ergebnisse gesucht

Knut setzt beim Roulette je einen Jeton auf die Ereignisse **A**, **B**, **C** und **D** (siehe Zeichnung).

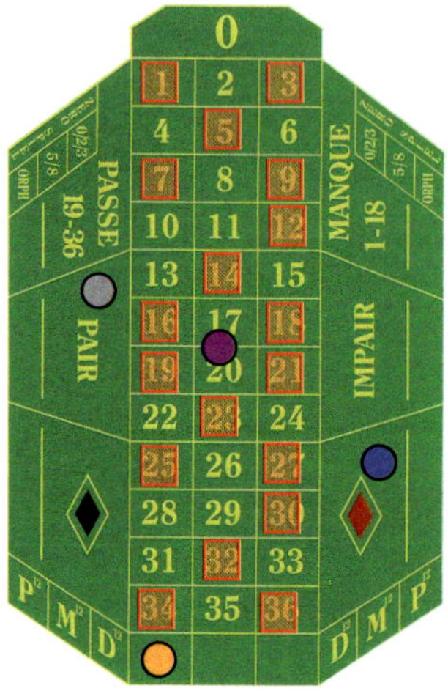

a) Gib zu folgenden Ereignissen jeweils alle Elemente an. Beschreibe die Ereignisse in Worten:

(I)	$A \cap C$	(II)	$A \cap B \cap C$
(III)	$B \cup C$	(IV)	$\overline{A} \cap D$
(V)	$\overline{A} \cap \overline{C}$	(VI)	$\overline{A \cap C}$
(VII)	$\overline{A} \cup \overline{C}$	(VIII)	$\overline{A \cup C}$
(IX)	$A \cup B \cup D$	(X)	$A \cap \overline{B} \cap \overline{C} \cap \overline{D}$
(XI)	$\overline{A \cup B \cup C \cup D}$	(XII)	$\overline{B} \cup \overline{C}$

b) Gib die Wahrscheinlichkeiten der Ereignisse von a) an.

c) Welche der Ereignisse A, B, C und D sind unvereinbar?

4 Werfen eines Würfels

Ein Laplace-Würfel wird einmal geworfen. Wir betrachten die Ereignisse A: „ungerade Zahl“, B: „Primzahl“, C: „Quadratzahl“.

a) Gib A, B und C in Mengenschreibweise an. Zeichne ein Diagramm.

b) Gib das jeweilige Gegenereignis in Mengschreibweise und in Worten an.

c) Gib die Ereignisse $A \cap B \cap C$ und $A \cup B \cup C$ sowie die Gegenereignisse $\overline{A \cap B \cap C}$ und $\overline{A \cup B \cup C}$ in Mengenschreibweise und in Worten an.

d) Gib für die folgenden Formulierungen jeweils eine mögliche Augenzahl und die zugehörige Mengenschreibweise an:
(I) A tritt nicht ein. (II) A und B treten ein.
(III) Mindestens eines der beiden Ereignisse A und B tritt ein.
(IV) Keines der beiden Ereignisse A und B tritt ein.
(V) Höchstens eines der beiden Ereignisse A und B tritt ein.
(VI) Genau eines der beiden Ereignisse A und B tritt ein.

e) Gib die Wahrscheinlichkeiten der folgenden Ereignisse an:
$A \cap C$, $B \cup C$, $\overline{A} \cap \overline{B}$, $\overline{A} \cap B$, $A \cap \overline{B} \cap \overline{C}$, $\overline{A \cap C}$, $\overline{B \cup C}$

5 Ereignisalgebra*

Für die Verknüpfung von Ereignissen gilt:

Kommutativgesetz: $A \cap B = B \cap A$ und $A \cup B = B \cup A$
Assoziativgesetz: $A \cap B \cap C = A \cap (B \cap C)$ und $A \cup B \cup C = A \cup (B \cup C)$
Distributivgesetz: $A \cap (B \cup C) = (A \cap B) \cup (A \cap C)$ und
$A \cup (B \cap C) = (A \cup B) \cap (A \cup C)$

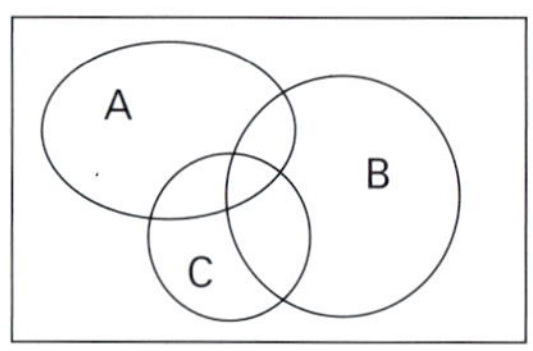

a) Erläutere anhand eines Mengendiagramms nach dem rechts dargestellten Vorbild die Gültigkeit eines Distributivgesetzes. Fasse es in Worte.

Vereinfache folgende Terme:

b) $A \cap \overline{A}$	c) $A \cup \overline{A}$	d) $A \cap \Omega$	e) $A \cup \Omega$
f) $A \cap \{\,\}$	g) $A \cup \{\,\}$	h) $A \cap A$	i) $A \cup A$
k) $A \cap (A \cap \overline{\{\,\}})$	l) $A \cup (A \cap B)$	m) $A \cap (A \cup B)$	n) $(A \cup B) \cap (A \cup \overline{B})$

9.2 Axiomatische Definition der Wahrscheinlichkeit

Die Laplace-Wahrscheinlichkeit

Das Interesse an den Gewinnchancen von Glücksspielen lässt sich bis in die früheste Menschheitsgeschichte zurückverfolgen. Jakob Bernoulli (1655–1705) löste sich vom Glücksspiel. Er entwickelte Gedanken zur Wahrscheinlichkeit, die der französische Mathematiker Pierre Simon Laplace (1749–1827) fortführte und präzisierte. Laplace definierte als erster die Wahrscheinlichkeit eines Ereignisses.

Sind bei einem Zufallsexperiment alle Ergebnisse aus Ω „gleich wahrscheinlich", so ist die Wahrscheinlichkeit eines Ereignisses A gleich der Anzahl der Elemente von A dividiert durch die Anzahl der Elemente von Ω:

$$P(A) = \frac{|A|}{|\Omega|} = \frac{\text{Anzahl der günstigen Ergebnisse}}{\text{Anzahl der möglichen Ergebnisse}}$$

Der statistische Wahrscheinlichkeitsbegriff

Die Laplace'sche Definition erfasst nur Zufallsexperimente, deren Ergebnisse gleich wahrscheinlich sind. Das ist z. B. beim Werfen eines gezinkten Würfels nicht der Fall. Bei jedem Zufallsexperiment stabilisiert sich mit wachsender Versuchszahl die relative Häufigkeit eines Ereignisses; sie kann aber weiterhin schwanken (Aufgabe 1). Deshalb eignet sie sich nicht zur Definition der Wahrscheinlichkeit.

Der axiomatische Wahrscheinlichkeitsbegriff

Die Lösung des Problems gelang 1933 dem russischen Mathematiker Andrej Kolmogorow (1903–1987). Er erkannte, dass es nicht möglich ist, jedem Ereignis einen bestimmten Wert als Wahrscheinlichkeit vorzuschreiben, sondern dass man nur bestimmte Grundeigenschaften der Wahrscheinlichkeit fordern kann. Von diesen **Axiomen** (griech. *Forderungen*) verlangt man, dass sie nicht auseinander ableitbar sind. Mit ihnen sollen sich aber viele andere wesentlichen Eigenschaften beweisen lassen. Kolmogorow zog drei einfache Eigenschaften der relativen Häufigkeit heran (Aufgabe 2).

Axiomensystem von Kolmogorow

Eine Funktion P, die jedem Ereignis A eine reelle Zahl P(A) zuordnet, heißt **Wahrscheinlichkeitsverteilung**, wenn sie die folgenden Eigenschaften besitzt:

Axiom I:	$P(A) \geq 0$	Nichtnegativität
Axiom II:	$P(\Omega) = 1$	Normiertheit
Axiom III:	$A \cap B = \{\,\} \Rightarrow P(A \cup B) = P(A) + P(B)$	Additivität

Aus den Axiomen folgen *nicht* die Wahrscheinlichkeiten der Ergebnisse. Bei einem idealen Würfel *setzen* wir aufgrund der Symmetrie für jede Augenzahl die Wahrscheinlichkeit $\frac{1}{6}$ *fest*, bei realen Experimenten verwenden wir *statistische Näherungswerte*.

Folgerungen aus den Axiomen von Kolmogorow

Aus den Axiomen von Kolmogorow leiten wir nun für beliebige Wahrscheinlichkeitsverteilungen Eigenschaften ab, die wir vom Rechnen mit Laplace-Wahrscheinlichkeiten bereits kennen.

Satz: Eigenschaften **beliebiger Wahrscheinlichkeitsverteilungen**

(1) Die Summe der Wahrscheinlichkeiten eines Ereignisses und seines Gegenereignisses ist 1: $P(A) + P(\overline{A}) = 1$

(2) Die Wahrscheinlichkeit des unmöglichen Ereignisses ist gleich 0: $P(\{\,\}) = 0$

(3) Ist A Teilmenge von B, so ist P(A) kleiner oder gleich P(B): $A \subseteq B \Rightarrow P(A) \leq P(B)$

(4) Für jedes Ereignis A ist die Wahrscheinlichkeit kleiner oder gleich 1: $P(A) \leq 1$

(5) Sind A und B beliebige Ereignisse, so gilt: $P(A \cup B) = P(A) + P(B) - P(A \cap B)$

(6) Die Wahrscheinlichkeit des Ereignisses A ist gleich der Summe der Wahrscheinlichkeiten seiner Ergebnisse: $A = \{\omega_1, \omega_2, \ldots, \omega_k\} \Rightarrow P(A) = P(\omega_1) + P(\omega_2) + \ldots + P(\omega_k)$

Beweis: (1) Da $\Omega = A \cup \overline{A}$ und $P(\Omega) = 1$ (Axiom II), folgt mithilfe von Axiom III: $1 = P(\Omega) = P(A \cup \overline{A}) = P(A) + P(\overline{A})$

(2) Da { } das Gegenereignis von Ω ist, folgt nach (1) und Axiom II: $P(\{\,\}) + \underbrace{P(\Omega)}_{=1} = 1 \Rightarrow P(\{\,\}) = 0$

(3) Wenn $A \subseteq B$ ist, dann lässt sich B (Aufgabe 3) in zwei unvereinbare Ereignisse zerlegen: $B = A \cup (\overline{A} \cap B)$
Nach Axiom III gilt:
$P(B) = P(A \cup (\overline{A} \cap B)) = P(A) + P(\overline{A} \cap B)$.
Nach I ist $P(\overline{A} \cap B) \geq 0 \Rightarrow P(B) \geq P(A)$.

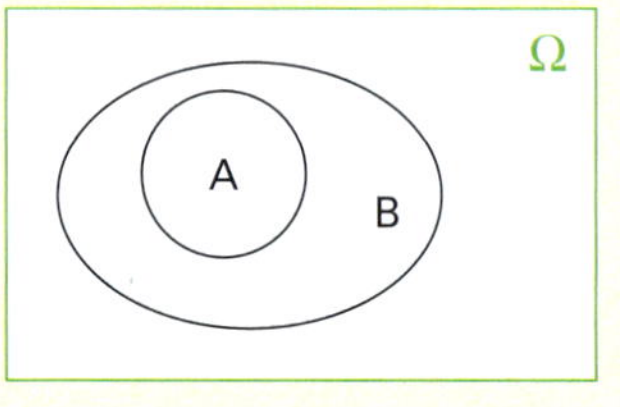

(4) Da $A \subseteq \Omega$ ist, folgt nach (3): $P(A) \leq 1$.

(5) Wenn A und B keine Elemente gemeinsam haben, kann man die Wahrscheinlichkeit des Ereignisses $A \cup B$ mit Axiom III berechnen. Wenn A und B dagegen beliebige Ereignisse sind, müssen wir zunächst $A \cup B$ aus einer Vereinigung von Ereignissen ohne gemeinsame Ergebnisse aufbauen (Aufgabe 3): $A \cup B = A \cup (\overline{A} \cap B)$. Also:
$P(A \cup B) = P(A \cup (\overline{A} \cap B)) = P(A) + P(\overline{A} \cap B)$
Im Hinblick auf unser Ziel subtrahieren wir die Wahrscheinlichkeit der Schnittmenge $P(A \cap B)$ und addieren sie gleichzeitig:
$P(A \cup B) = P(A) + P(\overline{A} \cap B) + P(A \cap B) - P(A \cap B)$
$\overline{A} \cap B$ und $A \cap B$ haben keine Elemente gemeinsam. Nach III folgt:
$P(A \cup B) = P(A) + P((\overline{A} \cap B) \cup (A \cap B)) - P(A \cap B)$
Nun ist $(\overline{A} \cap B) \cup (A \cap B) = B$. Also: $P(A \cup B) = P(A) + P(B) - P(A \cap B)$

(6) Durch wiederholte Anwendung von Axiom (III) folgt:

$$P(A) = P(\{\omega_1, \omega_2, \ldots, \omega_k\}) = P(\{\omega_1\}) + P(\{\omega_2, \ldots, \omega_k\})$$
$$= P(\{\omega_1\}) + P(\{\omega_2\}) + P(\{\omega_3, \ldots, \omega_k\}) = \ldots$$
$$= P(\{\omega_1\}) + P(\{\omega_2\}) + \ldots + P(\{\omega_k\})$$

Was besagt Satz (5) anschaulich? Ist die Schnittmenge zweier Ereignisse A und B nicht leer, tragen die gemeinsamen Ergebnisse sowohl zu $P(A)$ als auch zu $P(B)$ bei. Zweimal ist einmal zu viel! Deshalb muss man $P(A \cap B)$ subtrahieren.

Beispiel: Ein ideales Dodekaeder, dessen Seitenflächen mit den Zahlen von 1 bis 12 beschriftet sind, wird geworfen. Mit welcher Wahrscheinlichkeit fällt eine durch 2 (Ereignis T_2) *oder* 3 (T_3) teilbare Zahl?
Es gibt $12 : 2 = 6$ durch 2 teilbare Zahlen und $12 : 3 = 4$ durch 3 teilbare Zahlen. Die durch 2 *und* durch 3 teilbaren Zahlen sind die durch 6 teilbaren Zahlen. Davon gibt es $12 : 6 = 2$. Also:
$P(T_2 \cup T_3) = P(T_2) + P(T_3) - P(T_2 \cap T_3) = \frac{6}{12} + \frac{4}{12} - \frac{2}{12} = \frac{8}{12} = \frac{2}{3}$

Aufgaben

1 Roulette-Simulation mithilfe einer Tabellenkalkulation

Wir interessieren uns für die relative Häufigkeit von *impair* in Abhängigkeit von der Anzahl der Spiele.

	A	B	C	D	E	F	G	H	I	J	K	L	M	N	O	P	Q	R	S	T	U	V	W	X	Y
1	17	13	25	3	0	28	9	13	26	11		1	1	1	1	0	0	1	1	0	1		7	10	0,7
2	1	36	7	14	25	32	22	20	32	31		1	0	1	0	1	0	0	0	0	1		11	20	0,55
3	1	33	31	27	0	21	4	22	22	10		1	1	1	1	0	1	0	0	0	0		16	30	0,53333
4	2	17	24	15	11	27	15	24	20	1		0	1	0	1	1	1	1	0	0	1		22	40	0,55
5	11	29	2	12	32	19	7	28	1	30		1	1	0	0	0	1	1	0	1	0		27	50	0,54
6																							29	60	0,48333
7																							34	70	0,48571
8																							41	80	0,5125
9																							43	90	0,47778
10																							51	100	0,51
11																							56	110	0,50909
12																							60	120	0,5
13																							64	130	0,49231
14																							71	140	0,50714
15																							75	150	0,5
16																							80	160	0,5
17																							83	170	0,48824
18																							87	180	0,48333
19																							93	190	0,48947
20																							98	200	0,49

Tipp:

Folgende Funktionen können hilfreich sein:

=GANZZAHL(),
=ZUFALLSZAHL()
=REST()
=SUMME()
=ANZAHL()

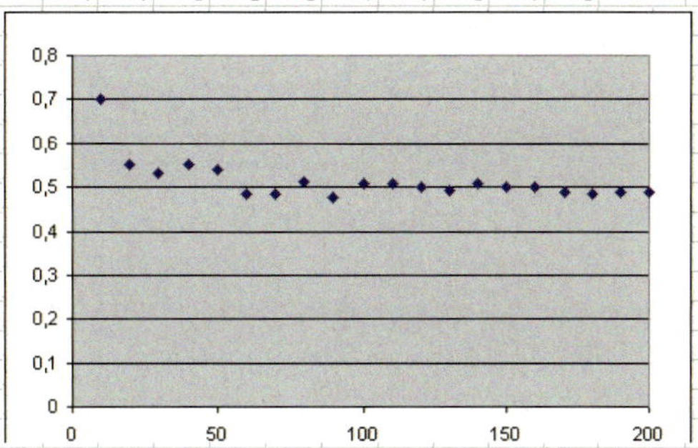

a) Erstelle das Programm. Gib zunächst die erste Zeile ein, in der 10 Spiele simuliert werden (Spalte A bis J). In den Spalten L bis U wird jedem ungeraden Ergebnis eine 1 und jedem geraden Ergebnis eine 0 zugeordnet. Wie erhält man den Eintrag in Spalte W?

b) Verwende nun die Kopierfunktion und simuliere die 200 Spiele. Beobachte dabei, wie sich die relativen Häufigkeiten insbesondere bei „schlechten“ Anfangswerten jeweils verhalten.

c) Warum ist die Aussage $\lim\limits_{n \to \infty} h_n(\text{impair}) = \frac{18}{37} = 0,\overline{486}$ mathematisch nicht vertretbar?

2 Relative Häufigkeit beim Würfeln

Theo hat 100-mal gewürfelt und die Ergebnisse notiert. Welche seiner Aussagen sind sicher falsch? Warum?

a) „Die relative Häufigkeit der Augenzahl 1 ist $\frac{11}{100}$."

b) „Gerade Augenzahlen sind mit einer relativen Häufigkeit von $\frac{37}{100}$ gefallen, die ungeraden dagegen mit einer Häufigkeit von $\frac{61}{100}$."

c) „Die relative Häufigkeit der Augenzahl 2 ist $\frac{-2}{100}$."

d) „Insgesamt habe ich 24-mal eine Quadratzahl gewürfelt."

e) „Die relative Häufigkeit für das Würfeln einer Primzahl ist $\frac{57}{100}$."

f) „Die relative Häufigkeit der Augenzahl 6 ist $\frac{1}{100}$."

g) „1 ist mit der relativen Häufigkeit $\frac{11}{100}$ gefallen, 4 mit der relativen Häufigkeit $\frac{13}{100}$ und eine Quadratzahl mit $\frac{24}{100}$."

3 Unvereinbare Ereignisse

Stelle sowohl die Menge B als auch die Menge $A \cup B$ als Vereinigung zweier Mengen ohne gemeinsame Elemente dar.

a)

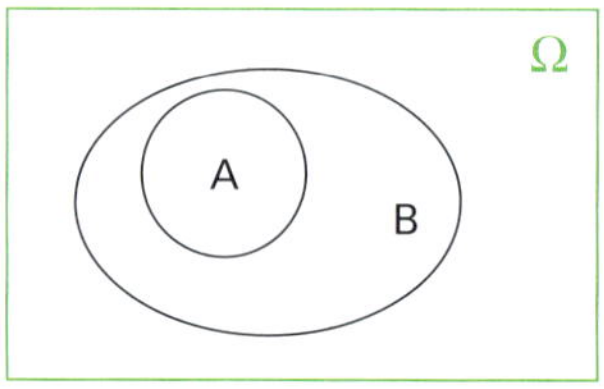

b)

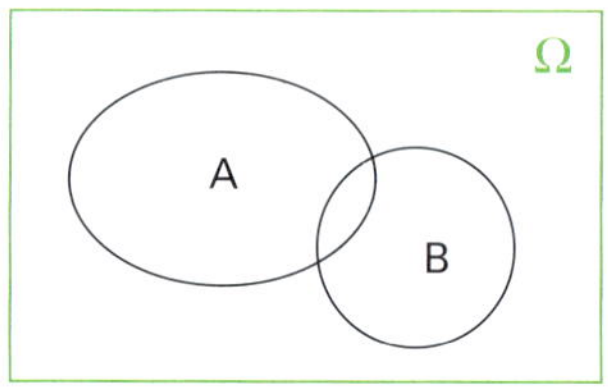

4 Wahrscheinlichkeiten berechnen

a) Gegeben sind $P(A) = 0{,}7$, $P(B) = 0{,}5$, $P(A \cap B) = 0{,}3$.
Berechne $P(\overline{A})$, $P(\overline{B})$ und $P(A \cup B)$.

b) Gegeben sind $P(A) = 0{,}4$, $P(A \cup B) = 0{,}6$, $P(A \cap B) = 0{,}1$.
Berechne $P(B)$, $P(\overline{A})$ und $P(\overline{B})$.

5 Zu spät!

Um zur Schule zu kommen, muss Leonie mit dem Zug und anschließend mit dem Bus fahren. Nur wenn beide Verkehrsmittel pünktlich sind, kommt Leonie auch pünktlich in die Schule. Wir betrachten die beiden Ereignisse A: „Der Zug ist pünktlich" und B: „Der Bus ist pünktlich" mit den zugehörigen Wahrscheinlichkeiten: $P(A) = 60\,\%$ und $P(B) = 80\,\%$. Gib die folgenden Ereignisse in Mengenschreibweise an. Berechne die zugehörigen Wahrscheinlichkeiten.

a) Leonie kommt pünktlich zur Schule.

b) Nur der Zug ist unpünktlich.

c) Leonie kommt nicht pünktlich zur Schule.

d) Genau eines der beiden Verkehrsmittel ist unpünktlich.

e) Mindestens eines der beiden Verkehrsmittel ist unpünktlich.

f) Höchstens eines der beiden Verkehrsmittel ist unpünktlich.

6 **Teilbarkeit**

Aus der Menge der natürlichen Zahlen von 1 bis 100 wird zufällig eine Zahl ausgewählt. Wir interessieren uns für die Teilbarkeit durch 4 (T_4) und die Teilbarkeit durch 6 (T_6). Drücke die folgenden Ereignisse durch T_4 und T_6 aus und berechne ihre Wahrscheinlichkeiten. Die ausgewählte Zahl ist

a) durch 4 teilbar,
b) durch 6 teilbar,
c) durch 4 und durch 6 teilbar,
d) durch 4 oder auch durch 6 teilbar,
e) weder durch 4 noch durch 6 teilbar.

7 **Schaltjahre**

Die Erde benötigt für ihren Umlauf um die Sonne 365,2422 Tage, also etwas mehr als 365 Tage. Deshalb gibt es außer den gewöhnlichen Jahren von 365 Tagen auch Schaltjahre. Seit der Einführung des Gregorianischen Kalenders im Jahre 1582 werden nach folgenden Regeln Schaltjahre eingeschoben:
Alle Jahre, die durch 4 teilbar sind (A), sind Schaltjahre.
Alle Jahre, die durch 100 teilbar sind (B), sind keine Schaltjahre.
Alle Jahre, die durch 400 teilbar sind (C), sind wiederum Schaltjahre.

a) Stelle die Ereignisse A, B und C in einem Mengendiagramm dar.
b) Bestimme die Anzahl der Elemente der Ereignisse A, B und C seit 1582.
c) Stelle das Ereignis Schaltjahr in Mengenschreibweise dar.
d) Wie viele Schaltjahre gab es seit Einführung des Gregorianischen Kalenders?

8 **Behütet**

Auf der Eislaufbahn herrscht ein reges Treiben. 12% der Personen tragen eine Mütze, 5% tragen einen Schal und eine Mütze und 28% der Personen tragen eine Mütze oder einen Schal.
Eine Person wird zufällig ausgewählt. Wir betrachten die Ereignisse M: „Die Person trägt eine Mütze“ und S: „Die Person trägt einen Schal“. Mit welcher Wahrscheinlichkeit trägt die Person

a) weder Mütze noch Schal,
b) einen Schal,
c) keine Mütze, aber einen Schal?

9 **Märchenhafte Südseeinsel**

Eine Insel wird zum Teil von edel gesinnten Leuten bewohnt, die stets die Wahrheit sagen, zum anderen Teil von Leuten, die stets lügen. Insgesamt wohnen 888 Menschen auf der Insel.
Jeder von ihnen hat genau eine der folgenden Lieblingsbeschäftigungen: entweder singt dieser Insulaner gern oder er surft gern im Internet oder er liest gern Märchen. Jedem Bewohner wurden die folgenden drei Fragen gestellt: 1. Singst du gern? 2. Surfst du gern im Internet? 3. Liest du gern Märchen? 444 Insulaner bejahten die erste, 333 die zweite und 222 die dritte Frage.
Ein Inselbewohner wird rein zufällig ausgewählt. Mit welcher Wahrscheinlichkeit ist er ein Lügner?

9.3 Verknüpfte Ereignisse und ihre Wahrscheinlichkeiten

Ereignisse in Baumdiagrammen

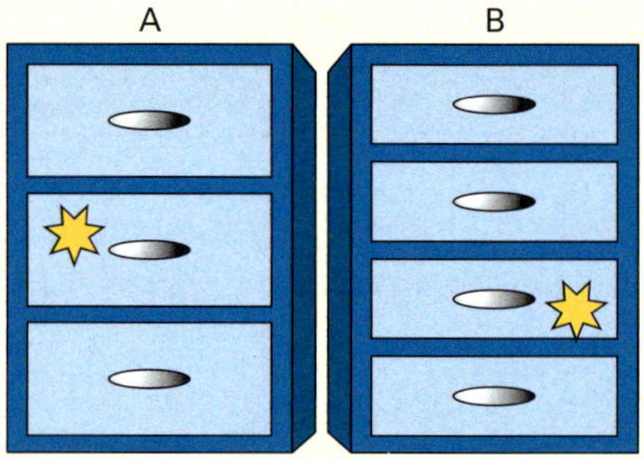

Bei einer Fernsehshow muss sich ein Kandidat zuerst für eine von zwei zunächst völlig gleichartigen Kommoden entscheiden. Danach nimmt der Showmaster die Blende weg und der Kandidat muss eine Schublade auswählen. In Kommode A befindet sich in einer von drei Schubladen ein Gewinn (G), in Kommode B dagegen in einer von vier Schubladen.

Das abgebildete Baumdiagramm veranschaulicht den Zusammenhang. Die gegebenen Wahrscheinlichkeiten stehen dabei an den Ästen: $P(A) = P(B) = \frac{1}{2}$.

Bei den Wahrscheinlichkeiten für die Schubladen mit bzw. ohne Gewinn jeder Kommode handelt es sich um bedingte Wahrscheinlichkeiten:

$P_A(G) = \frac{1}{3}$, $P_A(\overline{G}) = \frac{2}{3}$, $P_B(G) = \frac{1}{4}$, $P_B(\overline{G}) = \frac{3}{4}$.

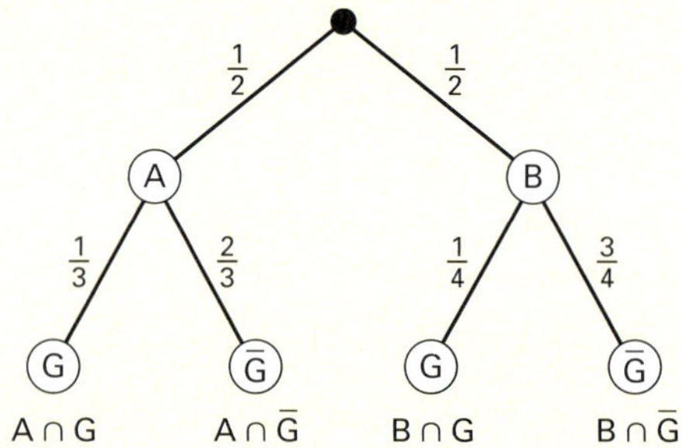

Es können vier Fälle eintreten, die durch jeweils einen Ast des Baumdiagramms repräsentiert werden:

$A \cap G$: „Der Kandidat entscheidet sich für Kommode A **und** gewinnt"
$A \cap \overline{G}$: „Der Kandidat entscheidet sich für Kommode A **und** gewinnt **nicht**"
$B \cap G$: „Der Kandidat entscheidet sich für Kommode B **und** gewinnt"
$B \cap \overline{G}$: „Der Kandidat entscheidet sich für Kommode B **und** gewinnt **nicht**".

Die Wahrscheinlichkeiten für diese Ereignisse berechnen wir mit der **1. Pfadregel**, z. B.: $P(A \cap G) = P(A) \cdot P_A(G) = \frac{1}{2} \cdot \frac{1}{3} = \frac{1}{6}$.

Lösen wir diese Gleichung nach der bedingten Wahrscheinlichkeit auf, erhalten wir die uns bekannte Formel, allerdings jetzt in Mengenschreibweise: $P_A(G) = \frac{P(A \cap G)}{P(A)}$.
Allgemein:

> Ist das Ereignis B eingetreten, dann ist die **bedingte Wahrscheinlichkeit** für das Eintreten eines Ereignisses E gleich $P_B(E) = \dfrac{P(B \cap E)}{P(B)}$.

Uns interessiert die Wahrscheinlichkeit für das Ereignis G: „Der Kandidat gewinnt". Genauer ausgedrückt: „Der Kandidat entscheidet sich für Kommode A **und** gewinnt **oder** der Kandidat entscheidet sich für Kommode B **und** gewinnt":
$P(G) = P((A \cap G) \cup (B \cap G))$.

Diese **totale Wahrscheinlichkeit** berechnen wir mit der **2. Pfadregel** durch Aufsummieren der Wahrscheinlichkeiten der zugehörigen Äste des Baumdiagramms:
$P(G) = \frac{1}{2} \cdot \frac{1}{3} + \frac{1}{2} \cdot \frac{1}{4} = \frac{1}{6} + \frac{1}{8} = \frac{7}{24} \approx 29\,\%$.

Wir kehren jetzt die Fragestellung um: Wir vertauschen Bedingung und Ereignis. „Angenommen der Kandidat hat gewonnen, wie groß ist die Wahrscheinlichkeit, dass er sich dann für Kommode A entschieden hat?"

Gegeben ist die bedingte Wahrscheinlichkeit $P_A(G) = \frac{1}{3}$. Wir suchen aber jetzt die „umgekehrte" bedingte Wahrscheinlichkeit $P_G(A)$. Diese können wir am Baumdiagramm nicht unmittelbar ablesen. Für das Lösen des Umkehrproblems ziehen wir die Formel für die bedingte Wahrscheinlichkeit heran und entnehmen die erforderlichen Wahrscheinlichkeiten dem Baumdiagramm:

$$P_G(A) = \frac{P(A \cap G)}{P(G)} = \frac{\frac{1}{6}}{\frac{7}{24}} = \frac{1}{6} \cdot \frac{24}{7} = \frac{4}{7} \approx 57\%.$$

Unabhängige Ereignisse

Eine repräsentative Erhebung des statistischen Bundesamtes im Jahr 2005 hat das abgebildete Raucherverhalten in Deutschland ergeben:

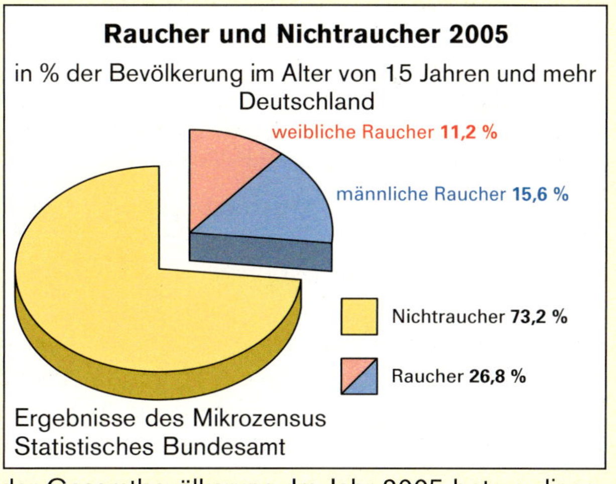

Wir wollen untersuchen, ob es einen Zusammenhang zwischen dem Raucherverhalten und dem Geschlecht gibt.

Dazu benötigen wir zusätzlich den Anteil der Männer an der Gesamtbevölkerung. Im Jahr 2005 betrug dieser 48,8%.

Um diese Daten zu überschauen, übertragen wir sie in eine **Vierfeldertafel**:
Eine Person wird zufällig ausgewählt.
Wir interessieren uns für die Ereignisse
R: „Die Person raucht",
M: „Die Person ist männlich".

	M	$\overline{M}$	
R	15,6%	11,2%	26,8%
$\overline{R}$	33,2%	40,0%	73,2%
	48,8%	51,2%	100,0%

Der Anteil der Raucher unter den Männern ist die Wahrscheinlichkeit dafür, dass eine zufällig ausgewählte Person Raucher ist unter der Bedingung, dass es ein Mann ist: $P_M(R) = \frac{P(M \cap R)}{P(M)} = \frac{15{,}6\%}{48{,}8\%} = 0{,}320 = 32{,}0\%$.

Diese bedingte Wahrscheinlichkeit müssen wir mit der totalen Wahrscheinlichkeit, dass die ausgewählte Person raucht, vergleichen: $P(R) = 26{,}8\%$.

Die Werte für die beiden Wahrscheinlichkeiten unterscheiden sich deutlich. Wir deuten das Resultat dahingehend, dass ein Zusammenhang zwischen Rauchen und dem Geschlecht der Person besteht. Man bezeichnet die beiden Ereignisse R und M als **stochastisch abhängig**.

Beachte: Es besteht hier nur ein *statistischer* Zusammenhang zwischen den beiden Ereignissen M und R. Daraus kann man aber keinen *kausalen* Zusammenhang ableiten. Aus der Tatsache, dass $P_M(R) > P_{\overline{M}}(R)$ ist (Aufgabe 8), folgt nicht, dass Männer aufgrund ihres Geschlechts „zwanghaft“ mehr rauchen müssen.

Verallgemeinerung

Zwei Ereignisse A und B werden als *stochastisch unabhängig* bezeichnet, wenn das Eintreten der Bedingung B die Wahrscheinlichkeit von A nicht beeinflusst. Das ist gleichbedeutend mit:

$$P_B(A) = P(A) \quad \Rightarrow \quad \frac{P(A \cap B)}{P(B)} = P(A) \quad \Rightarrow \quad P(A \cap B) = P(A) \cdot P(B)$$

Da die letzte Gleichung auch die Fälle $P(A) = 0$ bzw. $P(B) = 0$ zulässt, benützt man sie für die Definition der stochastischen Unabhängigkeit.

> Zwei Ereignisse A und B heißen **stochastisch unabhängig**, wenn
>
> $$P(A \cap B) = P(A) \cdot P(B).$$
>
> Anderenfalls heißen sie **stochastisch abhängig**.

Beachte: Alle Wahrscheinlichkeiten, die in dieser Definitionsgleichung auftreten, finden wir in der *Vierfeldertafel*. Damit können wir den Nachweis der stochastischen Abhängigkeit der Ereignisse R: „Raucher“ und M: „männlich“ auch direkt führen:

$P(M \cap R) = 15{,}6\,\%$, aber $P(M) \cdot P(R) = 0{,}4888 \cdot 0{,}268 = 13{,}1\,\%$

$\Rightarrow$ M und R sind stochastisch abhängig.

Aufgaben

1 Ziehen ohne Zurücklegen

In einer Urne befinden sich 10 Kugeln mit den Ziffern von 0 bis 9. Es wird zweimal eine Kugel ohne Zurücklegen aus der Urne gezogen. Dabei bedeutet das Ereignis A: „Die erste gezogene Zahl ist gerade“ und das Ereignis B: „Die zweite gezogene Zahl ist gerade“.

a) Zeichne ein vollständig beschriftetes Baumdiagramm.

b) Beschreibe die Ereignisse $A \cap B$ und $\overline{A} \cap B$ mit Worten und berechne jeweils ihre Wahrscheinlichkeit.

c) Gib die Bedeutung der Wahrscheinlichkeiten $P_A(B)$ und $P(B)$ an. Wie groß sind diese?

d) Was bedeutet $P_B(A)$? Berechne diese Wahrscheinlichkeit.

2 Blindstudie

Um die Wirksamkeit von Medikamenten zu untersuchen, werden in der Medizin häufig Blindstudien durchgeführt. Dabei wissen die Versuchspersonen nicht, ob sie das zu untersuchende Medikament oder ein Placebo (wirkungsfreien Stoff, wie Traubenzucker) erhalten. Die Resultate einer Studie wurden in einer Vierfeldertafel festgehalten. Dabei bedeutet

W: „eine zufällig heraus gegriffene Person zeigt Wirkung“ und

Pl: „eine zufällig heraus gegriffene Person ist Placebo-Empfänger“.

	W	$\overline{W}$	
Pl	30	95	125
$\overline{Pl}$	50	25	75
	80	120	200

a) Erstelle ein vollständig beschriftetes Baumdiagramm.

b) Was bedeutet $P_{Pl}(W)$, was $P_{\overline{Pl}}(W)$?
Berechne beide Wahrscheinlichkeiten auf zwei Arten, einmal mit der Vierfeldertafel und das andere Mal mit dem Baumdiagramm.

3 Die Tür klemmt.

Drei Maschinen eines Haushaltsgeräte-Herstellers produzieren Türen für Waschmaschinen. Maschine A produziert die Hälfte der Türen, Maschine B 30% und Maschine C 20%. Bei der Montage müssen 2% der Türen von Maschine A, 5% der Türen von Maschine B und 7% der Türen von Maschine C nachbearbeitet werden.

a) Stelle eine Sechsfeldertafel mit 1000 Türen auf, die sich nach den relativen Häufigkeiten verteilen. Gib die Sechsfeldertafel mit den relativen Häufigkeiten an. Zeichne ein Baumdiagramm.

b) Mit welcher Wahrscheinlichkeit muss die Tür einer Waschmaschine nachbearbeitet werden?

c) Mit welcher Wahrscheinlichkeit stammt eine zufällig ausgewählte, nachzuarbeitende Tür von Maschine B?

4 Lügendetektor

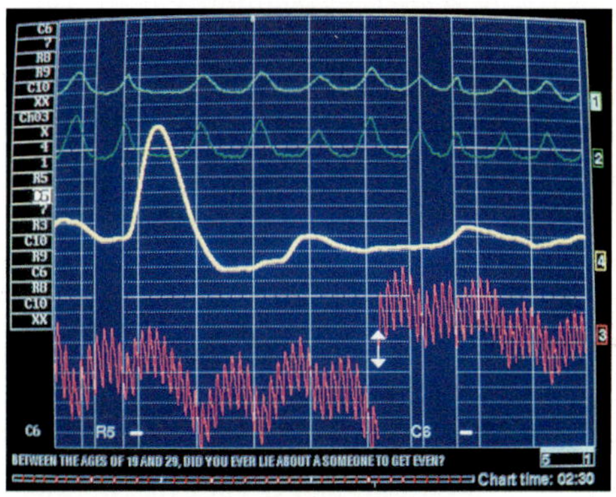

In den USA werden häufig bei der Befragung von Tatverdächtigen Lügendetektoren eingesetzt (Seite 153). Dabei werden Fragen zur Tat gestellt und mehrere mögliche Antworten verlesen. Darunter sind Fakten, die nur dem Täter (T) bekannt sind. Zeigt der Untersuchte bei den entsprechenden Antworten Reaktionen (R), gibt er unbewusst Wissen preis.
Laborstudien haben gezeigt, dass Probanden ohne Tatwissen zu 90% richtig identifiziert wurden, Personen mit Tatwissen zu 85% richtig.
Sergeant Pepper hat 5 Verdächtige, von denen einer der Täter ist. Diese unterzieht er einer Befragung mit dem Lügendetektor. Wie groß ist die Wahrscheinlichkeit, dass es sich bei einer Person um den Täter handelt, wenn der Test sie dafür ausgibt?

5 **Belastende Zeugenaussage**

In Stochastika sind zwei Taxigesellschaften tätig. Die Taxis der Gesellschaft A sind grün, die der Gesellschaft B sind blau. Die Gesellschaft A stellt 15% der Taxis, die Gesellschaft B die verbleibenden 85%. Eines Nachts kommt es zu einem Unfall mit Fahrerflucht. Das fliehende Auto war ein Taxi. Ein Zeuge sagt aus, es habe sich um ein grünes Taxi gehandelt. Das Gericht lässt den Zeugen auf seine Fähigkeit untersuchen, grüne und blaue Taxis unter nächtlichen Sichtbedingungen zu unterscheiden. In 80% der Fälle identifiziert der Zeuge die Farbe zutreffend, in 20% der Fälle irrt er sich. Wie hoch ist die Wahrscheinlichkeit, dass es sich bei dem fliehenden Taxi um ein Taxi der Gesellschaft A gehandelt hat?

6 **Mathematik-Virus** (Abitur 2007)

Ein Anteil $p \in]0;1[$ von Patienten leidet an der Infektion durch den M-Virus. Der Nachweis dieser Krankheit durch einen Bluttest ist nicht zuverlässig. Falls jemand vom M-Virus befallen ist, dann diagnostiziert der Bluttest dies nur mit einer Wahrscheinlichkeit von 90%. Falls jemand nicht infiziert ist, dann diagnostiziert der Bluttest in 5% aller Fälle trotzdem eine M-Virusinfektion.

a) Zeige: Die Wahrscheinlichkeit, dass eine Person tatsächlich infiziert ist, falls der Bluttest dies diagnostiziert, beträgt $\frac{90p}{85p+5}$.

b) Für welche Werte von p ist diese Wahrscheinlichkeit größer als 90%?

7 **Kaufhausdiebe**

Mit einer elektronischen Anlage wird am Ausgang überprüft, ob ein Kunde unbezahlte Kleidungsstücke bei sich führt. Bei Kaufhausdieben spricht die Anlage mit einer Wahrscheinlichkeit von 93% an, allerdings auch bei ehrlichen Kunden mit einer Wahrscheinlichkeit von 0,75%. Nur die Hälfte der Verdachtsfälle erweist sich als gerechtfertigt. Wie groß ist demnach der Anteil der Diebe unter allen Kunden?

8 **Männliche und weibliche Raucher**

Bestimme mithilfe der Daten des Jahres 2005 (Seite 165) für die Ereignisse R: „Die Person raucht“ und M: „Die Person ist männlich“ die folgenden Wahrscheinlichkeiten: $P_{\overline{M}}(R)$, $P_R(M)$ und $P_{\overline{R}}(M)$. Beschreibe sie auch in Worten.

9 **Farbenfehlsichtigkeit**

10 000 Personen, darunter 3000 Frauen, unterziehen sich einem Farbensehtest. 9340 Personen bestehen diesen erfolgreich. 30 Frauen erweisen sich als farbenfehlsichtig.

a) Wie viele Männer haben den Test bestanden?

b) Überprüfe die Ereignisse F: „Eine zufällig ausgewählte Person ist farbenfehlsichtig“ und W: „Eine zufällig ausgewählte Person ist weiblich“ auf stochastische Unabhängigkeit.

c) Eine aus den 10 000 Testteilnehmern zufällig ausgewählte Person ist farbenfehlsichtig. Mit welcher Wahrscheinlichkeit handelt es sich dabei um eine Frau?

10 **Urne** (Abitur 1980)

In einer Urne befinden sich 12 durchnummerierte Kugeln. Eine Kugel wird zufällig gezogen. Als Ergebnisraum verwenden wir $\Omega = \{1, 2, 3, \ldots, 12\}$.

a) Zeige, dass die Ereignisse $A = \{1, 2, 3, 4, 5, 6\}$ und $B = \{1, 4, 7, 10\}$ unabhängig sind.

b) Gib zum Ereignis $A = \{1, 2, 3, 4, 5, 6\}$ ein unabhängiges Ereignis C mit $P(C) = 0{,}5$ an. Wie viele derartige Ereignisse C gibt es?

c) Begründe, warum zwei Ereignisse D und E mit $P(D) = P(E) = \frac{3}{4}$ abhängig sind.

11 **Unvereinbarkeit und Abhängigkeit**

a) Zeige: Zwei unvereinbare Ereignisse A und B, die beide von { } und Ω verschieden sind, sind stets abhängig.

b) Sind ein Ereignis A und sein Gegenereignis $\overline{A}$ abhängig oder unabhängig?

12 **Das Vererben der Unabhängigkeit**

Wirkt sich das Eintreten von A nicht auf die Wahrscheinlichkeit von B aus, liegt nahe, dass dies auch für $\overline{A}$ und B gilt. Vervollständige den Beweis.

Vor.: $P(A \cap B) = P(A) \cdot P(B)$ Beh.: $P(\overline{A} \cap B) = P(\overline{A}) \cdot P(B)$

Bew.: $P(B) = P((A \cap B) \cup (\overline{A} \cap B)) = P(A \cap B) + \ldots \quad \Rightarrow \quad P(\overline{A} \cap B) = \ldots$

13 **Sommerfest** (Abitur 2007)

40% der Besucher eines Sommerfestes sind männlich; 30% der Besucher trinken nur Fruchtsaft; 42% der Besucher sind weiblich und trinken nicht nur Fruchtsaft.

a) Untersuche die Ereignisse F: „Ein zufällig ausgewählter Besucher trinkt nur Fruchtsaft“ und W: „Ein zufällig ausgewählter Besucher ist weiblich“ auf stochastische Unabhängigkeit.

Im Folgenden wird das Ereignis C: „Ein zufällig ausgewählter Besucher ist männlich oder trinkt nicht nur Fruchtsaft“ betrachtet.

b) Bestimme die Wahrscheinlichkeit für das Ereignis C.

c) Beschreibe das Gegenereignis von C in Worten.

14 **Wahlprognose** (Abitur 2003)

Mit einer Umfrage ist der Bekanntheitsgrad des Spitzenkandidaten einer Partei ermittelt worden. 16% aller Befragten waren Männer, die den Spitzenkandidaten nicht kennen. Der Anteil der Frauen an den Befragten betrug 52%.

Aus der Menge der Befragten wird zufällig eine Person ausgewählt. Die beiden Ereignisse M: „Die Person ist ein Mann“ und B: „Die Person kennt den Spitzenkandidaten“ seien stochastisch unabhängig. Die Wahrscheinlichkeit des Ereignisses B wird als Bekanntheitsgrad interpretiert.

a) Bestimme den Bekanntheitsgrad des Spitzenkandidaten.

b) Würde die Umfrage einen größeren, einen kleineren oder einen gleich großen Bekanntheitsgrad liefern, wenn der Anteil der Frauen kleiner als 52% wäre und wiederum 16% aller Befragten Männer sind, die den Spitzenkandidaten nicht kennen? Erläutere deine Lösung.

Training der Grundkenntnisse

15 Prüfungsstress

Bei einer Abschlussprüfung muss ein Student drei Fragen beantworten. Dafür hat der Prüfer zwei Fragen aus dem Bereich Infinitesimalrechnung (I), zwei Fragen aus der Geometrie (G) und eine Frage aus der Stochastik (S) vorbereitet. Von diesen Fragen wählt er zufällig drei aus.

a) Gib zum Ereignis jeweils das Gegenereignis an.
A: „Die Prüfung enthält höchstens eine Geometrie-Frage“.
B: „Die Prüfung enthält genau eine „Infini-Frage“.“

b) Der Student hat sich in Stochastik nicht vorbereitet. Wie groß ist die Wahrscheinlichkeit, dass die Prüfung keine Stochastik-Frage enthält?

c) Die Auswertung der letzten 500 Prüfungen ergibt:
220 Prüfungen enthielten eine Stochastik-Frage, 140 Prüfungen enthielten eine Stochastik- und mindestens eine „Infini-Frage“, 400 Prüfungen enthielten mindestens eine Geometrie-Frage.
Wie viele der 500 Prüfungen enthielten je eine Frage aus jedem der drei Bereiche?

Erfahrungsgemäß sind 25% der Prüfungskandidaten Wiederholer (W) der Prüfung; 15% der Wiederholer und 28% der anderen Kandidaten treten von der Prüfung zurück (R). Ein Kandidat wird zufällig ausgewählt.

d) Mit welcher Wahrscheinlichkeit ist der Kandidat Wiederholer und zugleich einer, der von der Prüfung zurückgetreten ist?

e) Mit welcher Wahrscheinlichkeit ist der Kandidat Wiederholer, wenn er an der Prüfung teilgenommen hat?

f) Untersuche die Ereignisse W und R auf stochastische Unabhängigkeit.

16 Grundwissen: Vierfeldertafel und Baumdiagramm

30% der Bewohner einer Insel surfen gern im Meer (Ereignis M) und 40% gern im Internet (Ereignis I). 60% der Insulaner surfen gern im Meer oder auch im Internet.

a) Lege eine Vierfeldertafel an und fülle sie vollständig aus.

b) Sind die Ereignisse M und I stochastisch unabhängig?

Ein Insulaner wird zufällig ausgewählt. Mit welcher Wahrscheinlichkeit

c) surft er gern im Meer, aber nicht gern im Internet,

d) surft er gern im Internet, aber nicht gern im Meer?

Formuliere folgende Ereignisse in Worten und gib ihre Wahrscheinlichkeiten an:

e) $M \cap I$, $\overline{M} \cup \overline{I}$, $\overline{M} \cap \overline{I}$, $\overline{M \cup I}$, $\overline{M \cap I}$

f) $P_M(I)$ und $P_I(M)$

Das rechts abgebildete Baumdiagramm erfasst die Situation auf der Nachbarinsel.

g) Vervollständige das Baumdiagramm.
Berechne $P_I(M)$.

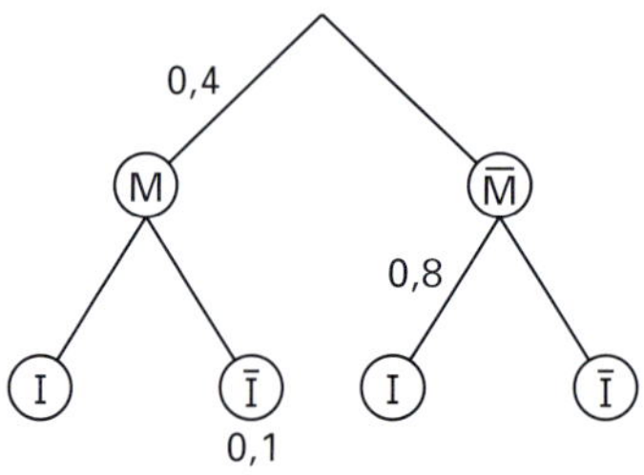

Koordinatengeometrie im Raum

10 Punkte und Vektoren im dreidimensionalen Raum

Früher haben Architekten, Maschinenbauer und Produktdesigner ihre Baupläne mit dem Reißbrett gezeichnet, heute verwenden sie dazu einen Computer. Diese rechnerunterstützten Konstruktionen nennt man **C**omputer **A**ided **D**esign, kurz **CAD**. Dabei können die gezeichneten Objekte von verschiedenen Seiten betrachtet werden. Für die notwendigen Rechnungen des Computers werden die Punkte durch ihre Koordinaten in einem räumlichen Koordinatensystem festgelegt. Das Hilfsmittel für die Rechnungen zur Geometrie im Raum ist die Vektorrechnung. Die Grundlagen dazu werden in den nächsten Kapiteln entwickelt.

10.1 Das kartesische Koordinatensystem im Raum

Ein räumliches kartesisches Koordinatensystem besteht aus **drei Achsen**, die paarweise aufeinander senkrecht stehen. Die Achsen besitzen einen gemeinsamen Nullpunkt, der **Ursprung O** heißt. Auf allen Achsen wird die gleiche Einheitsstrecke verwendet. Die Achsen werden als $\mathbf{x_1}$**-**, $\mathbf{x_2}$**-** und $\mathbf{x_3}$**-Achse** bezeichnet. Jeweils zwei Achsen spannen eine **Koordinatenebene** auf, die man x_1x_2-Ebene, x_2x_3-Ebene bzw. x_1x_3-Ebene nennt.

Wir zeichnen von einem räumlichen Koordinatensystem ein ebenes Bild. Dazu verwenden wir die bereits bekannte Schrägbilddarstellung: Die x_2- und die x_3-Achse legen wir in die Bildebene. Die dazu senkrechte x_1-Achse verläuft im Bild unter 135° zur x_2-Achse. Außerdem verkürzen wir die Längen in x_1-Richtung mit dem Faktor $\frac{1}{2}\sqrt{2}$. Eine Einheit auf der x_1-Achse ist deshalb so lang wie eine Kästchendiagonale, wenn die Einheit zwei Kästchenlängen beträgt.

Zu gegebenen Koordinaten den Punkt im Schrägbild finden

Ein Punkt des Raumes wird durch **drei Koordinaten** festgelegt.

Beispiel: Der Punkt $P(2|3|4)$ hat die x_1-Koordinate 2, die x_2-Koordinate 3 und die x_3-Koordinate 4. P erhalten wir im Schrägbild, indem wir im Ursprung O starten, 2 Einheiten in x_1-Richtung, dann 3 Einheiten in x_2-Richtung und schließlich 4 Einheiten in x_3-Richtung gehen.
Der Punkt $Q(-2|1|2)$ ist vom Punkt P verschieden. Trotzdem haben aber P und Q in unserem Schrägbild den gleichen Bildpunkt.

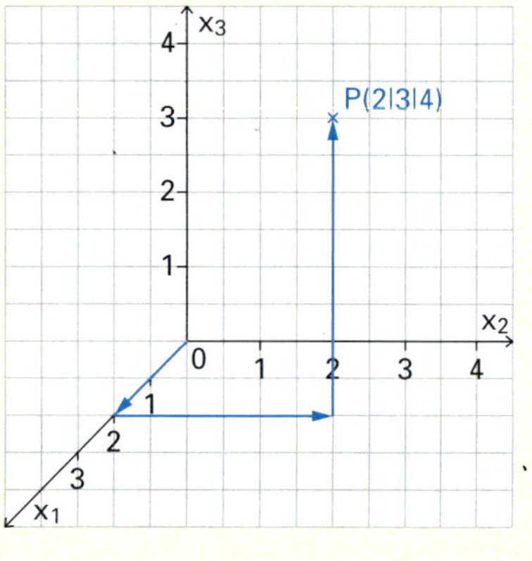

Aufgaben

1 Punkte im Raum

Zeichne ein Schrägbild eines räumlichen kartesischen Koordinatensystems und trage die folgenden Punkte ein.

A(3|0|0) B(−3|0|0) C(0|−2|0) D(0|0|−1) E(−3|2|0) F(3|2|4)
G(3|−2|4) H(2|2|2) I(−1|−2|−3) K(0|0|−3) L(4|2|−1) M(−2|−1|2)

2 Besondere Lage im Koordinatensystem

Wo liegen alle Punkte, deren

a) x_1- und x_2-Koordinaten 0 sind,
b) x_2- und x_3-Koordinaten 0 sind,
c) x_3-Koordinate 0 ist,
d) x_1-Koordinate 0 ist,
e) x_3-Koordinate 2 ist,
f) x_2-Koordinate 3 ist,
g) x_1- und x_2-Koordinaten gleich sind,
h) x_1-, x_2- und x_3-Koordinaten gleich sind?

3 Projektion in eine Koordinatenebene

Trage die Punkte P(3|4|5) und Q(−2|1|3) in ein Koordinatensystem ein.

a) P und Q werden senkrecht in die x_1x_2-Ebene projiziert. Wie verläuft der Projektionsstrahl zur x_3-Achse? Zeichne die Bildpunkte P' und Q'. Welche Koordinaten haben P' und Q'?
b) Welche Koordinaten haben die Bildpunkte bei der senkrechten Projektion der Punkte P und Q in die x_1x_3-Ebene bzw. in die x_2x_3-Ebene?
c) Wir verallgemeinern: Gib die Koordinaten der senkrechten Projektionen des Punktes $P(p_1|p_2|p_3)$ in die drei Koordinatenebenen an.

4 Spiegeln von Punkten

Gegeben sind die Punkte P(1|2|3) und Q(3|−2|1). Spiegele P und Q wie folgt und gib jeweils die Koordinaten der Bildpunkte an:

a) an der x_1x_2-Ebene,
b) an der x_2x_3-Ebene,
c) an der x_1x_3-Ebene,
d) am Ursprung O.
e) Wir verallgemeinern: Gib die Koordinaten der Bildpunkte des Punktes $P(p_1|p_2|p_3)$ bei den Spiegelungen von a) bis d) an.
f) Der Punkt $Q(q_1|q_2|q_3)$ wird nacheinander an der x_1x_2-Ebene, dann an der x_2x_3-Ebene und schließlich an der x_1x_3-Ebene gespiegelt. Erhält man am Schluss einen anderen Punkt, wenn man die Reihenfolge der Spiegelungen verändert?

5 Spiegeln einer Strecke

Die Strecke [AB] ist durch A(2|−2|2) und B(2|4|−2) gegeben.

a) Zeichne die Strecke [AB], ihr Spiegelbild [A'B'] bezüglich der x_1x_2-Ebene und ihr Spiegelbild [A"B"] bezüglich der x_2x_3-Ebene.
b) Warum schneiden sich [AB] und [A'B']? Gib den Schnittpunkt S an.
c) Wie verlaufen [AB] und [A"B"] zueinander? Begründe deine Antwort.

10.2 Vektoren

Der Theologe HERMANN GRAßMANN (1809 bis 1877) unterrichtete an Stettiner Schulen Religion, Mathematik, Deutsch, Latein, Physik und Chemie. Er komponierte, gab eine Volksliedersammlung heraus und entwickelte zur eleganten rechnerischen Behandlung der Raumgeometrie die Grundlagen der Vektorrechnung. Er bewarb sich damit um eine Stelle als Mathematikprofessor. Mit dem Urteil „originell, aber unverständlich" wurde er abgelehnt.
Wir beschäftigen uns im Folgenden (trotzdem) mit der Vektorrechnung, zu der auch der irische Astronomieprofessor WILLIAM HAMILTON (1805 bis 1865) wesentliche Beiträge geliefert hat.

Was sind Vektoren?

Bei einem Prisma ist die Deckfläche gegenüber der Grundfläche parallel verschoben – bei einem geraden Prisma senkrecht zur Grundfläche, bei einem schiefen schräg. Die Parallelverschiebung können wir durch Pfeile beschreiben, die von den Punkten der Grundfläche zu den verschobenen Punkten der Deckfläche verlaufen. Wir beschränken die Verschiebung nicht nur auf die Grundfläche. Alle Punkte des Raumes sollen verschoben werden. Dann geht von jedem Punkt des Raumes ein Pfeil aus. Die Pfeile $\overrightarrow{AD}$, $\overrightarrow{BE}$, $\overrightarrow{CF}$, $\overrightarrow{PQ}$, ... sind parallel, gleich lang und gleich gerichtet. Dafür verwendet man einen Sammelbegriff:

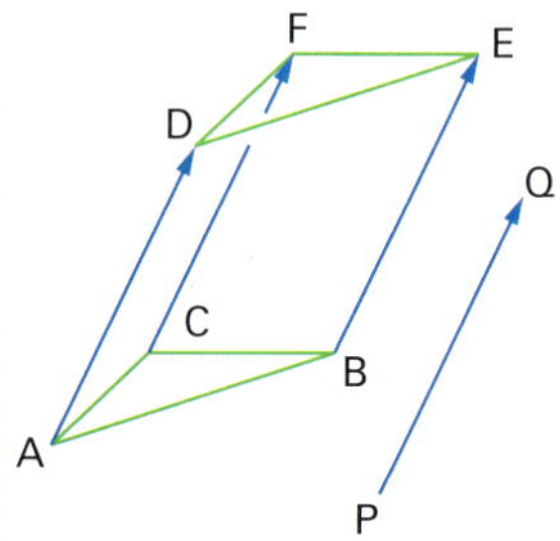

> Die Menge aller parallelen, gleich langen und gleich gerichteten Pfeile nennt man **Vektor**. Jeder Pfeil ist ein **Repräsentant** des Vektors.

Vektoren bezeichnet man mit kleinen lateinischen Buchstaben mit Pfeil, z.B. $\vec{v} = \{\overrightarrow{AD}, \overrightarrow{BE}, \overrightarrow{CF}, \overrightarrow{PQ}, \ldots\}$. Zur Vereinfachung sagen wir zur Menge aller zum Pfeil $\overrightarrow{PQ}$ paralleler, gleich langer und gleich gerichteter Pfeile kurz Vektor $\overrightarrow{PQ}$.

Addition von Vektoren

Führen wir zuerst eine Parallelverschiebung mit dem Vektor $\vec{a}$ aus und anschließend eine zweite mit dem Vektor $\vec{b}$, können wir die beiden Verschiebungen durch eine einzige ersetzen. Den zugehörigen Vektor $\vec{c}$ erhalten wir, indem wir geeignete Repräsentanten von $\vec{a}$ und $\vec{b}$ betrachten. Den Vektor $\vec{c}$ nennt man Summe von $\vec{a}$ und $\vec{b}$:

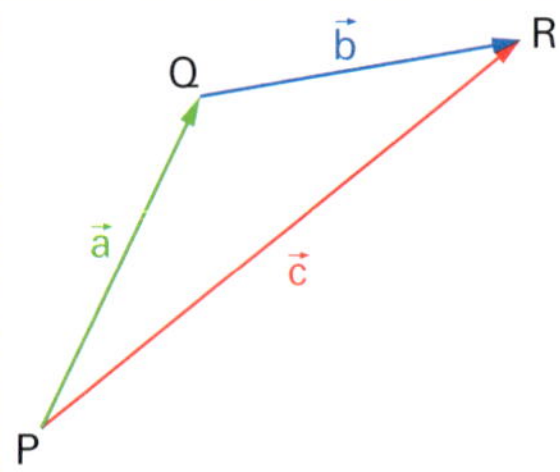

> An den Endpunkt eines Repräsentanten des ersten Vektors $\vec{a}$ hängen wir den Repräsentanten des Vektors $\vec{b}$, dessen Anfangspunkt der Endpunkt des ersten Pfeils ist. Der Pfeil des Summenvektors $\vec{c} = \vec{a} + \vec{b}$ hat als Anfangspunkt den Anfangspunkt des ersten Pfeils und als Endpunkt den Endpunkt des zweiten Pfeils.

Bezeichnen wir die Anfangs- und Endpunkte der Pfeile mit Buchstaben, können wir schreiben: $\overrightarrow{PQ} + \overrightarrow{QR} = \overrightarrow{PR}$.

Für das Addieren von Vektoren gelten die gleichen Gesetze wie für das Addieren von Zahlen (Aufgabe 1):

Das Vertauschen der Summanden führt zum gleichen Summenvektor. Zum Nachweis setzen wir aus Repräsentanten der Vektoren $\vec{a}$ und $\vec{b}$ ein Parallelogramm zusammen. Der Zeichnung entnehmen wir:
$\vec{a} + \vec{b} = \overrightarrow{AB} + \overrightarrow{BC} = \overrightarrow{AC}$ und
$\vec{b} + \vec{a} = \overrightarrow{AD} + \overrightarrow{DC} = \overrightarrow{AC}$

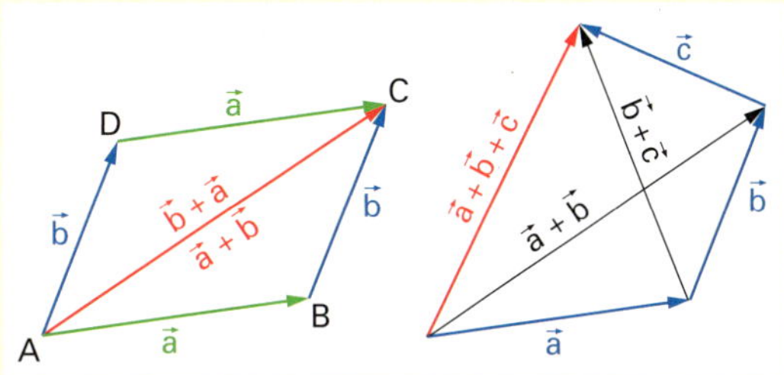

Beim Addieren von Vektoren spielt die Reihenfolge keine Rolle (siehe oben rechts).

Gesetze der Vektoraddition

Kommutativgesetz: $\vec{a} + \vec{b} = \vec{b} + \vec{a}$

Assoziativgesetz: $(\vec{a} + \vec{b}) + \vec{c} = \vec{a} + (\vec{b} + \vec{c})$

Beim Addieren von mehren Vektoren reihen wir Repräsentanten aneinander. Diese Aneinanderreihung nennt man **Vektorkette**. Der Pfeil des Summenvektors hat als Anfangspunkt den Anfangspunkt A des ersten Pfeils und als Endpunkt den Endpunkt Z des letzen Pfeils: Fallen Anfangspunkt A des ersten Pfeils und Endpunkt Z des letzen Pfeils zusammen, schließt sich die Vektorkette. Der „Summenvektor“ $\overrightarrow{AA}$ ist ein Gebilde ohne Richtung und Länge. Man nennt ihn Nullvektor. Wie die Zahl 0 bewirkt seine Addition nichts.

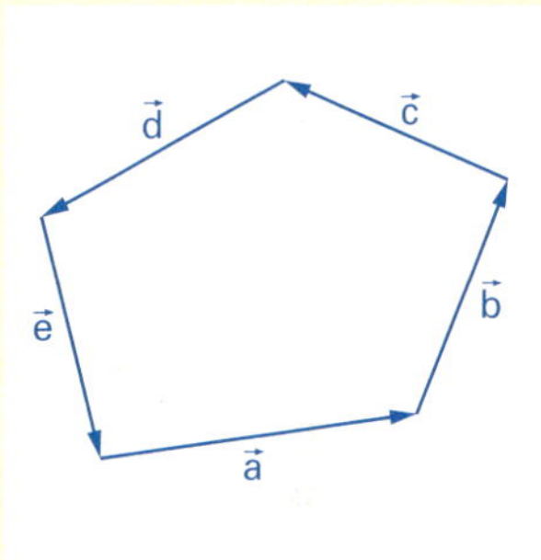

Nullvektor

Der Nullvektor $\vec{o}$ hat die Länge 0. Beim Addieren ändert er nichts: $\vec{a} + \vec{o} = \vec{a}$

Zu jeder reellen Zahl a gibt es eine Gegenzahl $-a$, die zu a addiert 0 ergibt:

$$a + (-a) = 0$$

Entsprechend gibt es zu jedem Vektor $\vec{a}$ einen Gegenvektor, der zu $\vec{a}$ addiert den Nullvektor $\vec{o}$ ergibt.

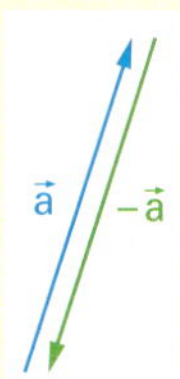

Gegenvektor

Der Gegenvektor $-\vec{a}$ von $\vec{a}$ ist genauso lang wie $\vec{a}$ und entgegengerichtet.
Ein Vektor und sein Gegenvektor ergeben zusammen den Nullvektor:

$$\vec{a} + (-\vec{a}) = \vec{o} \quad \text{oder kürzer:} \quad \vec{a} - \vec{a} = \vec{o}$$

Vervielfachen eines Vektors

Wie beim Rechnen mit Variablen führen wir für Summen mit gleichen Summanden eine Abkürzung ein: $\vec{a} + \vec{a} + \vec{a} = 3 \cdot \vec{a} = 3\vec{a}$

Der Vektor $3\vec{a}$ ist dreimal so lang wie $\vec{a}$ und hat die gleiche Richtung wie $\vec{a}$. Wir erweitern diese Definition von natürlichen Vorzahlen auf reelle Vorzahlen λ:

Vervielfachen eines Vektors

Der Vektor $\lambda \cdot \vec{a}$ ist $|\lambda|$-mal so lang wie der Vektor $\vec{a}$.
Für $\lambda > 0$ hat er die gleiche Richtung wie $\vec{a}$.
Für $\lambda < 0$ hat er die entgegengesetzte Richtung wie $\vec{a}$.

Insbesondere ist $1 \cdot \vec{a} = \vec{a}$ und $(-1) \cdot \vec{a}$ der Gegenvektor $-\vec{a}$ von $\vec{a}$.

Ein Vektor und ein Vielfaches des Vektors sind parallel.

In der Vektorrechnung nennt man reelle Zahlen zur Unterscheidung von den Vektoren auch **Skalare**. Für das Multiplizieren eines Vektors mit reellen Zahlen gelten die entsprechenden Gesetze wie in der Algebra (Aufgabe 2):

Gesetze für das Multiplizieren von Vektoren mit Skalaren

Assoziativgesetz:	$\lambda \cdot (\mu \cdot \vec{a}) = (\lambda\mu) \cdot \vec{a}$
Distributivgesetze:	$\lambda \cdot (\vec{a} + \vec{b}) = \lambda \cdot \vec{a} + \lambda \cdot \vec{b}$
	$(\lambda + \mu) \cdot \vec{a} = \lambda \cdot \vec{a} + \mu \cdot \vec{a}$

Vektorketten – ein wichtiges Hilfsmittel beim Ausdrücken von Vektoren

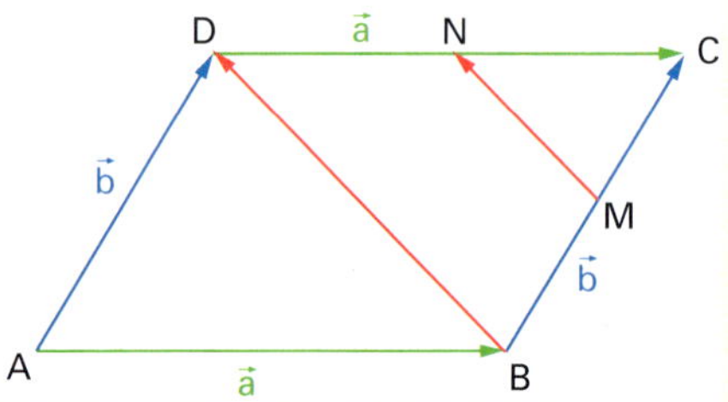

Durch die Pfeile $\overrightarrow{AB}$ und $\overrightarrow{AD}$ ist ein Parallelogramm ABCD festgelegt. Man sagt auch: Die Vektoren $\overrightarrow{AB} = \vec{a}$ und $\overrightarrow{AD} = \vec{b}$ **spannen** das Parallelogramm ABCD **auf**. Alle am Parallelogramm auftretenden Strecken lassen sich durch die Vektoren $\vec{a}$ und $\vec{b}$ ausdrücken:
Da in einem Parallelogramm die Gegenseiten parallel und gleich lang sind, repräsentiert der Pfeil $\overrightarrow{BC}$ auch den Vektor $\vec{b}$ und der Pfeil $\overrightarrow{DC}$ auch den Vektor $\vec{a}$.
Der Vektor $\overrightarrow{BD}$ hat den Anfangspunkt B und den Endpunkt D. Wir gehen nun auf einem solchen Umweg von B nach D, dass sich die auftretenden Vektoren durch $\vec{a}$ und $\vec{b}$ ausdrücken lassen:

$$\overrightarrow{BD} = \overrightarrow{BA} + \overrightarrow{AD} = -\vec{a} + \vec{b}$$

M sei der Mittelpunkt der Seite [BC] und N der Mittelpunkt der Seite [CD]. Der Vektor $\overrightarrow{MN}$ lässt sich wie folgt durch $\vec{a}$ und $\vec{b}$ ausdrücken:

$$\overrightarrow{MN} = \overrightarrow{MC} + \overrightarrow{CN} = \tfrac{1}{2}\overrightarrow{BC} + \tfrac{1}{2}\overrightarrow{CD} = \tfrac{1}{2}\vec{b} - \tfrac{1}{2}\vec{a} = \tfrac{1}{2}(-\vec{a} + \vec{b})$$

Folglich ist [MN] parallel zur Diagonale [BD] und halb so lang. Dieses Ergebnis hätten wir auch mithilfe der Umkehrung des Strahlensatzes gewinnen können.

Aufgaben

1 Summenvektoren

Trage in ein Koordinatensystem die Punkte A(−1|0), B(1|2), C(3|3) und D(5|1) ein. Bestimme jeweils einen Repräsentanten des Summenvektors. Was fällt dir auf?

a) $\overrightarrow{AB} + \overrightarrow{CD}$ und $\overrightarrow{CD} + \overrightarrow{AB}$

b) $\overrightarrow{AB} + \overrightarrow{AD}$ und $\overrightarrow{AD} + \overrightarrow{AB}$

c) $\overrightarrow{AB} + \overrightarrow{BC} + \overrightarrow{CD}$ und $\overrightarrow{AB} + (\overrightarrow{BC} + \overrightarrow{CD})$

d) $\overrightarrow{AB} + \overrightarrow{BA}$ und $\overrightarrow{AB} + \overrightarrow{DC} + \overrightarrow{BA}$

e) $\overrightarrow{AD} + \overrightarrow{DC} + \overrightarrow{CB}$ und $\overrightarrow{DA} + \overrightarrow{CD} + \overrightarrow{BC}$

f) $\overrightarrow{AB} + \overrightarrow{BC} + \overrightarrow{CA}$ und $\overrightarrow{BA} + \overrightarrow{CB} + \overrightarrow{AC}$

2 Rechengesetze beim Multiplizieren von Vektoren mit Skalaren

a) Beim Assoziativgesetz wird ein Vektor mit zwei Zahlen multipliziert:
$\lambda \cdot (\mu \cdot \vec{a}) = (\lambda\mu) \cdot \vec{a}$
Erläutere anhand einer Zeichnung, dass die Aussage des Assoziativgesetzes für $\lambda = 2$ und $\mu = 3$ richtig ist. Verallgemeinere auf beliebige λ- und μ-Werte.

b) Beim ersten Distributivgesetz wird die Summe von zwei Vektoren mit einem Skalar multipliziert: $\lambda \cdot (\vec{a} + \vec{b}) = \lambda \cdot \vec{a} + \lambda \cdot \vec{b}$.
Bilde den Summenvektor von $\vec{a}$ und $\vec{b}$. Ergänze die Figur zur Aussage des ersten Distributivgesetzes. Nach welchem Lehrsatz liefern die linke und die rechte Seite den gleichen Vektor? Fasse das erste Distributivgesetz in Worte.

c) Beim zweiten Distributivgesetz wird die Summe zweier Skalare mit einem Vektor multipliziert: $(\lambda + \mu) \cdot \vec{a} = \lambda \cdot \vec{a} + \mu \cdot \vec{a}$
Erläutere, dass die Aussage des zweiten Distributivgesetzes für $\lambda = 2$ und $\mu = 3$ richtig ist. Verallgemeinere auf beliebige λ- und μ-Werte. Fasse das zweite Distributivgesetz in Worte.

3 Parallelogramm

Im Parallelogramm ABCD repräsentiert der Pfeil $\overrightarrow{AB}$ den Vektor $\vec{a}$ und der Pfeil $\overrightarrow{AD}$ den Vektor $\vec{b}$. Die Mittelpunkte der Seiten a, b, c und d heißen M_a, M_b, M_c und M_d.

a) Drücke die Vektoren $\overrightarrow{AC}$ und $\overrightarrow{BD}$ durch $\vec{a}$ und $\vec{b}$ aus.

b) Drücke die Vektoren $\overrightarrow{M_aD}$ und $\overrightarrow{M_cB}$ durch $\vec{a}$ und $\vec{b}$ aus. Was folgt daraus über die Strecken $[M_aD]$ und $[M_cB]$?

c) Drücke die Vektoren $\overrightarrow{M_aM_b}$, $\overrightarrow{M_bM_c}$, $\overrightarrow{M_cM_d}$ und $\overrightarrow{M_dM_a}$ durch $\vec{a}$ und $\vec{b}$ aus. Was folgt daraus über das Mittenviereck $M_aM_bM_cM_d$?

4 Mittellinien im Dreieck

Die Vektoren $\overrightarrow{CB} = \vec{a}$ und $\overrightarrow{CA} = \vec{b}$ spannen ein Dreieck ABC auf. Die Mittelpunkte der Seiten a, b und c heißen M_a, M_b und M_c.

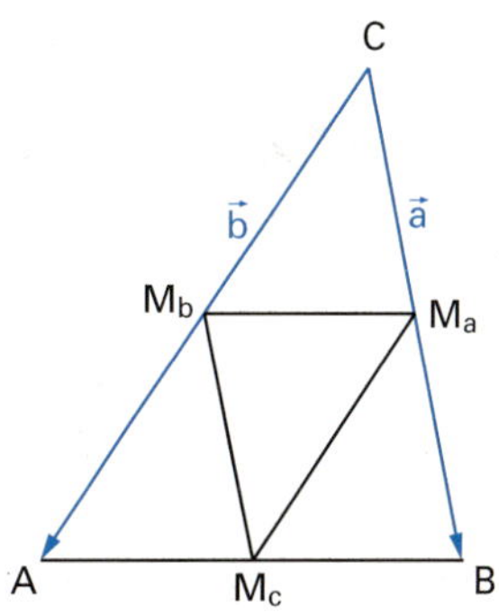

a) Drücke die Vektoren $\overrightarrow{AB}$ und $\overrightarrow{M_aM_b}$ durch $\vec{a}$ und $\vec{b}$ aus. Was folgt daraus über die Mittellinie $[M_aM_b]$ im Vergleich zur Seite [AB]?

b) Was folgt aus a) über das Mittendreieck $M_aM_bM_c$ im Vergleich zum Dreieck ABC? Welchen Flächeninhalt hat das Mittendreieck im Vergleich zum Dreieck ABC?

5 Mittenviereck

Der Eckpunkt D des Vierecks ABCD liegt nicht in der Ebene, in der die drei Punkte A, B und C liegen. Das Viereck ist nicht eben. Der Pfeil $\overrightarrow{AB}$ repräsentiert den Vektor $\vec{a}$, der Pfeil $\overrightarrow{BC}$ den Vektor $\vec{b}$ und der Pfeil $\overrightarrow{CD}$ den Vektor $\vec{c}$. Die Mittelpunkte der Seiten a, b, c und d heißen M_a, M_b, M_c und M_d.

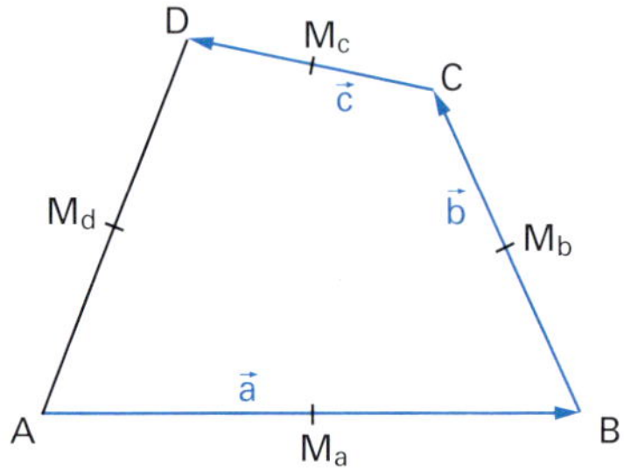

a) Drücke die Vektoren $\overrightarrow{DA}$, $\overrightarrow{M_aM_b}$, $\overrightarrow{M_bM_c}$, $\overrightarrow{M_cM_d}$ und $\overrightarrow{M_dM_a}$ durch $\vec{a}$, $\vec{b}$ und $\vec{c}$ aus.

b) Was folgt daraus über das Mittenviereck $M_aM_bM_cM_d$?
Schneiden sich jeweils die Diagonalen des Vierecks ABCD bzw. des Vierecks $M_aM_bM_cM_d$?

c) Die meisten Personenkraftwagen haben „Einzelradaufhängung“. Im Gegensatz dazu sind die Räder von Geländewagen an zwei starren Achsen drehbar befestigt (siehe rechts). Beide werden von einem in der Mitte zwischen den Achsen befestigten Getriebe in Drehung versetzt. Warum ist für die Funktionsweise das Ergebnis von Aufgabe b) wichtig?

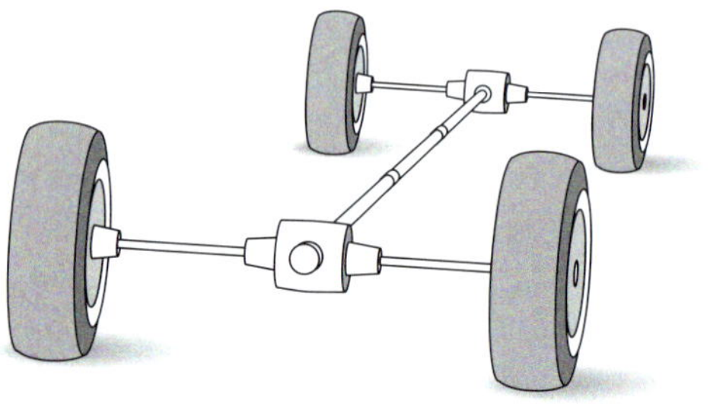

6 Der Spat

Der Spat ist ein von sechs Parallelogrammen begrenzter Körper (ein „schiefer Quader“). Er wird von drei Vektoren aufgespannt. Im Spat ABCDEFGH repräsentiert der Pfeil $\overrightarrow{AB}$ den Vektor $\vec{a}$, der Pfeil $\overrightarrow{AD}$ den Vektor $\vec{b}$ und der Pfeil $\overrightarrow{AE}$ den Vektor $\vec{c}$. M_1, M_2 und M_3 sind die Mittelpunkte der Raumdiagonalen [AG], [BH] und [CE].

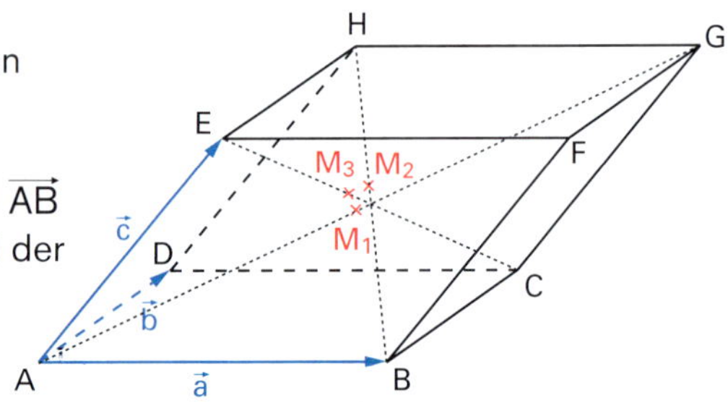

Wir werden eine besondere Eigenschaft der drei Raumdiagonalen auf zwei Arten nachweisen: einmal mit Vektoren und das andere Mal mit elementarer Geometrie.

a) Drücke die Vektoren $\overrightarrow{AG}$, $\overrightarrow{BH}$ und $\overrightarrow{CE}$ durch $\vec{a}$, $\vec{b}$ und $\vec{c}$ aus.

b) Drücke die Vektoren $\overrightarrow{AM_1}$, $\overrightarrow{BM_2}$ und $\overrightarrow{CM_3}$ durch $\vec{a}$, $\vec{b}$ und $\vec{c}$ aus.

c) Drücke die Vektoren $\overrightarrow{AM_2}$ und $\overrightarrow{AM_3}$ durch $\vec{a}$, $\vec{b}$ und $\vec{c}$ aus. Was folgt daraus über die drei Raumdiagonalen [AG], [BH] und [CE]?

d) Ermittle dieses Ergebnis elementargeometrisch:
Welches Viereck ist das Viereck ABGH? Was folgt daraus über seine Diagonalen?
Betrachte nun das Viereck BCHE und schließe damit deine Überlegungen ab.

7 Vierseitige Pyramide

Die Vektoren $\overrightarrow{AB} = \vec{a}$, $\overrightarrow{AD} = \vec{b}$ und $\overrightarrow{AS} = \vec{c}$ spannen eine vierseitige Pyramide ABCDS auf, deren Grundfläche ein Parallelogramm ABCD ist. Der Fußpunkt F der Pyramidenhöhe ist der Schnittpunkt der Diagonalen der Grundfläche.

a) Warum repräsentieren die Pfeile $\overrightarrow{BS}$, $\overrightarrow{CS}$ und $\overrightarrow{DS}$ nicht den Vektor $\vec{c}$?

b) Drücke die Vektoren $\overrightarrow{BS}$, $\overrightarrow{CS}$, $\overrightarrow{DS}$ und $\overrightarrow{AF}$ durch $\vec{a}$, $\vec{b}$ und $\vec{c}$ aus.

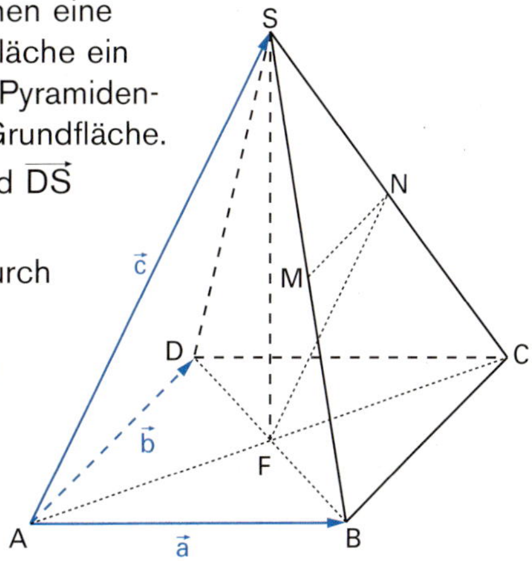

M ist der Mittelpunkt der Seitenkante [BS] und N der Mittelpunkt der Seitenkante [CS].

c) Drücke $\overrightarrow{FN}$ durch $\vec{a}$, $\vec{b}$ und $\vec{c}$ aus. Begründe das Ergebnis geometrisch.

d) Drücke $\overrightarrow{MN}$ durch $\vec{a}$, $\vec{b}$ und $\vec{c}$ aus. Begründe das Ergebnis geometrisch.

e) Zeichne die Pyramide mit einer Höhe von 7 cm für $A(4|0|0)$, $C(0|6|0)$ und $D = O$. Wie lauten die Koordinaten der Spitze S? Berechne das Pyramidenvolumen.

8 Dreiseitige Pyramide

Die Vektoren $\vec{a} = \overrightarrow{OA}$, $\vec{b} = \overrightarrow{OB}$ und $\vec{c} = \overrightarrow{OC}$ spannen eine dreiseitige Pyramide OABC auf. M_1, M_2 und M_3 sind die Mittelpunkte der Kanten [OA], [OB] und [OC], M_4, M_5 und M_6 die Mittelpunkte der Kanten [AB], [BC] und [CA].

a) Drücke die Vektoren $\overrightarrow{M_1M_5}$, $\overrightarrow{M_2M_6}$ und $\overrightarrow{M_3M_4}$ durch $\vec{a}$, $\vec{b}$ und $\vec{c}$ aus.

b) L, M und N sind die Mittelpunkte der räumlichen Mittellinien $[M_1M_5]$, $[M_2M_6]$ und $[M_3M_4]$. Drücke $\overrightarrow{OL}$, $\overrightarrow{OM}$ und $\overrightarrow{ON}$ durch $\vec{a}$, $\vec{b}$ und $\vec{c}$ aus. Was folgt aus diesem Ergebnis über die räumlichen Mittellinien einer dreiseitigen Pyramide?

c) Zeichne die Pyramide für $A(4|0|0)$, $B(0|3|0)$ und $C(0|0|6)$. Berechne ihr Volumen.

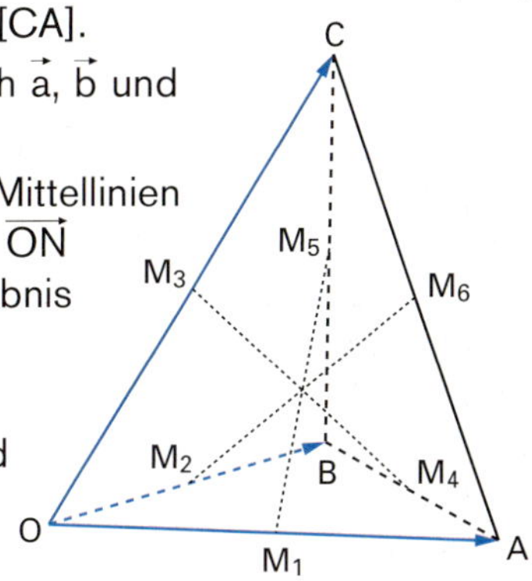

9 Grundwissen: Strahlensatz

In der Abbildung sind die Strecken x, y und z parallel. Welche der folgenden Verhältnisse sind richtig?

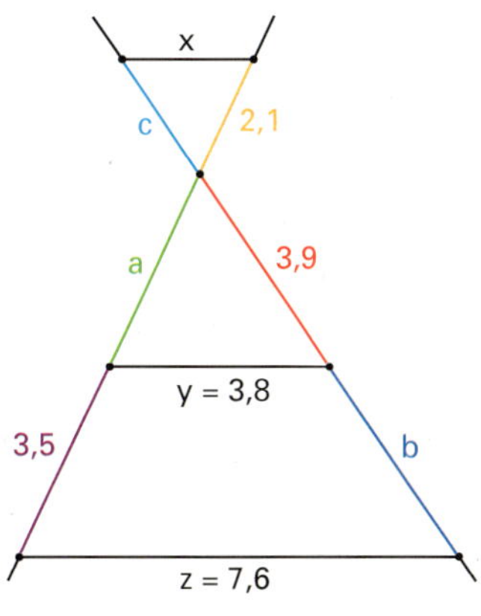

a) $\frac{a}{3{,}5} = \frac{y}{z}$ b) $\frac{a}{3{,}5} = \frac{3{,}9}{b}$ c) $\frac{a}{2{,}1} = \frac{c}{3{,}9}$

d) $\frac{a}{3{,}9} = \frac{2{,}1}{c}$ e) $\frac{a}{2{,}1} = \frac{3{,}8}{x}$ f) $\frac{a+3{,}5}{2{,}1} = \frac{b+3{,}9}{c}$

g) $\frac{a+3{,}5}{a} = \frac{z}{y}$ h) $\frac{2{,}1}{a+3{,}5} = \frac{z}{x}$ i) $\frac{2{,}1}{x} = \frac{a+3{,}5}{z}$

k) Berechne die Längen der Strecken a, b, c und x.

10.3 Die Spaltendarstellung von Vektoren

Basis und Dimension von Vektorräumen

Eine Menge von Vektoren, in der die Gesetze der Addition von Vektoren und der Multiplikation mit reellen Zahlen gelten, nennt man **Vektorraum**.

Jeder Vektor, der in einer Geraden verläuft, lässt sich als Vielfaches eines einzigen, vom Nullvektor verschiedenen Vektors schreiben. Dieser heißt **Basis** des Vektorraums. Sinnvoll ist es, als Basisvektor einen Vektor der Länge 1, also einen **Einheitsvektor** $\vec{e}$ zu wählen. Im rechts dargestellten Beispiel ist $\vec{a} = 2\vec{e}$.

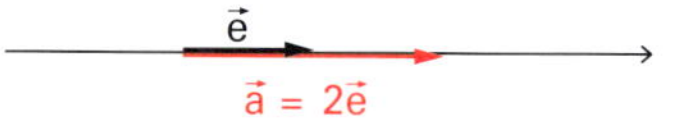

Nicht jeder Vektor, der in einer Ebene verläuft, lässt sich als Vielfaches eines einzigen Vektors schreiben. Wir benötigen dazu zwei Vektoren: Eine sinnvolle Basis ist ein Einheitsvektor $\vec{e_1}$ in Richtung der x_1-Achse und ein Einheitsvektor $\vec{e_2}$ in Richtung der x_2-Achse. Zeichnen wir mithilfe der Achsen ein Rechteck, das den Vektor $\vec{a}$ als Diagonale hat, erkennen wir, wie sich $\vec{a}$ als Summe von Vielfachen der Basisvektoren schreiben lässt. Z. B. ist $\vec{a} = 2\vec{e_1} + 3\vec{e_2}$

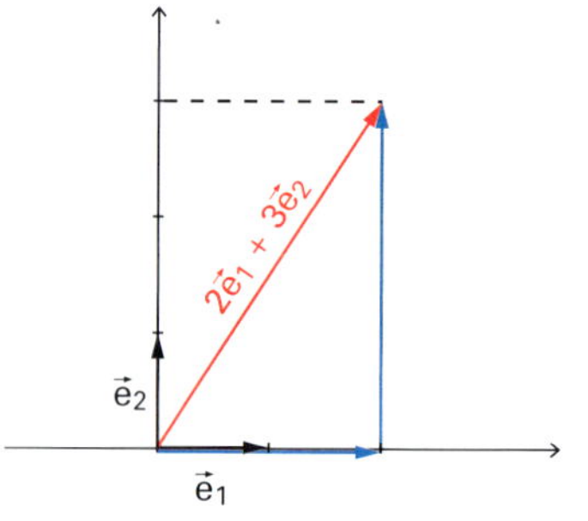

Alle Vektoren unseres Anschauungsraums lassen sich durch drei Vektoren darstellen. Eine sinnvolle Basis bilden die Einheitsvektoren $\vec{e_1}$, $\vec{e_2}$ und $\vec{e_3}$ in Richtung der x_1-, der x_2- und der x_3-Achse. Z. B. entnehmen wir für den Vektor $\vec{a}$ als Raumdiagonale des rechts dargestellten Quaders: $\vec{a} = 2\vec{e_1} + 3\vec{e_2} + 4\vec{e_3}$

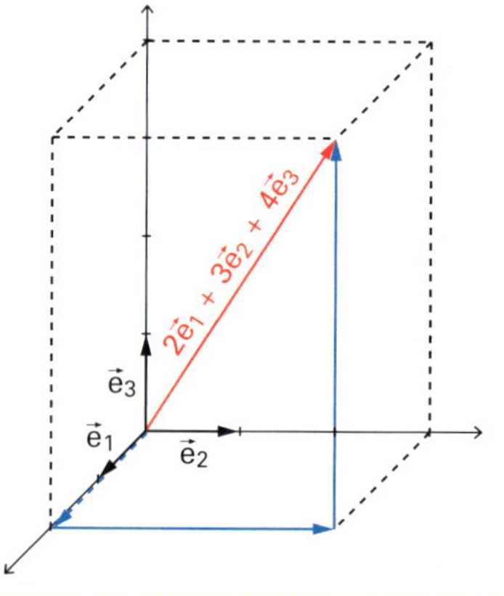

> In jedem Vektorraum kann man mit einer bestimmten Anzahl von **Basisvektoren** alle Vektoren ausdrücken.
> Die Anzahl der Basisvektoren heißt **Dimension** des Raumes.

Die Vektoren, die in einer Geraden verlaufen, bilden einen **eindimensionalen** Vektorraum, die Vektoren einer Ebene einen **zweidimensionalen** und die Vektoren des Anschauungsraums einen **dreidimensionalen**.

Spaltenschreibweise von Vektoren

Für die Summenschreibweise $\vec{a} = 2\vec{e_1} + 3\vec{e_2} + 4\vec{e_3}$ verwendet man die praktischere Spaltenschreibweise $\vec{a} = \begin{pmatrix} 2 \\ 3 \\ 4 \end{pmatrix}$.

Spaltenschreibweise

$$\vec{a} = a_1\vec{e_1} + a_2\vec{e_2} + a_3\vec{e_3} = \begin{pmatrix} a_1 \\ a_2 \\ a_3 \end{pmatrix}$$

Die Zahlen a_1, a_2 und a_3 heißen **Koordinaten** von $\vec{a}$.

Rechnen mit der Spaltendarstellung von Vektoren

Wie addiert man Vektoren in der Spaltenschreibweise? Zur Beantwortung der Frage übersetzen wir die Spalten- in die Summenschreibweise und dann wieder zurück (Aufgabe 1):

$$\begin{pmatrix} a_1 \\ a_2 \\ a_3 \end{pmatrix} + \begin{pmatrix} b_1 \\ b_2 \\ b_3 \end{pmatrix} = a_1\vec{e_1} + a_2\vec{e_2} + a_3\vec{e_3} + b_1\vec{e_1} + b_2\vec{e_2} + b_3\vec{e_3}$$
$$= (a_1 + b_1)\,\vec{e_1} + (a_2 + b_2)\,\vec{e_2} + (a_3 + b_3)\,\vec{e_3} = \begin{pmatrix} a_1 + b_1 \\ a_2 + b_2 \\ a_3 + b_3 \end{pmatrix}$$

Entsprechend ergibt sich für die Multiplikation eines Vektors mit einer Zahl:

$$\lambda \cdot \begin{pmatrix} a_1 \\ a_2 \\ a_3 \end{pmatrix} = \lambda \cdot (a_1\vec{e_1} + a_2\vec{e_2} + a_3\vec{e_3}) = (\lambda a_1)\,\vec{e_1} + (\lambda a_2)\,\vec{e_2} + (\lambda a_3)\,\vec{e_3} = \begin{pmatrix} \lambda \cdot a_1 \\ \lambda \cdot a_2 \\ \lambda \cdot a_3 \end{pmatrix}$$

Addition:
zeilenweise addieren

$$\begin{pmatrix} a_1 \\ a_2 \\ a_3 \end{pmatrix} + \begin{pmatrix} b_1 \\ b_2 \\ b_3 \end{pmatrix} = \begin{pmatrix} a_1 + b_1 \\ a_2 + b_2 \\ a_3 + b_3 \end{pmatrix}$$

Multiplikation mit einem Skalar:
jede Koordinate mit der Zahl multiplizieren

$$\lambda \cdot \begin{pmatrix} a_1 \\ a_2 \\ a_3 \end{pmatrix} = \begin{pmatrix} \lambda \cdot a_1 \\ \lambda \cdot a_2 \\ \lambda \cdot a_3 \end{pmatrix}$$

Parallele Vektoren

Zwei Vektoren, von denen einer ein Vielfaches des anderen ist, sind parallel. Mithilfe ihrer Spaltendarstellung erkennen wir das sofort.

Beispiel: $\vec{a} = \begin{pmatrix} 1 \\ 2 \\ 3 \end{pmatrix}, \vec{b} = \begin{pmatrix} -3 \\ -6 \\ -9 \end{pmatrix} \Rightarrow \vec{b} = (-3) \cdot \begin{pmatrix} 1 \\ 2 \\ 3 \end{pmatrix} = -3\vec{a} \Rightarrow$ $\vec{a}$ und $\vec{b}$ sind parallel.

Ortsvektoren

Zu jedem Punkt $P(p_1|p_2|p_3)$ gibt es einen Pfeil, der im Ursprung O beginnt und in P endet. Den Pfeil $\overrightarrow{OP}$ nennt man auch **Ortsvektor**. Ein Ortsvektor ist im Gegensatz zu den „freien" Vektoren, ein einziger Pfeil. Um von O zu P zu gelangen, muss man die Vektorkette $p_1\vec{e_1} + p_2\vec{e_2} + p_3\vec{e_3}$ durchlaufen. Also sind die Punktkoordinaten von P gleich den Vektorkoordinaten.

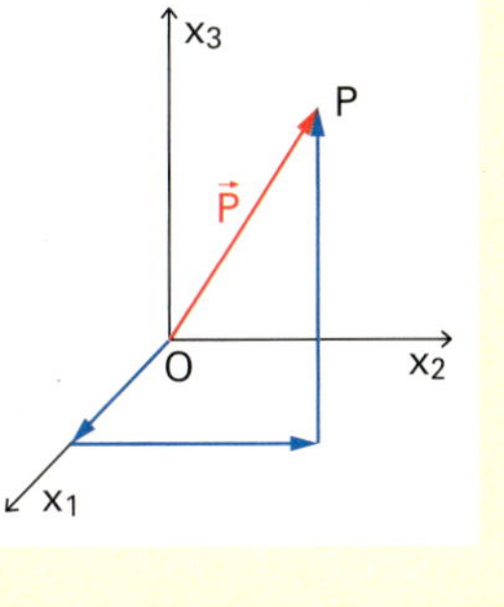

Zur Unterscheidung des Ortsvektors $\overrightarrow{OP}$, des einzigen Pfeils, von den vielen Repräsentanten eines „freien" Vektors bezeichnen wir den Ortsvektor $\overrightarrow{OP}$ kurz mit $\vec{P}$.

Zum Punkt $P(p_1|p_2|p_3)$ gehört der Ortsvektor $\vec{P} = \begin{pmatrix} p_1 \\ p_2 \\ p_3 \end{pmatrix}$.

Der Punkt $A(a_1|a_2|a_3)$ als Anfangspunkt und der Punkt $B(b_1|b_2|b_3)$ als Endpunkt legen einen Pfeil und damit einen Vektor $\overrightarrow{AB}$ fest. Seine Spaltendarstellung erhalten wir mithilfe einer Vektorkette, die über den Ursprung O führt:

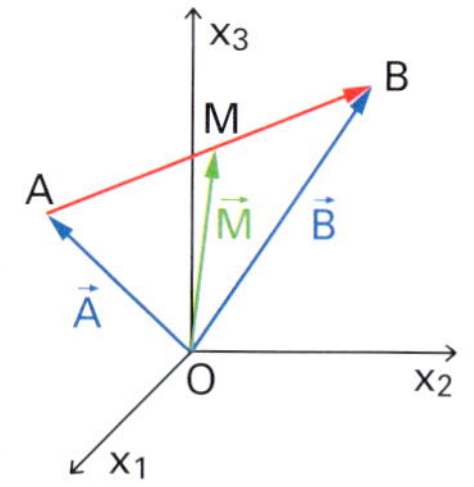

$$\overrightarrow{AB} = \overrightarrow{AO} + \overrightarrow{OB} = -\vec{A} + \vec{B} = \begin{pmatrix} b_1 - a_1 \\ b_2 - a_2 \\ b_3 - a_3 \end{pmatrix}$$

Der Mittelpunkt einer Strecke und der Schwerpunkt S eines Dreiecks (Aufgabe 11) werden oft benötigt.
Für den Ortsvektor des Mittelpunkts M der Strecke [AB] ergibt sich:

$$\vec{M} = \vec{A} + \tfrac{1}{2}\overrightarrow{AB} = \vec{A} + \tfrac{1}{2}(-\vec{A} + \vec{B}) = \tfrac{1}{2}\vec{A} + \tfrac{1}{2}\vec{B} = \tfrac{1}{2}(\vec{A} + \vec{B})$$

Verbindungsvektor $\overrightarrow{AB}$:
Endpunktkoordinaten − Anfangspunktkoordinaten

$$\overrightarrow{AB} = \vec{B} - \vec{A} = \begin{pmatrix} b_1 - a_1 \\ b_2 - a_2 \\ b_3 - a_3 \end{pmatrix}$$

Mittelpunkt der Strecke [AB]:
Mittelwert der Endpunktkoordinaten

$$\vec{M} = \tfrac{1}{2}(\vec{A} + \vec{B})$$

Beispiel: Die Punkte $A(2|-1{,}5|1)$, $B(2|2{,}5|3)$ und $C(-2|1{,}5|3)$ sind Eckpunkte des Parallelogramms ABCD. Die Koordinaten von D, d. h. den Ortsvektor $\vec{D}$ erhalten wir, indem wir zu $\vec{A}$ den Vektor $\overrightarrow{BC}$ addieren:

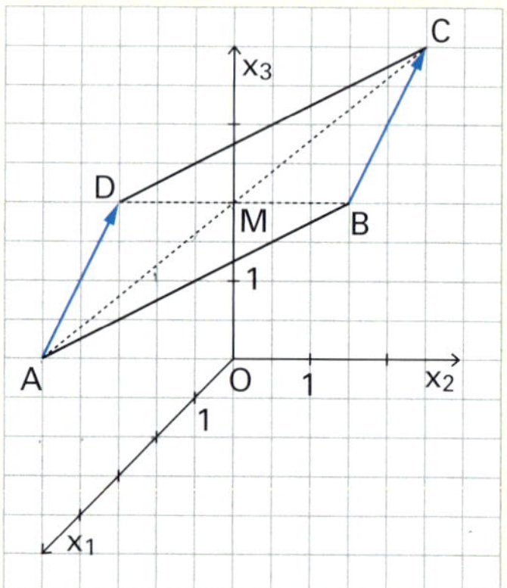

$$\vec{D} = \vec{A} + \overrightarrow{BC} = \begin{pmatrix} 2 \\ -1{,}5 \\ 1 \end{pmatrix} + \begin{pmatrix} -2 & -2 \\ 1{,}5 - 2{,}5 \\ 3 & -3 \end{pmatrix}$$

$$= \begin{pmatrix} 2 \\ -1{,}5 \\ 1 \end{pmatrix} + \begin{pmatrix} -4 \\ -1 \\ 0 \end{pmatrix} = \begin{pmatrix} -2 \\ -2{,}5 \\ 1 \end{pmatrix}$$

$\Rightarrow \quad D(-2|-2{,}5|1)$.

Der Schnittpunkt der Diagonalen [AC] und [BD] ist ihr Mittelpunkt M: Seine Koordinaten ergeben sich als Mittelwert der Koordinaten

- von A und C: $M(\frac{2-2}{2}|\frac{-1{,}5+1{,}5}{2}|\frac{1+3}{2}) = M(0|0|2)$ oder
- von B und D: $M(\frac{2-2}{2}|\frac{2{,}5-2{,}5}{2}|\frac{3+1}{2}) = M(0|0|2)$.

M liegt also auf der x_3-Achse.

Aufgaben

1 Wie rechnet man mit der Spaltenschreibweise?
Gegeben sind die Vektoren $\vec{a} = 3\vec{e_1} + 2\vec{e_2} + \vec{e_3}$ und $\vec{b} = 4\vec{e_1} - 3\vec{e_2} + 2\vec{e_3}$.
Berechne und schreibe das Ergebnis in der Spaltendarstellung.
a) $\vec{a} + \vec{b}$ b) $\vec{a} - \vec{b}$ c) $\vec{b} - \vec{a}$ d) $2\vec{a}$ e) $3\vec{a} + 2\vec{b}$ f) $-\vec{a} - \vec{b}$
Was fällt im Vergleich zur Spaltenschreibweise der gegebenen Vektoren $\vec{a}$ und $\vec{b}$ auf?

2 Rechnen mit der Spaltenschreibweise
Gegeben sind die Vektoren $\vec{a} = \begin{pmatrix} 2 \\ -3 \\ 4 \end{pmatrix}$, $\vec{b} = \begin{pmatrix} -4 \\ -3 \\ 2 \end{pmatrix}$ und $\vec{c} = \begin{pmatrix} 1 \\ 3 \\ -3 \end{pmatrix}$.
Berechne:
a) $\vec{a} + \vec{b}$, $\vec{a} - \vec{b}$ b) $-\vec{a} - \vec{b}$, $-\vec{a} + \vec{b}$ c) $\vec{a} + \vec{b} + \vec{c}$, $-\vec{a} - \vec{b} - \vec{c}$
d) $\vec{a} + \vec{b} - 2\vec{c}$, $\frac{1}{2}\vec{a} + \frac{1}{2}\vec{b} + \vec{c}$ e) $2\vec{a} + \vec{b} - 3\vec{c}$ f) $\frac{1}{4}\vec{a} - \frac{3}{4}\vec{b} + \frac{1}{2}\vec{c}$

3 Parallel oder nicht parallel?
Prüfe, ob die folgenden Vektoren parallel sind.
a) $\vec{a} = \begin{pmatrix} 2 \\ 3 \\ 4 \end{pmatrix}$, $\vec{b} = \begin{pmatrix} 6 \\ 9 \\ 12 \end{pmatrix}$ b) $\vec{a} = \begin{pmatrix} 2 \\ -3 \\ 4 \end{pmatrix}$, $\vec{b} = \begin{pmatrix} -2 \\ 3 \\ -4 \end{pmatrix}$ c) $\vec{a} = \begin{pmatrix} -2 \\ 3 \\ -4 \end{pmatrix}$, $\vec{b} = \begin{pmatrix} 4 \\ -6 \\ 8 \end{pmatrix}$
d) $\vec{a} = \begin{pmatrix} 2 \\ -3 \\ 4 \end{pmatrix}$, $\vec{b} = \begin{pmatrix} 1 \\ -1{,}5 \\ 2 \end{pmatrix}$ e) $\vec{a} = \begin{pmatrix} 2 \\ -3 \\ 4 \end{pmatrix}$, $\vec{b} = \begin{pmatrix} 4 \\ -6 \\ -8 \end{pmatrix}$ f) $\vec{a} = \begin{pmatrix} -2 \\ 3 \\ -4 \end{pmatrix}$, $\vec{b} = \begin{pmatrix} 3 \\ -4{,}5 \\ 6 \end{pmatrix}$
g) $\vec{a} = \begin{pmatrix} 2 \\ 3 \\ 4 \end{pmatrix}$, $\vec{o} = \begin{pmatrix} 0 \\ 0 \\ 0 \end{pmatrix}$ h) $\vec{a} = \begin{pmatrix} \frac{4}{5} \\ -\frac{5}{7} \\ 0 \end{pmatrix}$, $\vec{b} = \begin{pmatrix} -\frac{14}{15} \\ \frac{5}{6} \\ 0 \end{pmatrix}$ i) $\vec{a} = \begin{pmatrix} -\frac{2}{3} \\ \frac{3}{5} \\ \frac{5}{7} \end{pmatrix}$, $\vec{b} = \begin{pmatrix} \frac{10}{7} \\ -\frac{9}{7} \\ 0 \end{pmatrix}$

4 Parallele Vektoren
Bestimme die fehlenden Koordinaten so, dass die Vektoren parallel sind:
$\vec{a} = \begin{pmatrix} 3 \\ -2 \\ 1 \end{pmatrix}$, $\vec{b} = \begin{pmatrix} b_1 \\ b_2 \\ 3 \end{pmatrix}$, $\vec{c} = \begin{pmatrix} c_1 \\ 2 \\ c_3 \end{pmatrix}$, $\vec{d} = \begin{pmatrix} 1 \\ d_2 \\ d_3 \end{pmatrix}$, $\vec{u} = \begin{pmatrix} u_1 \\ 0 \\ u_2 \end{pmatrix}$, $\vec{v} = \begin{pmatrix} v_1 \\ 1 \\ -0{,}5 \end{pmatrix}$, $\vec{w} = \begin{pmatrix} 6 \\ 4 \\ w_3 \end{pmatrix}$

5 Schein und Sein
Gegeben sind die Punkte $A(0|1|2)$, $B(4|2|1)$, $C(-2|3|-1)$ und $D(0|5|3)$.
a) Zeichne ein Schrägbild des Vierecks ABCD.
b) Gib die Vektoren $\overrightarrow{AB}$, $\overrightarrow{BC}$, $\overrightarrow{CD}$ und $\overrightarrow{DA}$ an, welche die Seiten des Vierecks ABCD beschreiben. Liegt ein besonderes Viereck vor?
c) Gib Vektoren an, welche die Diagonalen des Vierecks beschreiben. Wie lassen sich diese mithilfe der Vektoren von b) berechnen?

Die Eckpunkte des Vierecks ABCD seien nun $A(3|-1|6)$, $B(-2|2|6)$, $C(2|2|4)$ und $D(-3|5|4)$. Löse die Aufgaben a) bis c).

6 Ortsvektoren

Es sei λ eine reelle Zahl. Zeichne in ein räumliches Koordinatensystem zu selbst gewählten λ-Werten jeweils einige Punkte P_λ mit den folgenden Ortsvektoren. Wo liegen jeweils alle Punkte P_λ? Begründe deine Antwort.

a) $\overrightarrow{P_\lambda} = \begin{pmatrix} 0 \\ 0 \\ \lambda \end{pmatrix}$ b) $\overrightarrow{P_\lambda} = \begin{pmatrix} 1 \\ 0 \\ \lambda \end{pmatrix}$ c) $\overrightarrow{P_\lambda} = \begin{pmatrix} \lambda \\ \lambda \\ 0 \end{pmatrix}$ d) $\overrightarrow{P_\lambda} = \begin{pmatrix} \lambda \\ \lambda \\ \lambda \end{pmatrix}$ e) $\overrightarrow{P_\lambda} = \begin{pmatrix} 0 \\ \lambda \\ \lambda^2 \end{pmatrix}$

7 Vierteln einer Strecke

Die Strecke [AB] mit $A(2|-1|1)$ und $B(-2|1|5)$ wird durch die Punkte T_1, T_2 und T_3 in vier gleich lange Teile zerlegt.

a) Zeichne ein Schrägbild der Strecke [AB].

b) Berechne die Koordinaten der Punkte T_1, T_2 und T_3.

8 Verdoppeln einer Strecke

Die Strecke [AB] mit $A(2|0|4)$ und $B(-2|1|1)$ wird über B hinaus um sich selber verlängert. Berechne die Koordinaten des Endpunkts C.

9 Dritteln einer Strecke

Die Strecke [AB] wird durch die Punkte T_1 und T_2 in drei gleich lange Teile zerlegt.

a) Es ist $A(4|0|2)$ und $B(-2|3|5)$. Berechne die Koordinaten der Punkte T_1 und T_2.

b) Es ist $T_1(1|2|3)$ und $T_2(3|2|1)$. Berechne die Koordinaten der Punkte A und B.

10 Parallelogramm

Der Schnittpunkt der Diagonalen des Parallelogramms ABCD heißt M.

a) $A(2|1|0)$, $B(0|4|1)$ und $C(-2|4|3)$ sind bekannt. Bestimme D und M.

b) $A(4|1|2)$, $B(-2|3|1)$ und $M(1|3|4)$ sind bekannt. Ermittle C und D.

11 Der Schwerpunkt eines Dreiecks

Die Verbindungsstrecke einer Ecke eines Dreiecks mit dem Mittelpunkt der gegenüberliegenden Seite heißt Seitenhalbierende. Die drei Seitenhalbierenden s_a, s_b und s_c eines Dreiecks ABC schneiden sich in einem Punkt S, dem **Schwerpunkt**. Der Schwerpunkt S teilt die Seitenhalbierenden im Verhältnis 2 : 1. D. h.: Die Strecke vom Schwerpunkt bis zum Eckpunkt ist doppelt so lang wie die Strecke vom Schwerpunkt bis zum Seitenmittelpunkt.

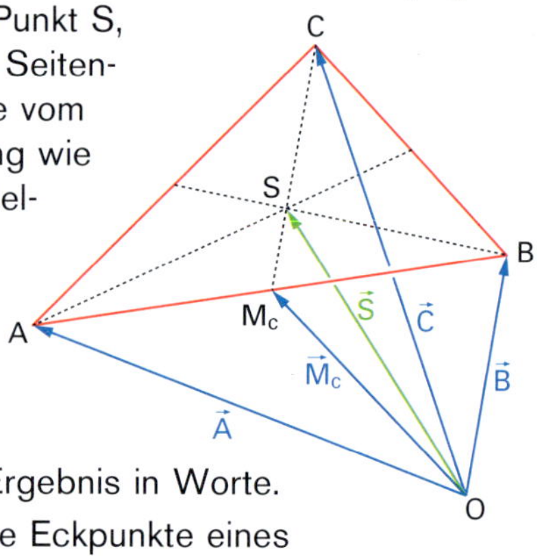

a) Rechts ist ein Dreieck ABC mit dem Schwerpunkt S abgebildet. Drücke den Ortsvektor $\vec{S}$ des Schwerpunkts mithilfe einer Vektorkette durch $\vec{A}$, $\vec{B}$ und $\vec{C}$ aus.

b) Folgere daraus: $\vec{S} = \frac{1}{3}(\vec{A} + \vec{B} + \vec{C})$. Fasse das Ergebnis in Worte.

c) $A(3|-2|1)$, $B(-2|4|2)$ und $C(2|1|3)$ sind die Eckpunkte eines Dreiecks. Berechne die Koordinaten seines Schwerpunkts S.

d) Gib die Eckpunkte eines Dreiecks mit dem Schwerpunkt $S(-1|2|-3)$ an.

12 **Schwerpunkt eines Dreiecks und Schwerpunkt des Mittendreiecks**
Vom Dreieck ABC sind die Eckpunkte A(4|1|−2), B(−2|3|0) und C(−5|−1|5) bekannt.

a) Berechne die Koordinaten der Seitenmittelpunkte M_a, M_b und M_c. Berechne die Koordinaten des Schwerpunkts des Dreiecks ABC und des Mittendreiecks $M_aM_bM_c$. Was fällt dir auf?

b) Zeige, dass das Ergebnis von a) für jedes beliebige Dreieck $A(a_1|a_2|a_3)$, $B(b_1|b_2|b_3)$, $C(c_1|c_2|c_3)$ gilt.

13 **Der Schwerpunkt einer dreiseitigen Pyramide**
A(0|−2|0), B(3|7|0), C(−4|6|2) und D(1|5|10) sind die Ecken einer dreiseitigen Pyramide ABCD.

a) Zeichne ein Schrägbild der Pyramide.

b) Berechne die Koordinaten der sechs Kantenmittelpunkte M_{AB}, M_{BC}, ... M_{DA}. Die Verbindungsstrecke eines Mittelpunkts mit dem Mittelpunkt der gegenüberliegenden Kante heißt **Mittellinie**. Berechne die Koordinaten der Mittelpunkte der drei Mittellinien [$M_{AB}M_{CD}$], [$M_{BC}M_{DA}$] und [$M_{CA}M_{BD}$]. Folgere daraus, dass sich die Mittellinien in einem Punkt S schneiden. Dieser heißt **Schwerpunkt** S der dreiseitigen Pyramide.

c) Wie lassen sich bei jeder dreiseitigen Pyramide die Koordinaten des Schwerpunkts S unmittelbar aus den Koordinaten der vier Eckpunkte berechnen? Begründe deine Antwort.

d) Berechne die Koordinaten des Schwerpunkts S_A der Seitenfläche BCD. Die Verbindungsstrecke des Schwerpunkts einer Seitenfläche mit der gegenüberliegenden Ecke heißt **Schwerlinie** der Pyramide. Stelle die Vektoren $\overrightarrow{AS_A}$ und $\overrightarrow{AS}$ auf. Folgere daraus, dass der Schwerpunkt S auf der Schwerlinie [AS_A] liegt.
In welchem Verhältnis teilt S die Schwerlinie?

e) Die in c) für eine Schwerlinie gezeigte Eigenschaft gilt für jede Schwerlinie jeder dreiseitigen Pyramide.
Wir haben drei Schwerpunkte kennen gelernt: den Schwerpunkt (Mittelpunkt) einer Strecke, den Schwerpunkt eines Dreiecks und den Schwerpunkt einer dreiseitigen Pyramide.
Wie kann man jeweils seine Koordinaten aus den Koordinaten der Eckpunkte berechnen?
Wie teilt der Schwerpunkt die Strecke, bzw. die Seitenhalbierende eines Dreiecks, bzw. die Schwerlinie einer dreiseitigen Pyramide?

14 **Spat**
Vom Spat ABCDEFGH sind die Ecken A(4|0|0), B(2|3|1), F(1|4|5) und G(−5|4|5) bekannt.

a) Zeichne ein Schrägbild des Spats.

b) Berechne die Koordinaten der restlichen Ecken.

c) Berechne die Koordinaten des Schnittpunkts S der drei Raumdiagonalen.

Training der Grundkenntnisse

15 **Grundwissen: Vektorketten**

a) $\overrightarrow{OA} = \vec{a}$ und $\overrightarrow{OB} = \vec{b}$ spannen ein Dreieck OAB auf. M ist der Mittelpunkt von [AB]. Drücke $\overrightarrow{OM}$ durch $\vec{a}$ und $\vec{b}$ aus.

b) $A(1|2|3)$, $B(4|4|4)$ und $C(5|6|7)$ sind die Ecken des Parallelogramms ABCD. Berechne die Koordinaten von D.

c) Vom Parallelogramm ABCD sind $B(3|2|-2)$, $C(-3|4|0)$ und der Schnittpunkt der Diagonalen $M(-1|2|1)$ bekannt. Berechne A und D.

16 **Dreiseitige Pyramide**

Die Vektoren $\overrightarrow{OA} = \vec{a}$, $\overrightarrow{OB} = \vec{b}$ und $\overrightarrow{OC} = \vec{c}$ spannen eine dreiseitige Pyramide OABC auf. M ist der Mittelpunkt von [OA], N der Mittelpunkt von [AB], P der Mittelpunkt von [MC] und Q der Mittelpunkt von [NC].

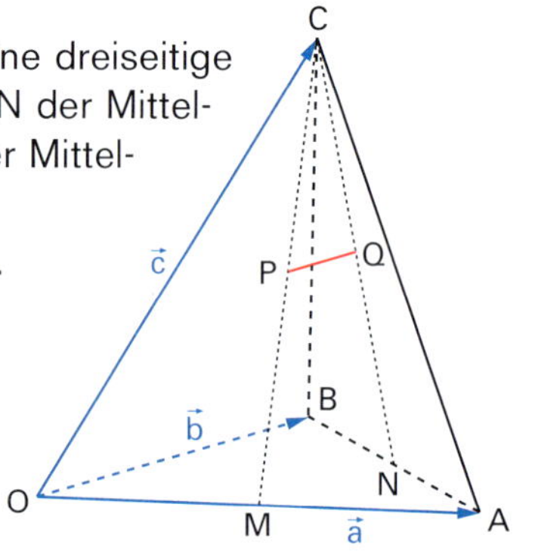

a) Drücke $\overrightarrow{AB}$, $\overrightarrow{AC}$, $\overrightarrow{BC}$ und $\overrightarrow{ON}$ durch $\vec{a}$, $\vec{b}$ und $\vec{c}$ aus.

b) Zeige: $\overrightarrow{OP} = \frac{1}{4}\vec{a} + \frac{1}{2}\vec{c}$ und $\overrightarrow{OQ} = \frac{1}{4}\vec{a} + \frac{1}{4}\vec{b} + \frac{1}{2}\vec{c}$

c) Bestimme $\overrightarrow{PQ}$.
Was folgt daraus über den Verlauf und die Länge der Strecke [PQ] im Vergleich zu den Kanten der Pyramide OABC.

d) Leite das Ergebnis von c) elementargeometrisch her.

Es sei nun $O(0|0|0)$, $A(6|0|0)$, $B(3|4|0)$ und $C(-1|-2|6)$ bekannt.

e) Berechne die Koordinaten von P und Q. Wie lang ist die Strecke [PQ]?

f) Welches Volumen hat diese Pyramide?

17 **Grundwissen: Pyramide**

Berechne die fehlenden Größen der Pyramide mit quadratischer Grundfläche.

	a in cm	h in cm	s in cm	h_D in cm	M in cm^2	O in cm^2	V in cm^3	α	β
a)	12	8							
b)	$5\sqrt{2}$		13						
c)		6					128		
d)					192	336			
e)				5		96			
f)				26	1040				

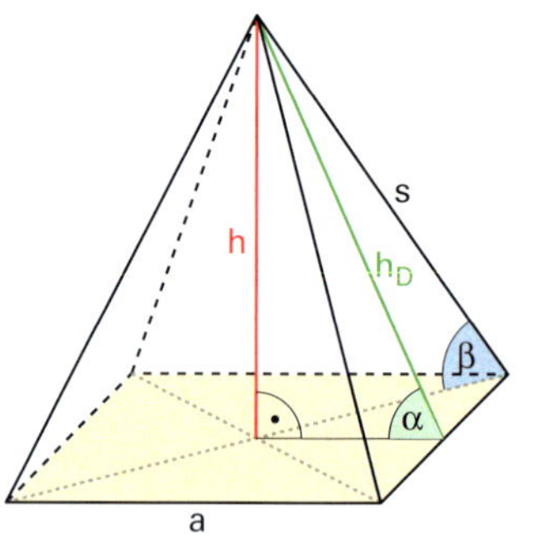

11 Das Skalar- und das Vektorprodukt

Das Bauen und Untersuchen von Körpermodellen wird in der Industrie durch computerunterstützte Konstruktionen (CAD) ersetzt. Für das Herstellen der gezeichneten Körper benötigt man die Länge von Strecken, die Größe von Winkeln sowie Flächen- und Rauminhalte. Bisher benutzten wir zum Berechnen dieser Größen den Strahlensatz, den Satz des Pythagoras, die trigonometrischen Funktionen sowie Flächen- und Volumenformeln. Diese Werkzeuge passen wir nun der Vektorrechnung an.

11.1 Das Skalarprodukt

Länge eines Vektors

Die Länge eines Vektors $\vec{a}$ bezeichnet man mit $|\vec{a}|$ oder kurz mit a. Statt „Länge von $\vec{a}$" sagt man auch „**Betrag** von $\vec{a}$".

Die Länge von $\vec{a} = \begin{pmatrix} a_1 \\ a_2 \\ a_3 \end{pmatrix}$ ist die Länge der Raumdiagonale eines Quaders mit den Kantenlängen $|a_1|$, $|a_2|$ und $|a_3|$ (siehe rechts).

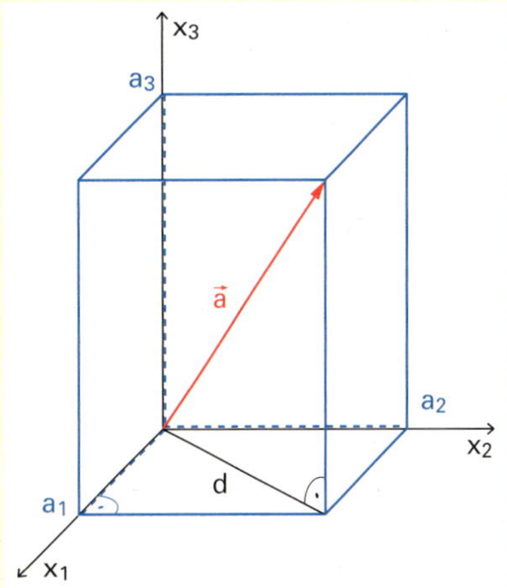

Mithilfe des Satzes von Pythagoras folgt:

$$d^2 = a_1^2 + a_2^2$$
$$a^2 = d^2 + a_3^2 = a_1^2 + a_2^2 + a_3^2$$
$$a = \sqrt{a_1^2 + a_2^2 + a_3^2}$$

Die **Entfernung** zweier Punkte $A(a_1|a_2|a_3)$ und $B(b_1|b_2|b_3)$ ist gleich der Länge des Vektors $\overrightarrow{AB}$:

$$\overline{AB} = |\overrightarrow{AB}| = \left|\begin{pmatrix} b_1 - a_1 \\ b_2 - a_2 \\ b_3 - a_3 \end{pmatrix}\right| = \sqrt{(b_1 - a_1)^2 + (b_2 - a_2)^2 + (b_3 - a_3)^2}$$

> Der Vektor $\vec{a} = \begin{pmatrix} a_1 \\ a_2 \\ a_3 \end{pmatrix}$ hat die **Länge** (den Betrag) $|\vec{a}| = a = \sqrt{a_1^2 + a_2^2 + a_3^2}$.
>
> Zwei Punkte $A(a_1|a_2|a_3)$ und $B(b_1|b_2|b_3)$ haben die **Entfernung**
> $|\overrightarrow{AB}| = \sqrt{(b_1 - a_1)^2 + (b_2 - a_2)^2 + (b_3 - a_3)^2}$.

Beispiele:

- Betrag des Vektors $\vec{a} = \begin{pmatrix} 2 \\ -3 \\ 6 \end{pmatrix}$:

  $a = \sqrt{2^2 + (-3)^2 + 6^2} = \sqrt{4 + 9 + 36} = \sqrt{49} = 7.$

- Entfernung der Punkte $A(1|-2|3)$ und $B(-3|-6|5)$:

  $\overrightarrow{AB} = \begin{pmatrix} -3-1 \\ -6+2 \\ 5-3 \end{pmatrix} = \begin{pmatrix} -4 \\ -4 \\ 2 \end{pmatrix} \quad \Rightarrow \quad |\overrightarrow{AB}| = \sqrt{16 + 16 + 4} = 6$

Kugelgleichung

Alle Punkte, die von $M(m_1|m_2|m_3)$ die Entfernung r haben, liegen auf der Kugel k um M mit dem Radius r. Die Koordinaten dieser Punkte $X(x_1|x_2|x_3)$ erfüllen die **Kugelgleichung** (Aufgaben 4 und 5):

$$(x_1 - m_1)^2 + (x_2 - m_2)^2 + (x_3 - m_3)^2 = r^2$$

Das Skalarprodukt von Vektoren

Bei der Konstruktion von Körpern ist es wichtig, ob Kanten senkrecht zueinander verlaufen. Statt *senkrecht* sagt man auch **orthogonal**. Mithilfe der Umkehrung des Satzes von Pythagoras kann man entscheiden, ob Vektoren zueinander orthogonal sind (Aufgabe 7). Wir betrachten dazu das von $\vec{a}$ und $\vec{b}$ aufgespannte Dreieck.

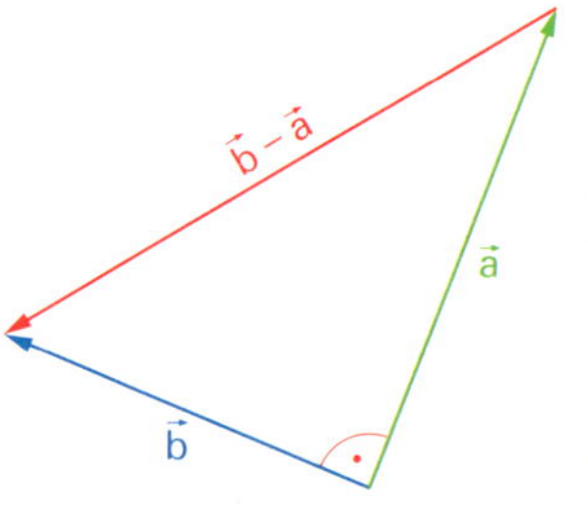

$\vec{a} = \begin{pmatrix} a_1 \\ a_2 \\ a_3 \end{pmatrix}$ und $\vec{b} = \begin{pmatrix} b_1 \\ b_2 \\ b_3 \end{pmatrix}$ sind zueinander orthogonal, wenn $|\vec{a}|^2 + |\vec{b}|^2 = |\vec{b} - \vec{a}|^2$ ist. Also:

$$a_1^2 + a_2^2 + a_3^2 + b_1^2 + b_2^2 + b_3^2 = (b_1 - a_1)^2 + (b_2 - a_2)^2 + (b_3 - a_3)^2$$

$$\Leftrightarrow \quad a_1^2 + a_2^2 + a_3^2 + b_1^2 + b_2^2 + b_3^2 = b_1^2 - 2a_1b_1 + a_1^2 + b_2^2 - 2a_2b_2 + a_2^2 + b_3^2 - 2a_3b_3 + a_3^2$$

$$\Leftrightarrow \quad 2 \cdot (a_1b_1 + a_2b_2 + a_3b_3) = 0$$

Wir erhalten so ein einfaches Kriterium, ob zwei vom Nullvektor verschiedene Vektoren $\vec{a}$ und $\vec{b}$ aufeinander senkrecht stehen: $a_1b_1 + a_2b_2 + a_3b_3 = 0$

Für die Vektoren von Aufgabe 7 ergibt sich sofort: $3 \cdot 8 + 6 \cdot (-8) + 6 \cdot 4 = 0$

Den Term $a_1b_1 + a_2b_2 + a_3b_3$ kürzt man mit $\vec{a} \circ \vec{b}$ ab und spricht von einem Produkt von Vektoren. Da der Wert eine Zahl ist, nennt man es Skalarprodukt.

Die Zahl
$\vec{a} \circ \vec{b} = \begin{pmatrix} a_1 \\ a_2 \\ a_3 \end{pmatrix} \circ \begin{pmatrix} b_1 \\ b_2 \\ b_3 \end{pmatrix} = a_1b_1 + a_2b_2 + a_3b_3$ heißt **Skalarprodukt** der Vektoren $\vec{a}$ und $\vec{b}$.

Orthogonalität von Vektoren
Zwei vom Nullvektor verschiedene Vektoren $\vec{a}$ und $\vec{b}$ sind genau dann zueinander orthogonal, wenn ihr Skalarprodukt den Wert Null hat.

Winkel zwischen zwei Vektoren

Lässt sich mit dem Skalarprodukt auch der Winkel φ zwischen $\vec{a}$ und $\vec{b}$ ermitteln, wenn dieser nicht 90° ist?
Ist $\varphi < 90°$, ist $|\vec{b} - \vec{a}|^2 < |\vec{a}|^2 + |\vec{b}|^2$.
Ist $90° < \varphi < 180°$, ist $|\vec{b} - \vec{a}|^2 > |\vec{a}|^2 + |\vec{b}|^2$.
Den Zusammenhang beschreibt der **Kosinussatz**, der gegenüber dem Satz von Pythagoras das Korrekturglied $2 \cdot |\vec{a}| \cdot |\vec{b}| \cdot \cos\varphi$ aufweist.

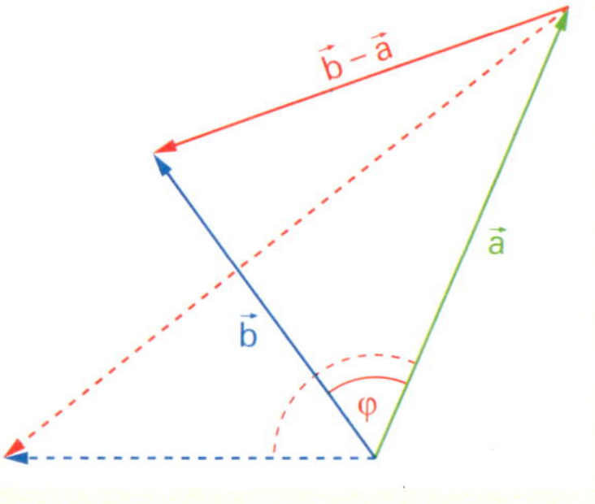

Für das von $\vec{a}$ und $\vec{b}$ aufgespannte Dreieck gilt somit:

$$|\vec{b}-\vec{a}|^2 = |\vec{a}|^2 + |\vec{b}|^2 - 2 \cdot |\vec{a}| \cdot |\vec{b}| \cdot \cos\varphi$$

Formen wir wie im letzten Abschnitt um, folgt:

$$-2 \cdot (a_1b_1 + a_2b_2 + a_3b_3) = -2 \cdot |\vec{a}| \cdot |\vec{b}| \cdot \cos\varphi$$
$$\vec{a} \circ \vec{b} = |\vec{a}| \cdot |\vec{b}| \cdot \cos\varphi$$

Winkel zwischen zwei Vektoren
Der Winkel φ zwischen zwei vom Nullvektor verschiedenen Vektoren $\vec{a}$ und $\vec{b}$ ergibt sich aus $\cos\varphi = \frac{\vec{a} \circ \vec{b}}{|\vec{a}| \cdot |\vec{b}|}$ mit $0° \leq \varphi \leq 180°$.

Beispiel: Winkel zwischen $\vec{a} = \begin{pmatrix} 1 \\ 2 \\ 2 \end{pmatrix}$ und $\vec{b} = \begin{pmatrix} 3 \\ -4 \\ 0 \end{pmatrix}$

$$\cos\varphi = \frac{\vec{a} \circ \vec{b}}{|\vec{a}| \cdot |\vec{b}|} = \frac{1 \cdot 3 + 2 \cdot (-4) + 2 \cdot 0}{\sqrt{1+4+4} \cdot \sqrt{9+16}} = \frac{3-8}{3 \cdot 5} = -\frac{5}{3 \cdot 5} = -\frac{1}{3}$$
$$\Rightarrow \quad \varphi = 109{,}5°$$

Geometrische Deutung des Skalarprodukts

Viele Anwendungen in der Physik stützen sich auf die geometrische Interpretation des Skalarprodukts (Aufgabe 16)

$$\vec{a} \circ \vec{b} = |\vec{a}| \cdot |\vec{b}| \cdot \cos\varphi.$$

Wir betrachten dazu die rechts grün dargestellte senkrechte Projektion des Vektors $\vec{b}$ auf den Vektor $\vec{a}$. Für $0° \leq \varphi \leq 90°$ ist $|\vec{b}| \cdot \cos\varphi$ die Länge der Projektion und für $90° < \varphi \leq 180°$ die mit einem Minuszeichen versehene Länge. Also:

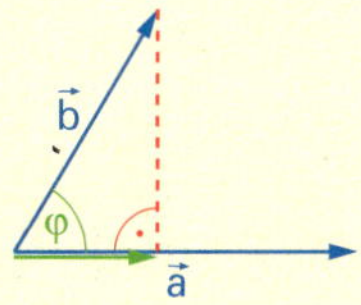

- *Für $0° \leq \varphi \leq 90°$ ist das Skalarprodukt gleich dem Produkt der Länge eines Vektors und der Länge der senkrechten Projektion des anderen Vektors auf ihn.*
- *Für $90° < \varphi \leq 180°$ ist es das mit (-1) multiplizierte Produkt der Längen.*

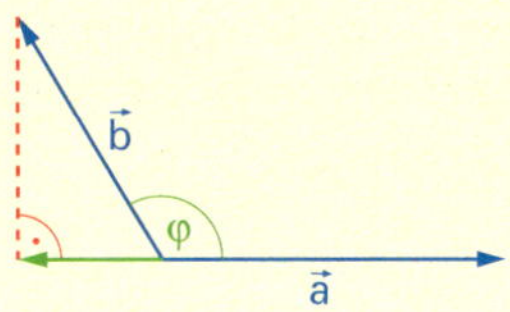

Aufgaben

1 Länge von Vektoren

Berechne die Beträge der Vektoren.

a) $\vec{a} = \begin{pmatrix} 1 \\ 2 \\ 2 \end{pmatrix}$ b) $\vec{b} = \begin{pmatrix} 6 \\ -9 \\ 2 \end{pmatrix}$ c) $\vec{c} = \begin{pmatrix} 4 \\ -4 \\ -7 \end{pmatrix}$ d) $\vec{d} = \begin{pmatrix} 1 \\ 1 \\ 1 \end{pmatrix}$ e) $\vec{u} = \begin{pmatrix} -2 \\ \sqrt{2} \\ \sqrt{3} \end{pmatrix}$

2 Entfernung von Punkten

Berechne die Entfernung der beiden Punkte.

a) $A(1|2|3)$, $B(4|6|15)$
b) $C(1|-3|-5)$, $D(-1|3|4)$
c) $E(1|-2|3)$, $F(-1|2|3)$
d) $G(0{,}8|-0{,}8|0{,}8)$, $H(1|0{,}6|-1{,}5)$

Gib zwei Punkte P und Q mit von null verschiedenen, ganzzahligen Koordinaten so an, dass ihre Entfernung

e) 3,
f) 6,
g) $\sqrt{6}$,
h) $\sqrt{14}$ ist.

3 Dreiecksumfang

Berechne den Umfang des Dreiecks ABC.

a) $A(4|2|-2)$, $B(2|-1|-8)$, $C(-2|5|4)$
b) $A(2|-3|-4)$, $B(1|5|0)$, $C(3|1|4)$

4 Kugel um den Ursprung

Der Punkt $A(22|14|7)$ liegt auf einer Kugel k, deren Mittelpunkt der Ursprung O ist.

a) Welchen Radius hat die Kugel k?
b) Zeige, dass die Punkte $B(23|-14|2)$ und $C(-24|12|-3)$ auch auf k liegen.
c) Der Punkt $D(25|-10|d_3)$ liegt auf k. Berechne d_3.
d) Der Punkt $E(26|e_2|e_3)$ liegt auf k. Bestimme jeweils zwei mögliche Werte für e_2 und e_3.
e) Der Punkt $X(x_1|x_2|x_3)$ liegt auf der Kugel k. Welche Gleichung erfüllen seine Koordinaten x_1, x_2 und x_3?

5 Kugel mit einem beliebigen Mittelpunkt

Der Punkt $A(4|8|9)$ liegt auf einer Kugel k mit dem Mittelpunkt $M(1|2|3)$.

a) Welchen Radius hat die Kugel k?
b) Zeige, dass die Punkte $B(5|-2|10)$ und $C(-3|3|-5)$ auch auf k liegen.
c) Der Punkt $D(8|6|d_3)$ liegt auf k. Berechne d_3.
d) Gib für e_2 und e_3 jeweils einen Wert so an, dass $E(7|e_2|e_3)$ auf k liegt.
e) Der Punkt $X(x_1|x_2|x_3)$ liegt auf der Kugel k. Welche Gleichung erfüllen seine Koordinaten x_1, x_2 und x_3?

6 Kugel in Schachtel

Eine Kugel ist in einer im Koordinatensystem stehenden würfelförmigen Schachtel mit der Kantenlänge 12 (siehe Abbildung) verpackt, sodass sie alle Flächen der Schachtel berührt.

a) Bestimme die Gleichung der Kugel.
b) Wie viel Prozent des Schachtelvolumens füllt die Kugel aus?
c) Zeige, dass der Punkt $P(10|10|8)$ auf der Kugel liegt. Berechne die Koordinaten des Kugelpunkts Q, für den [PQ] ein Durchmesser der Kugel ist.

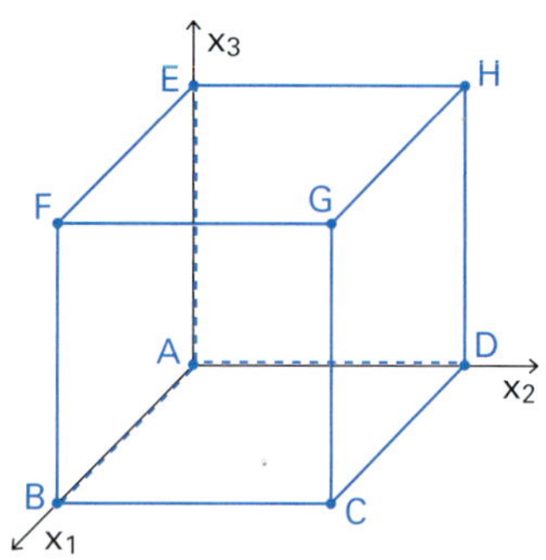

7 Senkrecht oder nicht senkrecht? – Das ist die Frage.

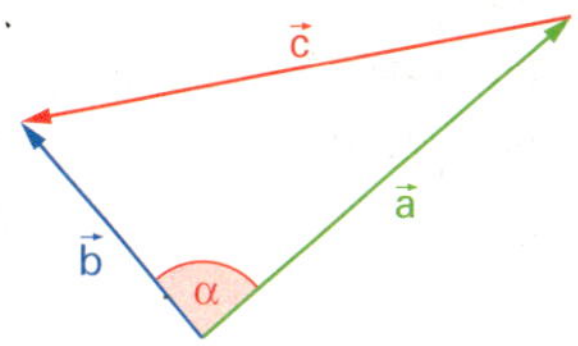

Betrachte das von den Vektoren $\vec{a} = \begin{pmatrix} 3 \\ 6 \\ 6 \end{pmatrix}$ und $\vec{b} = \begin{pmatrix} 8 \\ -8 \\ 4 \end{pmatrix}$ aufgespannte Dreieck.

a) Drücke $\vec{c}$ durch $\vec{a}$ und $\vec{b}$ aus und bestimme $|\vec{c}|^2$.

b) Wie kann man mithilfe der Umkehrung des Satzes von Pythagoras entscheiden, ob $\vec{a}$ und $\vec{b}$ zueinander senkrecht verlaufen? Führe die zugehörige Rechnung aus.

8 Orthogonale Vektoren

Prüfe, ob die Vektoren jeweils zueinander senkrecht sind.

a) $\vec{a} = \begin{pmatrix} 1 \\ 2 \\ -3 \end{pmatrix}, \vec{b} = \begin{pmatrix} 8 \\ 2 \\ 4 \end{pmatrix}$ b) $\vec{c} = \begin{pmatrix} 1 \\ 0 \\ -1 \end{pmatrix}, \vec{d} = \begin{pmatrix} 1 \\ 1 \\ 0 \end{pmatrix}$ c) $\vec{a} = \begin{pmatrix} 2 \\ 3 \\ -4 \end{pmatrix}, \vec{b} = \begin{pmatrix} -6 \\ 8 \\ 3 \end{pmatrix}$

d) $\vec{v} = \begin{pmatrix} 2 \\ 3 \\ 6 \end{pmatrix}, \vec{w} = \begin{pmatrix} 3 \\ -6 \\ 2 \end{pmatrix}$ e) $\vec{u} = \begin{pmatrix} -\sqrt{2} \\ 2\sqrt{2} \\ \sqrt{8} \end{pmatrix}, \vec{v} = \begin{pmatrix} \sqrt{12} \\ 2\sqrt{3} \\ -\sqrt{3} \end{pmatrix}$ f) $\vec{a} = \begin{pmatrix} 0{,}6 \\ -8 \\ 0{,}3 \end{pmatrix}, \vec{b} = \begin{pmatrix} 0{,}8 \\ 0{,}03 \\ -0{,}8 \end{pmatrix}$

9 Richtig oder falsch?

Stelle – falls notwendig – richtig.

a) $\begin{pmatrix} 2 \\ -3 \\ 4 \end{pmatrix} \circ \begin{pmatrix} 5 \\ 4 \\ 3 \end{pmatrix} = \begin{pmatrix} 10 \\ -12 \\ 12 \end{pmatrix}$ b) $\begin{pmatrix} 1 \\ 1 \\ 1 \end{pmatrix} \circ \begin{pmatrix} 1 \\ 1 \\ 1 \end{pmatrix} = 1$ c) $\begin{pmatrix} -1 \\ 2 \\ 5 \end{pmatrix} \circ \begin{pmatrix} 2 \\ -4 \\ 2 \end{pmatrix} = 0$

10 Freie Wahl

Gib je vier Vektoren an, die zum Vektor $\vec{a}$ orthogonal sind.

a) $\vec{a} = \begin{pmatrix} 3 \\ 4 \\ 0 \end{pmatrix}$ b) $\vec{a} = \begin{pmatrix} 2 \\ -2 \\ 3 \end{pmatrix}$ c) $\vec{a} = \begin{pmatrix} 1 \\ 1 \\ -2 \end{pmatrix}$ d) $\vec{a} = \begin{pmatrix} 1 \\ 1 \\ 1 \end{pmatrix}$ e) $\vec{a} = \begin{pmatrix} 3 \\ 5 \\ 7 \end{pmatrix}$

11 Spannende Vektoren

Zeige, dass die Vektoren jeweils einen Würfel ABCDEFGH aufspannen.

a) $\overrightarrow{AB} = \begin{pmatrix} 1 \\ 2 \\ 2 \end{pmatrix}, \overrightarrow{AD} = \begin{pmatrix} 2 \\ 1 \\ -2 \end{pmatrix}, \overrightarrow{AE} = \begin{pmatrix} 2 \\ -2 \\ 1 \end{pmatrix}$ b) $\overrightarrow{AB} = \begin{pmatrix} 2 \\ 10 \\ 11 \end{pmatrix}, \overrightarrow{AD} = \begin{pmatrix} -14 \\ 5 \\ -2 \end{pmatrix}, \overrightarrow{AE} = \begin{pmatrix} 5 \\ 10 \\ -10 \end{pmatrix}$

12 Winkel zwischen Vektoren

Berechne jeweils den Winkel φ zwischen den beiden Vektoren.

a) $\vec{a} = \begin{pmatrix} 7 \\ -4 \\ 4 \end{pmatrix}, \vec{b} = \begin{pmatrix} 8 \\ 4 \\ -1 \end{pmatrix}$ b) $\vec{c} = \begin{pmatrix} 2 \\ 6 \\ 9 \end{pmatrix}, \vec{d} = \begin{pmatrix} 2 \\ 1 \\ -2 \end{pmatrix}$ c) $\vec{a} = \begin{pmatrix} 1 \\ 2 \\ -3 \end{pmatrix}, \vec{b} = \begin{pmatrix} 3 \\ -1 \\ 2 \end{pmatrix}$

d) $\vec{v} = \begin{pmatrix} 1 \\ -1 \\ 1 \end{pmatrix}, \vec{w} = \begin{pmatrix} 1 \\ 1 \\ -1 \end{pmatrix}$ e) $\vec{u} = \begin{pmatrix} -5 \\ 5 \\ 5 \end{pmatrix}, \vec{v} = \begin{pmatrix} 7 \\ -7 \\ 7 \end{pmatrix}$ f) $\vec{a} = \begin{pmatrix} 2 \\ \sqrt{3} \\ 4 \end{pmatrix}, \vec{b} = \begin{pmatrix} 1 \\ 2\sqrt{3} \\ -2 \end{pmatrix}$

13 Winkel eines Dreiecks

Berechne die Winkel des Dreiecks ABC. Welches besondere Dreieck liegt vor?

a) $A(7|-3|4)$, $B(2|2|4)$, $C(2|-3|-1)$ b) $A(0|3|-4)$, $B(1|-1|4)$, $C(4|7|3)$

c) $A(3|1|2)$, $B(1|11|13)$, $C(8|-9|12)$ d) $A(1|-2|3)$, $B(5|2|1)$, $C(-1|-4|4)$

14 Winkel eines Vektors mit den Basisvektoren

Welche Winkel schließt der Vektor $\vec{a}$ mit den Basisvektoren $\vec{e_1}$, $\vec{e_2}$ und $\vec{e_3}$ ein?

a) $\vec{a} = \begin{pmatrix} 1 \\ 1 \\ 1 \end{pmatrix}$ b) $\vec{a} = \begin{pmatrix} 1 \\ 1 \\ \sqrt{2} \end{pmatrix}$ c) $\vec{a} = \begin{pmatrix} \sqrt{2} \\ 0 \\ \sqrt{2} \end{pmatrix}$ d) $\vec{a} = \begin{pmatrix} 2 \\ -10 \\ 11 \end{pmatrix}$ e) $\vec{a} = \begin{pmatrix} \sqrt{3} \\ -\sqrt{3} \\ \sqrt{3} \end{pmatrix}$

15 Winkel im Würfel

Der rechts abgebildete Würfel ABCDEFGH hat die Kantenlänge a.

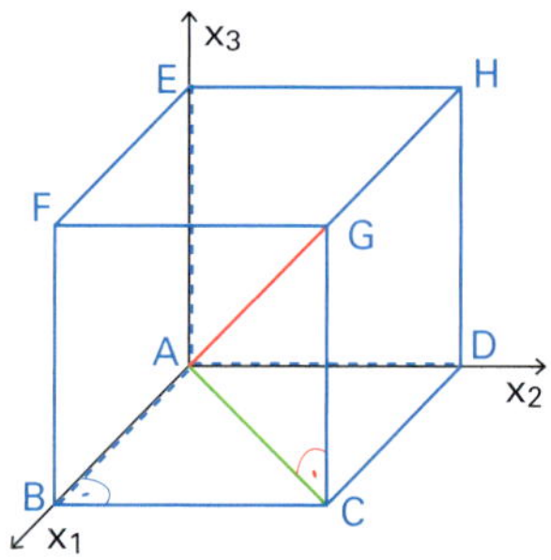

a) Gib $\overline{AC}$ und $\overline{AG}$ in Abhängigkeit von a an.

Berechne den Winkel, den eine Raumdiagonale mit einer Kante bzw. einer Flächendiagonale einschließt, auf zwei Arten: mithilfe

b) der Winkelfunktionen Sinus, Kosinus und Tangens,

c) des Skalarprodukts.

d) Welchen Winkel schließen zwei Raumdiagonalen miteinander ein?

16 Eine elegante Formulierung der physikalischen Arbeit W

Ein Schlitten wird durch eine Kraft $\vec{F}$ längs eines Weges s beschleunigt. Nur die Kraftkomponente in Richtung des Wegvektors $\vec{s}$ trägt zur Arbeit W bei, die am Schlitten verrichtet wird.

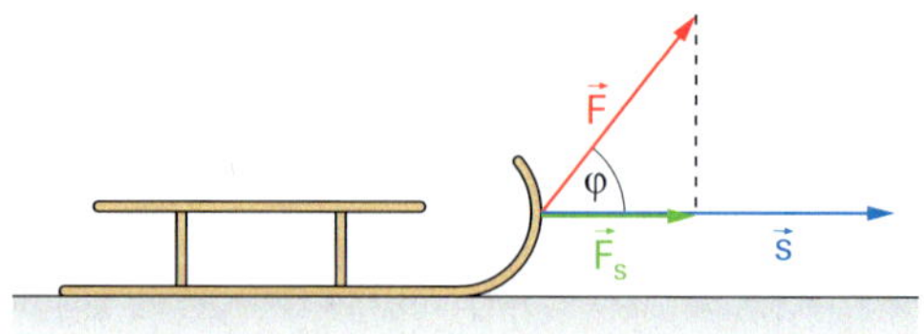

a) Stelle zu „Arbeit gleich Kraft mal Weg" die Gleichung auf. Verwende dabei W, $|\vec{F}|$, $|\vec{s}|$ und φ. Schreibe die Gleichung mithilfe des Skalarprodukts.

b) Warum gilt diese Gleichung auch für $90° < \varphi \leq 180°$?

17 Grundwissen: Kegel

a) Berechne den Radius eines Kegels mit $V = 3\pi\,\text{cm}^3$ und $h = 4\,\text{cm}$.

b) Berechne den Radius eines Kegels mit $O = 54\pi\,\text{cm}^2$ und $m = 7{,}5\,\text{cm}$.

Der Kegel wird von einer Ebene geschnitten, die parallel zur Grundfläche ist und von dieser den Abstand $\frac{h}{2}$ hat.

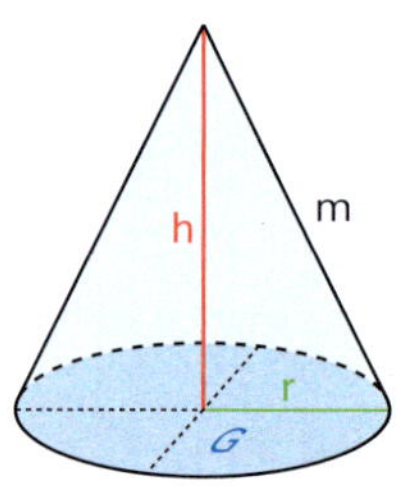

c) Welcher Bruchteil des Inhalts der Grundfläche ist der Inhalt der Schnittfläche?

d) Welcher Bruchteil des Kegelvolumens ist das Volumen des abgeschnittenen kleinen Kegels?

11.2 Das Vektorprodukt

Definition des Vektorprodukts

Bei der Konstruktion von Körpern sollen Kanten häufig senkrecht zueinander verlaufen. Zu einem Vektor $\vec{a}$ gibt es im dreidimensionalen Raum unendlich viele orthogonale Vektoren. Zu zwei nicht parallelen Vektoren $\vec{a}$ und $\vec{b}$ gibt es dagegen nur eine Richtung und ihre Gegenrichtung, die auf beiden senkrecht steht.

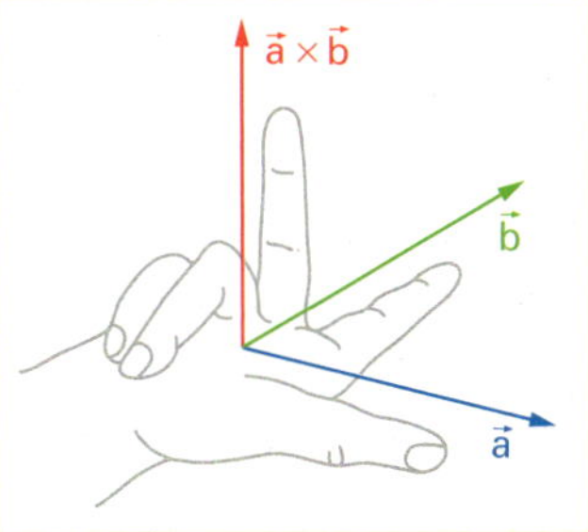

Wir „konstruieren" schrittweise einen Vektor, der auf $\vec{a}$ und $\vec{b}$ senkrecht steht. Da das Ergebnis ein Vektor ist, heißt dieses **Vektorprodukt**. Als Verknüpfungszeichen verwendet man ein Kreuz: $\vec{a}\times\vec{b}$ (gelesen: a Kreuz b). Statt Vektorprodukt sagt man deshalb auch **Kreuzprodukt**.
Da zwei Richtungen für das Kreuzprodukt möglich sind, verlangen wir, dass $\vec{a}$, $\vec{b}$ und $\vec{a}\times\vec{b}$ ein *Rechtssystem* bilden. Das bedeutet: Zeigt der Daumen der *rechten Hand* in Richtung von $\vec{a}$, der Zeigefinger in Richtung von $\vec{b}$, dann soll der Mittelfinger in Richtung von $\vec{a}\times\vec{b}$ zeigen.
Wir stellen nun **Axiome** (griech. *Forderungen*) auf, aus denen wir das Vektorprodukt beliebiger Vektoren ableiten werden. Zunächst befassen wir uns mit den Basisvektoren. Diese stehen paarweise aufeinander senkrecht. Wir fordern deshalb, dass das Vektorprodukt von zwei Basisvektoren jeweils der dritte sein soll und beachten dabei, dass diese ein Rechtssystem bilden. Beim Vertauschen der Reihenfolge der Faktoren soll sich der Gegenvektor ergeben. Das Fordern von Rechenregeln wird uns von den Basisvektoren zu beliebigen Vektoren leiten.

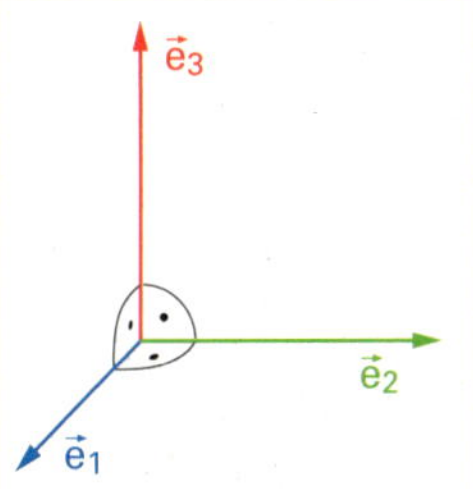

Axiom		Erläuterung
I	$\vec{e}_1\times\vec{e}_2=\vec{e}_3;\ \ \vec{e}_2\times\vec{e}_3=\vec{e}_1;\ \ \vec{e}_3\times\vec{e}_1=\vec{e}_2$	Vektorprodukt der Basisvektoren unter Berücksichtigung der Reihenfolge
II	$\vec{b}\times\vec{a}=-(\vec{a}\times\vec{b})$	Vertauschung der Faktoren ergibt den Gegenvektor („antikommutativ")
III	$(\lambda\cdot\vec{a})\times\vec{b}=\lambda\cdot(\vec{a}\times\vec{b})=\vec{a}\times(\lambda\cdot\vec{b})$	Der λ-fache Vektor führt zum λ-fachen Vektorprodukt.
IV	$\vec{a}\times(\vec{b}+\vec{c})=(\vec{a}\times\vec{b})+(\vec{a}\times\vec{c})$	Distributivgesetz

Für das Rechnen mit den Basisvektoren entnehmen wir Axiom II:

1. Folgerung: $\vec{e}_2\times\vec{e}_1=-\vec{e}_3;\ \ \vec{e}_3\times\vec{e}_2=-\vec{e}_1;\ \ \vec{e}_1\times\vec{e}_3=-\vec{e}_2$

Was ergibt das Vektorprodukt eines Vektors mit sich selbst?

2. Folgerung: Für jeden Vektor $\vec{a}$ gilt: $\vec{a}\times\vec{a}=\vec{0}$

Beweis: Für den Spezialfall $\vec{b}=\vec{a}$ folgt aus Axiom II:
$\vec{a}\times\vec{a}=-(\vec{a}\times\vec{a})\ \ \Rightarrow\ \ 2(\vec{a}\times\vec{a})=\vec{0}\ \ \Rightarrow\ \ \vec{a}\times\vec{a}=\vec{0}$

Insbesondere ist also das Vektorprodukt eines Basisvektors mit sich selbst gleich dem Nullvektor.

Nun zu beliebigen Vektoren $\vec{a}$ und $\vec{b}$! Ersetzen wir die Spaltenschreibweise durch die Basisdarstellung und wenden die Axiome I bis IV sowie die beiden Folgerungen an, ergibt sich:

$$\begin{aligned}\begin{pmatrix}a_1\\a_2\\a_3\end{pmatrix}\times\begin{pmatrix}b_1\\b_2\\b_3\end{pmatrix} &= (a_1\vec{e_1}+a_2\vec{e_2}+a_3\vec{e_3})\times(b_1\vec{e_1}+b_2\vec{e_2}+b_3\vec{e_3})\\ &= a_1b_2(\vec{e_1}\times\vec{e_2})+a_1b_3(\vec{e_1}\times\vec{e_3})+a_2b_1(\vec{e_2}\times\vec{e_1})+a_2b_3(\vec{e_2}\times\vec{e_3})+a_3b_1(\vec{e_3}\times\vec{e_1})\\ &\quad +a_3b_2(\vec{e_3}\times\vec{e_2})\\ &= a_1b_2\vec{e_3}-a_1b_3\vec{e_2}-a_2b_1\vec{e_3}+a_2b_3\vec{e_1}+a_3b_1\vec{e_2}-a_3b_2\vec{e_1}\\ &= (a_2b_3-a_3b_2)\,\vec{e_1}+(a_3b_1-a_1b_3)\,\vec{e_2}+(a_1b_2-a_2b_1)\,\vec{e_3}=\begin{pmatrix}a_2b_3-a_3b_2\\a_3b_1-a_1b_3\\a_1b_2-a_2b_1\end{pmatrix}\end{aligned}$$

$\vec{a}\times\vec{b}$ ist ein Vektor, der auf $\vec{a}$ und auf $\vec{b}$ senkrecht steht (Aufgabe 1).

Das **Vektorprodukt**

$$\vec{a}\times\vec{b}=\begin{pmatrix}a_1\\a_2\\a_3\end{pmatrix}\times\begin{pmatrix}b_1\\b_2\\b_3\end{pmatrix}=\begin{pmatrix}a_2b_3-a_3b_2\\a_3b_1-a_1b_3\\a_1b_2-a_2b_1\end{pmatrix}$$

ist ein Vektor, der sowohl auf $\vec{a}$ als auch auf $\vec{b}$ senkrecht steht.

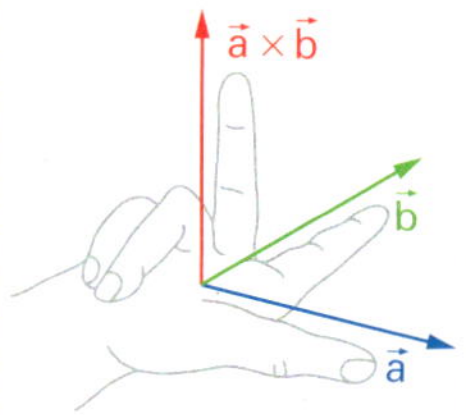

Jede Koordinate des Vektorprodukts ist eine Differenz von Produkten. Dazu gibt es eine Merkhilfe: Wir schreiben die beiden ersten Zeilen des Produkts noch einmal unter die beiden Vektoren und streichen dann die erste Zeile:

$$\begin{matrix}\begin{pmatrix}\not{a_1}\\a_2\\a_3\end{pmatrix}\times\begin{pmatrix}\not{b_1}\\b_2\\b_3\end{pmatrix}=\begin{pmatrix}a_2b_3-a_3b_2\\a_3b_1-a_1b_3\\a_1b_2-a_2b_1\end{pmatrix}\\ a_1\quad b_1\\ a_2\quad b_2\end{matrix}$$

Von den Produkten in Richtung der roten Pfeile werden die Produkte in Richtung der blauen Pfeile subtrahiert.

Beispiel:

$$\begin{matrix}\begin{pmatrix}\not{1}\\2\\3\end{pmatrix}\times\begin{pmatrix}\not{4}\\5\\6\end{pmatrix}=\begin{pmatrix}2\cdot6-3\cdot5\\3\cdot4-1\cdot6\\1\cdot5-2\cdot4\end{pmatrix}=\begin{pmatrix}-3\\6\\-3\end{pmatrix}=3\cdot\begin{pmatrix}-1\\2\\-1\end{pmatrix}\\ 1\quad 4\\ 2\quad 5\end{matrix}$$

$\vec{a}\times\vec{b}$ steht auf $\vec{a}$ und auf $\vec{b}$ senkrecht. Wir überprüfen das mithilfe des Skalarprodukts:

$$\begin{pmatrix}1\\2\\3\end{pmatrix}\circ\begin{pmatrix}-1\\2\\-1\end{pmatrix}=-1+4-3=0;\qquad \begin{pmatrix}4\\5\\6\end{pmatrix}\circ\begin{pmatrix}-1\\2\\-1\end{pmatrix}=-4+10-6=0$$

Geometrische Bedeutung des Betrags des Vektorprodukts

$\vec{a} = \begin{pmatrix} a \\ 0 \\ 0 \end{pmatrix}$ und $\vec{b} = \begin{pmatrix} 0 \\ b \\ 0 \end{pmatrix}$ spannen ein Rechteck auf.

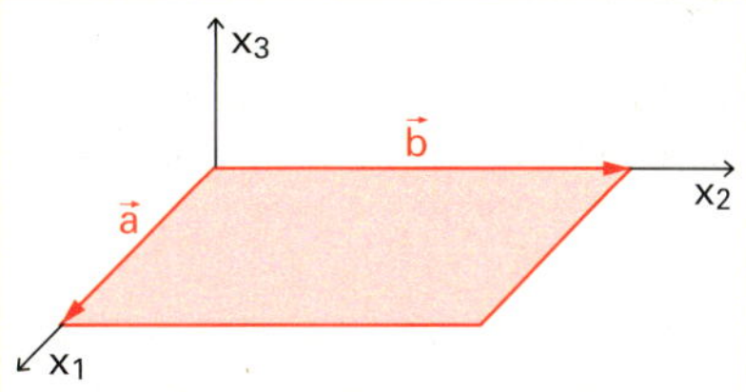

$$\vec{a} \times \vec{b} = \begin{pmatrix} a \\ 0 \\ 0 \end{pmatrix} \times \begin{pmatrix} 0 \\ b \\ 0 \end{pmatrix} = \begin{pmatrix} 0 \\ 0 \\ ab \end{pmatrix} \quad \Rightarrow \quad \left| \begin{pmatrix} 0 \\ 0 \\ ab \end{pmatrix} \right| = |ab|$$

Der Betrag des Vektorprodukts ist gleich dem Flächeninhalt des von $\vec{a}$ und $\vec{b}$ aufgespannten Rechtecks.

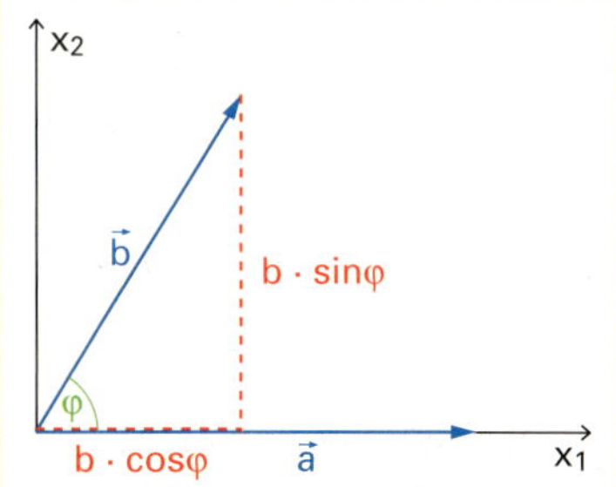

Im Allgemeinen spannen zwei Vektoren kein Rechteck, sondern ein Parallelogramm auf. Können wir auch den Flächeninhalt dieses Parallelogramms als Betrag des Vektorprodukts interpretieren? Zur Untersuchung dieser Frage wählen wir unser Koordinatensystem geschickt: Die x_1-Achse verlaufe in Richtung von $\vec{a}$. Dann wählen wir die x_2-Achse so, dass Repräsentanten von $\vec{b}$ in der x_1x_2-Ebene liegen. Schließen diese mit der x_1-Achse den Winkel φ ein, hat $\vec{b}$ als erste Koordinate $b \cdot \cos\varphi$, als zweite $b \cdot \sin\varphi$ und als dritte Null. Also:

$$\vec{a} \times \vec{b} = \begin{pmatrix} a \\ 0 \\ 0 \end{pmatrix} \times \begin{pmatrix} b \cdot \cos\varphi \\ b \cdot \sin\varphi \\ 0 \end{pmatrix} = \begin{pmatrix} 0 \\ 0 \\ ab \cdot \sin\varphi \end{pmatrix} \quad \Rightarrow \quad \left| \begin{pmatrix} 0 \\ 0 \\ ab \cdot \sin\varphi \end{pmatrix} \right| = |ab \cdot \sin\varphi|$$

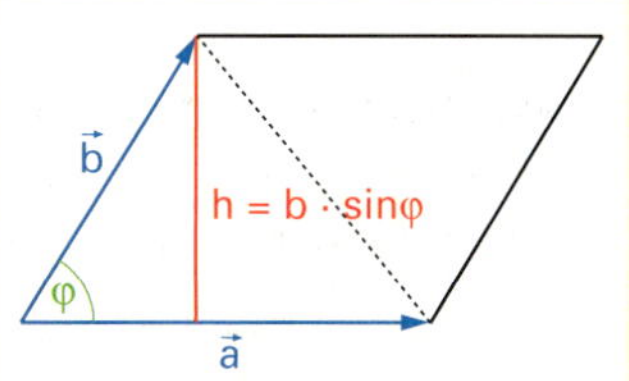

In dem von $\vec{a}$ und $\vec{b}$ aufgespannten Parallelogramm ist $|b \cdot \sin\varphi|$ die Länge der Höhe zur Grundlinie a. Unsere Vermutung bestätigt sich. Diese gilt allgemein.

Der Flächeninhalt des von $\vec{a}$ und $\vec{b}$ aufgespannten Dreiecks ist halb so groß.

Der Flächeninhalt des von $\vec{a}$ und $\vec{b}$ aufgespannten

- Parallelogramms ist gleich dem Betrag des Vektorprodukts: $A_{\text{Pllgr.}} = |\vec{a} \times \vec{b}|$
- Dreiecks ist gleich dem halben Betrag des Vektorprodukts: $A_{\text{Dreieck}} = \frac{1}{2} |\vec{a} \times \vec{b}|$

Beispiel: A(3|3|3), B(4|5|6), C(7|8|9)

$$\overrightarrow{AB} = \begin{pmatrix} 1 \\ 2 \\ 3 \end{pmatrix}, \quad \overrightarrow{AC} = \begin{pmatrix} 4 \\ 5 \\ 6 \end{pmatrix}; \quad \overrightarrow{AB} \times \overrightarrow{AC} = \begin{pmatrix} -3 \\ 6 \\ -3 \end{pmatrix}; \quad A_{\triangle ABC} = \frac{1}{2} \left| \begin{pmatrix} -3 \\ 6 \\ -3 \end{pmatrix} \right| = \frac{3}{2}\sqrt{6}$$

Jedes ebene Vieleck lässt sich in Dreiecke zerlegen. Mithilfe von Vektorprodukten können wir folglich die Oberfläche eines beliebigen, von ebenen Vielecken begrenzten Körpers berechnen, wenn die Koordinaten seiner Eckpunkte bekannt sind.

Aufgaben

1 Nachweis der Orthogonalität

Zeige für beliebige Vektoren $\vec{a} = \begin{pmatrix} a_1 \\ a_2 \\ a_3 \end{pmatrix}$ und $\vec{b} = \begin{pmatrix} b_1 \\ b_2 \\ b_3 \end{pmatrix}$, dass $\vec{a} \times \vec{b}$ auf $\vec{a}$ und auf $\vec{b}$ senkrecht steht.

2 Berechne:

a) $\begin{pmatrix} 2 \\ 3 \\ 4 \end{pmatrix} \times \begin{pmatrix} 5 \\ 6 \\ 7 \end{pmatrix}$ b) $\begin{pmatrix} 3 \\ 4 \\ 5 \end{pmatrix} \times \begin{pmatrix} 6 \\ 7 \\ 8 \end{pmatrix}$ c) $\begin{pmatrix} 1 \\ 2 \\ 2 \end{pmatrix} \times \begin{pmatrix} 2 \\ -1 \\ 2 \end{pmatrix}$ d) $\begin{pmatrix} 2 \\ -2 \\ 1 \end{pmatrix} \times \begin{pmatrix} -1 \\ 2 \\ -2 \end{pmatrix}$

e) $\begin{pmatrix} 2 \\ -3 \\ -6 \end{pmatrix} \times \begin{pmatrix} -4 \\ 6 \\ 12 \end{pmatrix}$ f) $\begin{pmatrix} 1 \\ 3 \\ 5 \end{pmatrix} \times \begin{pmatrix} -1 \\ 3 \\ 4 \end{pmatrix}$ g) $\begin{pmatrix} 2 \\ 6 \\ 10 \end{pmatrix} \times \begin{pmatrix} -3 \\ 9 \\ 12 \end{pmatrix}$ h) $\begin{pmatrix} 2 \\ -4 \\ 6 \end{pmatrix} \times \begin{pmatrix} 4 \\ 4 \\ -2 \end{pmatrix}$

3 „Gesetzloses" Kreuzprodukt

Berechne und vergleiche. Ist das Kreuzprodukt kommutativ bzw. assoziativ?

a) $\begin{pmatrix} 2 \\ -2 \\ 3 \end{pmatrix} \times \begin{pmatrix} 1 \\ 2 \\ -1 \end{pmatrix}$, $\begin{pmatrix} 1 \\ 2 \\ -1 \end{pmatrix} \times \begin{pmatrix} 2 \\ -2 \\ 3 \end{pmatrix}$ b) $\left(\begin{pmatrix} 1 \\ 2 \\ -2 \end{pmatrix} \times \begin{pmatrix} 2 \\ -1 \\ 2 \end{pmatrix}\right) \times \begin{pmatrix} 1 \\ 2 \\ 2 \end{pmatrix}$, $\begin{pmatrix} 1 \\ 2 \\ -2 \end{pmatrix} \times \left(\begin{pmatrix} 2 \\ -1 \\ 2 \end{pmatrix} \times \begin{pmatrix} 1 \\ 2 \\ 2 \end{pmatrix}\right)$

4 „Konstruktion" eines Würfels

Ein Würfel ABCDEFGH hat die Eckpunkte A(6|1|1), B(4|3|0) und D(7|3|3).

a) Zeige, dass [AB] und [AD] gleich lang sind und aufeinander senkrecht stehen. Berechne die Koordinaten des Eckpunkts C.

b) Trage A, B, C und D in ein Koordinatensystem ein.

c) Berechne $\overrightarrow{AB} \times \overrightarrow{AD}$ und $|\overrightarrow{AB} \times \overrightarrow{AD}|$.

d) Berechne die Koordinaten der Eckpunkte E, F, G und H. Ergänze die Zeichnung des Würfels und beachte dabei die Sichtbarkeit.

5 Parallelogrammfläche

Berechne den Flächeninhalt des Parallelogramms ABCD.

a) A(1|2|3), B(2|4|3), D(2|2|6) b) A(1|2|3), B(2|4|3), C(2|2|6)

c) A(2|3|4), B(3|3|1), D(−2|9|3) d) B(2|3|4), C(3|3|1), D(−2|9|3)

e) A(3|2|1), B(4|−1|1), D(3|−1|5) f) A(2|−1|0), B(2|−4|4), C(6|−1|7)

6 Dreiecksfläche

Berechne den Flächeninhalt des Dreiecks ABC.

a) A(2|3|4), B(0|5|1), C(5|1|4) b) A(2|−4|0), B(−2|2|3), C(0|0|0)

c) A(1|0|0), B(0|1|0), C(0|0|1) d) A(3|−2|3), B(1|−1|1), C(8|−2|1)

7 „Berechne, ohne zu rechnen!"

Gib das Vektorprodukt auf möglichst einfache Art an:

a) $\begin{pmatrix} 2 \\ -3 \\ 4 \end{pmatrix} \times \begin{pmatrix} -2 \\ 3 \\ -4 \end{pmatrix}$ b) $\begin{pmatrix} 6 \\ 4 \\ -2 \end{pmatrix} \times \begin{pmatrix} -3 \\ -2 \\ 1 \end{pmatrix}$ c) $\begin{pmatrix} 3 \\ 0 \\ 0 \end{pmatrix} \times \begin{pmatrix} 0 \\ 5 \\ 0 \end{pmatrix}$ d) $\begin{pmatrix} 4 \\ 3 \\ 0 \end{pmatrix} \times \begin{pmatrix} -3 \\ 4 \\ 0 \end{pmatrix}$

8 Besonderes Viereck

A(−2|0|0), B(4|8|0), C(3|8|4) und D(0|4|4) sind die Eckpunkte eines Vierecks.

a) Trage das Viereck ABCD in ein Koordinatensystem ein.

b) Welches besondere Viereck könnte ABCD sein? Überprüfe deine Vermutung.

c) Berechne die Winkel und den Flächeninhalt des Vierecks ABCD.

d) In welchem Abstand verlaufen AB und CD?

9 Raute

A(7|8|17), B(−8|−4|1), C(7|−16|−15) und D(22|−4|1) sind die Eckpunkte eines Vierecks ABCD.

a) Begründe, dass das Viereck ABCD eine Raute ist. Ermittle ihren Flächeninhalt.

b) Berechne alle Innenwinkel der Raute.

c) Das Viereck ABCD beschreibt eine Öffnung. Passt durch diese eine Kugel mit dem Radius $r = 13$?

10 Fünfeck

Die Punkte A(4|4|0), B(0|4|2), C(0|1|5), D(4|0|4) und E(6|1|2) sind die Eckpunkte eines ebenen Fünfecks.

a) Berechne den Flächeninhalt des Fünfecks.

b) Berechne den Innenwinkel α (Winkel bei A). Warum gibt es im Fünfeck noch mindestens einen Winkel, der größer als α ist?

11 Die „Baumhäuser" von Helmond

Architekt Piet Blom hat die „Baumhäuser" geplant, die in den siebziger Jahren am Marktplatz der niederländischen Stadt Helmond errichtet wurden (Seite 171). Ein Baumhaus hat die Form eines Würfels ABCDEFGH, der auf der Ecke A steht. Wir wählen A als Ursprung eines Koordinatensystems und auf den Achsen die Einheit Meter. In diesem sind A(0|0|0), B($-2\sqrt{2}$|$2\sqrt{6}$|4), D($4\sqrt{2}$|0|4) und E($-2\sqrt{2}$|$-2\sqrt{6}$|4) bekannt.

a) Zeige, dass die Vektoren $\overrightarrow{AB}$, $\overrightarrow{AD}$ und $\overrightarrow{AE}$ paarweise aufeinander senkrecht stehen und gleich lang sind.

b) Zeichne ein Schrägbild des Baumhauses.

c) Berechne die Koordinaten des höchsten Punktes G. Welche Besonderheit liegt bei seinen Koordinaten vor? Warum ist das bautechnisch notwendig? Wie hoch ist das Baumhaus?

d) Im Würfel sind drei Zwischendecken eingezogen. Wir nehmen zur Vereinfachung an, dass die Eckpunkte der untersten Decke die Mittelpunkte der Kanten [AB], [AD], [AE], die Eckpunkte der mittleren Decke die Mittelpunkte der Kanten [BC], [BF], [EF], [EH], [DH], [DC] und der obersten Decke die Mittelpunkte der Kanten [CG], [FG], [HG] sind. Zeichne die Zwischendecken in das Schrägbild ein. Welche Formen haben sie?
Berechne den Flächeninhalt der unteren Decke.
Welchen Flächeninhalt hat die obere bzw. die mittlere Decke im Vergleich zum Flächeninhalt der unteren Decke?

11.3 Oberflächen und Volumina von Körpern

Volumen eines Spats – Volumen einer dreiseitigen Pyramide

Das Volumen eines geraden Prismas ist gleich Grundfläche mal Höhe, das Volumen einer Pyramide ein Drittel Grundfläche mal Höhe. Mithilfe des Vektorprodukts lassen sich aus diesen Formeln einfache Verfahren zur Volumenberechnung ableiten.

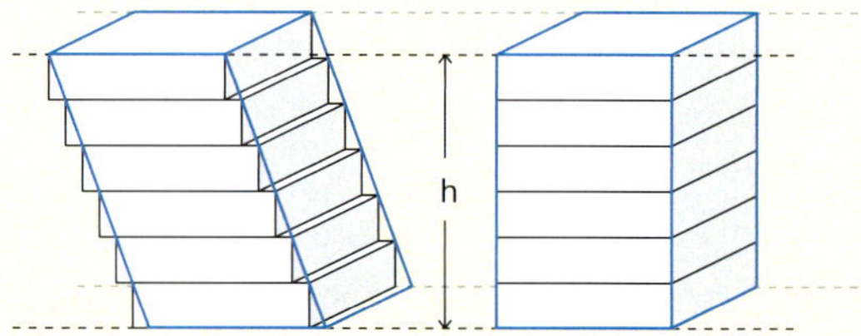

Der **Spat** ist ein schiefes Prisma. Zerlegen wir den Spat in sehr dünne Schichten und verschieben diese so, dass die Seitenkanten auf der Grundfläche senkrecht stehen, erhalten wir ein gerades Prisma mit gleichem Volumen. Da sich beim Verschieben weder die Grundfläche G noch die Höhe h ändern, ist das Volumen V eines Spats auch $V_{Spat} = G \cdot h$.

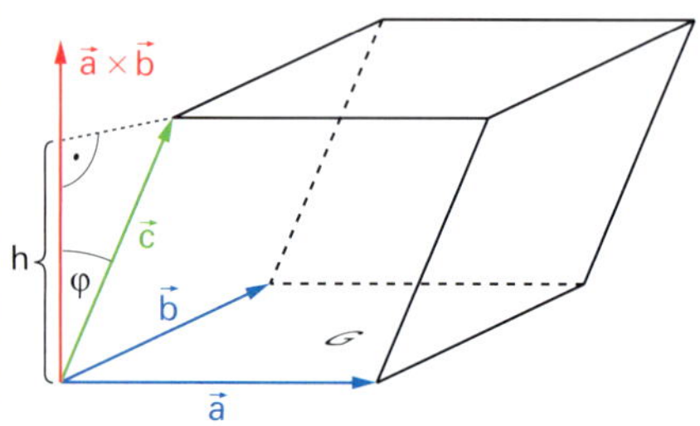

Die Vektoren $\vec{a}$, $\vec{b}$ und $\vec{c}$ spannen einen Spat auf. Seine Grundfläche ist ein Parallelogramm. Sein Flächeninhalt G ist somit gleich dem Betrag des Kreuzprodukts: $G = |\vec{a} \times \vec{b}|$. Die Höhe h ist gleich der Länge der senkrechten Projektion von $\vec{c}$ auf $\vec{a} \times \vec{b}$. Mit dem Winkel φ zwischen $\vec{a} \times \vec{b}$ und $\vec{c}$ erhalten wir:

$V_{Spat} = G \cdot h = |\vec{a} \times \vec{b}| \cdot |\vec{c}| \cdot \cos\varphi = (\vec{a} \times \vec{b}) \circ \vec{c}$

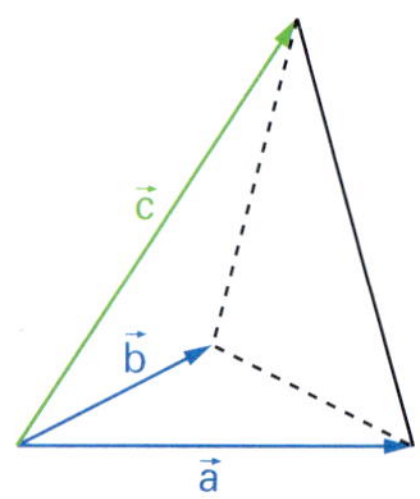

Schließen die Vektoren $\vec{a} \times \vec{b}$ und $\vec{c}$ einen stumpfen Winkel ein, ist das Skalarprodukt negativ. Das Volumen ist dann gleich dem Betrag des Skalarprodukts.

Die Formel für das Volumen einer Pyramide lautet: $V_{Pyr} = \frac{1}{3} G h$. Wird eine dreiseitige Pyramide von den drei Vektoren $\vec{a}$, $\vec{b}$ und $\vec{c}$ aufgespannt, ist $G = \frac{1}{2} |\vec{a} \times \vec{b}|$. Also ist das Pyramidenvolumen ein Sechstel des Spatvolumens.

Spat- und Pyramidenvolumen
Spannen die Vektoren $\vec{a}$, $\vec{b}$ und $\vec{c}$ einen Spat bzw. eine dreiseitige Pyramide auf, ist das Volumen

$$V_{Spat} = |(\vec{a} \times \vec{b}) \circ \vec{c}| \qquad \text{bzw.} \qquad V_{Pyr} = \frac{1}{6} |(\vec{a} \times \vec{b}) \circ \vec{c}|.$$

Beispiel: $\vec{a} = \begin{pmatrix} 1 \\ 2 \\ 3 \end{pmatrix}$, $\vec{b} = \begin{pmatrix} 2 \\ 3 \\ 1 \end{pmatrix}$ und $\vec{c} = \begin{pmatrix} 3 \\ 1 \\ 2 \end{pmatrix}$ spannen eine dreiseitige Pyramide auf.

Ihr Volumen ist

$$V_{Pyr} = \frac{1}{6} \left| \left(\begin{pmatrix} 1 \\ 2 \\ 3 \end{pmatrix} \times \begin{pmatrix} 2 \\ 3 \\ 1 \end{pmatrix} \right) \circ \begin{pmatrix} 3 \\ 1 \\ 2 \end{pmatrix} \right| = \frac{1}{6} \left| \begin{pmatrix} -7 \\ 5 \\ -1 \end{pmatrix} \circ \begin{pmatrix} 3 \\ 1 \\ 2 \end{pmatrix} \right| = \frac{1}{6} |-18| = 3$$

Die dreireihige Determinante

Die ausmultiplizierte Form des Produkts $(\vec{a} \times \vec{b}) \circ \vec{c}$ lässt sich durch ein Zahlenschema erfassen, das in der Mathematik häufig benutzt wird:

$$(\vec{a} \times \vec{b}) \circ \vec{c} = \left(\begin{pmatrix} a_1 \\ a_2 \\ a_3 \end{pmatrix} \times \begin{pmatrix} b_1 \\ b_2 \\ b_3 \end{pmatrix} \right) \circ \begin{pmatrix} c_1 \\ c_2 \\ c_3 \end{pmatrix} = \begin{pmatrix} a_2b_3 - a_3b_2 \\ a_3b_1 - a_1b_3 \\ a_1b_2 - a_2b_1 \end{pmatrix} \circ \begin{pmatrix} c_1 \\ c_2 \\ c_3 \end{pmatrix}$$

$$= a_2b_3c_1 - a_3b_2c_1 + a_3b_1c_2 - a_1b_3c_2 + a_1b_2c_3 - a_2b_1c_3$$

Wir schreiben die Koordinaten der drei Vektoren $\vec{a}$, $\vec{b}$ und $\vec{c}$ als quadratisches Zahlenschema mit drei Zeilen und drei Spalten und ordnen die Produkte:

$$\det(\vec{a}, \vec{b}, \vec{c}) = \begin{vmatrix} a_1 & b_1 & c_1 \\ a_2 & b_2 & c_2 \\ a_3 & b_3 & c_3 \end{vmatrix} = a_1b_2c_3 + b_1c_2a_3 + c_1a_2b_3 - a_3b_2c_1 - b_3c_2a_1 - c_3a_2b_1$$

heißt dreireihige **Determinante**.

Aus den geordneten Produkten entwickeln wir eine Merkhilfe. Wir „verlängern“ dazu die Determinante um die ersten beiden Spalten:

$$\begin{array}{ccc|cc} + & + & + & & \\ a_1 & b_1 & c_1 & a_1 & b_1 \\ a_2 & b_2 & c_2 & a_2 & b_2 \\ a_3 & b_3 & c_3 & a_3 & b_3 \\ - & - & - & & \end{array} = a_1b_2c_3 + b_1c_2a_3 + c_1a_2b_3 - a_3b_2c_1 - b_3c_2a_1 - c_3a_2b_1$$

Die drei Produkte, die entlang der roten Pfeile verlaufen, sind zu addieren. Davon sind die drei Produkte, die entlang der blauen Pfeile verlaufen, zu subtrahieren.
Mit der Determinantenschreibweise lauten also unsere Volumenformeln:

Spannen die Vektoren $\vec{a}$, $\vec{b}$ und $\vec{c}$ *einen Spat bzw. eine dreiseitige Pyramide auf, ist das Volumen*

$$V_{Spat} = |\det(\vec{a}, \vec{b}, \vec{c})| \quad \text{bzw.} \quad V_{Pyr} = \tfrac{1}{6}|\det(\vec{a}, \vec{b}, \vec{c})|.$$

Beispiel: Wir greifen die dreiseitige Pyramide, die von den Vektoren $\vec{a} = \begin{pmatrix} 1 \\ 2 \\ 3 \end{pmatrix}$, $\vec{b} = \begin{pmatrix} 2 \\ 3 \\ 1 \end{pmatrix}$ und $\vec{c} = \begin{pmatrix} 3 \\ 1 \\ 2 \end{pmatrix}$ aufgespannt wird, wieder auf und berechnen nun ihr Volumen mithilfe der Determinante.

$$V_{Pyr} = \tfrac{1}{6}|\det(\vec{a}, \vec{b}, \vec{c})| = \frac{1}{6}\left| \begin{array}{ccc|cc} 1 & 2 & 3 & 1 & 2 \\ 2 & 3 & 1 & 2 & 3 \\ 3 & 1 & 2 & 3 & 1 \end{array} \right|$$

$$= \tfrac{1}{6}|1 \cdot 3 \cdot 2 + 2 \cdot 1 \cdot 3 + 3 \cdot 2 \cdot 1 - 3 \cdot 3 \cdot 3 - 1 \cdot 1 \cdot 1 - 2 \cdot 2 \cdot 2|$$

$$= \tfrac{1}{6}|-18| = 3$$

Wie können wir den Rauminhalt eines beliebigen Körpers berechnen? Nur zu wenigen Körperformen kennen wir Volumenformeln. In anderen Fällen zerlegen wir die Oberfläche des Körpers in Dreiecke und bauen den Körper aus dreiseitigen Pyramiden auf (Aufgabe 5).

Musterbeispiel: Schnitt durch ein Tetraeder

Die Punkte $A(0|0|0)$, $B(4|3|5)$, $C(1|7|0)$ und $D(-3|4|5)$ sind die Eckpunkte einer dreiseitigen Pyramide ABCD.

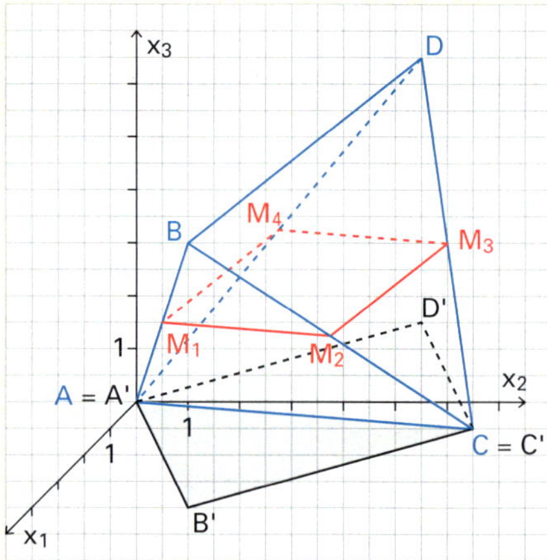

a) Nachweis, dass die Pyramide ein reguläres Tetraeder ist:

Berechnung der Kantenlängen:

$|\overrightarrow{AB}| = |\overrightarrow{AC}| = |\overrightarrow{AD}| = |\overrightarrow{BC}| = |\overrightarrow{BD}| = |\overrightarrow{CD}| = \sqrt{50} = 5\sqrt{2}$

$\Rightarrow$ Alle 6 Kanten sind gleich lang.

$\Rightarrow$ Die Pyramide ist ein reguläres Tetraeder.

b) Oberfläche des Tetraeders

1. Lösung mit Vektorrechnung:

$$O_{Tetra} = 4 \cdot A_{\triangle ABC} = 4 \cdot \tfrac{1}{2}|\overrightarrow{AB} \times \overrightarrow{AC}| = 2 \cdot \left|\begin{pmatrix}4\\3\\5\end{pmatrix} \times \begin{pmatrix}1\\7\\0\end{pmatrix}\right| = 2 \cdot \left|\begin{pmatrix}-35\\5\\25\end{pmatrix}\right| = 50\sqrt{3}$$

2. Lösung elementargeometrisch:

$$O_{Tetra} = 4 \cdot A_{\triangle ABC} = 4 \cdot \frac{\sqrt{3}}{4} \cdot a^2 = \sqrt{3} \cdot (5\sqrt{2})^2 = 50\sqrt{3}$$

c) Volumen des Tetraeders

$$V_{Tetra} = \tfrac{1}{6} \cdot |(\overrightarrow{AB} \times \overrightarrow{AC}) \circ \overrightarrow{AD}| = \tfrac{1}{6} \cdot \left|\begin{pmatrix}-35\\5\\25\end{pmatrix} \circ \begin{pmatrix}-3\\4\\5\end{pmatrix}\right| = \frac{250}{6} = 41\tfrac{2}{3}$$

Die Kantenmittelpunkte M_1, M_2, M_3 und M_4 bilden ein Viereck (siehe Zeichnung).

d) Nachweis, dass das Viereck $M_1M_2M_3M_4$ ein Quadrat ist:

Mittelpunkte: $M_1(2|1{,}5|2{,}5)$, $M_2(2{,}5|5|2{,}5)$, $M_3(-1|5{,}5|2{,}5)$, $M_4(-1{,}5|2|2{,}5)$

$$\overrightarrow{M_1M_2} = \begin{pmatrix}0{,}5\\3{,}5\\0\end{pmatrix},\ \overrightarrow{M_2M_3} = \begin{pmatrix}-3{,}5\\0{,}5\\0\end{pmatrix},\ \overrightarrow{M_3M_4} = \begin{pmatrix}-0{,}5\\-3{,}5\\0\end{pmatrix},\ \overrightarrow{M_4M_1} = \begin{pmatrix}3{,}5\\-0{,}5\\0\end{pmatrix},$$

$\Rightarrow$ Die Gegenseiten des Vierecks $M_1M_2M_3M_4$ sind parallel und gleich lang.

$\Rightarrow$ $M_1M_2M_3M_4$ ist eine Raute.

Da $\overrightarrow{M_1M_2} \circ \overrightarrow{M_2M_3} = 0$ ist, beträgt ein Innenwinkel 90°. Da die Gegenwinkel einer Raute gleich groß sind, sind auch alle anderen Innenwinkel gleich 90°.

$\Rightarrow$ $M_1M_2M_3M_4$ ist ein Quadrat.

e) Beleuchten von oben mit zur x_3-Achse parallelem Licht

Die Eckpunkte des Schattens in der x_1x_2-Ebene sind $A' = A$, $B'(4|3|0)$, $C' = C$ und $D'(-3|4|0)$. Viereck A'B'C'D' ist auch ein Quadrat. Da die Schatten der Eckpunkte M_1, M_2, M_3 und M_4 des zur x_1x_2-Ebene parallelen Quadrats die Mittelpunkte der Seiten des Quadrats A'B'C'D' sind, hat A'B'C'D' den doppelten Flächeninhalt wie $M_1M_2M_3M_4$.

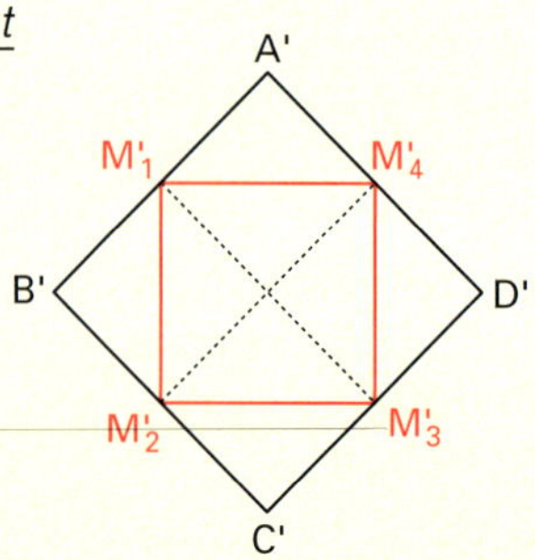

Aufgaben

1 **Berechne:**

a) $\begin{vmatrix} 1 & 4 & 7 \\ 2 & 5 & 8 \\ 3 & 6 & 9 \end{vmatrix}$ b) $\begin{vmatrix} 1 & 4 & 6 \\ 2 & 5 & 0 \\ 3 & 0 & 0 \end{vmatrix}$ c) $\begin{vmatrix} 1 & 4 & 7 \\ 2 & -5 & 8 \\ 3 & 6 & 9 \end{vmatrix}$ d) $\begin{vmatrix} 1 & -2 & 3 \\ -2 & 3 & -1 \\ 3 & -1 & 2 \end{vmatrix}$

e) $\begin{vmatrix} -1 & 1 & 1 \\ 1 & -1 & 1 \\ 1 & 1 & -1 \end{vmatrix}$ f) $\begin{vmatrix} 2 & 3 & -4 \\ 1 & -5 & 1 \\ -3 & 1 & 3 \end{vmatrix}$ g) $\begin{vmatrix} 3 & 2 & -4 \\ -5 & 1 & 1 \\ 1 & -3 & 3 \end{vmatrix}$ h) $\begin{vmatrix} 3 & -4 & 2 \\ -5 & 1 & 1 \\ 1 & 1 & -3 \end{vmatrix}$

2 **Spatvolumen**
Berechne das Volumen des Spats ABCDEFGH.

a) A(0|0|0), B(3|0|0), D(3|4|0), E(3|5|6)
b) A(0|0|0), B(3|0|0), C(3|4|0), E(3|5|6)
c) Vergleiche die Ergebnisse von a) und b). Begründe den Zusammenhang geometrisch.
d) A(1|2|3), B(1|5|5), D(5|1|5), E(5|5|1)
e) A(−1|2|−3), B(1|2|0), D(−2|7|−3), E(2|0|−2)
f) A(−1|−1|−1), B(−1|0|1), D(2|3|4), E(5|6|7)

3 **Volumen dreiseitiger Pyramiden**
Berechne das Volumen der dreiseitigen Pyramide ABCS.

a) A(−1|2|−1), B(0|1|0), C(1|−1|−1), S(0|4|−6)
b) A(0|2|−1), B(1|0|−1), C(2|3|2), S(1|1|0)
c) $A(-\frac{1}{2}|-\frac{1}{2}|-\frac{5}{3})$, $B(0|-\frac{1}{2}|\frac{1}{3})$, $C(0|-\frac{1}{3}|\frac{2}{3})$, $S(0|0|\frac{4}{3})$
d) A(1|−2|−2), B(−8|3|−4), C(3|0|0), S(s|s|0)
Für welches s beträgt das Pyramidenvolumen 7 VE?

4 **Schnitt durch ein Tetraeder**
Die Punkte A(4|0|3), B(0|5|0), C(1|5|7) und D(−3|0|4) sind die Eckpunkte einer dreiseitigen Pyramide ABCD.

a) Lege ein Koordinatensystem an und zeichne ein Schrägbild der Pyramide. Wie verläuft die Kante [AD] im Koordinatensystem?
b) Zeige: Die Pyramide ist ein reguläres Tetraeder.
c) Berechne das Volumen und den Inhalt der Oberfläche der Pyramide.

M_1, M_2 und M_3 sind die Mittelpunkte der Kanten [AB], [AC] und [AD]. Durch einen ebenen Schnitt, der durch diese drei Mittelpunkte verläuft, wird von der Pyramide ABCD die Pyramide $M_1M_2M_3A$ abgetrennt.

d) Welcher Bruchteil des Volumens bzw. der Oberfläche der großen Pyramide ist das Volumen bzw. die Oberfläche der kleinen Pyramide? Begründe deine Antwort.
e) Berechne das Volumen und den Inhalt der Oberfläche des Pyramidenstumpfes.

5 Vierseitige und fünfseitige Pyramide

Eine vierseitige Pyramide hat die Grundfläche ABCD mit A(4|0|0), B(0|4|0), C(−2|0|0), D(0|−2|0) und die Spitze S(1|1|6).

a) Zeichne die Pyramide in ein räumliches Koordinatensystem.

Berechne das Volumen der Pyramide

b) durch Zerlegen in zwei dreiseitige Pyramiden,

c) mit der Formel $V = \frac{1}{3} G h$.

Eine fünfseitige Pyramide hat die Grundfläche ABCDE mit A(0|0|0), B(2|−2|0), C(3|0|−3), D(2|2|−4), E(1|2|−3) und die Spitze S(3|3|3).

d) Zeichne die Pyramide in ein räumliches Koordinatensystem.

e) Berechne ihr Volumen.

6 Pyramide mit rautenförmiger Grundfläche

Die Punkte A(−3|−2|−1), B(1|2|6) und D(0|4|5) sind die Eckpunkte eines Dreiecks ABD.

a) Zeige, dass das Dreieck ABD gleichschenklig mit der Basis [BD] ist.

b) Berechne die Winkel des Dreiecks ABD.

c) Der Punkt C bildet mit den Punkten A, B und D die Raute ABCD. Fertige eine Skizze der Raute an und berechne die Koordinaten des Punktes C.

d) Berechne den Flächeninhalt der Raute ABCD.

e) Die Raute bildet die Grundfläche von Pyramiden mit der Spitze S(4|4s|s). Berechne das Volumen der Pyramiden in Abhängigkeit von s. Interpretiere das Ergebnis.

7 Oktaeder mit einbeschriebenem Würfel

Die Oberfläche eines Oktaeders bilden acht kongruente gleichseitige Dreiecke. Wir betrachten ein Oktaeder ABCDEF mit der Ecke A(3|0|0), bei dem alle sechs Eckpunkte auf den Koordinatenachsen liegen.

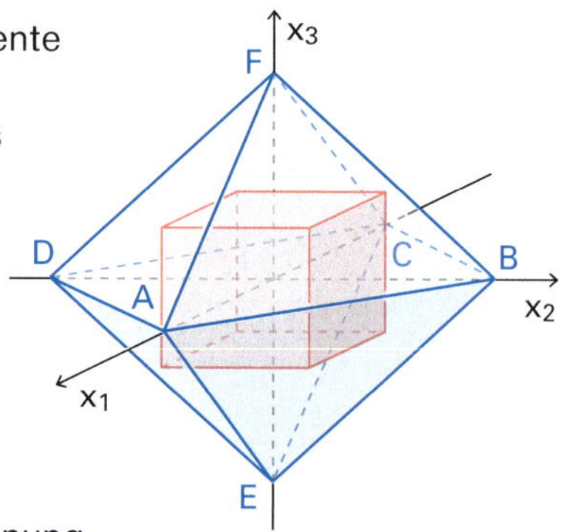

a) Welche Koordinaten haben die Eckpunkte des Oktaeders?
Berechne die Kantenlänge a.

b) Betrachte die Ecke A des Oktaeders.
Welche Winkel schließt die Kante [AF] mit den anderen drei Kanten jeweils ein? Begründe deine Antwort geometrisch oder durch eine Rechnung.

c) Berechne die Koordinaten der Schwerpunkte $S_1, S_2, \ldots, S_8$ der Seitenflächen des Oktaeders.
Begründe, dass der Köper mit den Eckpunkten $S_1, S_2, \ldots S_8$ ein Würfel ist.

d) Berechne das Volumen des Oktaeders und des Würfels. Wie viel Prozent des Oktaedervolumens nimmt das Würfelvolumen ein?

8 Würfelschnitte und regelmäßige Vielecke

Die Punkte A(0|0|0), B(4|0|0), D(0|4|0) und E(0|0|4) sind Ecken des Würfels ABCDEFGH.

a) Lege ein Koordinatensystem an und zeichne ein Schrägbild des Würfels. Zeichne das Dreieck BDE ein.

b) Berechne den Flächeninhalt des Dreiecks BDE.

M_1, M_2, M_3, M_4, M_5 und M_6 sind die Mittelpunkte der Seiten [BC], [CD], [DH], [HE], [EF] und [FB]. Trage das Sechseck $M_1M_2M_3M_4M_5M_6$ in das Koordinatensystem ein.

c) $M_1M_2M_3M_4M_5M_6$ ist ein ebenes Sechseck. Warum ist es ein regelmäßiges Sechseck? Berechne seinen Flächeninhalt. Welchen Radius hat eine Kugel um den Mittelpunkt des Würfels, auf der die Ecken des Sechsecks liegen?

Der Würfel wird mit einer Ebene, die parallel zur Ebene BDE verläuft, geschnitten.

d) Welche Schnittfiguren sind möglich? Wie verläuft dazu die Ebene jeweils im Vergleich zur Ebene BDE?

Beim Schnitt eines Würfels mit einer Ebene kann ein regelmäßiges Vieleck entstehen. In den beiden oben betrachteten Fällen sind die Schnittfiguren ein gleichseitiges Dreieck und ein regelmäßiges Sechseck.

e) Welche Ebene liefert als Schnittfigur ein Quadrat?

f) Warum können beim Schnitt keine Vielecke mit mehr als 6 Seiten entstehen?

g) Skizziere in das Koordinatensystem eine Ebene, die als Schnittfigur ein Fünfeck liefert. Warum entsteht dabei aber nie ein regelmäßiges Fünfeck?

9 Walmdach

Ein Walmdach ist eine Dachform, bei der die Giebelseiten heruntergezogene Dachflächen aufweisen. Die unterste Kante eines Dachs, an der das Regenwasser vom Dach „träufelt“, heißt Traufe. Ein Walmdach hat an allen Seiten eine Traufe. Die Dachflächen auf den Giebelseiten sind das eigentliche Walmdach, die anderen das Hauptdach.

Die Traufen eines Walmdachs bilden ein 12,0 m langes und 8,0 m breites Rechteck. Das Dach ist 3,0 m hoch, sein First 4,0 m lang.

a) Zeichne ein Schrägbild des Walmdachs.

b) Sind Walm- und Hauptdach unter dem gleichen Winkel zur Grundfläche geneigt?

c) Unter welchem Winkel ist eine Kante zwischen Walm- und Hauptdach zur Grundfläche geneigt?

d) Welchen Flächeninhalt hat das Dach?

e) Welches Volumen hat das Dach?

f) Die Redensart „vom Regen in die Traufe kommen“ stammt aus der Zeit, als Dachrinnen noch nicht allgemein üblich waren. Was bedeutet diese Redensart? Wie kann man ihre Herkunft erklären?

Training der Grundkenntnisse

10 Grundkenntnisse: Winkel, Flächen- und Rauminhalte

Eine dreiseitige Pyramide hat die Grundfläche $A(2|-1|-2)$, $B(0|0|0)$, $C(1|-2|2)$ und die Spitze $S(0|1|4)$.

a) Zeichne ein Schrägbild der Pyramide.

b) Berechne das Volumen der Pyramide ABCS.

c) Berechne den Inhalt der Grundfläche ABC.

d) Berechne die Höhe der Pyramide.

e) Warum lässt sich das Dreieck ABC durch einen Punkt D zu einem Quadrat ergänzen? Welche Koordinaten hat D? Welches Volumen hat die Pyramide ABCDS?

11 In- und Umkugel eines Würfels

In einem kartesischen Koordinatensystem sind die Punkte $A(2|-1|0)$, $B(6|3|-2)$ und $H(4|1|8)$ gegeben.

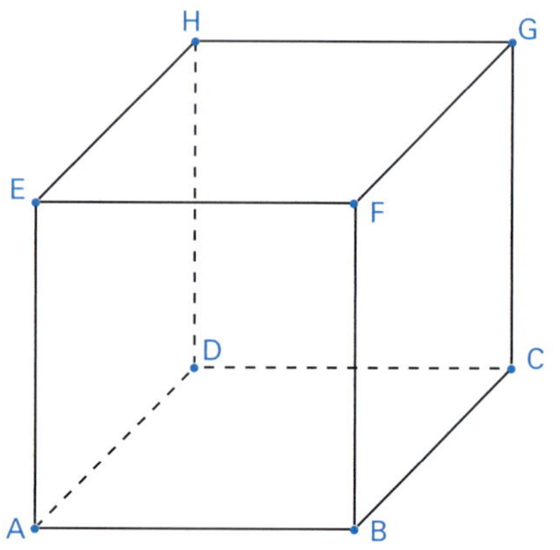

a) Zeige, dass A, B und H Eckpunkte eines Würfels ABCDEFGH sind.

b) Das Dreieck ABH wird durch den Punkt G zu dem Rechteck ABGH ergänzt. Berechne die Koordinaten von G.

c) Gib jeweils eine Gleichung der In- und der Umkugel des Würfels an.
Um wie viel Prozent ist das Volumen der Inkugel kleiner als das Volumen der Umkugel?

12 Grundwissen: Analytische Geometrie

Die Punkte $A(-1|3|-2)$, $B(-1|-3|4)$ und $D(7|-5|2)$ bilden ein Dreieck.

a) Zeige, dass das Dreieck ABD gleichschenklig und rechtwinklig ist.

b) Bestimme die Koordinaten des Punktes C so, dass das Viereck ABCD ein Parallelogramm ist. Fertige eine Skizze des Vierecks ABCD an.

c) Berechne den Flächeninhalt des Vierecks ABCD elementargeometrisch sowie mithilfe des Vektorprodukts.

d) Die Strecke [AE] mit $E(1|7|2)$ steht auf der Vierecksebene senkrecht. ABCDEFGH sind die Eckpunkte eines Spats. Wie lauten die Koordinaten der Punkte F, G und H?

e) Berechne das Volumen des Spats elementargeometrisch sowie mithilfe des Vektorprodukts.

f) Um den Mittelpunkt M der Strecke [AD] wird ein Kreis mit Radius $\overline{MD}$ gezogen. Welche anderen Punkte des Vierecks liegen auf diesem Kreis? Begründe!

g) Der Punkt N teilt die Strecke [AD] im Verhältnis 1 : 3. Berechne den Flächeninhalt des Dreiecks ABN. Wie viel Prozent der Fläche des Vierecks ABCD nimmt das Dreieck ABN ein? Berechne die Winkel im Dreieck ABN.

Ergebnisse der Aufgaben zum Grundwissen und zum Training der Grundkenntnisse

Kapitel 1, Seite 23

12. a) $f'(x_0) = \lim\limits_{h \to 0} \frac{f(x_0 + h) - f(x_0)}{h} = \ldots = -2x_0 + 2$

b) Tangente bei $x = \frac{1}{2}$: $y = x + \frac{1}{4}$ Neigungswinkel: $\alpha_1 = 45°$
Tangente bei $x = 2$: $y = -2x + 4$ Neigungswinkel: $\alpha_2 = -63{,}4°$

c) Schnittpunkt $S(1{,}25|1{,}5)$, Schnittwinkel $71{,}6°$

13. a) Verschieben um 3 nach rechts, Strecken in y-Richtung mit dem Faktor 2, Spiegeln an der x-Achse, Verschieben um 2 nach oben;
$g(x) = -2|x-3| + 2$

b) keine Tangente, da keine gemeinsame Grenzlage der Sekanten

c) z. B. $h(x) = |(x-3)(x-5)|$

14. a) f_1: Graph IV, ganzrationale Funktion
f_2: Graph II, Exponentialfunktion
f_3: Graph I, gebrochenrationale Funktion
f_4: Graph III, Sinusfunktion

b) Grundfunktion zu f_1: $f(x) = x^3$; Graph IV geht aus G_f durch Verschiebung um 1 nach rechts und Stauchung um 0,2 in y-Richtung hervor.
Grundfunktion zu f_2: $f(x) = 2^x$; Graph II geht aus G_f durch Verschiebung um 1 nach rechts, Spiegelung an der x-Achse und Verschiebung um 2 nach oben hervor.
Grundfunktion zu f_3: $f(x) = \frac{1}{x}$; Graph I geht aus G_f durch Verschiebung um 2 nach rechts und 1 nach oben hervor.
Grundfunktion f_4: $f(x) = \sin x$; Graph III geht aus G_f durch Stauchung in x-Richtung um $\frac{1}{3}$, Streckung in y-Richtung um 1,5 und Verschiebung um 1 nach oben hervor.

c) $\lim\limits_{x \to \pm\infty} f_1(x) = \pm\infty$; $\lim\limits_{x \to -\infty} f_2(x) = 2$ und $\lim\limits_{x \to +\infty} f_2(x) = -\infty$; $\lim\limits_{x \to \pm\infty} f_3(x) = 1$;
$\lim\limits_{x \to \pm\infty} f_4(x)$ existiert nicht.

15. a) $5x^{10}$ b) $4x^5$ c) 5 d) $5x^5$ e) $6x^2\sqrt{x}$ f) 5 g) $\frac{5}{x^5}$ h) $x^{\frac{26}{5}}$

Kapitel 2, Seite 33

16. a) $x = 10$ b) $x_1 = -4$, $x_2 = 5$ c) $x = k \cdot \frac{\pi}{2}$, $k \in \mathbb{Z}$
d) $x = -2$ e) keine Nullstelle f) $x = 2\frac{1}{5}$
g) $x = -3$ h) $x_1 = 0$, $x_2 = 2$, $x_3 = 3$ i) $x = -1$
k) $x_1 = \frac{1}{2}$, $x_{2,3} = 3 \pm 2\sqrt{3}$ l) keine Nullstelle m) $x_1 = 2$, $x_2 = 4$, $x_3 \approx -0{,}76$

Seite 37

5. 1C, 2B, 3A, 4F, 5G, 8E

6. a) $x = 3$ b) $x = -\frac{1}{2}$ c) $x_{1,2} = \pm 2$
d) $x = -6$ e) keine Lösung f) $x = -\frac{1}{2}$
g) $x_1 = -4,\ x_2 = 1$ h) $x_1 = -2,\ x_2 = \frac{1}{3}$ i) $x_1 = -1,\ x_2 = 2$
k) $x_1 = -2,\ x_2 = 3$ l) $x_1 = -8,\ x_2 = 0$ m) $x_{1,2} = -3 \pm \sqrt{7}$
n) $x_1 = -2\sqrt{2},\ x_2 = 0$ o) $x_1 = -1,\ x_2 = 2$ p) $x_1 = 0,\ x_{2,3} = \pm 2$
q) $x_1 = 0,\ x_{2,3} = \pm 1$ r) $x_1 = -7,\ x_2 = 0,\ x_3 = 3$ s) $x_1 = 0,\ x_{2,3} = 1 \pm \sqrt{2}$

Kapitel 3, Seite 47

7. a) Bei f_1 und f_3 liegt eine Nullstelle mit, bei f_2 und f_4 ohne Vorzeichenwechsel vor. Je größer k ist, desto mehr schmiegt sich der Graph bei 2 an die x-Achse an.
b) f_5: $x_0 = -2$ und $x_0 = 1$ haben beide die Ordnung 1.
f_6: $x_0 = -2$ hat Ordnung 2 und $x_0 = 1$ hat Ordnung 1.
f_7: $x_0 = -2$ und $x_0 = 1$ haben beide die Ordnung 2.
f_8: $x_0 = -2$ hat Ordnung 3 und $x_0 = 1$ hat Ordnung 1.
f_9: $x_0 = -2$ hat Ordnung 3 und $x_0 = 1$ hat Ordnung 2.
f_{10}: $x_0 = -2$ und $x_0 = 1$ haben beide die Ordnung 3.

Seite 59

11. a) $\lim\limits_{x \to -\infty} f(x) = +\infty,\ \lim\limits_{x \to +\infty} f(x) = -\infty$ b) $\lim\limits_{x \to -\infty} f(x) = 0,\ \lim\limits_{x \to +\infty} f(x) = +\infty$
c) $\lim\limits_{x \to -\infty} f(x) = +\infty,\ \lim\limits_{x \to +\infty} f(x) = 3$ d) $\lim\limits_{x \to \pm\infty} f(x)$ existiert nicht.
e) $\lim\limits_{x \to \pm\infty} f(x) = -2$ f) $\lim\limits_{x \to \pm\infty} f(x) = +\infty$ g) $\lim\limits_{x \to \pm\infty} f(x) = 0$
h) $\lim\limits_{x \to \pm\infty} f(x) = \frac{2}{3}$ i) $\lim\limits_{x \to \pm\infty} f(x) = 0$

Seite 64

9. a) streng monoton steigend für $x < 0$ und für $x > 6$;
streng monoton fallend für $0 < x < 6$;
Hochpunkt $H(0|4{,}5)$; Tiefpunkt $T(6|1{,}5)$
b) In $W(3|3)$ hat G_f die kleinste Steigung.
c) Tangente: $y = -0{,}75x + 5{,}25$; Normale: $y = \frac{4}{3}x - 1$; $A_{Dreieck} = 9{,}375$ FE
d) $\lim\limits_{x \to -\infty} f(x) = -\infty$; $\lim\limits_{x \to +\infty} f(x) = +\infty$; $W = \mathbb{R}$
e) Mit $x_0 = -3$ ist $x_1 \approx -3{,}59$.
g) z. B.: $F(x) = \frac{1}{36}\left(\frac{1}{4}x^4 - 3x^3 + 162x\right)$; Abbildung C

10. a) für $a < 0$: eine einfache Nullstelle $x_0 = 0$;
für $a = 0$: eine dreifache Nullstelle $x_0 = 0$;
für $a > 0$: drei einfache Nullstellen $x_0 = 0,\ x_1 = -\sqrt{a},\ x_2 = +\sqrt{a}$

b) für $a \leq 0$: keine Extrema; für $a > 0$: $H(-\sqrt{\frac{a}{3}} \mid \frac{2}{3}a\sqrt{\frac{a}{3}})$; $T(\sqrt{\frac{a}{3}} \mid -\frac{2}{3}a\sqrt{\frac{a}{3}})$

c) für $a = 2$

11. a) $\frac{x^2}{x-1}$ b) $\frac{x^2+1}{x^2-1}$ c) $\frac{x^2-1}{x-2}$ d) $\frac{x^2-x-2}{x+2}$

e) $\frac{2}{x^3}$ f) $\frac{2}{x+1}$ g) $\frac{-3}{(x-1)^2}$ h) $\frac{-6x+7}{(2x+1)^3}$

Kapitel 4, Seite 72

12. a) Richtig sind C, E, G, K, N und O.

b) Im Steigungsdreieck ist das Verhältnis aus senkrechter und waagerechter Kathete gleich der Steigung! Das Dreieck ABC mit $a \approx 16{,}0\,\text{cm}$, $b \approx 44{,}2\,\text{cm}$, $c = 50\,\text{cm}$, $\alpha = 18{,}3°$, $\beta = 60°$ und $\gamma = 101{,}7°$ würde in das Schild passen und die Steigung von 33% richtig wiedergeben.

Seite 87

15. a) $D_f = \mathbb{R} \setminus \{-1, +1\}$; Nullstelle $x_0 = 0$; Punktsymmetrie zum Ursprung

b) $\lim\limits_{x \to \pm\infty} f(x) = 0$; $\lim\limits_{x \to -1-0} f(x) = +\infty$; $\lim\limits_{x \to -1+0} f(x) = -\infty$; $\lim\limits_{x \to +1-0} f(x) = +\infty$;

$\lim\limits_{x \to +1+0} f(x) = -\infty$; waagerechte Asymptote: $y = 0$ (x-Achse);

senkrechte Asymptoten: $x = -1$ und $x = +1$;

c) $f'(x) = \frac{2(x^2+1)}{(1-x^2)^2} > 0$; f ist für $x < -1$, für $-1 < x < 1$ und für $x > 1$ jeweils streng monoton steigend.

d) Wendepunkt $(0|0)$ wegen Punktsymmetrie und den beiden senkrechten Asymptoten; Wendetangente: $y = 2x$

f) g ist bei $x_0 = 0$ nicht differenzierbar.

16. b) Für $a = 0$ lässt sich die Definitionslücke durch Kürzen beheben.
Sonst liegt bei $x = -2$ ein Pol mit Vorzeichenwechsel vor.
senkrechte Asymptote: $x = -2$; schräge Asymptote: $y = x - 2$

c) für $a < 4$: zwei Nullstellen $x_{0,1} = \pm\sqrt{4-a}$
für $a = 4$: eine Nullstelle $x_0 = 0$
für $a > 4$: keine Nullstellen
ein Schnittpunkt mit der y-Achse $(0 \mid \frac{a-4}{2})$ für alle reellen Zahlen a

d) $f'_a(x) = 1 - \frac{a}{(x+2)^2} = 0 \iff (x+2)^2 = a$
Für $a > 0$ gibt es zwei Extrema, nämlich bei $x_{1,2} = -2 \pm \sqrt{a}$.
Für $0 < a < 4$ hat G_a zwei Nullstellen, einen Hoch- und einen Tiefpunkt.
Für $a = 1$ sind die Nullstellen $x_{0,1} = \pm\sqrt{3}$, der Tiefpunkt $T(-1 \mid -2)$ und der Hochpunkt $H(-3 \mid -6)$.

e) g: $y = -3x - 6$; h: $y = \frac{8}{9}x - \frac{14}{9}$; $\alpha = 113{,}2°$

17. a) f b) w c) w d) w e) w f) w g) w h) f i) f

Kapitel 5, Seite 99

12. a) $k_1 = 2$, $k_2 = 3$ wegen Nullstellen
    b) Für $x < \frac{4}{9}k^2$ ist f_k streng mononoton fallend,
    für $x > \frac{4}{9}k^2$ ist f_k streng monoton steigend; Tiefpunkt $T(\frac{4}{9}k^2 | -\frac{4}{27}k^3)$.
    c) $\lim\limits_{x \to 0+0} f'_k(x) = -k$
    Tangente in $(0|0)$: $y = -kx$; Tangente in $(k^2|0)$: $y = \frac{k}{2}x - \frac{k^3}{2}$
    d) f_k ist umkehrbar in $[\frac{4}{9}k^2; +\infty[$.

13. a) Nullstelle: $x_0 = 0$, $\lim\limits_{x \to \pm\infty} f(x) = 1$, $\lim\limits_{x \to 1-0} f(x) = -\infty$, $\lim\limits_{x \to 1+0} f(x) = +\infty$;
    Für $x < 1$ und für $x > 1$ ist f streng monoton fallend.
    b) umkehrbar wegen Monotonieverhalten: $f^{-1}(x) = f(x)$
    G_f ist symmetrisch zur Winkelhalbierenden $y = x$.
    d) $f(x) = \frac{1}{x-1} + 1$; G_f geht aus dem Graphen von $y = \frac{1}{x}$ durch Verschiebung um 1 nach rechts und 1 nach oben hervor.
    e) g ist an $x_0 = 0$ nicht differenzierbar.

14. a) $x_{TR} \approx -0{,}78 \Rightarrow x_1 = \pi - x_{TR} \approx 3{,}92$ und $x_2 = 2\pi + x_{TR} \approx 5{,}50$
    b) $x_1 = x_{TR} \approx 0{,}93$ und $x_2 = \pi - x_{TR} \approx 2{,}21$
    c) $x_{TR} \approx -1{,}12 \Rightarrow x_1 = \pi - x_{TR} \approx 4{,}26$ und $x_2 = 2\pi + x_{TR} \approx 5{,}16$
    d) $x_1 = x_{TR} \approx 1{,}27$ und $x_2 = 2\pi - x_{TR} \approx 5{,}02$
    e) $x_1 = x_{TR} \approx 2{,}35$ und $x_2 = 2\pi - x_{TR} \approx 3{,}94$

Kapitel 6, Seite 110

12. a) $f'(x) = -2\cos x$
    b) $f'(x) = 6x^2 + 2\sin x$
    c) $f'(x) = -\frac{3}{x^2} - 3\cos x$
    d) $f'(x) = \frac{2}{\sqrt{x}} + 2\sin x$
    e) $f'(x) = \frac{2}{\sqrt{x}} + 2\sin 2x$
    f) $f'(x) = \frac{\cos x - \sin x}{\sqrt{3}}$
    g) $f'(x) = \cos x - x\sin x$
    h) $f'(x) = \frac{1}{2\sqrt{x}}\sin x + \sqrt{x}\cos x$
    i) $f'(x) = -\frac{1}{x^2}\cos x - \frac{1}{x}\sin x$

13. a) $F(x) = 5x + x^2 + \sin x + c$
    b) $F(x) = \frac{1}{12}x^4 - 4\cos x + c$
    c) $F(x) = x^3 - 2\sin x + c$
    d) $F(x) = -\cos x + \frac{1}{\sqrt{5}}\sin x + c$
    e) $F(x) = -\frac{1}{x^4} - 4\cos x + c$
    f) $F(x) = \frac{2}{3}x^{\frac{3}{2}} + \cos x + c$

14. a) Verschieben um $\frac{\pi}{4}$ nach links, Strecken in x-Richtung mit dem Faktor 2, Strecken in y-Richtung mit dem Faktor 2, Spiegeln an der x-Achse.
    b) Nullstellen: $x_0 = -\frac{5}{4}\pi$; $x_1 = +\frac{3}{4}\pi$; $x_2 = +\frac{11}{4}\pi$
    Hochpunkte: $H_1(-\frac{9}{4}\pi | 2)$ und $H_2(+\frac{7}{4}\pi | 2)$; Tiefpunkt: $T(-\frac{1}{4}\pi | -2)$

15. a) Nullstellen: $x_0 = -\frac{5}{4}\pi$; $x_1 = -\frac{1}{4}\pi$; $x_2 = +\frac{3}{4}\pi$; $x_3 = +\frac{7}{4}\pi$
Hochpunkte: $H_1(-\frac{7}{4}\pi|\sqrt{2})$ und $H_2(+\frac{1}{4}\pi|\sqrt{2})$;
Tiefpunkte: $T_1(-\frac{3}{4}\pi|-\sqrt{2})$ und $T_2(+\frac{5}{4}\pi|-\sqrt{2})$
b) G_f schneidet die x-Achse unter $+55°$ bzw. unter $-55°$.
c) In den Nullstellen ist die Steigung maximal bzw. minimal.
d) $f(-2\pi) = f(2\pi) = 1$ e) $f(x) = \sqrt{2} \cdot \sin(x + \frac{\pi}{4})$

16. a) wahr b) wahr c) falsch d) nicht entscheidbar

Kapitel 7, Seite 131

23. a) $x_1 = \ln 4 = 2\ln 2$; $x_2 = 0$; $x_3 = 2$; $x_4 = -2$ b) $D = \mathbb{R}^+ \setminus \{2\}$; $y = -x + 1$
c) $F(x) = \frac{1}{2}\ln x$ d) $y = x + 3$ e) f II, g IV, h I, k III

24. a) $f(x) = x^3$; $x_0 = 0$ b) $f(x) = x^4$; $x_0 = 0$ c) $f(x) = 1$
d) $f(x) = x$ e) $f(x) = \dfrac{x^2 - 4}{x - 2}$ f) $f(x) = -\frac{1}{x}$
g) $f(x) = e^{-x}$ h) $f(x) = |x|$

25. a) $(3|-3)$ b) $(2|3)$ c) keine Lösung
d) $(-3|4)$ e) $(8|-2)$ f) $(-5|11)$

Kapitel 8, Seite 152

3. a) $x_1 = 0$; $x_2 = 9$; $T(0|0)$; $H(6|6)$; $W(3|3)$ b) $P(6{,}75|5{,}70)$

4. a) Bis $x_1 \approx -0{,}9$ fällt G_f. Für $x_1 \approx -0{,}9$ liegt ein Tiefpunkt vor. Dann steigt G_f bis $x_2 \approx 1{,}4$. Dabei tritt für $x = 0$ ein Wendepunkt auf. Für $x_2 \approx 1{,}4$ liegt ein Hochpunkt vor. Dann fällt G_f bis $x_3 \approx 2{,}5$, wobei für $x = 2$ ein Wendepunkt vorliegt. Bei $x_3 \approx 2{,}5$ tritt ein Tiefpunkt auf; anschließend steigt der Graph.
b) $f'(x) = x^3 - 3x^2 + 3$; $f(x) = \frac{1}{4}x^4 - x^3 + 3x + 5$

5. a) $D =]0; 2]$ b) $D = \mathbb{R}^+ \setminus \{1\}$ c) $D = \mathbb{R} \setminus \{2k\pi, k \in \mathbb{Z}\}$
d) $x_1 = 0$; $x_{2,3} = \pm 2$ e) keine Nullstelle f) $x_1 = 2$; $x_2 = e$
g) $x = 0$; $y = 4$ h) $x = 0$ i) $x = 0$; $y = x + 2$
k) $\lim\limits_{x \to \infty} f(x) = 1$ l) $\lim\limits_{x \to \infty} f(x) = 0$ m) $\lim\limits_{x \to \infty} f(x) = \infty$
n) $\lim\limits_{x \to \infty} f(x) = -\infty$ o) $\lim\limits_{x \to \infty} f(x) = 0$ p) $f'(x) = \dfrac{10x}{(x^2 + 5)^2}$
q) $f'(x) = 2x^3 e^{2x}(2 + x)$ r) $f'(x) = x \cdot \cos(4x^2)$ s) $f'(x) = \dfrac{1}{x \cdot \sqrt{\ln x^2}}$
t) $F(x) = -\frac{1}{x} - \cos x + c$ u) $F(x) = 8\sqrt{x} + \frac{1}{8}x^4 + c$ v) $F(x) = \frac{1}{3}x^3 + \frac{1}{2}e^{2x} + c$
w) $y = -2x + 6$ x) $y = x$ y) $y = 2ex - e$ z) $y = -x + 1$

Kapitel 9, Seite 170

15. a) $\overline{A}$: Die Prüfung enthält zwei Geometrie-Fragen.
$\overline{B}$: Die Prüfung enthält keine oder zwei „Infini-Fragen“.
b) $P(\overline{S}) = \frac{2}{5}$ c) 40 Prüfungen d) $P(W \cap R) = 3{,}75\,\%$ e) $P_{\overline{R}}(W) = 28{,}2\,\%$
f) $P(W \cap R) = 3{,}75\,\%$; $P(W) \cdot P(R) = 6{,}19\,\%$ $\Rightarrow$ stochastisch abhängig

16. a)

	I	$\overline{I}$	
M	0,10	0,20	0,30
$\overline{M}$	0,30	0,40	0,70
	0,40	0,60	1,00

b) M und I sind stochastisch abhängig. c) $P(M \cap \overline{I}) = 20\,\%$ d) $P(\overline{M} \cap I) = 30\,\%$
e) Eine zufällig ausgewählte Person
- surft sowohl gerne im Meer als auch gerne im Internet: $P(M \cap I) = 10\,\%$.
- surft nicht sowohl im Meer als auch im Internet gerne: $P(\overline{M} \cup \overline{I}) = P(\overline{M \cap I}) = 90\,\%$.
- surft nicht gerne im Meer und nicht gerne im Internet: $P(\overline{M} \cap \overline{I}) = P(\overline{M \cup I}) = 40\,\%$.

f) Wahrscheinlichkeit, dass eine zufällig ausgewählte Person,
- von der man weiß, dass sie gerne im Meer surft, auch gerne im Internet surft: $P_M(I) = 33\frac{1}{3}\,\%$;
- von der man weiß, dass sie gerne im Internet surft, auch gerne im Meer surft: $P_I(M) = 25\,\%$

g) Wahrscheinlichkeiten des Baumdiagramms: $P(\overline{M}) = 1 - 0{,}4 = 0{,}6$;
$P_M(\overline{I}) = 0{,}1 : 0{,}4 = 0{,}25$; $P_M(I) = 1 - 0{,}25 = 0{,}75$; $P(M \cap I) = 0{,}4 \cdot 0{,}75 = 0{,}3$;
$P(\overline{M} \cap I) = 0{,}6 \cdot 0{,}8 = 0{,}48$; $P_{\overline{M}}(\overline{I}) = 1 - 0{,}8 = 0{,}2$; $P(\overline{M} \cap \overline{I}) = 0{,}6 \cdot 0{,}2 = 0{,}12$
gesuchte bedingte Wahrscheinlichkeit: $P_I(M) = \frac{0{,}3}{0{,}3 + 0{,}48} \approx 0{,}38$

Kapitel 10, Seite 179

9. a) f b) r c) f d) r e) r f) r
g) r h) f i) r
k) a = 3,5 cm; b = 3,9 cm; c = 2,34 cm; x = 2,28 cm

Seite 186

15. a) $\overrightarrow{OM} = \frac{1}{2}(\vec{a} + \vec{b})$ b) $D(2|4|6)$ c) $A(1|0|2)$; $D(-5|2|4)$

16. a) $\overrightarrow{AB} = \vec{b} - \vec{a}$; $\overrightarrow{AC} = \vec{c} - \vec{a}$; $\overrightarrow{BC} = \vec{c} - \vec{b}$; $\overrightarrow{ON} = \frac{1}{2}\vec{a} + \frac{1}{2}\vec{b}$
c) $\overrightarrow{PQ} = \frac{1}{4}\vec{b} \Rightarrow$ [PQ] ist parallel zu [OB] und $\frac{1}{4}$-mal so lang.
d) Jeweils über den Strahlensatz folgt $MN \| OB$ und $\overline{MN} = \frac{1}{2}\overline{OB}$
bzw. $PQ \| MN$ und $\overline{PQ} = \frac{1}{2}\overline{MN} = \frac{1}{4}\overline{OB}$.
e) $P(1|-1|3)$; $Q(1{,}75|0|3)$; $\overline{PQ} = 1{,}25$ LE f) V = 24 VE

17.

	a in cm	h in cm	s in cm	h_D in cm	M in cm^2	O in cm^2	V in cm^3	α	β
a)	12	8	$2\sqrt{34}$	10	240	384	384	53,1°	43,3°
b)	$5\sqrt{2}$	12	13	$\frac{1}{2}\sqrt{626}$	$10\sqrt{313}$	$50+10\sqrt{313}$	200	73,6°	67,4°
c)	8	6	$2\sqrt{17}$	$2\sqrt{13}$	$32\sqrt{13}$	$64+32\sqrt{13}$	128	56,3°	46,7°
d)	12	$2\sqrt{7}$	10	8	192	336	$96\sqrt{7}$	41,4°	31,9°
e)	6	4	$\sqrt{34}$	5	60	96	48	53,1°	43,3°
f)	20	24	$2\sqrt{194}$	26	1040	1440	3200	67,4°	59,5°

Kapitel 11, Seite 192

17. a) $r = 1{,}5$ cm b) $r = 4{,}5$ cm c) $\frac{1}{4}$ d) $\frac{1}{8}$

Seite 204

10. b) V = 3 VE c) G = 4,5 FE d) h = 2 LE
   e) Dreieck ABC ist rechtwinklig bei B und gleichschenklig $|\overrightarrow{BC}| = |\overrightarrow{BA}| = 3$;
   $D(3|-3|0)$; $V_{neu} = 6$ VE

11. a) $|\overrightarrow{AH}| = \sqrt{2} \cdot |\overrightarrow{AB}|$; $\overrightarrow{AH}$ steht senkrecht auf $\overrightarrow{AB}$.
   b) $G(8|5|6)$
   c) Inkugel: $(x_1-5)^2 + (x_2-2)^2 + (x_3-3)^2 = 9$
   Umkugel: $(x_1-5)^2 + (x_2-2)^2 + (x_3-3)^2 = 27$;
   Das Volumen der Inkugel ist um ca. 81 % kleiner als das der Umkugel.

12. a) $|\overrightarrow{AB}| = |\overrightarrow{BD}|$; $\overrightarrow{AB}$ steht senkrecht auf $\overrightarrow{BD}$.
   b) $C(7|-11|8)$
   c) $A_{ABCD} = 72$ FE
   d) $F(1|1|8)$; $G(9|-7|12)$; $H(9|-1|6)$
   e) $V_{Spat} = 432$ VE
   f) Neben den Punkten A und D liegt auch noch der Punkt B auf diesem Kreis (Thaleskreis).
   g) $A_{ABN} = 9$ FE, also 12,5 % von A_{ABCD};
   $\sphericalangle BAN = 45°$; $\sphericalangle NBA = 18{,}4°$; $\sphericalangle ANB = 116{,}6°$

Mittlere Änderungsrate – Differenzenquotient

Der Unterschied der Funktionswerte $\Delta y = f(b) - f(a)$ gibt an, um wie viel sich der Funktionswert $f(x)$ beim Übergang von der Stelle $x = a$ zur Stelle $x = b$ ändert. Dividiert man die **Änderung** Δy durch die Länge des Intervalls $\Delta x = b - a$, erhält man die *mittlere Änderung pro Einheit*, d. h. die **mittlere Änderungsrate**:

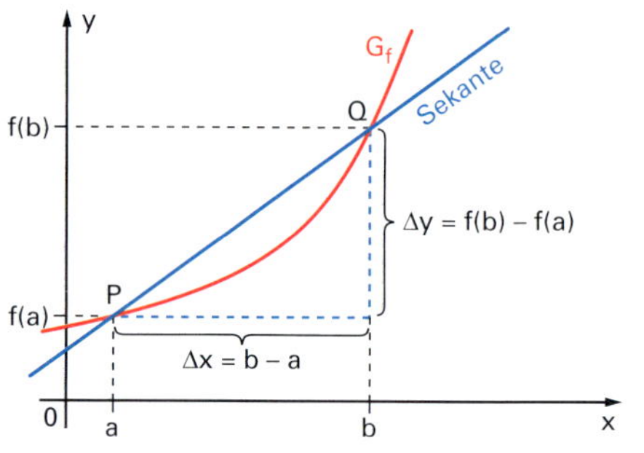

$$\frac{\Delta y}{\Delta x} = \frac{f(b) - f(a)}{b - a}$$

Diese nennt man auch **Differenzenquotient**.

Geometrisch gedeutet ist der Differenzenquotient die Steigung der Sekante durch die Punkte $P(a|f(a))$ und $Q(b|f(b))$ des Graphen der Funktion f.

Beispiel: $f(x) = x^2;\quad a = -2;\quad b = 1$

$$\frac{\Delta y}{\Delta x} = \frac{f(b) - f(a)}{b - a} = \frac{1^2 - (-2)^2}{1 - (-2)} = \frac{-3}{3} = -1$$

Lokale Änderungsrate – Differenzialquotient – Ableitung

Der Grenzwert des Differenzenquotienten $\frac{\Delta y}{\Delta x}$ für $x \to x_0$ heißt **Differenzialquotient**, **lokale Änderungsrate** oder auch **Ableitung** der Funktion f an der Stelle x_0:

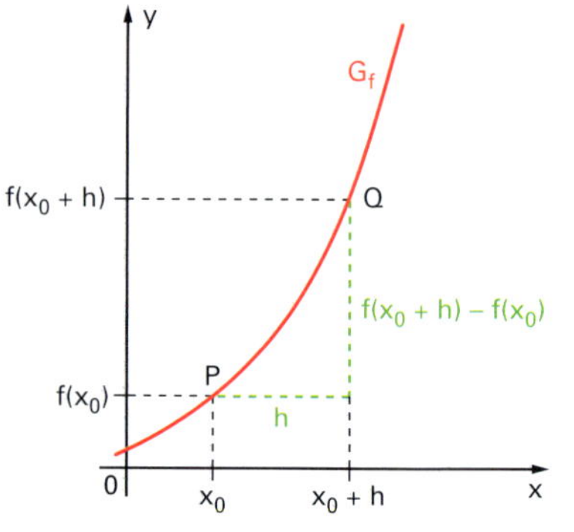

$$f'(x_0) = \lim_{x \to x_0} \frac{f(x) - f(x_0)}{x - x_0} = \lim_{h \to 0} \frac{f(x_0 + h) - f(x_0)}{h}$$

Beispiel: $f(x) = x^2;\ x_0 = -2$

$$f'(-2) = \lim_{h \to 0} \frac{(-2 + h)^2 - (-2)^2}{h} = \lim_{h \to 0} (-4 + h) = -4$$

Der Wert der Ableitung ist die **Steigung der Tangente** (die **Steigung des Graphen**): $m_T = f'(x_0)$. Der Tangens ihres **Steigungswinkels** α ist gleich der Steigung: $\tan \alpha = m_T$.

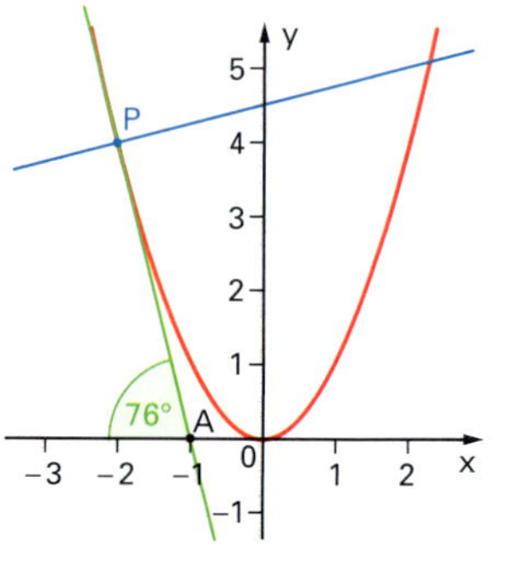

Die Steigung der **Normalen** ist $m_N = -\frac{1}{f'(x_0)}$.

Beispiel: $f'(-2) = -4 \quad \Rightarrow \quad \tan \alpha = -4$

$\Rightarrow \quad \alpha = -76{,}0°; \qquad m_N = -\frac{1}{-4} = \frac{1}{4}$

Differenzierbarkeit

Eine Funktion f heißt an der Stelle x_0 im Innern ihres Definitionsbereichs D **differenzierbar**, wenn der Grenzwert

$$f'(x_0) = \lim_{h \to 0} \frac{f(x_0 + h) - f(x_0)}{h}$$

existiert, d.h. wenn sich bei links- und bei rechtsseitiger Annäherung der *gleiche* Wert ergibt.

Beispiel für eine nicht differenzierbare Funktion:

Die Betragsfunktion f mit

$$f(x) = |x| \quad \text{und} \quad x \in \mathbb{R}$$

ist an der Stelle 0 nicht differenzierbar, weil der Differenzenquotient bei linksseitiger Annäherung den Wert -1 annimmt, bei rechtsseitiger dagegen den Wert $+1$, also nicht den gleichen Wert.

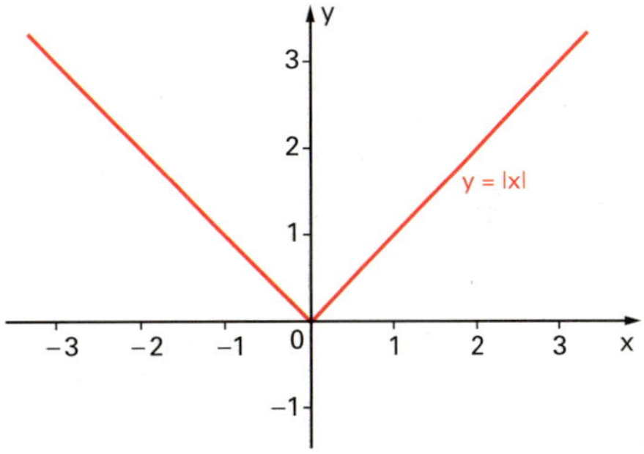

Lineare Transformationen eines Funktionsterms

Spiegeln

Geht man vom Funktionsterm f(x) der Funktion f zum Term

- $-f(x)$ über, wird der Graph von f an der x-Achse gespiegelt,
- $f(-x)$ über, wird der Graph von f an der y-Achse gespiegelt.

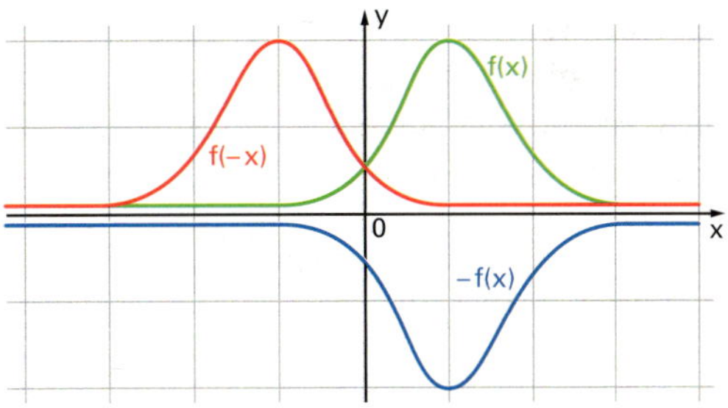

Verschieben und Strecken

Der Graph G_g der Funktion g mit $g(x) = a \cdot f(b(x - c)) + d$ ergibt sich aus dem Graphen G_f der Funktion f durch

- Verschieben in x-Richtung um c,
- Strecken bzw. Stauchen in x- Richtung mit dem Faktor $\frac{1}{b}$,
- Strecken bzw. Stauchen in y-Richtung mit dem Faktor a,
- Verschieben in y-Richtung um d.

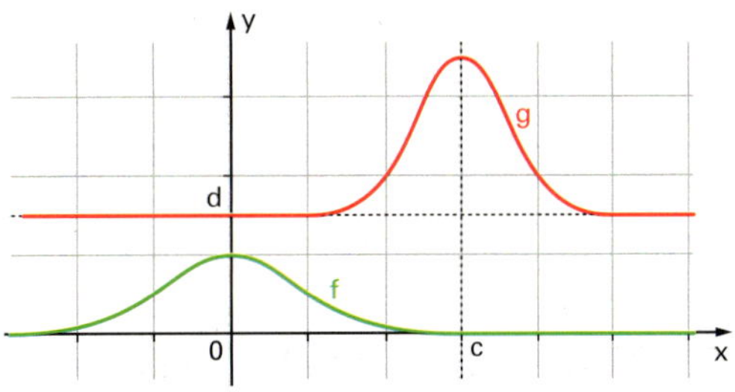

Monotonie – Extremwerte – Krümmung

Monotonie

Das Vorzeichen der ersten Ableitung $f'(x)$ gibt Auskunft, ob der Graph G_f fällt oder steigt. Ist im Intervall I

- $f'(x)$ negativ, fällt G_f in I streng monoton,
- $f'(x)$ positiv, steigt G_f in I streng monoton.

Extrempunkte

Ist $f'(x_0) = 0$ und wechselt $f'(x)$ an der Stelle x_0 das Vorzeichen von

- plus nach minus, hat G_f an der Stelle x_0 einen **Hochpunkt**,
- minus nach plus, hat G_f an der Stelle x_0 einen **Tiefpunkt**.

Krümmung

Das Vorzeichen der zweiten Ableitung $f''(x)$ gibt Auskunft, ob der Graph G_f links- oder rechtsgekrümmt ist. Ist im Intervall I

- $f''(x)$ negativ, ist G_f in I rechtsgekrümmt,
- $f''(x)$ positiv, ist G_f in I linksgekrümmt.

Ist $f''(x_0) = 0$ und wechselt $f''(x)$ an der Stelle x_0 das Vorzeichen, so hat G_f an der Stelle x_0 einen **Wendepunkt**. Beim Wendepunkt liegt ein Extremwert der lokalen Änderungsrate vor.
Ein Wendepunkt mit einer horizontalen Tangente heißt **Terrassenpunkt**.

Ableitungsfunktion – Stammfunktion

Die **Ableitung f'** einer Funktion f ist diejenige Funktion, die jeder Stelle x die Ableitung $f'(x)$ zuordnet.
Die Funktionswerte $f'(x)$ der Ableitungsfunktion f' sind die Steigungswerte des Graphen G_f: Wenn G_f

- steigt, ist $f'(x)$ positiv,
- waagerecht verläuft, ist $f'(x)$ null,
- fällt, ist $f'(x)$ negativ.

Eine Funktion F heißt **Stammfunktion** der Funktion f, wenn die Ableitung von F gleich der Funktion f ist: $F'(x) = f(x)$
Die Funktionswerte $f(x)$ der Funktion f sind die Steigungswerte des Graphen G_F: Wenn

- $f(x)$ positiv ist, steigt G_F,
- $f(x)$ gleich null ist, verläuft G_F waagerecht,
- $f(x)$ negativ ist, fällt G_F.

Beispiel: $f(x) = x^2 - 1$; $f'(x) = 2x$; $F(x) = \frac{1}{3}x^3 - x$

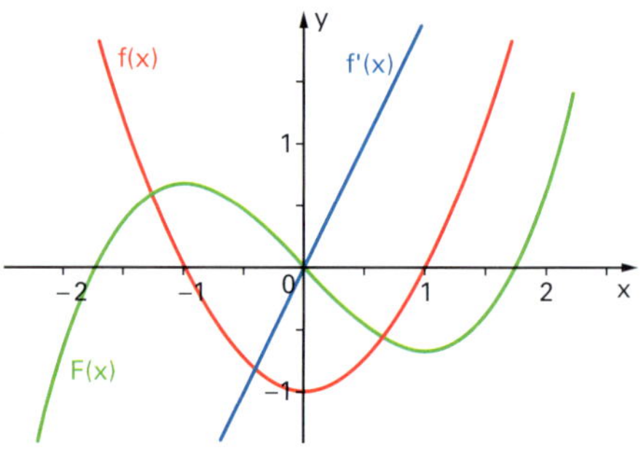

Ableitung der Grundfunktionen

Potenzfunktion	$f(x) = x^n$	$\Rightarrow \quad f'(x) = n \cdot x^{n-1}$
Sonderfall: Wurzelfunktion	$f(x) = \sqrt{x} = x^{\frac{1}{2}}$	$\Rightarrow \quad f'(x) = \frac{1}{2} x^{-\frac{1}{2}} = \frac{1}{2\sqrt{x}}$
Sinusfunktion	$f(x) = \sin x$	$\Rightarrow \quad f'(x) = \cos x$
Kosinusfunktion	$f(x) = \cos x$	$\Rightarrow \quad f'(x) = -\sin x$
Exponentialfunktion	$f(x) = e^x$	$\Rightarrow \quad f'(x) = e^x$
Logarithmusfunktion	$f(x) = \ln x$	$\Rightarrow \quad f'(x) = \frac{1}{x}$

Stammfunktionen der Grundfunktionen

Potenzfunktion	$f(x) = x^n \quad (n \neq -1)$	$\Rightarrow \quad F(x) = \frac{1}{n+1} \cdot x^{n+1} + c$
Sonderfall: $n = -1$	$f(x) = \frac{1}{x} \quad (x > 0)$	$\Rightarrow \quad F(x) = \ln x + c$
Sinusfunktion	$f(x) = \sin x$	$\Rightarrow \quad F(x) = -\cos x + c$
Kosinusfunktion	$f(x) = \cos x$	$\Rightarrow \quad F(x) = \sin x + c$
Exponentialfunktion	$f(x) = e^x$	$\Rightarrow \quad F(x) = e^x + c$

Ableitungsregeln

Kettenregel $\quad f(x) = v(u(x)) \quad \Rightarrow \quad f'(x) = \underbrace{v'(u(x))}_{\text{äußere Fkt ableiten, innere Fkt beibehalten}} \underbrace{\cdot}_{\text{mal}} \underbrace{u'(x)}_{\text{innere Fkt ableiten}}$

Summenregel	$f(x) = u(x) + v(x)$	$\Rightarrow \quad f'(x) = u'(x) + v'(x)$
Produktregel	$f(x) = u(x) \cdot v(x)$	$\Rightarrow \quad f'(x) = u'(x) \cdot v(x) + u(x) \cdot v'(x)$
Sonderfall: $u(x) = k$ Faktorregel	$f(x) = k \cdot v(x)$	$\Rightarrow \quad f'(x) = k \cdot v'(x)$
Quotientenregel	$f(x) = \frac{Z(x)}{N(x)}$	$\Rightarrow \quad f'(x) = \frac{N(x) \cdot Z'(x) - Z(x) \cdot N'(x)}{(N(x))^2}$

Merkhilfe: *„NAZ minus ZAN durch N Quadrat“.*

Beispiele:

$$f(x) = \frac{1}{x^2+1} = (x^2+1)^{-1} \quad \Rightarrow \quad f'(x) = -1 \cdot (x^2+1)^{-2} \cdot 2x = \frac{-2x}{(x^2+1)^2}$$

$$f(x) = \frac{x^3}{x^2+1} \quad \Rightarrow \quad f'(x) = \frac{(x^2+1) \cdot 3x^2 - x^3 \cdot 2x}{(x^2+1)^2} = \frac{x^4+3x^2}{(x^2+1)^2}$$

$$f(x) = x^2 \cdot \sin x \quad \Rightarrow \quad f'(x) = 2x \cdot \sin x + x^2 \cdot \cos x$$

$$f(x) = x \cdot e^{2x} \quad \Rightarrow \quad f'(x) = 1 \cdot e^{2x} + x \cdot e^{2x} \cdot 2 = e^{2x} \cdot (1 + 2x)$$

$$f(x) = x^2 \cdot \ln x \quad \Rightarrow \quad f'(x) = 2x \cdot \ln x + x^2 \cdot \frac{1}{x} = x \cdot (2\ln x + 1)$$

Umkehrfunktion

- Eine Funktion f ordnet jedem x des Definitionsbereichs D_f genau einen Funktionswert y zu. Dabei kann es vorkommen, dass verschiedene x-Werte zu demselben Funktionswert y führen. Ist das nicht der Fall, ist die umgekehrte Zuordnung eindeutig und damit eine Funktion. Man sagt: **„f ist umkehrbar"**. Die eindeutige umgekehrte Zuordnung heißt Umkehrfunktion f^{-1}. Beim Übergang zu f^{-1} vertauschen sich Definitions- und Wertebereich: $D_{f^{-1}} = W_f$ und $W_{f^{-1}} = D_f$.

Beispiel:

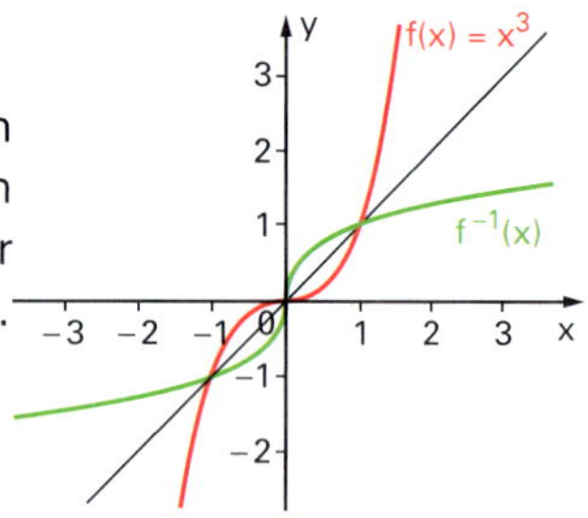

- Die Potenzfunktion $x \mapsto x^3$ mit $x \in \mathbb{R}$ ist streng monoton wachsend. D. h.: Mit wachsenden x-Werten nehmen die y-Werte streng monoton zu. Deshalb wird jeder y-Wert nur einmal angenommen. $x \mapsto x^3$ ist umkehrbar. Allgemein:

- **Jede streng monotone Funktion ist umkehrbar.**

- Wir bezeichnen die unabhängige Funktionsvariable der Umkehrfunktion ebenfalls mit x. Beim Übergang zur Umkehrfunktion f^{-1} vertauschen wir also x und y: Deshalb erhält man den Graphen von f^{-1} durch Spiegeln von G_f an der Winkelhalbierenden des I. und III. Quadranten.

Die Wurzelfunktion als Umkehrfunktion der Quadratfunktion

Die Quadratfunktion $x \mapsto x^2$ ist in ihrem maximalen Definitionsbereich $\mathbb{R}$ nicht umkehrbar: Z. B. ordnet sie sowohl der Zahl 2 als auch der Zahl −2 den Wert 4 zu. Schränkt man den Definitionsbereich auf $D_f = \mathbb{R}_0^+$ ein, wird jeder nicht negative y-Wert genau einmal angenommen. In diesem eingeschränkten Definitionsbereich ist die Quadratfunktion umkehrbar:

- Quadratfunktion f mit $y = x^2$ und $D_f = \mathbb{R}_0^+$, $W_f = \mathbb{R}_0^+$

- Umkehrfunktion f^{-1} mit $x = y^2$ und $D_{f^{-1}} = \mathbb{R}_0^+$, $W_{f^{-1}} = \mathbb{R}_0^+$

  $\Rightarrow \quad \sqrt{x} = y \quad \Rightarrow \quad f^{-1}(x) = \sqrt{x}$

  f^{-1} ist die Wurzelfunktion.

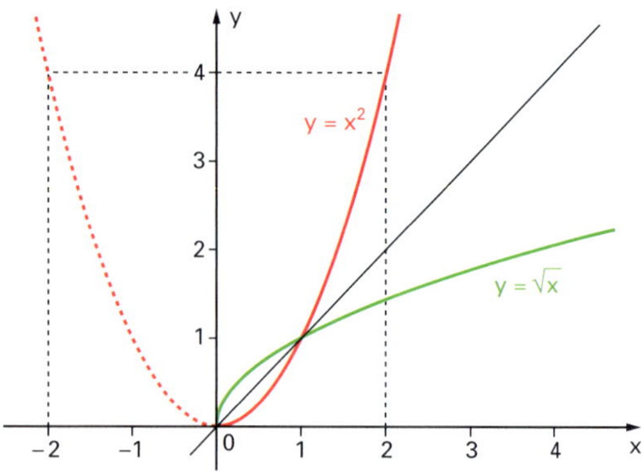

Grenzwerte

Ganzrationale Funktionen

Die höchste Potenz mit ihrer Vorzahl entscheidet das Verhalten für $x \to \pm\infty$.

Beispiel: $$\lim_{x \to -\infty} \underbrace{-4x^3}_{\to +\infty} \underbrace{-3x^2 + 2x - 1}_{\text{vernachlässigbar}} = +\infty$$

Gebrochenrationale Funktionen

Jedes Glied des Zählers und Nenners ist durch die höchste Nennerpotenz zu dividieren.

Beispiel: $$\lim_{x \to +\infty} \frac{\overbrace{2x^2 - x}^{\to +\infty}}{\underbrace{1 - 3x^2}_{\to -\infty}} = \lim_{x \to +\infty} \frac{\overbrace{2 - \frac{1}{x}}^{\to 2}}{\underbrace{\frac{1}{x^2} - 3}_{\to -3}} = -\frac{2}{3}$$

Exponential- und Logarithmusfunktion

Die e-Funktion nimmt für $x \to \infty$ viel stärker zu als jede Potenzfunktion („e gewinnt“).
Die ln-Funktion nimmt für $x \to \infty$ viel schwächer zu als jede Potenzfunktion („ln ist der Loser.“).

Graphen von Grundfunktionen

Rationale Funktionen

$f(x) = \frac{1}{x}$

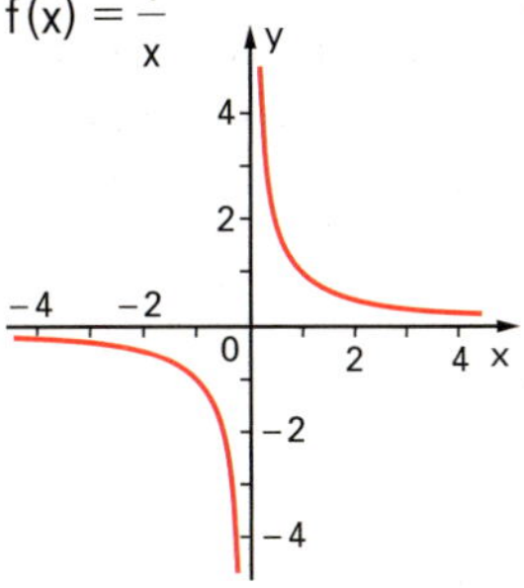

$f(x) = \frac{1}{x^2}$

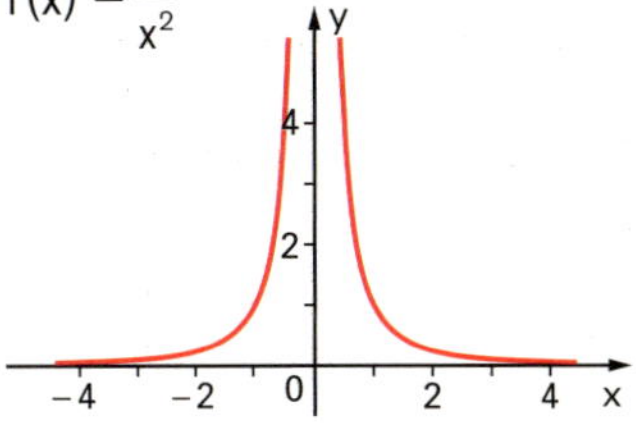

$f(x) = \frac{1}{x^2 + 1}$

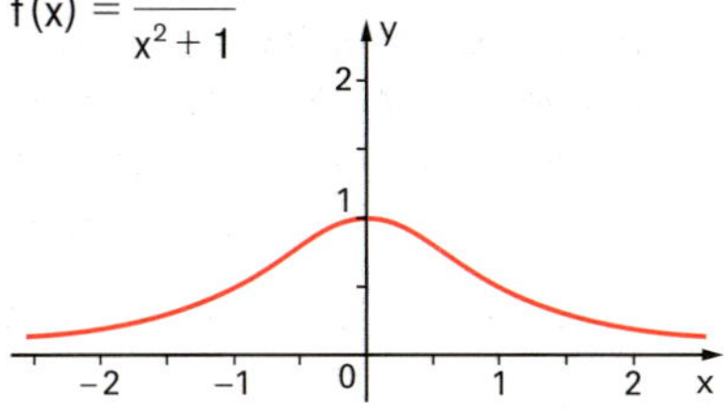

Sinusfunktion
$f(x) = \sin x$

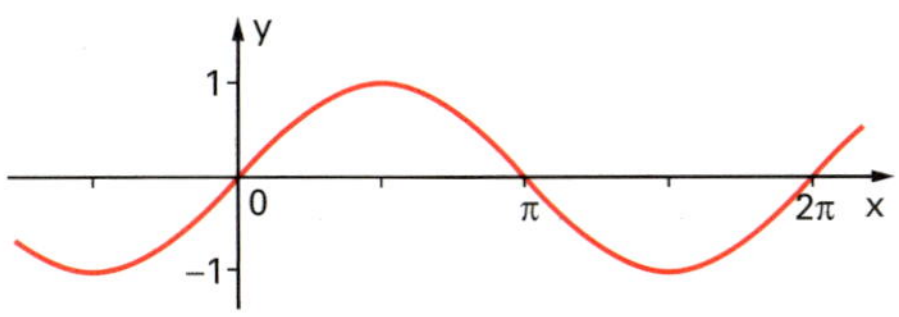

e-Funktion
$f(x) = e^x$

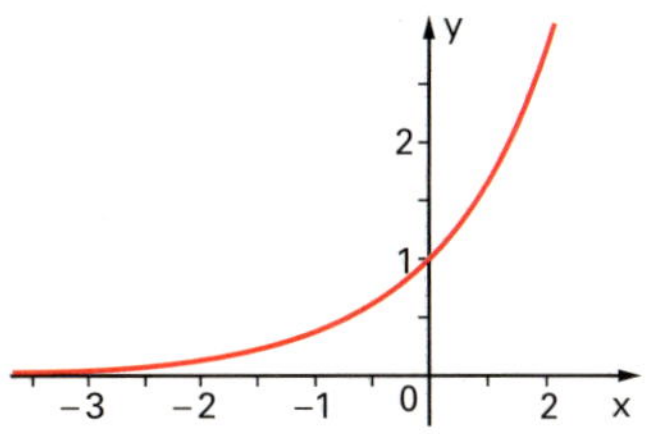

ln-Funktion
$f(x) = \ln x$

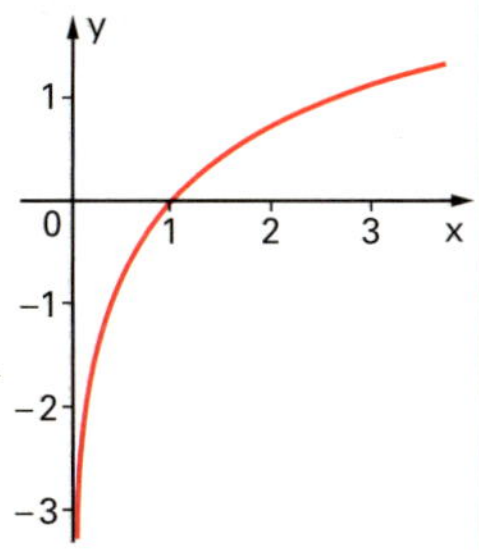

Beschreiben von Ereignissen durch Mengen

- Ω sei der Ergebnisraum eines Zufallsexperiments. Jedes **Ereignis A** lässt sich durch eine **Teilmenge A** von Ω beschreiben. Die Wahrscheinlichkeit P(A) ist gleich der Summe der Wahrscheinlichkeiten aller Ergebnisse von A.
- Das Gegenereignis $\overline{A}$ ist die Komplementmenge $\overline{A} = \Omega \setminus A$. Seine Wahrscheinlichkeit ist $P(\overline{A}) = 1 - P(A)$.
- Zu „A **und** B" gehört die **Schnittmenge** $A \cap B$ und zu „A **oder** B" gehört die **Vereinigungsmenge** $A \cup B$.
- A und B heißen unvereinbar, wenn sie keine Ergebnisse gemeinsam haben, wenn also $A \cap B = \{\ \}$ ist.
- Es gilt: $P(A \cup B) = P(A) + P(B) - P(A \cap B)$

Beispiel: Defekter Parkautomat

Jemand wirft Geld in einen Parkautomaten. Mit einer Wahrscheinlichkeit von 60% erhält er einen Parkschein (Ereignis S). Die Wahrscheinlichkeit, dass das Geld wieder ausgeben wird (G) ist 30%. In 10% aller Fälle erhält man sowohl einen Parkschein als auch das Geld zurück.
Wahrscheinlichkeit mit der man einen Parkschein oder auch das Geld zurück erhält:
$P(S \cup G) = P(S) + P(G) - P(S \cap G) = 60\% + 30\% - 10\% = 80\%$
Wahrscheinlichkeit, dass man keinen Schein und kein Geld erhält:
$P(\overline{S} \cap \overline{G}) = 1 - P(S \cup G) = 1 - 0{,}8 = 20\%$

Bedingte Wahrscheinlichkeit und Unabhängigkeit

- $P_B(A)$ ist die Wahrscheinlichkeit von A unter der Bedingung, dass B eingetreten ist. Die *möglichen Ergebnisse* sind nur noch die Ergebnisse von B. Die *günstigen Ergebnisse* sind die Ergebnisse von B, bei denen zusätzlich A eintritt. Die **bedingte Wahrscheinlichkeit** ist gleich der speziellen Wahrscheinlichkeit von „A und B" durch die totale Wahrscheinlichkeit von B. Also: $P_B(A) = \frac{P(A \cap B)}{P(B)}$
- Ist die Wahrscheinlichkeit von A *unabhängig* davon, ob die Bedingung B eingetreten ist oder nicht, ergibt sich:

  $$P(A) = P_B(A) = \frac{P(A \cap B)}{P(B)} \quad \Rightarrow \quad P(A \cap B) = P(A) \cdot P(B).$$

  Mit der letzen Gleichung definiert man die **stochastische Unabhängigkeit** zweier Ereignisse A und B.

Beispiel: Beim Herstellen von Vasen treten zwei Fehler auf, ein Dekorfehler (D) und ein Formfehler (F). 28% der Vasen sind nicht einwandfrei, 20% der Vasen haben einen Dekorfehler und 2% beide Fehler.
$P(D \cap F) = 0{,}02$;
$P(D) \cdot P(F) = 0{,}20 \cdot 0{,}10 = 0{,}02$
$\Rightarrow$ D und F sind stochastisch unabhängig.

	D	$\overline{D}$	
F	0,02	0,08	0,10
$\overline{F}$	0,18	0,72	0,90
	0,20	0,80	1,00

Vektoren

- Ein **Vektor** ist eine Menge paralleler, gleich langer und gleichgerichteter Pfeile. Jeder Pfeil der Menge ist ein **Repräsentant** des Vektors.
  Ein **Ortsvektor** $\overrightarrow{OP} = \vec{P}$ ist ein Pfeil mit dem Anfangspunkt O und dem Endpunkt P.
- $\lambda\vec{a}$ ist ein zu $\vec{a}$ paralleler Vektor mit der $|\lambda|$-fachen Länge. Für $\lambda > 0$ sind $\lambda\vec{a}$ und $\vec{a}$ gleich gerichtet, für $\lambda < 0$ entgegengesetzt.
- $\vec{e_1}$, $\vec{e_2}$ und $\vec{e_3}$ sind Einheitsvektoren in Richtung der Koordinatenachsen des dreidimensionalen Raums. Mit ihnen lässt sich jeder Vektor als Summe von Vielfachen dieser Basisvektoren $\vec{e_1}$, $\vec{e_2}$ und $\vec{e_3}$ darstellen:
  $$\vec{a} = a_1\vec{e_1} + a_2\vec{e_2} + a_3\vec{e_3} = \begin{pmatrix} a_1 \\ a_2 \\ a_3 \end{pmatrix}$$
- Bilden einer **Summe von Vektoren**

  geometrisch:
  Pfeile aneinanderfügen

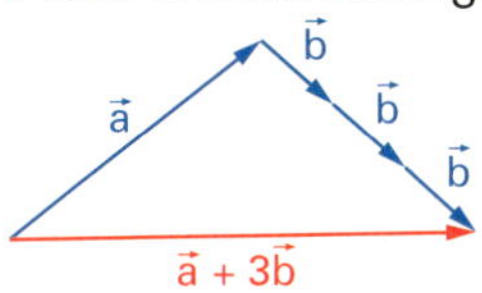

  rechnerisch:
  zeilenweise addieren

  $$\begin{pmatrix} 1 \\ 2 \\ 3 \end{pmatrix} + 3 \cdot \begin{pmatrix} -3 \\ -2 \\ -1 \end{pmatrix} = \begin{pmatrix} -8 \\ -4 \\ 0 \end{pmatrix}$$

Rechnen mit Vektoren

- Einen Vektor $\overrightarrow{AB}$ durch bekannte Vektoren ausdrücken: Eine Vektorkette vom Anfangspunkt A bis zum Endpunkt B auf einem Umweg so gehen, dass sich die auftretenden Vektoren durch die bekannten ausdrücken lassen.
- Vektor $\overrightarrow{AB} = \vec{B} - \vec{A}$ (Endpunktkoordinaten – Anfangspunktkoordinaten)
- Zwei Vektoren, von denen einer ein Vielfaches des anderen ist, sind parallel.
- Mittelpunkt- bzw. Schwerpunktkoordinaten = Mittelwerte der Punktkoordinaten
  Mittelpunkt M von [AB]: $\vec{M} = \frac{1}{2}(\vec{A} + \vec{B})$;
  Schwerpunkt S von $\triangle$ABC: $\vec{S} = \frac{1}{3}(\vec{A} + \vec{B} + \vec{C})$

Beispiel: Vom Parallelogramm ABCD sind $A(3|2|1)$, $B(5|6|-1)$ und $D(-1|4|1)$ bekannt. Koordinaten von C, des Mittelpunkts M_{BC} der Seite [BC] und des Schwerpunkts S des $\triangle$ABC:

$$\vec{C} = \vec{B} + \overrightarrow{BC} = \vec{B} + \overrightarrow{AD} = \begin{pmatrix} 5 \\ 6 \\ -1 \end{pmatrix} + \begin{pmatrix} -1-3 \\ 4-2 \\ 1-1 \end{pmatrix} = \begin{pmatrix} 1 \\ 8 \\ -1 \end{pmatrix} \Rightarrow C(1|8|-1)$$

$$\Rightarrow M_{BC}(3|7|-1) \text{ und } S(3|5\tfrac{1}{3}|-\tfrac{1}{3})$$

Betrag eines Vektors – Kugelgleichung

- Der Vektor $\vec{a}$ mit den Koordinaten a_1, a_2 und a_3 hat den **Betrag** (die Länge) $|\vec{a}| = a = \sqrt{a_1^2 + a_2^2 + a_3^2}$.
- Die Entfernung zweier Punkte A und B ist gleich der Länge ihres Verbindungsvektors $\overrightarrow{AB}$.

Beispiel: $A(1|-2|-2)$ und $B(3|-3|-4)$ haben die Entfernung $|\overrightarrow{AB}| = \left|\begin{pmatrix} 2 \\ -1 \\ -2 \end{pmatrix}\right| = 3$.

- Alle Punkte, die von $M(m_1|m_2|m_3)$ die Entfernung r haben, liegen auf der **Kugel** mit der Gleichung $(x_1 - m_1)^2 + (x_2 - m_2)^2 + (x_3 - m_3)^2 = r^2$.

Beispiel: Gegeben sind die Kugel k_1 um den Punkt $M_1(1|-2|3)$ mit dem Radius $r_1 = 11$ und die Kugel k_2 um den Punkt $M_2(3|8|-8)$ mit dem Radius $r_2 = 3$.

a) Liegt der Punkt $P(3|7|-3)$ auf k_1?
Gleichung von k_1: $(x_1 - 1)^2 + (x_2 + 2)^2 + (x_3 - 3)^2 = 121$
Einsetzen von P in k_1: $(3-1)^2 + (7+2)^2 + (-3-3)^2 = 4 + 81 + 36 = 121$
$\Rightarrow \quad P \in k_1$

b) Haben die beiden Kugeln gemeinsame Punkte?
Entfernung der Mittelpunkte: $|\overrightarrow{M_1M_2}| = \sqrt{(3-1)^2 + (8+2)^2 + (-8-3)^2} = \sqrt{225} = 15$
Da $|\overrightarrow{M_1M_2}| > r_1 + r_2$ ist, haben k_1 und k_2 keine Punkte gemeinsam.

Das Skalarprodukt

- Die Zahl $\vec{a} \circ \vec{b} = \begin{pmatrix} a_1 \\ a_2 \\ a_3 \end{pmatrix} \circ \begin{pmatrix} b_1 \\ b_2 \\ b_3 \end{pmatrix} = a_1b_1 + a_2b_2 + a_3b_3$ heißt **Skalarprodukt** der Vektoren $\vec{a}$ und $\vec{b}$.
- Das Skalarprodukt ist genau dann null, wenn die Vektoren aufeinander senkrecht stehen (**orthogonal** sind).
- Der Winkel φ zwischen zwei vom Nullvektor verschiedenen Vektoren $\vec{a}$ und $\vec{b}$ ergibt sich aus $\cos\varphi = \frac{\vec{a} \circ \vec{b}}{|\vec{a}| \cdot |\vec{b}|}$ mit $0° \leq \varphi \leq 180°$.

Beispiel: $\vec{a} \circ \vec{b} = \begin{pmatrix} 2 \\ 1 \\ 2 \end{pmatrix} \circ \begin{pmatrix} 1 \\ -8 \\ 4 \end{pmatrix} = 2 - 8 + 8 = 2 \quad \Rightarrow \quad \vec{a}$ und $\vec{b}$ sind nicht orthogonal;

$$\cos\varphi = \frac{\vec{a} \circ \vec{b}}{|\vec{a}| \cdot |\vec{b}|} = \frac{2}{\sqrt{9} \cdot \sqrt{81}} = \frac{2}{3 \cdot 9} \quad \Rightarrow \quad \varphi = 85{,}8°$$

Vektorprodukt und Flächeninhalt

- Das Vektorprodukt $\vec{a} \times \vec{b}$ steht auf $\vec{a}$ und auf $\vec{b}$ senkrecht:

$$\vec{a} \times \vec{b} = \begin{pmatrix} a_1 \\ a_2 \\ a_3 \end{pmatrix} \times \begin{pmatrix} b_1 \\ b_2 \\ b_3 \end{pmatrix} = \begin{pmatrix} a_2 b_3 - a_3 b_2 \\ a_3 b_1 - a_1 b_3 \\ a_1 b_2 - a_2 b_1 \end{pmatrix}$$

$$\begin{matrix} a_1 & b_1 \\ a_2 & b_2 \end{matrix}$$

Der Flächeninhalt des von $\vec{a}$ und $\vec{b}$ aufgespannten

- Parallelogramms ist gleich dem Betrag des Vektorprodukts: $A_{\text{Pllgr.}} = |\vec{a} \times \vec{b}|$
- Dreiecks ist gleich dem halben Betrag des Vektorprodukts: $A_{\text{Dreieck}} = \frac{1}{2} |\vec{a} \times \vec{b}|$

Beispiel: Das Dreieck ABC ist gegeben durch A(3|2|1), B(4|4|4) und C(5|5|5). Flächeninhalt des Dreiecks:

$$\overrightarrow{AB} \times \overrightarrow{AC} = \begin{pmatrix} 4-3 \\ 4-2 \\ 4-1 \end{pmatrix} \times \begin{pmatrix} 5-3 \\ 5-2 \\ 5-1 \end{pmatrix} = \begin{pmatrix} 1 \\ 2 \\ 3 \end{pmatrix} \times \begin{pmatrix} 2 \\ 3 \\ 4 \end{pmatrix} = \begin{pmatrix} -1 \\ 2 \\ -1 \end{pmatrix}$$

$$\Rightarrow \quad A_{\triangle ABC} = \frac{1}{2} \cdot |\overrightarrow{AB} \times \overrightarrow{AC}| = \frac{1}{2} \cdot \sqrt{6}$$

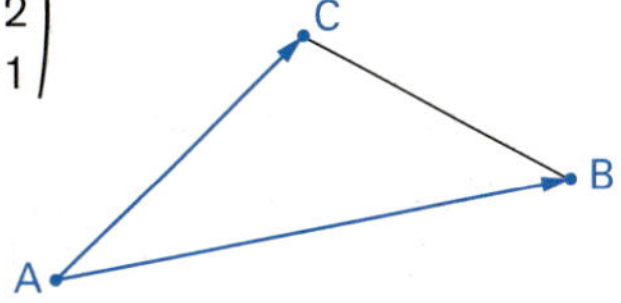

Spat- und Pyramidenvolumen

$$\det(\vec{a}, \vec{b}, \vec{c}) = \begin{vmatrix} a_1 & b_1 & c_1 \\ a_2 & b_2 & c_2 \\ a_3 & b_3 & c_3 \end{vmatrix} \begin{matrix} a_1 & b_1 \\ a_2 & b_2 \\ a_3 & b_3 \end{matrix} = a_1 b_2 c_3 + b_1 c_2 a_3 + c_1 a_2 b_3 - a_3 b_2 c_1 - b_3 c_2 a_1 - c_3 a_2 b_1$$

heißt dreireihige **Determinante**.
Spannen die Vektoren $\vec{a}$, $\vec{b}$ und $\vec{c}$ einen Spat bzw. eine dreiseitige Pyramide auf, ist das Volumen

$$V_{\text{Spat}} = |(\vec{a} \times \vec{b}) \circ \vec{c}| = |\det(\vec{a}, \vec{b}, \vec{c})| \quad \text{bzw.} \quad V_{\text{Pyr}} = \frac{1}{6} |(\vec{a} \times \vec{b}) \circ \vec{c}| = \frac{1}{6} |\det(\vec{a}, \vec{b}, \vec{c})|.$$

Beispiel: A(3|2|1), B(2|4|4), C(4|0|4) und D(4|4|−2) sind die Eckpunkte einer dreiseitigen Pyramide:

„Spannende" Vektoren: $\overrightarrow{AB} = \begin{pmatrix} -1 \\ 2 \\ 3 \end{pmatrix}$; $\overrightarrow{AC} = \begin{pmatrix} 1 \\ -2 \\ 3 \end{pmatrix}$; $\overrightarrow{AD} = \begin{pmatrix} 1 \\ 2 \\ -3 \end{pmatrix}$

Pyramidenvolumen:

$$V_{\text{Pyr}} = \frac{1}{6} \left| \left(\begin{pmatrix} -1 \\ 2 \\ 3 \end{pmatrix} \times \begin{pmatrix} 1 \\ -2 \\ 3 \end{pmatrix} \right) \circ \begin{pmatrix} 1 \\ 2 \\ -3 \end{pmatrix} \right| = \frac{1}{6} \left| \begin{pmatrix} 12 \\ 6 \\ 0 \end{pmatrix} \circ \begin{pmatrix} 1 \\ 2 \\ -3 \end{pmatrix} \right| = 4$$

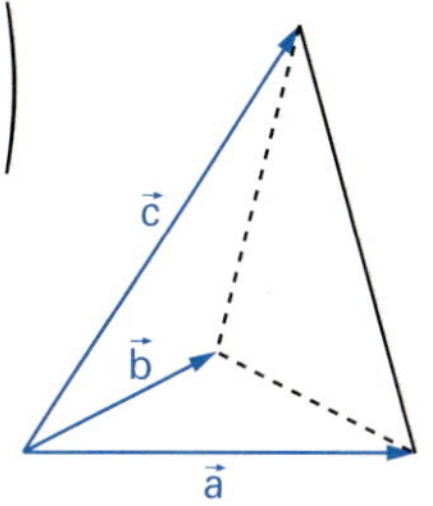

Bildquellenverzeichnis

Cover: Dirk Renckhoff/fotofinder. Seite 5: Konrad Schwarz. Seite 6: Gustavo Alàbiso. Seite 7: Carsten Koall/Visum. Seite 8: Avenue Images/Indes Stock/M. Burgess. Seite 13: Tanja Luther/ vario images. Seite 14: Xinhua/Das Fotoarchiv. Seite 17: (1) H.&D. Zielske/Look-foto; (2) Score by Aflo/F1online. Seite 46: BilderBox. Seite 51: Bildagentur-online/A. Forkel. Seite 53: Manuel Wächter/fotolia. Seite 54: vario images. Seite 61: S. Lubenow/Look-foto. Seite 65: Reuters/Corbis. Seite 71: Outdoor Archiv/Himsl Leo. Seite 82: NPL/Arco Images. Seite 84: Bailleul/mediacolors. Seite 98: JerushA/fotolia. Seite 104: Fotoagentur Sven Simon. Seite 108: (1) Manfred Werner/Wikipedia; (2) altrofoto. Seite 109: Friedrich Haun. Seite 126: Gennadij Kurilin/fotolia. Seite 130: André Karwath/wikipedia. Seite 132: Bildagentur Huber. Seite 134: picture-alliance/Sven Simon. Seite 137: Gerhard Launer WFL-GmbH, Rottendorf. Seite 138: (1) Daniel Schönen/fotolia; (2) A1PIX/BIS. Seite 140: Volkmar Schulz/Keystone. Seite 141: (1) one college/A. Kiseler/fotolia; (2) face to face. Seite 142: Cornelia Feuerlein. Seite 145: BilderBox. Seite 146: (1) Losberger GmbH; (2) Stadtjugendring Potsdam e.V. Seite 148: mauritius images/imagebroker/Thomas Frey. Seite 149: blickwinkel/R. Gerth. Seite 153: SZ Photo/A. Heddergott. Seite 159: (1) picture-alliance/akg-images; (2) akg-images/ RIA Nowosti. Seite 162: Fotex/R. Zorin. Seite 167: (1) M. Bahlo/Keystone; (2) Richard T. Nowitz/Corbis. Seite 168: interfoto/Science & Society Library. Seite 171: Fotografie George Burggraaff. Seite 172: Caro Oberhäuser. Seite 174: Picture Press. Seite 215: Fotografie George Burggraaff. Seite 203: www.maren-stuckmeyer.de

Lektorat: Michael Link, Marlen Dietz (Assistenz)
Herstellung und Layout: Heiko Jegodtka
Bildredaktion: Susanne Reinhardt
Umschlaggestaltung: Lutz Siebert-Wendt
Mathematische Zeichnungen: Detlef Seidensticker, München
Technische Umsetzung: Tutte Druckerei GmbH, Salzweg, Passau

www.oldenbourg-bsv.de

1. Auflage, 5. Druck 2012

Alle Drucke dieser Auflage sind inhaltlich unverändert
und können im Unterricht nebeneinander verwendet werden.

Druck: Stürtz GmbH, Würzburg

ISBN 978-3-7627-0168-2

Inhalt gedruckt auf säurefreiem Papier aus nachhaltiger Forstwirtschaft